气象观测设备测试方法
（第二册）

王小兰　任晓毓　胡树贞　刘达新 等　著

气象出版社
China Meteorological Press

内 容 简 介

本书是在《气象观测设备测试方法(第一册)》基础上,按照气象行业标准《气象观测专用技术装备测试规范　通用要求》的规定,针对地面气象观测设备编写的测试方法第二册。为方便读者使用,本书将每种设备的测试方法单独成章。全书共分为 22 章,主要给出了每种气象观测设备测试的目的和基本要求,介绍了外观及结构检查、功能检测、测量性能测试、环境试验、动态比对试验和结果评定的方法。

本书简明、易懂、可操作性强,可作为从事气象观测设备测试技术人员的工具书,特别是国家综合气象观测试验基地从事气象观测设备测试试验的技术支撑和工具书,也可为气象观测设备研发、生产和气象业务管理人员提供参考。

图书在版编目（CIP）数据

气象观测设备测试方法. 第二册 / 王小兰等著. --
北京 ： 气象出版社，2024.6
ISBN 978-7-5029-8179-2

Ⅰ. ①气… Ⅱ. ①王… Ⅲ. ①气象观测－设备－测试
方法 Ⅳ. ①P414

中国国家版本馆 CIP 数据核字(2024)第 067875 号

气象观测设备测试方法(第二册)

Qixiang Guance Shebei Ceshi Fangfa(Di-er Ce)

出版发行:气象出版社	
地　　址:北京市海淀区中关村南大街 46 号	**邮政编码**:100081
电　　话:010-68407112(总编室)　010-68408042(发行部)	
网　　址:http://www.qxcbs.com	**E-mail**:qxcbs@cma.gov.cn
责任编辑:隋珂珂	**终　审**:张　斌
责任校对:张硕杰	**责任技编**:赵相宁
封面设计:地大彩印设计中心	
印　　刷:北京中石油彩色印刷有限责任公司	
开　　本:787 mm×1092 mm　1/16	**印　张**:25.75
字　　数:660 千字	
版　　次:2024 年 6 月第 1 版	**印　次**:2024 年 6 月第 1 次印刷
定　　价:128.00 元	

前　　言

气象专用技术装备在进入业务应用之前,必须经过严格的试验、测试、考核和评定,达到相应的国家标准、气象行业标准或国务院气象主管机构规定的技术要求,才能进行业务列装和应用。由于没有行业规范统一的测试评估方法,在测试过程中往往不能做到统一流程、统一方法和统一评价,有时甚至会出现分歧。

因此,本书在试验考核和测试评估工作经验基础上,通过调研、试验和总结凝练,有针对性地编写了地面气象专用技术装备测试方法。通过该测试方法的实施,使得测试评估有章可循、标准统一,更具有科学性和公平公正性。

为便于阅读,提高本书可用性,将测试的记录表作为附表统一放在每章的最后。

本书由王小兰、任晓毓、胡树贞、刘达新、莫月琴等设计,莫月琴组织编著并负责全书审定。各章的主要作者见每章的页下注。全书编写人员有:丁蕾、王小兰、王志成、田金虎、巩娜、任晓毓、任燕、刘达新、刘志刚、刘晓雪、刘银锋、安学银、安涛、杜建苹、李永、李庆申、李松奎、李济海、杨伟、杨宗波、吴泓、张东东、张东明、张成、张利利、张明、陈瑶、季承荔、胡树贞、莫月琴、党行通、陶法、崇伟、彭坚、韩广鲁、温强、赖晋科、翟龙升、霍涛。

由于作者水平有限,如有疏漏和不妥之处,敬请读者批评指正。

作者

2023 年 8 月

目 录

第1章 便携式自动气象站[①]

1.1 目的

规范便携式自动气象站测试的内容和方法,通过测试与试验,检验其是否满足《便携式自动气象站功能规格需求书(修订版)》(气测函〔2012〕152号)(简称《需求书》)和 QX/T 455—2018 便携式自动气象站(简称《标准》)的要求。

1.2 基本要求

1.2.1 被试样品

提供3套或以上同一型号的便携式自动气象站(简称便携站)作为被试样品。在整个测试试验期间被试样品应连续工作,数据正常上传至指定的业务终端或自带终端。功能检测和环境试验可抽取1套被试样品。

1.2.2 试验场地

(1)选择2个或以上试验场地,至少包含2个不同的气候区,尽量选择接近被试样品使用环境要求的气象参数极限值。

(2)试验场地既临近业务观测场又不影响正常观测业务,在同一试验场地安装多套被试样品时,应避免相互影响。

1.2.3 技术指标来源

技术指标来源为《需求书》和《标准》,见表1.1。

表 1.1 便携式自动气象站技术指标来源一览表

测试项目	指标来源
1.3.1 外观和结构	《标准》5.1 外观与结构
	《需求书》5 结构要求
1.3.2 功能	《需求书》3 功能要求
1.3.3 重量和尺寸	《需求书》10.1 包装要求
1.3.4 电源	《标准》5.5 电源
1.3.5 功耗	《需求书》11.2 功耗要求
1.3.6 测量性能	《标准》5.3 测量性能
1.4.1 气候环境	《标准》5.7.1 工作条件
	《标准》5.7.3 盐雾试验
	《标准》5.7.5 外壳防护等级
	《需求书》7.1 气候条件

---

① 本章作者:任晓毓、王志成、巩娜、安涛。

测试项目	指标来源
1.4.2 振动	《标准》5.7.2 振动
1.4.3 电磁兼容	《标准》5.7.4 电磁兼容性
1.5.2 设备稳定性	《需求书》9.3 测量稳定性要求
1.5.5 设备可靠性	《需求书》9.1 可靠性要求
1.5.6 维修性	《需求书》9.2 可维性要求

1.3　静态测试

1.3.1　外观和结构

以目测和手动操作为主,检查被试样品外观与结构,应满足《标准》5.1 外观与结构和《需求书》5 结构要求,检查结果记录在本章附表1.1。

1.3.2　功能

应满足《需求书》3 功能要求,检测结果记录在本章附表1.2。方法如下:

(1)初始化和参数设置

通过终端电脑串口调试助手设置被试样品的参数。

(2)数据采样和算法

检查被试样品数据采样频率和输出的瞬时气象值。

(3)数据处理

检查被试样品输出的瞬时气象值(分钟)数据文件和定时(小时)数据文件。

(4)数据存储

被试样品正常工作不少于 1 d,通过命令读取历史数据,检查被试样品内部是否保存了完整的分钟数据,计算 30 d 需要存储数据的字节数并与被试样品存储容量比较,存储的数据量不少于 30 d,数据存储器应具备掉电保存功能。

(5)数据传输

数据采集器通过 RS232 串口连接具有 WiFi 或 Zigbee 等点对点传输功能的短距离无线传输模块、具有无线公网传输功能的远程无线传输模块、具有卫星通信传输功能的模块,通信应正常。

(6)采集器中的数据质量控制

通过串口调试助手对被试样品的气温、湿度、气压、风向、风速、降水量数据的极限范围、变化速率等参数进行设置,检查输出的采样瞬时值和瞬时气象值是否输出相对应的质量控制标识。

(7)时钟管理功能

使用串口调试助手对被试样品发送"DATE"命令进行日期设置、发送"TIME"命令进行时间设置,被试样品正常工作 1 d 后与北京时间进行对时检查。

(8)数据接口格式

安装被试样品软件、区域站软件和 OSSMO 软件,分别与被试样品的采集器连接,检查在不同软件连接方式下的数据格式是否符合《需求书》3.8 数据接口格式的要求。

（9）终端操作命令

通过串口线连接业务终端或自带终端与被试样品，逐条检查被试样品终端操作命令，检查被试样品通信是否正常。

1.3.3　重量和尺寸

1.3.3.1　要求

便携站应配置专用的便携式包装箱，基本配置的便携站（标配六要素自动气象站、蓄电池、GPRS 通信模块）总重量（含包装箱或背包）应不超过 40 kg，其包装箱或背包数量不超过 4 个，单个包装箱长度不超过 1.6 m、重量原则上不超过 10 kg，三角支架包装箱尺寸可适当放宽但重量不超过 15 kg。

1.3.3.2　测量方法

清点成套被试样品的包装数量，使用磅秤分别称量各包装箱的重量（含所包装仪器），使用钢卷尺测量各包装箱长度，应符合 1.3.3.1 要求。测量结果记录在本章附表 1.1。

1.3.4　电源

1.3.4.1　要求

（1）内置电源在能量充足后应能维持 7 d 正常工作，且有补充能量的装置，如太阳能电池板及充电装置。

（2）电池安装应使电池泄漏的电解液不会接触到危险带电部件。电池电极应有绝缘保护装置，保护装置应能完全遮盖电极以及连接线的导电部分。

1.3.4.2　测试方法

被试样品连续运行 7 d，检查数据是否正常存储；检查电池安装方式和电池电极绝缘保护装置，应满足 1.3.4.1 要求。测试结果记录在本章附表 1.1。

1.3.5　功耗

1.3.5.1　要求

整机平均功耗（六要素传感器和 GPRS 通信模块，10 min 通信密度）：≤2.0 W；

数据采集器和六要素传感器平均功耗：≤1.0 W；

无线通信模块平均功耗：≤1.0 W。

1.3.5.2　测试方法

使用万用表检查被试样品的数据采集器、六要素传感器、通信模块的供电电压和正常工作时的最大电流，计算平均功耗。

数据采集器连接所有的六要素传感器，进入正常工作状态，稳定 30 min 后，测量 1 h 内的平均功率。每 10 min 记录直流供电电压 U 及电流 I 一次，用公式 $P＝U×I$ 计算功率 P，取 1 h 内 6 次功率的平均值，作为 1 h 内平均功率，应满足 1.3.5.1 要求。测试结果记录在本章附表 1.1。

1.3.6　测量性能

1.3.6.1　要求

测量性能要求见表 1.2。

表 1.2　便携式自动气象站测量性能要求

要素	测量范围	分辨力	允许误差
气温	−50~50 ℃	0.1 ℃	±0.2 ℃
相对湿度	5%~100%	1%	±3%(≤80%);±5%(>80%)
风向	0°~360°	3°	±5°
风速	0~60 m/s	0.1 m/s	±(0.5 m/s +0.03 V)
气压	450~1100 hPa	0.1 hPa	±0.3 hPa
降水量	≤4 mm/min	0.1 mm	±0.4 mm(≤10 mm);±4%(>10 mm)

1.3.6.2　测试方法

1.3.6.2.1　气温

测试点:−50 ℃、−30 ℃、−10 ℃、0 ℃、30 ℃、50 ℃。

在每个测试点上,依次读取标准值和被试温度传感器的测量值,连续读取 10 次,并检查分辨力。被试温度传感器测量值的平均值减去标准值的平均值,得到误差值,应在允许误差限内。测试结果记录在本章附表 1.3。

1.3.6.2.2　相对湿度

测试点:20%、30%、50%、70%、80%、95%。

在每个测试点上,依次读取标准值和被试湿度传感器的测量值,连续读取 10 次,并检查分辨力。数据的计算与温度相同。测试结果记录在本章附表 1.4。

1.3.6.2.3　气压

测试点:450 hPa、500 hPa、600 hPa、700 hPa、800 hPa、900 hPa、1013 hPa、1100 hPa。

将标准气压计与被试气压传感器用真空胶管与可调气源连接。按要求调整压力点,在每个测试点上,依次读取标准值和被试气压传感器的测量值,连续读取 10 次,并检查分辨力。数据的计算与温度相同。通常采用从低到高(正行程),再从高到低(反行程)的循环测试方法,测试结果记录在本章附表 1.5。

1.3.6.2.4　风向

测试点:0°~360°范围内每 45°测试一个点。

风向传感器启动风速测试:将风向标 0 位对齐并平行于风洞轴线安装在风洞工作段内,转动风向标角度至采集器显示 15°角,使风洞内气流缓慢增加,当风向标向风洞轴线方向移动时,记录此时的风速值,按以上方法重复测试 3 次,取其最大值作为被试风向传感器启动风速的测量结果。

风向示值误差测试:将被试风向传感器和标准度盘安装在一起并固定于工作台上。用标准度盘的刻度值作为标准值,使风向标、指北线与标准度盘上的 0°点对齐,读取被试风向传感器的测量值,然后每转动 45°测试一点,并检查分辨力。用测量平均值减去标准示值平均值得到每个测试点的误差值,均应在允许误差限内。

测试结果记录在本章附表 1.6。

1.3.6.2.5　风速

测试点:2 m/s、5 m/s、10 m/s、15 m/s、20 m/s、30 m/s、45 m/s、60 m/s。

风速传感器启动风速测试:将被试风速传感器安装在风洞内,使风洞内气流缓慢增加,记录当风杯由静止变为连续转动时的风速值,按以上方法重复测试 3 次,取其平均值作为被试风速传感器启动风速的测量结果。

风速示值误差测试:每个测试点调好后,稳定 1 min;根据微压计的实测风压值、流场温度值、流场湿度值和室内大气压力值,参考 JJG(气象)004—2011 附录 B 计算各测试点的风速测量值,并检查分辨力。用测量平均值减去标准示值平均值得到每个测试点的误差值,均应在允许误差限内。

测试结果记录在本章附表 1.6。

1.3.6.2.6　降水量

测试的降水量分别为 10 mm 和 30 mm,降水强度分别为 1 mm/min 和 4 mm/min 的降水量。

每种降水量、降水强度分别测试 10 次,并检查分辨力。数据的计算与温度相同。测试结果记录在本章附表 1.7。

1.4　环境试验

1.4.1　气候环境

1.4.1.1　要求

产品在以下环境中应正常工作:

工作温度:−50～60 ℃(电气部分);

相对湿度:5%～100%;

大气压力:500～1100 hPa;

盐雾试验:应能通过 GB/T 2423.17—2008 的 96 h 盐雾试验;

外壳防护等级:不应低于 IP65 等级。

1.4.1.2　试验方法

试验方法如下:

(1)电气部分低温:−50 ℃工作 2 h。采用标准:GB/T 2423.1《电工电子产品环境试验第 2 部分:试验方法试验 A:低温》。

(2)电气部分高温:60 ℃工作 2 h。采用标准:GB/T 2423.2《电工电子产品环境试验第 2 部分:试验方法试验 B:高温》。

(3)恒定湿热:40 ℃,93%,放置 12 h,通电后正常工作。采用标准:GB/T 2423.3《电工电子产品环境试验第 2 部分:试验方法试验 Cab:恒定湿热试验》。

(4)低气压:500 hPa 放置 0.5 h。采用标准:GB/T 2423.21《电工电子产品环境试验第 2 部分:试验方法试验 M:低气压》。

(5)盐雾试验:96 h 盐雾沉降试验。采用标准:GB/T 2423.17《电工电子产品环境试验第 2 部分:试验方法试验 Ka:盐雾试验》。

(6)外壳防护等级:应符合 GB/T 4208 外壳防护等级(IP 代码)中 IP65 的规定。

1.4.2　振动

1.4.2.1　要求

应能通过 GB/T 6587—2012 的振动试验。

1.4.2.2　试验方法

按照表 1.3 的要求进行试验。被试样品每个包装箱或背包在完整包装状态下,按照 GB/T 6587—2012 的 5.10.2.1 和 5.10.2.2 方法进行试验。试验结束后,包装箱不应有较大的变形和损伤。被试样品及附件不应有变形松脱、涂敷层剥落等损伤,外观及结构应无异常,通电后应能正常工作。

表 1.3　包装运输试验要求

试验项目	试验条件	试验等级
		3 级
振动	振动频率/Hz	5、15、30
	加速度/(m/s²)	9.8±2.5
	持续时间/min	每个频率点 15
	振动方法	垂直固定
自由跌落	按重量确定	跌落高度
	重量≤10 kg	60 cm
	10 kg<重量≤25 kg	40 cm

1.4.3　电磁兼容

1.4.3.1　要求

(1)静电放电抗扰度

直流电源端口、数据端口、外壳端口的静电放电抗扰度至少应达到下列要求:

接触放电:GB/T 17626.2,2 级,4 kV;

空气放电:GB/T 17626.2,3 级,8 kV;

性能判据:GB/T 18268.1—2010,B。

(2)电快速瞬变脉冲群抗扰度

电快速瞬变脉冲群抗扰度至少应达到下列要求:

交流电源端口:GB/T 17626.4,电源端口 2 级,1 kV(5/50 ns,5 kHz);

直流电源端口:GB/T 17626.4,电源端口 1 级,0.5 kV(5/50 ns,5 kHz);

数据端口:GB/T 17626.4,I/O 端口 2 级,0.5 kV(5/50 ns,5 kHz);

性能判据:GB/T 18268.1—2010,B。

(3)浪涌(冲击)抗扰度

浪涌(冲击)抗扰度应达到下列要求:

交流电源端口:GB/T 17626.5,3 级,2 kV(线对地,1.2/50 μs、8/20 μs 组合波);

直流电源端口:GB/T 17626.5,3 级,2 kV(线对地,1.2/50 μs、8/20 μs 组合波);

数据端口:GB/T 17626.5,3 级,2 kV(线对地,1.2/50 μs、8/20 μs 组合波);

性能判据:GB/T 18268.1—2010,B。

1.4.3.2　试验方法

被试样品均应在正常工作状态下进行下列试验。

(1)静电放电抗扰度试验

被试样品按台式(接地或不接地)和落地式设备(接地或不接地)进行配置,确定施加放电点,每个放电点进行至少 10 次放电。如被试样品涂膜未说明是绝缘层,则发生器电极头应穿入漆膜与导电层接触;若涂膜为绝缘层,则只进行空气放电。采用 GB/T 17626.2 进行试验、检测和评定。

(2)电快速瞬变脉冲群抗扰度试验

采用 GB/T 17626.4 依次对被试产品的试验端口进行正负极性试验、检测和评定,试验持续时间不短于 1 min。

(3)浪涌(冲击)抗扰度试验

施加在直流电源端和互连线上的浪涌脉冲次数应为正、负极性各 5 次;对交流电源端口,应分别在 0°、90°、180°、270°相位施加正、负极性各 5 次的浪涌脉冲。试验速率为每分钟 1 次。采用 GB/T 17626.5 进行试验、检测和评定。

上述试验结束后,均应进行最后检测,检查其是否保持在技术要求限值内性能正常。

1.5　动态比对试验

按照 1.5.5.1 可靠性试验方案确定试验时间,且不少于 3 个月;若动态比对试验的时间超过了可靠性试验的截止时间,应按照动态比对试验的时间结束试验。动态比对试验未设置比对标准,主要评定被试样品的数据完整性、设备稳定性、测量结果一致性、设备可靠性等项目。可比较性的结果,仅用于判断是否能够纳入气象观测网使用或能否组成新的气象观测网,不作为被试样品是否合格的依据。

1.5.1　数据完整性

1.5.1.1　评定方法

通过业务终端或自带终端接收到的观测数据个数评定数据的完整性。排除由于外界干扰因素造成的数据缺测,评定每套被试样品的数据完整性。

$$数据完整性(\%)=(实际观测数据个数/应观测数据个数)\times 100\%$$

1.5.1.2　评定指标

数据完整性大于等于 98%。

1.5.2　设备稳定性

1.5.2.1　评定方法

在静态测试合格的基础上,通过一定时间的现场比对试验后,不对被试样品作任何调整和维护,进行测量性能的复测。用两次测量结果进行对比,稳定性 w 用公式(1.1)计算。

$$w=x_1-x_0 \tag{1.1}$$

式中,w 为稳定性;x_0 为初次测量值;x_1 为复测时的测量值。

1.5.2.2　评定指标

稳定性 w 应在允许误差限内。

1.5.3　测量结果一致性

1.5.3.1　评定方法

两台被试样品在同一试验场地,同时测量同一气象要素时,用两台被试样品相同时次测量值的差值进行系统误差和标准偏差的计算。

1.5.3.2　评定指标

系统误差的绝对值小于等于允许误差半宽的三分之一,且标准偏差的绝对值小于等于允许误差的半宽。

1.5.4　可比较性

相同时刻被试样品与业务观测网相同要素测量仪器测量值的差值进行系统误差和标准偏差的计算。如果系统误差的绝对值小于等于允许误差半宽的二分之一,且标准偏差的绝对值小于等于允许误差的半宽,则可判断被试样品能够纳入气象观测网使用或能组成新的气象观测网。

1.5.5　设备可靠性

可靠性反映被试样品在规定的情况下,在规定的时间内,完成规定功能的能力。以平均故障间隔时间(MTBF)表示设备的可靠性。平均故障间隔时间 MTBF(θ_1)大于等于 5000 h。

1.5.5.1　试验方案

按照定时截尾试验方案,在 QX/T 526—2019 表 A.1 的方案类型中选用标准型或短时高风险两种试验方案之一,推荐选用标准型试验方案。

1.5.5.1.1　标准型试验方案

采用 17 号方案,即生产方和使用方风险各为 20%,鉴别比为 3 的定时截尾试验方案,试验的总时间为规定 MTBF 下限值(θ_1)的 4.3 倍,接受故障数为 2,拒收故障数为 3。

试验总时间 T 为:

$$T = 4.3 \times 5000 \text{ h} = 21500 \text{ h}$$

要求 3 套或以上被试样品进行动态比对试验。以 3 套被试样品为例,每台试验的平均时间 t 为:

3 套被试样品：$t = 21500 \text{ h}/3 = 7166.7 \text{ h} = 298.6 \text{ d} \approx 299 \text{ d}$

若为了缩短试验时间,可增加被试样品的数量,如:

4 套被试样品：$t = 21500 \text{ h}/4 = 5375 \text{ h} = 224 \text{ d}$

所以 3 套被试样品需试验 299 d,4 套需试验 224 d,期间允许出现 2 次故障。

1.5.5.1.2　短时高风险试验方案

采用 21 号方案,即生产方和使用方风险各为 30%,鉴别比为 3 的定时截尾试验方案,试验的总时间为规定 MTBF 下限值(θ_1)的 1.1 倍,接受故障数为 0,拒收故障数为 1。

试验总时间 T 为:

$$T = 1.1 \times 5000 \text{ h} = 5500 \text{ h}$$

3 套被试样品进行动态比对试验,每台试验的平均时间 t 为:

$$t = 5500 \text{ h}/3 = 1833.3 \text{ h} = 76.4 \text{ d} \approx 77 \text{ d}$$

所以 3 套被试样品需试验 77 d,期间允许出现 0 次故障。根据 QX/T 526—2019 的 5.3 规定,至少应进行 3 个月的试验,因此,采用 3 套及以上被试样品进行试验,试验时间应至少 3 个月。

1.5.5.2　MTBF 观测值的计算

MTBF 的观测值(点估计值)$\hat{\theta}$ 用公式(1.2)计算。

$$\hat{\theta}=\frac{T}{r} \tag{1.2}$$

式中，T 为试验总时间，是所有被试样品试验期间各自工作时间的总和；r 为总责任故障数。

1.5.5.3　MTBF 置信区间的估计

按照 QX/T 526—2019 中的 A.2.3 计算 MTBF 置信区间的估计值。

1.5.5.3.1　有故障的 MTBF 置信区间估计

$\beta=20\%$ 时，置信度 $C=60\%$；$\beta=30\%$ 时，置信度 $C=40\%$。

根据责任故障数 r 和置信度 C，由 QX/T 526—2019 中表 A.2 查取置信上限系数 $\theta_U(C',r)$ 和置信下限系数 $\theta_L(C',r)$，其中，$C'=(1+C)/2=1-\beta$，MTBF 的置信区间下限值 θ_L 用公式 (1.3) 计算，上限值 θ_U 用公式 (1.4) 计算

$$\theta_L=\theta_L(C',r)\times\hat{\theta} \tag{1.3}$$
$$\theta_U=\theta_U(C',r)\times\hat{\theta} \tag{1.4}$$

MTBF 的置信区间表示为 (θ_L,θ_U)（置信度为 C）。

1.5.5.3.2　故障数为 0 的 MTBF 置信区间估计

若责任故障数 r 为 0，只给出置信下限值，用公式 (1.5) 计算。

$$\theta_L=T/(-\ln\beta) \tag{1.5}$$

式中，T 为试验总时间，是所有被试样品试验期间各自工作时间的总和；β 为使用方风险。采用 1.5.5.1.1 标准型试验方案，使用方风险 $\beta=20\%$；采用 1.5.5.1.2 短时高风险试验方案，使用方风险 $\beta=30\%$。

这里的置信度应为 $C=1-\beta$。

1.5.5.4　试验结论

(1) 按照试验中可接收的故障数判断可靠性是否合格。

(2) 可靠性试验无论是否合格，都应给出被试样品平均故障间隔时间（MTBF）的观测值 $\hat{\theta}$ 和置信区间估计的上限 θ_U 和下限 θ_L，表示为 (θ_L,θ_U)（置信度为 C）。

1.5.5.5　故障的认定和记录

按照 QX/T 526—2019 的 A.3 认定和记录故障。故障认定应区分责任故障和非责任故障，故障记录在动态比对试验的设备故障维修登记表中，见附表 A。

1.5.6　维修性

设备的维修性，应在功能检测中检查维修可达性，审查维修手册的适用性。

1.6　结果评定

1.6.1　单项评定

以下各项均合格的，视该被试样品合格，有一项不合格的，视为不合格。

(1) 静态测试和环境试验

被试样品静态测试和环境试验合格后，方可进行动态比对试验。

(2) 动态比对试验

1）数据完整性

数据完整性（％）≥98％为合格。

2）设备稳定性

稳定性 w 在允许误差限内为合格。

3）测量结果一致性

两台被试样品相同时次测量值差值的系统误差的绝对值小于等于允许误差半宽的三分之一，且标准偏差的绝对值小于等于允许误差的半宽为合格。

4）设备可靠性

若选择 1.5.5.1.1 标准型试验方案，最多出现 2 次故障为合格；若选择 1.5.5.1.2 短时高风险试验方案，无故障为合格。

1.6.2　总评定

被试样品总数的 2/3 及以上合格时，视该型号被试样品为合格，否则不合格。

本章附表

附表 1.1　静态测试记录表

被试样品	名称	便携式自动气象站		测试日期		
	型号			环境温度		℃
	编号			环境湿度		%
被试方				测试地点		
测试项目	技术要求				测试结果	结论
外观和结构	表面应整洁,无损伤和形变,表面涂层均匀,无气泡、开裂、脱落等					
	操作面板上、接插件上文字符号应清晰、正确					
	零部件应安装正确,牢固可靠,同时无机械变形、断裂、弯曲等,操作部分不应有迟滞、卡死、松脱等					
	选用耐老化、抗腐蚀、具有良好电气绝缘等性能的材料					
	各零部件除用耐腐蚀材料制造的以外,其余表面应有涂、敷、镀等工艺措施					
	结构应利于装配、调试、检验、包装、运输、安装、维护等					
	采用三角架结构,三角架由风杆、三根支撑腿(内含伸缩腿)、横臂、法兰盘等部件组成。风杆除顶端安装一体风传感器以外,不得在风杆上安装其他任何部件,通信系统安装位置应满足通信要求,且不影响正常气象观测。电源箱只可安装在三角架平台以下。太阳能电池板建议安装在朝正南方向的支撑腿上,仰角 15～50°可调整					
重量和尺寸	整套设备总重量(含包装箱或背包)应不超过 40 kg,包装箱或背包数量不超过 4 个,单个包装箱长度不超过 1.6m,重量原则上不超过 10 kg,三角支架包装箱尺寸可适当放宽但重量不超过 15 kg					
电源	内置电源在能量充足后应能维持 7 d 正常工作,且有补充能量的装置,如太阳能电池板及充电装置					
	电池安装应使电池泄漏的电解液不会接触到危险带电部件。电池电极应有绝缘保护装置,保护装置应能完全遮盖电极以及连接线的导电部分					
功耗	整机平均功耗(6 要素传感器和 GPRS 通信模块、10 min 通信密度):≤2.0 W 数据采集器和 6 要素传感器平均功耗:≤1.0 W 无线通信模块平均功耗:≤1.0 W					
测试仪器	名称		型号		编号	

测试单位＿＿＿＿＿＿＿＿＿＿＿＿＿＿＿＿＿＿　　　　　测试人员＿＿＿＿＿＿＿＿＿＿＿＿＿＿＿＿＿＿

附表 1.2　功能检测记录表

被试样品	名称	便携式自动气象站		测试日期	
	型号			环境温度	℃
	编号			环境湿度	%
被试方				测试地点	
测试项目	技术要求			测试结果	结论
初始化和参数设置	开机即进行自检,自检通过后,以默认设置参数进入工作状态。可通过终端进行参数设置,包括观测站基本参数(经纬度、海拔高度、区站号等)、传感器参数(搭载的传感器类型等)、通信参数(采用的通信方式、波特率等)、数据发送模式参数等				
数据采样和算法	符合《需求书》3.2 数据采样和算法				
数据处理	数据采集单元一方面完成数据采样工作,另一方面对采样值进行数据质量控制,并计算出气象观测需要的统计量(如一个或多个时段内的极值数据、专门时段内的总量、不同时段内的平均值以及累计量等),由数据采集单元生成瞬时气象值(分钟)数据文件和定时(小时)数据文件				
数据存储	具有观测数据存储功能,存储的小时观测数据、分钟观测数据都不少于 30 d。数据存储器为"先入先出"数据存储模式,具备掉电数据保存功能				
数据传输	符合《需求书》3.5 数据传输				
采集器中的数据质量控制	符合《需求书》3.6 采集器中的数据质量控制				
时钟管理功能	当便携站独立运行时,由实时时钟芯片提供系统时钟。当便携站与数据接收终端相连接时,由本地终端操作软件或中心站组网软件通过对时命令对便携站进行对时				
数据接口格式	符合《需求书》3.8 数据接口格式				
终端操作命令	符合《需求书》3.9 终端操作命令				

测试单位＿＿＿＿＿＿＿＿＿＿＿＿＿＿＿　　　　测试人员＿＿＿＿＿＿＿＿＿＿＿＿＿＿＿

附表 1.3　气温测试记录表

被试样品	名称	便携式自动气象站		测试日期		
	型号			环境温度		℃
	编号			环境湿度		%
被试方				测试地点		
测试点	标准值/℃		测量值/℃	测试点	标准值/℃	测量值/℃
−50 ℃	1			10 ℃	1	
	2				2	
	3				3	
	4				4	
	5				5	
	6				6	
	7				7	
	8				8	
	9				9	
	10				10	
	平均值				平均值	
	误差值/℃				误差值/℃	
−30 ℃	1			30 ℃	1	
	2				2	
	3				3	
	4				4	
	5				5	
	6				6	
	7				7	
	8				8	
	9				9	
	10				10	
	平均值				平均值	
	误差值/℃				误差值/℃	
0 ℃	1			50 ℃	1	
	2				2	
	3				3	
	4				4	
	5				5	
	6				6	
	7				7	
	8				8	
	9				9	
	10				10	
	平均值				平均值	
	误差值/℃				误差值/℃	
测试仪器	名称		型号		编号	

测试单位_____　　　　测试人员_____

附表 1.4　相对湿度测试记录表

被试样品	名称	便携式自动气象站		测试日期		
	型号			环境温度		℃
	编号			环境湿度		%
被试方				测试地点		
测试点		标准值/%	测量值/%	测试点	标准值/%	测量值/%
20%	1			70%	1	
	2				2	
	3				3	
	4				4	
	5				5	
	6				6	
	7				7	
	8				8	
	9				9	
	10				10	
	平均值				平均值	
	误差值/%				误差值/%	
30%	1			80%	1	
	2				2	
	3				3	
	4				4	
	5				5	
	6				6	
	7				7	
	8				8	
	9				9	
	10				10	
	平均值				平均值	
	误差值/%				误差值/%	
50%	1			95%	1	
	2				2	
	3				3	
	4				4	
	5				5	
	6				6	
	7				7	
	8				8	
	9				9	
	10				10	
	平均值				平均值	
	误差值/%				误差值/%	
测试仪器	名称		型号		编号	

测试单位＿＿＿＿＿＿＿＿＿＿＿＿＿＿＿　　　测试人员＿＿＿＿＿＿＿＿＿＿＿＿＿＿＿

附表 1.5　气压测试记录表

被试样品	名称	便携式自动气象站		测试日期		
	型号			环境温度		℃
	编号			环境湿度		%
被试方				测试地点		
测试点（正程）	标准值/hPa		测量值/hPa	测试点（反程）	标准值/hPa	测量值/hPa
450 hPa	1			1100 hPa	1	
	2				2	
	3				3	
	4				4	
	5				5	
	6				6	
	7				7	
	8				8	
	9				9	
	10				10	
	平均值				平均值	
	误差值/hPa				误差值/hPa	
500 hPa	1			1013 hPa	1	
	2				2	
	3				3	
	4				4	
	5				5	
	6				6	
	7				7	
	8				8	
	9				9	
	10				10	
	平均值				平均值	
	误差值/hPa				误差值/hPa	
600 hPa	1			900 hPa	1	
	2				2	
	3				3	
	4				4	
	5				5	
	6				6	
	7				7	
	8				8	
	9				9	
	10				10	
	平均值				平均值	
	误差值/hPa				误差值/hPa	

被试样品	名称	便携式自动气象站		测试日期		
	型号			环境温度		℃
	编号			环境湿度		%
被试方				测试地点		
测试点（正程）		标准值/hPa	测量值/hPa	测试点（反程）	标准值/hPa	测量值/hPa
700 hPa	1			800 hPa 1		
	2			2		
	3			3		
	4			4		
	5			5		
	6			6		
	7			7		
	8			8		
	9			9		
	10			10		
	平均值			平均值		
	误差值/hPa			误差值/hPa		
800 hPa	1			700 hPa 1		
	2			2		
	3			3		
	4			4		
	5			5		
	6			6		
	7			7		
	8			8		
	9			9		
	10			10		
	平均值			平均值		
	误差值/hPa			误差值/hPa		
900 hPa	1			600 hPa 1		
	2			2		
	3			3		
	4			4		
	5			5		
	6			6		
	7			7		
	8			8		
	9			9		
	10			10		
	平均值			平均值		
	误差值/hPa			误差值/hPa		

被试样品	名称	便携式自动气象站		测试日期		
	型号			环境温度		℃
	编号			环境湿度		%
被试方				测试地点		
测试点（正程）		标准值/hPa	测量值/hPa	测试点（反程）	标准值/hPa	测量值/hPa
1013 hPa	1			500 hPa　　1		
	2			2		
	3			3		
	4			4		
	5			5		
	6			6		
	7			7		
	8			8		
	9			9		
	10			10		
	平均值			平均值		
	误差值/hPa			误差值/hPa		
1100 hPa	1			450 hPa　　1		
	2			2		
	3			3		
	4			4		
	5			5		
	6			6		
	7			7		
	8			8		
	9			9		
	10			10		
	平均值			平均值		
	误差值/hPa			误差值/hPa		
测试仪器	名称		型号		编号	

测试单位＿＿＿＿＿＿＿＿＿＿＿＿＿＿＿　　　　测试人员＿＿＿＿＿＿＿＿＿＿＿＿＿＿＿

附表 1.6　风向风速测试记录表

被试样品	名称		便携式自动气象站				测试日期			
	型号						环境温度			℃
	编号						环境湿度			%
被试方							测试地点			

传感器		测试点	标准器示值				被试样品示值				误差值
			1	2	3	平均值	1	2	3	平均值	
风速传感器	风速示值 /(m/s)	2									
		5									
		10									
		15									
		20									
		30									
		45									
		60									
	启动风速 /(m/s)	//									
风向传感器	风向示值 /°	0									
		45									
		90									
		135									
		180									
		225									
		270									
		315									
	启动风速 /(m/s)	//									

测试仪器	名称		型号		编号	

测试单位＿＿＿＿＿＿＿＿＿＿＿＿＿＿＿　　　　　　测试人员＿＿＿＿＿＿＿＿＿＿＿＿＿＿＿

附表 1.7 降水测试记录表

被试样品	名称		便携式自动气象站		测试日期		
	型号				环境温度		℃
	编号				环境湿度		%
被试方					测试地点		
测试点			1 mm/min			4 mm/min	
			标准值/mm	测量值/mm	标准值/mm		测量值/mm
10 mm	1						
	2						
	3						
	4						
	5						
	6						
	7						
	8						
	9						
	10						
	平均值						
	误差值/mm						
30 mm	1						
	2						
	3						
	4						
	5						
	6						
	7						
	8						
	9						
	10						
	平均值						
	误差值/mm						
测试仪器		名称			型号		编号

测试单位_____   测试人员_____

第 2 章　公路交通气象观测站[①]

2.1　目的

规范公路交通气象观测站测试的内容和方法,通过测试与试验,检验其是否满足《公路交通气象观测站功能规格需求书》(气测函〔2014〕44 号)(简称《需求书》)的要求。

2.2　基本要求

2.2.1　被试样品

提供 3 套或以上同一型号的公路交通气象观测站(简称交通气象站)作为被试样品。被试样品须采用与实际工作状态相同的防雷措施和蓄电池,在整个测试试验期间保证设备连续正常工作,数据通过自带终端(中心站)上传至与业务应用要求一致的测试终端。功能检测和环境试验可抽取 1 套被试样品进行。

2.2.2　试验场地

选择 2 个或以上的试验场地,至少包含 2 个不同的气候区,应尽量选择接近被试样品使用环境要求的气象参数极限值,并在自然状况下能发生结冰、积雪等路面状况的条件。

2.2.3　场地布局和样品安装

同一试验场地安装多套被试样品时,彼此间距应不小于 3.0 m,如图 2.1 所示,以避免相互影响。

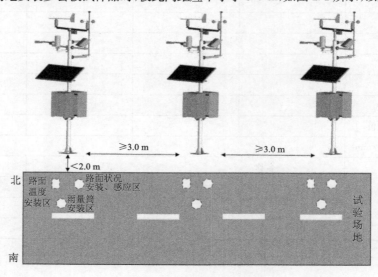

图 2.1　测试设备安装示意

---

① 本章作者:吴泓、李永

　　被试样品的安装立柱应牢固安装在试验场地混凝土预埋基础上,该基础不小于 40 cm×40 cm×60 cm(长×宽×深)。

　　被试样品传感器的安装高度和布局如图 2.2 所示。

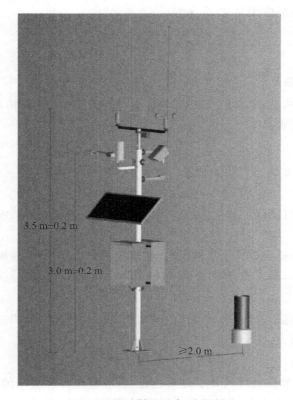

图 2.2　被试样品示意(主视图)

　　(1)被试样品的立柱距离测试公路边缘不大于 2.0 m。

　　(2)风向、风速传感器:安装在立柱最上端,距地面高度为 3.5 m±0.2 m。若使用横臂,横臂应与道路方向平行。

　　(3)空气温度、湿度传感器:安装高度为距地 3.0 m±0.2 m,传感器安装在自然通风的防辐射罩内。

　　(4)路面状况传感器(遥感式):安装高度为距地 3.0 m±0.2 m,以传感器取样点为准。

　　(5)能见度仪:安装高度为 3.0 m±0.2 m,以传感器取样点为准。能见度仪的光轴应为南北指向。

　　(6)路面温度传感器(遥感式):安装高度为距地 3.0 m±0.2 m,以传感器取样点为准。

　　(7)降水传感器:安装在基础平台上,与被试样品的立柱相距不小于 2.0 m。

　　(8)路面状况传感器(埋入式):安装在测试道路上,距离道路外延不小于 1.5 m,传感器顶面与路面齐平。

　　(9)路面温度传感器(接触式):安装在测试道路上,距离道路外延不小于 1.5 m,其中路面温度传感器(0 cm)与路面齐平,路基温度传感器(−10 cm)安装在 0 cm 传感器正下方 10 cm 处,应保证与路基紧密贴合。

(10)天气现象传感器:按照观测项目的技术要求安装,降水类和视程障碍类应与能见度仪同高。

(11)各传感器间的安装位置要求:能见度仪、路面状况(遥感式)、路面温度(遥感式)等传感器的光路及其反射路径应无交叉、无重合。

2.3 静态测试

2.3.1 结构和外观检查

用目测和手动操作,必要时可用计量器具检查,按《需求书》10 结构和外观要求逐项检查,检查结果记录在本章附表 2.1。

2.3.2 功能检测

按《需求书》3 功能要求进行逐项检测。

2.3.2.1 初始化

通过终端、电脑串口调试工具设置必要的参数,包括交通气象站基本参数、传感器参数、通信参数等。

通过中心站终端检查被试样品工作状态,包括传感器连接、通信连接、参数配置、运行状态等。应满足《需求书》3.1 软件初始化要求,检测结果记录在本章附表 2.2。

2.3.2.2 数据采集

检测被试样品的数据采样频率和输出的瞬时气象值,应满足《需求书》3.2 数据采集要求,检测结果记录在本章附表 2.3。

2.3.2.3 数据处理

按照《需求书》3.3 数据处理的要求逐项检查,检查被试样品输出的瞬时气象值(分钟)数据文件和定时(小时)数据文件;通过对采样的瞬时变量值的计算或统计,检查气象要素的统计值(如累计值、平均值、最大值、极大值等)正确与否;可人为设置阈值、缺测数据、异常数据等,检查其处理的能力;检查存储器的数据写入等。检测结果记录在本章附表 2.3。

2.3.2.4 数据存储

被试样品正常工作不少于 1 d,通过命令读取历史数据,检查是否保存了完整的气象要素数据和工作状态数据,计算 31 d 需要存储数据的字节数并与被试样品存储容量比较,存储的数据量不少于 31 d,数据存储器应具备掉电保存功能。应满足《需求书》3.4 数据存储的要求,检测结果记录在本章附表 2.2。

2.3.2.5 数据传输

被试样品正常工作,在中心站终端和测试终端上检查数据接收情况,通过中心站发出指令考察响应情况。应满足《需求书》3.5 数据传输的要求,检测结果记录在本章附表 2.2。

2.3.2.6 数据格式

运行被试样品,检查存储数据文件、存储状态信息文件,上传数据文件、上传状态信息文件等文件的格式与《需求书》附录 1 要求的格式是否一致。检测结果记录在本章附表 2.2。

2.3.2.7 中心站软件

运行被试样品,按《需求书》2.5.2 中心站组网软件的要求检查中心站的组网和监控管理等功能。检测结果记录在本章附表 2.4。

2.3.2.8　数据质量控制

2.3.2.8.1　采集软件

通过串口调试助手对被试样品的气温、湿度、风向、风速、降水量等气象要素的极限范围、变化速率等参数进行设置,检查输出的采样瞬时值和瞬时气象值是否输出相对应的质量控制标识。应满足《需求书》3.7.1 要求,检测结果记录在本章附表 2.4。

2.3.2.8.2　中心站软件

运行被试样品,在中心站检查数据的打包传输、接收解码、还原结果等的一致性,以及数据完整性、数据质量标识等。应满足《需求书》3.7.2 要求,检测结果记录在本章附表 2.4。

2.3.2.9　对时功能

通过中心站人工发布指令,对被试样品校准日期和时间,当交通气象站时钟误差超过设定值时可自动报警,支持网络时间同步。检测结果记录在本章附表 2.2。

2.3.2.10　状态监控

运行被试样品,在中心站检查每小时上传的工作状态参数集;通过中心站下达指令,应能上传监测站当前工作状态信息集。包括:交流供电状态、蓄电池电压、机箱温度、机箱门开关状态、传感器工作状态参数等。检测结果记录在本章附表 2.2。

2.3.2.11　安全报警

人为设定交流供电状态、蓄电池电压、机箱温度、机箱门开关状态、无线通信在线状态、传感器工作状态等项目的异常状况,中心站应有报警。检测结果记录在本章附表 2.2。

2.3.2.12　终端操作命令

通过中心站或其他终端,向被试样品发送操作命令,应能正确响应;检查终端命令格式与《需求书》附录 2 的要求是否一致。检测结果记录在本章附表 2.2。

2.3.3　测量性能

2.3.3.1　性能要求

测试各测量要素是否满足表 2.1 的测量性能要求。

表 2.1　公路交通气象站测量性能要求

测量要素	范围	分辨力	指标要求
气温	−50~50 ℃	0.1 ℃	±0.2 ℃
相对湿度	5%~100%	1%	±3%(≤80%)
			±5%(>80%)
风向	0~360°	3°	±5°
风速	0~60 m/s	0.1 m/s	±(0.5+0.03 V)m/s
降水量	0~4 mm/min	0.1 mm	±0.4 mm(≤10 mm)
			±4%(>10 mm)
能见度	10~10000 m	1 m	±10%(≤1500 m)
			±20%(>1500 m)
路面温度	−50~80 ℃	0.1 ℃	±0.5 ℃

测量要素	范围	分辨力	指标要求
路基温度(−10 cm)	−40~60 ℃	0.1 ℃	±0.4 ℃
路面状况	准确区分干燥、潮湿、积水、结冰、积雪5种路面状态,能测量水膜厚度、冰层厚度、雪层厚度。如果采用埋入式路面传感器,除满足以上要求外,还需有冰点温度、融雪剂浓度		
天气现象	至少可识别有/无降水,降水类型(雨、雪、雨夹雪),降水强度(微量、小、中、大、特大等);可识别雾、霾、沙尘等视程障碍现象;能够对各种天气状况下的能见度进行观测,观测性能同本表能见度的技术要求		

2.3.3.2　测试方法

2.3.3.2.1　温度

温度传感器包括气温、路面温度、路基温度。

气温测试点:−50 ℃、−30 ℃、−10 ℃、0 ℃、30 ℃、50 ℃。

路面温度测试点:−50 ℃、−30 ℃、−10 ℃、0 ℃、30 ℃、50 ℃、80 ℃。

路基温度测试点:−40 ℃、−20 ℃、0 ℃、20 ℃、40 ℃、60 ℃。

在每个测试点上,每隔30 s依次读取标准值和被试温度传感器的测量值,连续读取4次,并检查分辨力。被试温度传感器示值的平均值减去标准值的平均值,得到示值误差。

在所选测试点上的示值误差均满足指标要求时为合格。当某一个测试点或多个测试点的示值误差超出指标要求时为不合格。测试结果分别记录在本章附表2.5~2.7。

2.3.3.2.2　湿度

测试点:30%、40%、55%、75%、95%。

分别进行升湿和降湿过程各测试点的测试。

在每个测试点上,每隔30 s依次读取标准值和被试湿度传感器的测量值,连续读取4次,并检查分辨力。被试湿度传感器示值的平均值减去标准值的平均值,得到示值误差。

在所选测试点上的示值误差均满足指标要求时为合格。当某一个测试点或多个测试点的示值误差超出指标要求时为不合格。测试结果记录在本章附表2.8。

2.3.3.2.3　风向

测试点:0~360°范围内每45°测试一个点(0°与360°为1个点)。

启动风速测试:将风向标0位对齐并平行于风洞轴线安装在风洞工作段内,转动风向标角度至15°,使风洞内气流缓慢增加,当风向标向风洞轴线方向移动时,记录此时的实测风速值,按以上方法重复测试3次,取其最大值作为被试风向传感器启动风速的测量结果。测试结果记录在本章附表2.9。

风向示值误差测试:将被试风向传感器和标准度盘安装在一起并固定于工作台上。用标准度盘的刻度值为标准值,使风向标、指北线与标准度盘上的0°点对齐,读取被试风向传感器的测量值,一个风向测试点结束。再将风向标逐次增大45°进行其他各点测试,并检查分辨力。用测量值减去标准值得到每个测试点的误差值,均应在允许误差范围内。测试结果记录在本章附表2.9。

2.3.3.2.4　风速

测试点:2 m/s、5 m/s、10 m/s、15 m/s、20 m/s、25 m/s、30 m/s、40 m/s、50 m/s、60 m/s。

启动风速测试:将被试风速传感器安装在风洞内,在风杯处于静止状态下,使风洞内气流缓慢增加,记录当风杯由静止变为连续转动时的风速值,按以上方法重复测试 3 次,取其平均值作为被试风速传感器启动风速的测量结果。

风速示值误差测试:每个测试点调好后,稳定 1 min;读取被试风速传感器的测量值,并根据微压计的实测风压值、流场温度值、流场湿度值和室内大气压力值,计算各测试点的测量风速值,并检查分辨力。用传感器的测量值减去实测风速值得到每个测试点的示值误差,均应在允许误差范围内。测试结果记录在本章附表 2.9。

2.3.3.2.5　降水量

测试的降水量为 10 mm 和 30 mm,降水强度分别为 1 mm/min 和 4 mm/min。

每种降水量、降水强度分别测试 3 次,并检查分辨力。以被试雨量传感器 3 次测量值的平均值减去标准值,得出该雨强下的测量误差,均应在允许误差范围内。测试结果记录在本章附表 2.10。

2.3.3.2.6　能见度

测试点:50 m、200 m、500 m、750 m、1000 m、1500 m、5000 m 和 10000 m。

在各测试点附近连续选取不少于 6 组标准值和对应时间点被试前向散射式能见度仪测量值。用测量值的平均值减去标准值的平均值,再除以标准值的平均值,得到能见度的相对误差。测试结果记录在本章附表 2.11。

2.3.3.2.7　路面状况

检查干燥、潮湿、积水、结冰、积雪等 5 种路面状态的定性判别。采用人工模拟标准状态的方法检查,合格标准为状态判别正确率≥90%。测试方法见附录 A。测试结果记录在本章附表 2.12。

2.3.3.2.8　天气现象

只在动态比对试验中检验,待相关测试手段完善后补充该部分静态测试。

2.3.4　供电要求

按《需求书》6 供电要求检查,检查结果记录在本章附表 2.13。

2.3.4.1　供电方式

2.3.4.1.1　要求

应至少具备市电和太阳能两种供电方式。

2.3.4.1.2　测试方法

分别测试市电、太阳能供电方式,设备是否供电正常。

2.3.4.2　蓄电池

2.3.4.2.1　要求

蓄电池容量应保证被试样品能连续工作 7 d 以上。

2.3.4.2.2　测试方法

电池充满后切断外部供电,检查被试样品是否能够连续正常工作 7 d(168 h)。

2.3.5　安全要求

按《需求书》7 安全要求检查,其中标识要求、文件要求、结构要求采用人工检查方式,检查结果记录在本章附表 2.13。

2.3.5.1　绝缘电阻

2.3.5.1.1　要求

使用市电的交通气象站,电源的初级电路和机壳间的绝缘电阻不小于 2 MΩ。

使用 12 V 直流电源供电的交通气象站,电源初级电路和机壳间的绝缘电阻不小于 1 MΩ。

2.3.5.1.2　测试方法

使用万用表测量电源初级电路和机壳间的电阻值。

2.3.5.2　接地电阻

测试"安全接地"。

2.3.5.2.1　要求

交通气象站应设安全保护接地端子,接地端子与机壳(包括带电部件的金属外壳)应连接可靠,接地端子与机壳的连接电阻应不大于 4 Ω。

2.3.5.2.2　测试方法

用精密电阻测试仪测量接地端子与机壳的连接电阻。

2.3.6　其他要求

2.3.6.1　时钟精度

2.3.6.1.1　要求

应采用实时时钟,在产品寿命期内不会因供电中断而造成走时误差。

实时时钟走时误差不大于 15 s/月。

2.3.6.1.2　测试方法

通过串口设置时钟,中间不对时,31 d 后再读取被试样品时间,检查走时误差是否在 15 s 内。设备断电,10 d 后读取被试样品时间,与月走时误差相比,是否约为月走时误差的 1/3。检测结果记录在本章附表 2.2。

2.3.6.2　功耗要求

2.3.6.2.1　要求

采集器功耗不大于 2 W。

2.3.6.2.2　测试方法

使用万用表检查被试样品的数据采集器的供电电压和正常工作时的最大电流,计算平均功耗。检测结果记录在本章附表 2.2。

2.4　环境试验

2.4.1　气候环境

2.4.1.1　要求

在下列气候条件下,交通气象站应能正常工作。

气温:−40~60 ℃;

地面温度:−40~80 ℃;

相对湿度:10%~100%;

降水强度:6 mm/min;

抗风能力:不低于 30 m/s。

2.4.1.2　试验方法

(1)低温:−40 ℃工作 2 h,贮藏 2 h。采用 GB/T 2423.1 进行试验、检测和评定。

(2)高温:60 ℃工作 2 h,贮藏 2 h。地面温度传感器 80 ℃工作 2 h,贮藏 2 h。采用 GB/T 2423.2进行试验、检测和评定。

(3)恒定湿热:40 ℃,93%,放置 12 h,通电后正常工作。采用 GB/T 2423.3 进行试验、检测和评定。

(4)降水强度:6 mm/min。采用 GB/T 2423.38 进行试验、检测和评定。

(5)抗风能力在动态比对试验中检验。

2.4.2　生物条件

2.4.2.1　要求

交通气象站应采取适当的防霉菌措施;应采取适当措施防止动物损坏,如鼠咬等;应采取适当措施防止动物活动对传感器的影响,如蜘蛛结网等。

2.4.2.2　试验方法

防霉菌:采用 GB/T 2423.16 进行试验、检测和评定。

目视检查是否采取防止动物损坏以及对传感器产生影响等的措施。

2.4.3　化学活性物质

2.4.3.1　要求

交通气象站应在材料、表面涂覆和工艺上采取相应的措施,使其具有一定的抗化学活性物质侵蚀的能力。工作在沿海、海岛或其他湿度大、盐度高环境中,应进行不少于 48 h 的盐雾试验。

2.4.3.2　试验方法

盐雾试验:48 h 盐雾沉降试验。采用 GB/T 2423.17 进行试验、检测和评定。

2.4.4　机械条件

2.4.4.1　要求

正弦频率范围:2~200 Hz;

正弦稳态振动:振动幅值为位移 1.5 mm;

扫频循环数:20 次;

非稳态振动(冲击):峰值加速度 40 m/s^2;

交通气象站应在水平和垂直两个方向的轴线上依次经受上述指标的振动试验,合格后方可安装使用。

2.4.4.2　试验方法

(1)振动:采用 GB/T 2423.10 进行试验、检测和评定。

(2)冲击:采用 GB/T 2423.5 进行试验、检测和评定。

2.4.5　电磁兼容

2.4.5.1　要求

交通气象站为小功率、被动测试设备,因此不进行《需求书》9 电磁兼容性要求中的传导骚扰和辐射骚扰试验。

电磁抗扰度应满足表 2.2 中的试验内容和严酷度等级要求,采用推荐的标准进行试验。

表 2.2 电磁抗扰度试验内容和严酷度等级

内容	试验条件		
	交流电源端口	直流电源端口	控制和信号端口
静电放电抗扰度	接触放电:4 kV,空气放电:4 kV		
电快速瞬变脉冲群抗扰度	±2 kV 5 kHz	±1 kV 5 kHz	±1 kV 5 kHz
浪涌(冲击)抗扰度	线—线:±2 kV 线—地:±4 kV	线—线:±1 kV 线—地:±2 kV	线—地:±2 kV
工频磁场抗扰度	10 A/m		
电压暂降、短时中断和电压变化的抗扰度	0% 0.5 周期,0% 1 周期,70% 30 周期		

2.4.5.2 试验方法

被试样品均应在正常工作状态下进行下列试验。

(1)静电放电抗扰度

被试样品按落地式设备接地进行配置,确定施加放电点,每个放电点进行至少 10 次放电。如被试样品涂膜未说明是绝缘层,则发生器电极头应穿入漆膜与导电层接触;若涂膜为绝缘层,则只进行空气放电。接触放电 4 kV,空气放电 4 kV,采用 GB/T 17626.2 进行试验、检测和评定。

(2)电快速瞬变脉冲群抗扰度

交流电源端口:±2 kV、5 kHz,直流电源端口:±1 kV、5 kHz,控制和信号端口:±1 kV、5 kHz,试验持续时间不短于 1 min。采用 GB/T 17626.4 依次对被试产品的试验端口进行正负极性试验、检测和评定。

(3)浪涌(冲击)抗扰度

施加在直流电源端和互连线上的浪涌脉冲次数应为正、负极性各 5 次;对交流电源端口,应分别在 0°、90°、180°、270°相位施加正、负极性各 5 次的浪涌脉冲。试验速率为每分钟 1 次。交流电源端口:线对线±2 kV,线对地±4 kV;直流电源端口:线对线±1 kV,线对地±2 kV;控制和信号端口:线对地±2 kV,采用 GB/T 17626.5 进行试验、检测和评定。

(4)工频磁场抗扰度

被试样品置于感应线圈的中心位置,设置磁场强度为 10 A/m,采用 GB/T 17626.8 进行试验、检测和评定。

上述试验结束后,均应进行最后检测,检查其是否保持在技术要求限值内性能正常。

(5)电压暂降、短时中断和电压变化的抗扰度

按照 0%、0.5 周期,0%、1 周期,70%、30 周期,采用 GB/T 17626.11 进行试验、检测和评定。

2.5 动态比对试验

动态比对试验项目包括:报文传输的到报率和及时率、数据完整性、数据可用性、设备稳定

性、测量结果一致性和设备可靠性等。

2.5.1　报文传输

报文每 5 min 传输一次。排除由于外界干扰因素造成的数据缺测,评定每套被试样品的报文传输能力。

2.5.1.1　报文到报率

到报率统计应到报文中,观测时间 30 min(含)以内发送至测试终端的报文次数占比。

(1)评定方法用公式(2.1)计算

$$到报率(\%)＝实到次数/应到次数×100\%　　　　　(2.1)$$

(2)评定指标:到报率应≥98%

2.5.1.2　报文及时率

报文在观测时间 10 min(含)内发送至测试终端,视为及时;10～30 min(含)发送到测试终端,视为逾限;超过 30 min,视为缺报。及时率统计 30 min(含)内发送至测试终端的报文中,及时报文的占比。

(1)评定方法用公式(2.2)计算

$$及时率(\%)＝及时次数/实到次数×100\%　　　　　(2.2)$$

(2)评定指标:及时率应≥98%

2.5.2　完整性

测试终端每半点从自带终端(中心站)读取并另存前一整点 1 h 内分钟数据。以分钟数据为基本单元,检查月数据文件中及时实到数据的完整性。排除由于外界干扰因素造成的数据缺测,评定每套被试样品的数据完整性。

(1)评定方法用公式(2.3)计算

$$数据完整率(\%)＝实到有效数据个数/应到数据个数×100\%　　　　　(2.3)$$

式中,有效数据为月文件数据中除去缺测和未到的数据。

(2)评定指标:各要素数据完整率均应≥98%。

2.5.3　可用性

数据可用性使用被试样品传输至测试终端的报文解析出的观测数据评定,解析实到数据中达到业务使用标准数据的占比。

(1)评定方法用公式(2.4)计算

$$数据可用率(\%)＝(实到要素数－错误要素数)/实到要素数×100\%　　　　　(2.4)$$

式中,错误要素是指与业务装备同一时刻同一要素相比,定量观测项目偏差大于 3 倍允许误差的数据,或定性观测项目与业务装备观测结果不一致的数据。

(2)评定指标:空气温度、湿度、降水量、风向、风速、路面温度(0 cm)和路基温度(－10 cm)7 项要素的数据可用率应≥99%,且报文到报率≥90%;能见度和路面状态 2 项要素的数据可用率应≥90%,且报文到报率≥90%。

2.5.4　稳定性

稳定性是指被试样品正常使用一定的时间,其测量性能保持不变的能力。稳定性的测试时间或周期通常为 1 年。

温度、湿度、风向、风速传感器需进行稳定性测试。能见度、路面状况（遥感式）、降水等传感器使用中应及时校准，因此不进行稳定性测试。

2.5.4.1　评定方法

采用初始测量性能的测试方法。动态比对完成后，被试样品不做任何维修、校准或调整，进行主要测量性能的复测。复测所用的设备、方法和条件与初始测试应保持一致。

2.5.4.2　评定指标

应符合测量性能要求，且两次静态测试误差之差应在允许误差限内。

2.5.5　一致性

一致性是在相同测量条件下，同企业的被试样品对同一被测参数测量所得结果之间的一致程度。

2.5.5.1　评定方法

被试样品在同一试验场地，同时测量同一气象要素，先计算各被试样品同一时次的测量结果的平均值，再计算各台被试样品测量结果对该平均值的系统误差和标准偏差。

用标准偏差除以 2 的开平方，作为被试产品的一致性标准偏差。

2.5.5.2　评定指标

系统误差的绝对值和标准偏差均应小于等于允许误差的半宽。

2.5.6　可比较性

可比较性是被试产品与业务装备的同类观测仪器对同一气象要素获取观测数据的一致程度。

2.5.6.1　评定方法

先计算被试样品同一时次测量结果的平均值，再计算该平均值对业务装备测量数据的系统误差和标准偏差。

用标准偏差除以 2 的开平方，作为被试产品的一致性标准偏差。

2.5.6.2　评定指标

系统误差的绝对值和标准偏差均应小于等于允许误差的半宽。

2.5.7　可靠性

设备可靠性以平均故障间隔时间（MTBF）表示。

2.5.7.1　评定方法

按照定时截尾试验方案，在 QX/T 526—2019 表 A.1 的方案类型中选用标准型或短时高风险两种试验方案之一，推荐选用标准型试验方案。

2.5.7.1.1　标准型试验方案

采用 17 号方案，即生产方和使用方风险各为 20%，鉴别比为 3 的定时截尾试验方案，试验的总时间为规定 MTBF 下限值（θ_1）的 4.3 倍，接受故障数为 2，拒收故障数为 3。

试验总时间 T 为 21500 h（4.3×5000 h），要求 3 套或以上被试样品进行动态比对试验。以 3 套被试样品为例，每台试验的平均时间 t 为 7166.7 h（21500 h/3），约为 298.6 d。

采用 3 套被试样品进行试验，试验时间应为至少 10 个月。因此，测试时间应选择包括夏冬季的连续 10 个月以上。

2.5.7.1.2　短时高风险试验方案

采用 21 号方案，即生产方和使用方风险各为 30%，鉴别比为 3 的定时截尾试验方案，试验的总时间为规定 MTBF 下限值(θ_1)的 1.1 倍，接受故障数为 0，拒收故障数为 1。

试验总时间 T 为 5500 h(1.1×5000 h)，3 套被试样品进行动态比对试验，每台试验的平均时间 t 为 1833.3 h(5500 h/3)，约为 76.4 d，所以 3 套被试样品需试验 77 d，期间允许出现 0 次故障。根据 QX/T 526—2019 的 5.3 规定，至少应进行 3 个月的试验，因此，采用 3 套及以上被试样品进行试验，试验时间应为至少 3 个月。

2.5.7.1.3　MTBF 观测值的计算

MTBF 的观测值(点估计值)$\hat\theta$ 用公式(2.5)计算。

$$\hat\theta = \frac{T}{r} \tag{2.5}$$

式中，T 为试验总时间，是所有被试样品试验期间各自工作时间的总和；r 为总责任故障数。

2.5.7.1.4　MTBF 置信区间的估计

按照 QX/T 526—2019 中的 A.2.3 计算 MTBF 置信区间的估计值。

2.5.7.1.5　有故障的 MTBF 置信区间估计

采用标准型试验方案，使用方的风险 β=20% 时，置信度 C=60%；采用短时高风险试验方案，使用方的风险 β=30% 时，置信度 C=40%。

根据责任故障数 r 和置信度 C，由 QX/T 526—2019 中表 A.2 查取置信上限系数 $\theta_U(C', r)$ 和置信下限系数 $\theta_L(C', r)$，MTBF 的置信区间下限值 θ_L 用公式(2.6)计算，上限值 θ_U 用公式(2.7)计算

$$\theta_L = \theta_L(C', r) \times \hat\theta \tag{2.6}$$

$$\theta_U = \theta_U(C', r) \times \hat\theta \tag{2.7}$$

其中，

$$C' = (1+C)/2 = 1-\beta \tag{2.8}$$

MTBF 的置信区间表示为(θ_L,θ_U)(置信度为 C)。

2.5.7.1.6　故障数为 0 的 MTBF 置信区间估计

若责任故障数 r 为 0，只给出置信下限值，用公式(2.9)计算。

$$\theta_L = T/(-\ln\beta) \tag{2.9}$$

式中，T 为试验总时间，是所有被试样品试验期间各自工作时间的总和；β 为使用方风险。采用标准型试验方案，使用方的风险 β=20%，采用短时高风险试验方案，使用方的风险 β=30%。

这里的置信度为 C，用公式(2.10)计算。

$$C = 1-\beta \tag{2.10}$$

2.5.7.2　试验结论

(1)按照试验中可接收的故障数判断可靠性是否合格。

(2)可靠性试验无论是否合格，都应给出被试样品平均故障间隔时间(MTBF)的观测值 $\hat\theta$ 以及置信区间估计的上限 θ_U 和下限 θ_L，表示为(θ_L,θ_U)(置信度为 C)。

2.5.7.3　故障的认定和记录

按照 QX/T 526—2019 的 A.3 认定和记录故障。故障认定应区分责任故障和非责任故

障,故障记录在动态比对试验的设备故障维修登记表中,见附表 A。

2.5.8　可维性

2.5.8.1　要求

接线标志清晰不易混淆,应采取充分的措施保证即使非专业人员操作也不易产生误操作;平均维修时间(MTTR)要求:≤40 min。

2.5.8.2　测试方法

人工目视检查接线标志;

若试验期间发生故障,记录故障维修时间;若未发生故障,模拟设置故障。总故障次数不小于 3 次,用公式(2.11)计算 MTTR。

$$MTTR = 总维修时间/总故障次数 \tag{2.11}$$

其中,维修时间从进入测试场地起计算,至数据恢复正常结束,单位:min。

2.6　结果评定

2.6.1　单项评定

以下各项均合格的,视该被试样品合格,有一项不合格的,视为不合格。

(1)静态测试和环境试验

静态测试和环境试验合格后,方可进行动态比对试验。

(2)动态比对试验

①报文传输

报文到报率≥98%和报文及时率≥98%为合格。

②完整性

数据完整性≥98%为合格。

③可用性

数据可用率≥99%,且报文到报率≥90%为合格。

④稳定性

符合静态测试测量性能要求,且两次静态测试误差之差在允许误差限内为合格。

⑤一致性

系统误差的绝对值和标准偏差均应小于等于允许误差的半宽为合格。

⑥可比较性

与业务装备系统误差的绝对值和标准偏差均应小于等于允许误差的半宽为合格。

⑦可靠性

若选择 2.5.7.1.1 标准型试验方案,最多出现 2 次故障为合格;若选择 2.5.7.1.2 短时高风险试验方案,试验时间至少 3 个月,77 d 无故障为合格。

⑧可维性

接线标识清晰,且 MTTR≤40 min 为合格。

2.6.2　总评定

被试样品总数的 2/3 及以上合格时,视该型号被试样品为合格,否则不合格。

本章附表

附表 2.1　结构和外观检查记录表

被试样品	名称	公路交通气象观测站		测试日期		
	型号			环境温度		℃
	编号			环境湿度		%
被试方				测试地点		
测试项目	技术要求				测试结果	结论
支架	主体支架高度 3 m,支架上传感器的安装位置可根据道路走向(南北向、东西向等)进行调整					
传感器	合理设计各传感器的安装位置和相互间距;除降水传感器、埋入式路面状态传感器等安装在基础平台和路面外,其他各传感器应安装在主体支架上,并达到各自安装高度要求;路面温度、埋入式路面状态传感器及连接线缆应进行保护性处理					
机箱	主控机箱底部的安装高度为 1.5 m,悬挂在支架杆上,应有防盗锁具装置;进出机箱的所有线缆均从机箱背面直接进入主立杆金属管内,接口密封达到防水、防尘、防盗和牢固的要求					
蓄电池	应安装在独立电池箱内					
太阳能板	安装在主体立柱或独立立柱上。安装高度不宜过低,同时不影响传感器正常工作					
避雷针	避雷针接闪器的高度需达到各传感器所需保护范围的要求,离地高度为 4.5～5.0 m,选用绝缘支臂伸出主体立柱					
机械结构	应利于装配、调试、检验、包装、运输、安装、维护等,更换部件时简便易行;各零部件无机械变形、断裂、弯曲等,操作部分不应有迟滞、卡死、松脱等					
材料与涂覆	选用耐老化、抗腐蚀、具有良好电气绝缘的材料;各部件表面光泽一致、无划痕、无剥落、无锈蚀;表面涂、敷、镀层应色泽均匀,覆盖面达 100%,涂层不应有起泡和脱落,色彩为乳白色					
外观要求	立柱、支架、机箱及传感器安装牢固、端正。在支架、立杆、机箱内部或穿线管内部布线,达到隐蔽、保护、美观、防盗割、防雷电等效果。外观应整洁,无损伤和形变,表面涂层无气泡、开裂、脱落等现象。机箱要求为不锈钢材质,配有防水及遮阳罩,具有散热、密封、防尘等功能					
测试仪器	名称		型号		编号	

测试单位＿＿＿＿＿＿＿＿＿＿＿＿＿　　　　测试人员＿＿＿＿＿＿＿＿＿＿＿＿＿

附表 2.2 功能检测记录表

被试样品	名称	公路交通气象观测站		测试日期	
	型号			环境温度	℃
	编号			环境湿度	%
被试方				测试地点	
测试项目	技术要求			测试结果	结论
初始化	能通过终端进行参数配置,并可修改和查询,包括站点基本参数、传感器参数、通信参数等				
数据存储	可至少存储一个月(≥31 d)的观测数据,且具备掉电保存功能				
数据传输	具有有线或无线通信方式,实时向省级通信系统直接传输数据,或接受中心站指令并上传所需的数据				
数据格式	数据传输格式				
	数据文件存储格式				
	状态信息文件存储格式				
	数据文件上传格式				
	状态信息文件上传格式				
对时功能	采用中心站监控管理系统自动或人工发布指令,对站网内的交通气象站统一校准日期和时间,当站点时钟误差超过设定值时可自动报警;支持和实现网络时间同步				
时钟精度	时钟走时误差不大于 15 s/月				
功耗要求	采集器功耗不大于 2 W				
状态监控	交流电供电状态				
	蓄电池电压				
	机箱温度				
	机箱门开关状态				
	传感器工作状态参数				
安全报警	交流电供电状态				
	蓄电池电压				
	机箱温度				
	机箱门开关状态				
	无线通信在线状态				
	传感器工作状态参数				
终端操作命令	监控操作命令				
	数据质量控制参数操作命令				
	观测数据操作命令				
	报警操作命令				
测试仪器	名称		型号		编号

测试单位_____   测试人员_____

附表 2.3　数据采集与处理检测记录表

<table>
<tr><td rowspan="3">被试样品</td><td>名称</td><td colspan="2">公路交通气象观测站</td><td>测试日期</td><td></td></tr>
<tr><td>型号</td><td colspan="2"></td><td>环境温度</td><td>℃</td></tr>
<tr><td>编号</td><td colspan="2"></td><td>环境湿度</td><td>%</td></tr>
<tr><td>被试方</td><td colspan="3"></td><td>测试地点</td><td></td></tr>
<tr><td>要素</td><td>采样频率</td><td colspan="2">计算方法</td><td>测试结果</td><td>结论</td></tr>
<tr><td>气温</td><td rowspan="4">6 次/min 或
30 次/min</td><td colspan="2" rowspan="4">通过数据质量控制后计算平均值</td><td></td><td></td></tr>
<tr><td>路面温度</td><td></td><td></td></tr>
<tr><td>路基温度</td><td></td><td></td></tr>
<tr><td>湿度</td><td></td><td></td></tr>
<tr><td>风速</td><td>4 次/s</td><td colspan="2">以 0.25 s 为步长求 3 s 滑动平均值，即瞬时风速；以 1 s 为步长计算每分钟的 1 min、2 min 算术平均，即 2 min 平均风速；以 1 min 为步长（取 1 min 平均值）计算每分钟的 10 min 滑动平均，即 10 min 平均风速</td><td></td><td></td></tr>
<tr><td>风向</td><td>1 次/s</td><td colspan="2">求 1 min、2 min 平均；以 1 min 为步长（取 1 min 平均值）计算每分钟的 10 min 平均</td><td></td><td></td></tr>
<tr><td>降水量</td><td>1 次/min</td><td colspan="2">计算累计值</td><td></td><td></td></tr>
<tr><td>能见度</td><td>≥4 次/min</td><td colspan="2">瞬时气象（分钟）值为采样值等权相加求算术平均值</td><td></td><td></td></tr>
<tr><td>路面状况</td><td>1 次/min</td><td colspan="2"></td><td></td><td></td></tr>
<tr><td>天气现象</td><td>1 次/min</td><td colspan="2"></td><td></td><td></td></tr>
<tr><td rowspan="4">测试仪器</td><td colspan="2">名称</td><td colspan="2">型号</td><td>编号</td></tr>
<tr><td colspan="2"></td><td colspan="2"></td><td></td></tr>
<tr><td colspan="2"></td><td colspan="2"></td><td></td></tr>
<tr><td colspan="2"></td><td colspan="2"></td><td></td></tr>
</table>

测试单位＿＿＿＿＿＿＿＿＿＿＿＿＿＿＿＿＿　　　　测试人员＿＿＿＿＿＿＿＿＿＿＿＿＿＿＿＿＿

附表 2.4　软件和数据质量控制检测记录表

被试样品	名称	公路交通气象观测站	测试日期	
	型号		环境温度	℃
	编号		环境湿度	%
被试方			测试地点	

测试项目		技术要求	测试结果	结论
中心站软件	采集软件	实现基本的数据采集、处理、存储和传输功能		
		实现远程参数设置、数据监视、数据下载、采集器复位		
		存储数据文件、参数文件、配置文件、日志文件等		
	组网软件	设置或查询各站点的站名、区站号、经纬度、海拔高度、DTU 等通信号码、在线登录状态、数据传输状态、当前或历史资料		
		设置数据上传时间间隔功能		
		数据接收及遗漏资料补传功能		
		观测要素开关设置功能		
		日和时钟校准功能		
		报警功能		
		监控界面功能		
		生成存储数据文件、上传数据文件功能		
数据质量控制	采集软件	对采样瞬时值质量控制,应在传感器的正常测量范围内		
		对气象要素逐分钟瞬时值质量控制		
		对未满足质量控制要求的数据进行剔除,并记录特殊标记,不参加相关算法处理和统计		
		采样信号或气象要素瞬时值的界限值(上限/下限、有/无)等,由传感器的测量范围来确定		
		对采样瞬时值和瞬时气象值是否经过数据质量控制以及质量控制的结果进行标识		
	中心站软件	在通信传输过程中,根据通信协议,检查数据传输的编码格式、校验码是否一致。在通信协议或编码过程中,对数据的打包传输、接收解码、还原结果等进行一致性检查		
		在数据处理和存储过程中,中心站终端在接收数据时,检查数据的正确性,正确判断数据对应的日期和时间,检查数据是否超越界限		
		自动进行数据完整性检查,可对最近 24 h 内缺失数据进行自动补传,也可由人工操作进行数据补传		
		建立数据过滤预处理模块(控制规则),设定数据质量控制阈值作为数据质量控制异常数据判别规则的参数		
		对上传数据文件数据是否经过数据质量控制,以及质量控制的结果进行标识		

测试仪器	名称	型号	编号

测试单位＿＿＿＿＿＿＿＿＿＿＿＿＿＿＿＿　　　　测试人员＿＿＿＿＿＿＿＿＿＿＿＿＿＿＿＿

附表 2.5 气温测试记录表

被试样品	名称	公路交通气象观测站		测试日期		
	型号			环境温度		℃
	编号			环境湿度		%
被试方				测试地点		
测试点		标准值/℃	测量值/℃	测试点	标准值/℃	测量值/℃
−50 ℃	1			0 ℃	1	
	2				2	
	3				3	
	4				4	
	平均值				平均值	
	误差值/℃				误差值/℃	
−30 ℃	1			30 ℃	1	
	2				2	
	3				3	
	4				4	
	平均值				平均值	
	误差值/℃				误差值/℃	
−10 ℃	1			50 ℃	1	
	2				2	
	3				3	
	4				4	
	平均值				平均值	
	误差值/℃				误差值/℃	
测试仪器	名称		型号		编号	

测试单位_____ 测试人员_____

附表 2.6　路面温度测试记录表

<table>
<tr><td rowspan="3">被试样品</td><td>名称</td><td colspan="2">公路交通气象观测站</td><td>测试日期</td><td></td><td></td></tr>
<tr><td>型号</td><td colspan="2"></td><td>环境温度</td><td></td><td>℃</td></tr>
<tr><td>编号</td><td colspan="2"></td><td>环境湿度</td><td></td><td>%</td></tr>
<tr><td colspan="2">被试方</td><td colspan="2"></td><td>测试地点</td><td colspan="2"></td></tr>
<tr><td colspan="2">测试点</td><td>标准值/℃</td><td>测量值/℃</td><td>测试点</td><td>标准值/℃</td><td>测量值/℃</td></tr>
<tr><td rowspan="6">−50 ℃</td><td>1</td><td></td><td></td><td rowspan="6">30 ℃</td><td>1</td><td></td><td></td></tr>
<tr><td>2</td><td></td><td></td><td>2</td><td></td><td></td></tr>
<tr><td>3</td><td></td><td></td><td>3</td><td></td><td></td></tr>
<tr><td>4</td><td></td><td></td><td>4</td><td></td><td></td></tr>
<tr><td>平均值</td><td></td><td></td><td>平均值</td><td></td><td></td></tr>
<tr><td>误差值/℃</td><td></td><td></td><td>误差值/℃</td><td></td><td></td></tr>
<tr><td rowspan="6">−30 ℃</td><td>1</td><td></td><td></td><td rowspan="6">50 ℃</td><td>1</td><td></td><td></td></tr>
<tr><td>2</td><td></td><td></td><td>2</td><td></td><td></td></tr>
<tr><td>3</td><td></td><td></td><td>3</td><td></td><td></td></tr>
<tr><td>4</td><td></td><td></td><td>4</td><td></td><td></td></tr>
<tr><td>平均值</td><td></td><td></td><td>平均值</td><td></td><td></td></tr>
<tr><td>误差值/℃</td><td></td><td></td><td>误差值/℃</td><td></td><td></td></tr>
<tr><td rowspan="6">−10 ℃</td><td>1</td><td></td><td></td><td rowspan="6">80 ℃</td><td>1</td><td></td><td></td></tr>
<tr><td>2</td><td></td><td></td><td>2</td><td></td><td></td></tr>
<tr><td>3</td><td></td><td></td><td>3</td><td></td><td></td></tr>
<tr><td>4</td><td></td><td></td><td>4</td><td></td><td></td></tr>
<tr><td>平均值</td><td></td><td></td><td>平均值</td><td></td><td></td></tr>
<tr><td>误差值/℃</td><td></td><td></td><td>误差值/℃</td><td></td><td></td></tr>
<tr><td rowspan="6">0 ℃</td><td>1</td><td></td><td></td><td rowspan="6"></td><td></td><td></td><td></td></tr>
<tr><td>2</td><td></td><td></td><td></td><td></td><td></td></tr>
<tr><td>3</td><td></td><td></td><td></td><td></td><td></td></tr>
<tr><td>4</td><td></td><td></td><td></td><td></td><td></td></tr>
<tr><td>平均值</td><td></td><td></td><td></td><td></td><td></td></tr>
<tr><td>误差值/℃</td><td></td><td></td><td></td><td></td><td></td></tr>
<tr><td rowspan="4">测试仪器</td><td colspan="2">名称</td><td colspan="3">型号</td><td colspan="2">编号</td></tr>
<tr><td colspan="2"></td><td colspan="3"></td><td colspan="2"></td></tr>
<tr><td colspan="2"></td><td colspan="3"></td><td colspan="2"></td></tr>
<tr><td colspan="2"></td><td colspan="3"></td><td colspan="2"></td></tr>
</table>

测试单位＿＿＿＿＿＿＿＿＿＿＿＿＿＿＿　　　　测试人员＿＿＿＿＿＿＿＿＿＿＿＿＿＿＿

附表 2.7 路基温度测试记录表

被试样品	名称	公路交通气象观测站		测试日期		
	型号			环境温度		℃
	编号			环境湿度		%
被试方				测试地点		
测试点		标准值/℃	测量值/℃	测试点	标准值/℃	测量值/℃
−40 ℃	1			20 ℃	1	
	2				2	
	3				3	
	4				4	
	平均值				平均值	
	误差值/℃				误差值/℃	
−20 ℃	1			40 ℃	1	
	2				2	
	3				3	
	4				4	
	平均值				平均值	
	误差值/℃				误差值/℃	
0 ℃	1			60 ℃	1	
	2				2	
	3				3	
	4				4	
	平均值				平均值	
	误差值/℃				误差值/℃	
测试仪器	名称		型号		编号	

测试单位＿＿＿＿＿＿＿＿＿＿＿＿＿＿＿＿ 测试人员＿＿＿＿＿＿＿＿＿＿＿＿＿＿＿＿

附表 2.8　湿度测试记录表

<table>
<tr><td rowspan="3">被试样品</td><td>名称</td><td colspan="2">公路交通气象观测站</td><td>测试日期</td><td colspan="2"></td></tr>
<tr><td>型号</td><td colspan="2"></td><td>环境温度</td><td colspan="2">℃</td></tr>
<tr><td>编号</td><td colspan="2"></td><td>环境湿度</td><td colspan="2">%</td></tr>
<tr><td colspan="3">被试方</td><td></td><td>测试地点</td><td colspan="2"></td></tr>
<tr><td colspan="3">测试点</td><td colspan="2">标准值/%</td><td colspan="2">测量值/%</td></tr>
<tr><td rowspan="6">30%</td><td colspan="2">1</td><td colspan="2"></td><td colspan="2"></td></tr>
<tr><td colspan="2">2</td><td colspan="2"></td><td colspan="2"></td></tr>
<tr><td colspan="2">3</td><td colspan="2"></td><td colspan="2"></td></tr>
<tr><td colspan="2">4</td><td colspan="2"></td><td colspan="2"></td></tr>
<tr><td colspan="2">平均值</td><td colspan="2"></td><td colspan="2"></td></tr>
<tr><td colspan="2">误差值/%</td><td colspan="2"></td><td colspan="2"></td></tr>
<tr><td rowspan="6">40%</td><td colspan="2">1</td><td colspan="2"></td><td colspan="2"></td></tr>
<tr><td colspan="2">2</td><td colspan="2"></td><td colspan="2"></td></tr>
<tr><td colspan="2">3</td><td colspan="2"></td><td colspan="2"></td></tr>
<tr><td colspan="2">4</td><td colspan="2"></td><td colspan="2"></td></tr>
<tr><td colspan="2">平均值</td><td colspan="2"></td><td colspan="2"></td></tr>
<tr><td colspan="2">误差值/%</td><td colspan="2"></td><td colspan="2"></td></tr>
<tr><td rowspan="6">55%</td><td colspan="2">1</td><td colspan="2"></td><td colspan="2"></td></tr>
<tr><td colspan="2">2</td><td colspan="2"></td><td colspan="2"></td></tr>
<tr><td colspan="2">3</td><td colspan="2"></td><td colspan="2"></td></tr>
<tr><td colspan="2">4</td><td colspan="2"></td><td colspan="2"></td></tr>
<tr><td colspan="2">平均值</td><td colspan="2"></td><td colspan="2"></td></tr>
<tr><td colspan="2">误差值/%</td><td colspan="2"></td><td colspan="2"></td></tr>
<tr><td rowspan="6">75%</td><td colspan="2">1</td><td colspan="2"></td><td colspan="2"></td></tr>
<tr><td colspan="2">2</td><td colspan="2"></td><td colspan="2"></td></tr>
<tr><td colspan="2">3</td><td colspan="2"></td><td colspan="2"></td></tr>
<tr><td colspan="2">4</td><td colspan="2"></td><td colspan="2"></td></tr>
<tr><td colspan="2">平均值</td><td colspan="2"></td><td colspan="2"></td></tr>
<tr><td colspan="2">误差值/%</td><td colspan="2"></td><td colspan="2"></td></tr>
<tr><td rowspan="6">95%</td><td colspan="2">1</td><td colspan="2"></td><td colspan="2"></td></tr>
<tr><td colspan="2">2</td><td colspan="2"></td><td colspan="2"></td></tr>
<tr><td colspan="2">3</td><td colspan="2"></td><td colspan="2"></td></tr>
<tr><td colspan="2">4</td><td colspan="2"></td><td colspan="2"></td></tr>
<tr><td colspan="2">平均值</td><td colspan="2"></td><td colspan="2"></td></tr>
<tr><td colspan="2">误差值/%</td><td colspan="2"></td><td colspan="2"></td></tr>
<tr><td rowspan="4">测试仪器</td><td colspan="2"></td><td colspan="2">名称</td><td>型号</td><td>编号</td></tr>
<tr><td colspan="2"></td><td colspan="2"></td><td></td><td></td></tr>
<tr><td colspan="2"></td><td colspan="2"></td><td></td><td></td></tr>
<tr><td colspan="2"></td><td colspan="2"></td><td></td><td></td></tr>
</table>

测试单位＿＿＿＿＿＿＿＿＿＿＿＿＿＿＿＿　　　　　测试人员＿＿＿＿＿＿＿＿＿＿＿＿＿＿＿＿

附表 2.9 风向风速测试记录表

<table>
<tr><td rowspan="3">被试样品</td><td>名称</td><td>公路交通气象观测站</td><td>测试日期</td><td></td></tr>
<tr><td>型号</td><td></td><td>环境温度</td><td>℃</td></tr>
<tr><td>编号</td><td></td><td>环境湿度</td><td>%</td></tr>
<tr><td colspan="2">被试方</td><td></td><td>测试地点</td><td></td></tr>
<tr><td colspan="2">测试点</td><td>标准值</td><td>测量值</td><td>误差值</td></tr>
<tr><td rowspan="8">风向/°</td><td>0</td><td></td><td></td><td></td></tr>
<tr><td>45</td><td></td><td></td><td></td></tr>
<tr><td>90</td><td></td><td></td><td></td></tr>
<tr><td>135</td><td></td><td></td><td></td></tr>
<tr><td>180</td><td></td><td></td><td></td></tr>
<tr><td>225</td><td></td><td></td><td></td></tr>
<tr><td>270</td><td></td><td></td><td></td></tr>
<tr><td>315</td><td></td><td></td><td></td></tr>
<tr><td colspan="2">测试点</td><td>标准值</td><td>测量值</td><td>误差值</td></tr>
<tr><td rowspan="11">风速/(m/s)</td><td>2</td><td></td><td></td><td></td></tr>
<tr><td>5</td><td></td><td></td><td></td></tr>
<tr><td>10</td><td></td><td></td><td></td></tr>
<tr><td>15</td><td></td><td></td><td></td></tr>
<tr><td>20</td><td></td><td></td><td></td></tr>
<tr><td>25</td><td></td><td></td><td></td></tr>
<tr><td>30</td><td></td><td></td><td></td></tr>
<tr><td>40</td><td></td><td></td><td></td></tr>
<tr><td>50</td><td></td><td></td><td></td></tr>
<tr><td>60</td><td></td><td></td><td></td></tr>
<tr><td colspan="2">测试点</td><td>启动风速/(m/s)</td><td>测试点</td><td>启动风速/(m/s)</td></tr>
<tr><td rowspan="4">风向传感器
启动风速</td><td>15°</td><td></td><td rowspan="3">风速传感器
启动风速</td><td>1</td></tr>
<tr><td>15°</td><td></td><td>2</td></tr>
<tr><td>15°</td><td></td><td>3</td></tr>
<tr><td>最大值</td><td></td><td>平均值</td><td></td></tr>
<tr><td rowspan="4">测试仪器</td><td colspan="2">名称</td><td>型号</td><td>编号</td></tr>
<tr><td colspan="2"></td><td></td><td></td></tr>
<tr><td colspan="2"></td><td></td><td></td></tr>
<tr><td colspan="2"></td><td></td><td></td></tr>
</table>

测试单位_____ 测试人员_____

附表 2.10 降水量测试记录表

<table>
<tr><td rowspan="3">被试样品</td><td>名称</td><td colspan="2">公路交通气象观测站</td><td>测试日期</td><td colspan="2"></td></tr>
<tr><td>型号</td><td colspan="2"></td><td>环境温度</td><td colspan="2">℃</td></tr>
<tr><td>编号</td><td colspan="2"></td><td>环境湿度</td><td colspan="2">%</td></tr>
<tr><td>被试方</td><td colspan="3"></td><td>测试地点</td><td colspan="2"></td></tr>
<tr><td colspan="2" rowspan="2">测试点</td><td colspan="2">1 mm/min</td><td colspan="2">4 mm/min</td></tr>
<tr><td>标准值/mm</td><td>测量值/mm</td><td>标准值/mm</td><td>测量值/mm</td></tr>
<tr><td rowspan="5">10 mm</td><td>1</td><td></td><td></td><td></td><td></td></tr>
<tr><td>2</td><td></td><td></td><td></td><td></td></tr>
<tr><td>3</td><td></td><td></td><td></td><td></td></tr>
<tr><td>平均值</td><td></td><td></td><td></td><td></td></tr>
<tr><td>误差值/mm</td><td></td><td></td><td></td><td></td></tr>
<tr><td rowspan="5">30 mm</td><td>1</td><td></td><td></td><td></td><td></td></tr>
<tr><td>2</td><td></td><td></td><td></td><td></td></tr>
<tr><td>3</td><td></td><td></td><td></td><td></td></tr>
<tr><td>平均值</td><td></td><td></td><td></td><td></td></tr>
<tr><td>误差值/mm</td><td></td><td></td><td></td><td></td></tr>
<tr><td colspan="2" rowspan="4">测试仪器</td><td colspan="2">名称</td><td>型号</td><td colspan="2">编号</td></tr>
<tr><td colspan="2"></td><td></td><td colspan="2"></td></tr>
<tr><td colspan="2"></td><td></td><td colspan="2"></td></tr>
<tr><td colspan="2"></td><td></td><td colspan="2"></td></tr>
</table>

测试单位＿＿＿＿＿＿＿＿＿＿＿＿＿＿＿＿　　　　测试人员＿＿＿＿＿＿＿＿＿＿＿＿＿＿＿＿

附表 2.11　能见度测试记录表

被试样品	名称	公路交通气象观测站		测试日期		
	型号			环境温度		℃
	编号			环境湿度		%
被试方				测试地点		
测试点		标准值/m	测量值/m	测试点	标准值/m	测量值/m
50 m	1			1		
	2			2		
	3			3		
	4		1000 m	4		
	5			5		
	6			6		
	平均值			平均值		
	误差值/%			误差值/%		
200 m	1			1		
	2			2		
	3			3		
	4		1500 m	4		
	5			5		
	6			6		
	平均值			平均值		
	误差值/%			误差值/%		
500 m	1			1		
	2			2		
	3			3		
	4		5000 m	4		
	5			5		
	6			6		
	平均值			平均值		
	误差值/%			误差值/%		
750 m	1			1		
	2			2		
	3			3		
	4		10000 m	4		
	5			5		
	6			6		
	平均值			平均值		
	误差值/%			误差值/%		
测试仪器	名称			型号		编号

测试单位_____　　　　测试人员_____

附表 2.12 路面状态测试记录表

被试样品	名称	公路交通气象观测站		测试日期	
	型号			环境温度	℃
	编号			环境湿度	%
被试方				测试地点	
序号	状态	人工记录			测试结果
		开始时间	结束时间		正确率/%
1	潮湿				
	积水				
	干燥				
2	潮湿				
	积水				
	干燥				
3	潮湿				
	积水				
	干燥				
合计					
序号	状态	人工记录			测试结果
		开始时间	结束时间		正确率/%
1	积雪				
2					
3					
合计					
序号	状态	人工记录			测试结果
		开始时间	结束时间		正确率/%
1	积雪				
2					
3					
合计					
测试仪器		名称	型号		编号

测试单位＿＿＿＿＿＿＿＿＿＿＿＿＿＿＿＿＿＿＿ 测试人员＿＿＿＿＿＿＿＿＿＿＿＿＿＿＿＿＿＿＿

附表 2.13　供电与安全检测记录表

<table>
<tr><td rowspan="3">被试样品</td><td>名称</td><td>公路交通气象观测站</td><td>测试日期</td><td></td></tr>
<tr><td>型号</td><td></td><td>环境温度</td><td>℃</td></tr>
<tr><td>编号</td><td></td><td>环境湿度</td><td>%</td></tr>
<tr><td>被试方</td><td colspan="2"></td><td>测试地点</td><td></td></tr>
</table>

<table>
<tr><th colspan="3">检测项目</th><th>技术要求</th><th>检测结果</th><th>结论</th></tr>
<tr><td rowspan="2" colspan="2">供电</td><td>供电方式</td><td>应至少具备市电和太阳能两种供电方式</td><td></td><td></td></tr>
<tr><td>蓄电池</td><td>容量应保证被试样品能连续工作 7 d 以上</td><td></td><td></td></tr>
<tr><td rowspan="18">安全</td><td rowspan="10">标记</td><td rowspan="4">产品标识</td><td>制造厂商名或商标或识别标记</td><td></td><td></td></tr>
<tr><td>制造厂商产品型号、名称或型号标志</td><td></td><td></td></tr>
<tr><td>数据采集器的型号、名称和序列号</td><td></td><td></td></tr>
<tr><td>各气象传感器的型号、名称和序列号</td><td></td><td></td></tr>
<tr><td rowspan="4">电源</td><td>电源性质的符号（交流或直流）</td><td></td><td></td></tr>
<tr><td>额定电压或额定电压范围</td><td></td><td></td></tr>
<tr><td>额定频率或额定频率范围</td><td></td><td></td></tr>
<tr><td>额定电流或功耗</td><td></td><td></td></tr>
<tr><td>熔断器</td><td>在每一熔断器座上或其就近处标记额定电流，如能装上不同电压额定值的熔断器，应同时标出额定电压</td><td></td><td></td></tr>
<tr><td>电源开关</td><td>电源开关应标明电源"通""断"位置</td><td></td><td></td></tr>
<tr><td colspan="2">电击危险</td><td>使用市电的应在外壳显著位置设"当心电击危险"安全标记</td><td></td><td></td></tr>
<tr><td colspan="2">其他标识</td><td>应符合公路和气象部门行业和国家标准的要求</td><td></td><td></td></tr>
<tr><td colspan="2">文件要求</td><td>提供技术说明、使用或操作说明等技术文件，必须包括：产品的额定工作条件、安装信息、操作信息、维护信息，以及从上述文件能够获得技术帮助的制造厂或供货方的名称、地址和联系方式</td><td></td><td></td></tr>
<tr><td rowspan="3" colspan="2">结构安全</td><td>结构上的棱缘或拐角，应倒圆和磨光</td><td></td><td></td></tr>
<tr><td>对于在产品寿命期内无法始终保持足够的机械强度而需要定期维护或更换的部件，应在产品使用说明文件中载明更换周期，并着重注明不这样做的危险性</td><td></td><td></td></tr>
<tr><td>使用锂电池或类似电池的，在设计上应有防止极性接反以及防止强制充放电的措施</td><td></td><td></td></tr>
<tr><td rowspan="2">电气安全</td><td>绝缘电阻</td><td>使用市电，电源的初级电路和机壳间绝缘电阻不小于 2 MΩ；使用 12 V 直流电源供电，不小于 1 MΩ</td><td></td><td></td></tr>
<tr><td>接地电阻</td><td>设安全保护接地端子，接地端子与机壳应连接可靠，接地端子与机壳的连接电阻应不大于 4 Ω</td><td></td><td></td></tr>
</table>

测试单位＿＿＿＿＿＿＿＿＿＿＿＿＿＿＿＿＿　　　测试人员＿＿＿＿＿＿＿＿＿＿＿＿＿＿＿＿＿＿＿

附表 2.14　路面状态动态比对试验记录表

被试样品	名称	公路交通气象观测站				年　　月	
	型号				环境温度		℃
	编号				环境湿度		%
被试方					试验地点		
日期	路面状态	人工记录		测试结果			
		开始时间	结束时间	正确分钟数	正确率(%)	值班员	
		合计					

注:状态填写方法:干燥－0,潮湿－1,积水－2,结冰－3,积雪－4

第 3 章　船载自动气象站[①]

3.1　目的

规范船载自动气象站测试的内容和方法,通过测试与试验,检验船载自动气象站是否满足《船载自动气象站功能规格需求书》(气测函〔2015〕99 号)(简称《需求书》)的要求。

3.2　基本要求

3.2.1　被试样品

提供 3 套或以上依据《需求书》要求设计和生产的同一型号的船载自动气象站(简称船载站)作为被试样品,被试样品在整个测试与试验期间能够连续正常工作。

3.2.2　场地布局

设置海上测试和岸基测试两个阶段的动态比对试验。本试验以两个被试方(分别为被试方 A 和被试方 C),分别提供 3 套被试样品为例。试验中选取 2 套已获得气象专用技术装备使用许可的船载自动气象站作为比对标准。

海上测试:分别将 2 套被试样品及 2 套比对标准安装在测试船上,选择近海海域开展海上测试工作。

岸基测试:将 3 套被试样品及 2 套比对标准参照《地面气象观测规范》交错安装在海岸上。

3.2.2.1　海上测试

测试船示意图如 3.1。

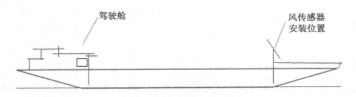

图 3.1　测试船示意(主视图)

被试样品(不含风传感器)交错安装在靠近船首方向的甲板上,比对标准(编号 B1、B2)安装在被试样品(编号 A1、A2 和 C1、C2)的中间,被试样品 1 号、2 号实行交错布设安装在其两侧,如图 3.2。各台仪器间距不小于 3 m。

被试样品及比对标准的 6 套风传感器平行交叉安装在船首位置的两套横臂支架上。每套横臂支架由一根立杆支撑,立杆焊接固定在船首处的围栏上,风传感器安装高度大

---

① 　本章作者:任燕、韩广鲁、杨宗波、安学银

气象观测设备测试方法(第二册)

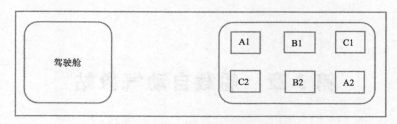

图 3.2　测试船上仪器安装示意(俯视图)

于驾驶舱顶(或船上可能影响风的其他设施)高度,每套横臂两端安装两只被试样品的风传感器,中间安装比对标准风传感器,传感器安装间距不小于 1 m,如图 3.3。两套横臂支架平行安装。

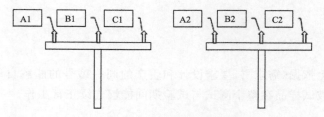

图 3.3　船上风传感器安装示意

3.2.2.2　岸基测试

分别将各被试方的 3 套被试样品和 2 套比对标准参照《地面气象观测规范》沿直线交错安装在海岸上。安装间距不小于 3 m,风传感器安装高度 3 m,安装顺序见图 3.4。

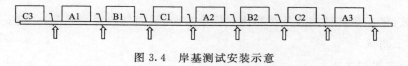

图 3.4　岸基测试安装示意

3.3　静态测试

3.3.1　组成结构

目测检查被试样品组成结构,应满足《需求书》2 组成结构要求,检查结果记录在本章附表 3.1。

3.3.2　结构和外观

以目测和手动为主,检查被试样品结构和外观,应满足《需求书》7 结构和外观要求,检查结果记录在本章附表 3.1。

3.3.3　电源

检查被试样品的供电方式,使用万用表测量蓄电池容量、功耗、电源适应性,应满足《需求书》4.4 电源要求,检查结果记录在本章附表 3.1。

3.3.4　电缆性能

以检查被试方提供的证明材料为主,应满足《需求书》4.7 电缆性能要求,检查结果记录在本章附表 3.1。

3.3.5　功能

应满足《需求书》3 功能要求,检测结果记录在本章附表 3.2,上传存储数据格式满足《需求书》附录 1,传输数据格式满足《需求书》附录 2 和附录 3,检查结果记录在本章附表 3.3 中。方法如下:

(1)初始化

通过终端电脑串口调试助手设置被试样品的初始化参数。

(2)数据采集

检查被试样品数据采样频率和输出的瞬时气象值,按风要素同样的采样频率采集船艏向、航向、航速数据。计算得到真风向、真风速。应对所有的采样值进行数据质量控制。

(3)数据处理

检查被试样品输出的瞬时气象值(分钟)数据文件和定时(小时)数据文件的正确性。

(4)数据存储

通过命令读取被试样品历史数据,检查被试样品内部是否保存了完整的分钟数据,计算岸基测试期间需要存储数据的字节数并与被试样品存储容量比较,存储的数据量不少于 12 个月。

(5)数据传输

数据采集器通过 RS232 串口连接具有无线公网传输功能的传输模块、具有卫星通信传输功能的模块,通信应正常。

(6)数据质量控制

通过串口调试助手对被试样品的观测项目的数据极限范围、变化速率等参数进行设置,检查输出的采样瞬时值和瞬时气象值是否输出相对应的质量控制标识。

(7)时钟同步

使用串口调试助手对被试样品发送"DATE"命令进行日期设置、发送"TIME"命令进行时间设置,被试样品正常工作 1 d 后与北京时间进行对时检查。

(8)观测数据格式

调取观测数据格式样本,对照检查采集器数据存储格式、监控中心数据存储格式、远程传输数据格式(GPRS)、远程传输数据格式(卫星)及数据上传格式。

(9)终端操作命令

通过串口线连接业务终端或自带终端与被试样品,逐条检查被试样品终端操作命令。

3.3.6　测量性能

3.3.6.1　要求

3.3.6.1.1　测量要素

基本测量要素性能要求见表 3.1。

表 3.1　基本测量要素性能要求

要素	测量范围	分辨力	允许误差
气压	800～1100 hPa	0.1 hPa	±0.3 hPa
气温	−50～50 ℃	0.1 ℃	±0.2 ℃
相对湿度	5%～100%	1%	±4%(≤80%);±8%(>80%)
视风向	0°～360°	1°	±5°
视风速	0～75 m/s	0.1 m/s	±(0.5 m/s+0.03×示值)
能见度	10～20000 m	1 m	±10%(≤1500 m);±20%(>1500 m)
降水量	0～4 mm/min	0.1 mm	±0.5 mm(≤10 mm);±5%(>10 mm)
海水温度	−5～40 ℃	0.1 ℃	±0.2 ℃

3.3.6.1.2　测试环境

温度:气压要素测试满足(20±2)℃,其他要素满足(20±5)℃;

相对湿度:≤85%。

3.3.6.1.3　测试用设备

测试用设备主要技术指标见表3.2。

表 3.2　测试用设备主要技术指标

测试要素	设备名称	测量范围	准确度等级或允许误差
气压	数字式压力计	500～1100 hPa	0.01 级
	压力控制器	500～1100 hPa	0.01 级
气温、海水温度	数字温度计	−50～50 ℃	±0.05 ℃
	恒温槽	−60～80 ℃	波动度:0.02 ℃/15 min;均匀度:0.02 ℃
相对湿度	精密露点仪	露点:−35～50 ℃	±0.3 ℃(5%～95%)
	湿度发生器	湿度:5%～98%	湿度场均匀度、波动度:≤1.0%
风向、风速	数字式微差压计	0～2500 Pa	0.02 级
	方位盘	0°～360°	±0.5°
	皮托静压管	0.2～75 m/s	(0.2～1)m/s Ur=1.3%(k=2);(1～75)m/s Ur=0.3%(k=2)
	风洞	0.1～75 m/s	紊流度:≤0.5%;工作段流速均匀性:≤1%;气流偏角:≤1°
	气压计	800～1050 hPa	±1 hPa
	温度计	0～40 ℃	±0.2 ℃
	湿度计	5%～95%	±5%
能见度	透射仪	10～30000 m	±5%(能见度≤1500 m),±7%(能见度>1500 m)
降水量	加液器	0～1000 mL	±0.2%

3.3.6.1.4　测试点选择

测试点在其常用的测量段间选择,重点测试常用测量段间性能。若非上述情况,测试点需涵盖其测量范围上下限。

3.3.6.2　测试方法

3.3.6.2.1　气压

测试点：800 hPa、860 hPa、910 hPa、960 hPa、1013 hPa、1060 hPa。

测试时，一次循环的调压顺序为：800 hPa、860 hPa、910 hPa、960 hPa、1013 hPa、1060 hPa、1013 hPa、960 hPa、910 hPa、860 hPa、800 hPa。测试点的稳定时间为 1 min。共进行 5 个循环。在每个循环的调压过程中，应保持规定的压力变化趋势。各循环的最高和最低测试点，应先超过测试点的数值 1～2 hPa，然后再回到测试点，以录取不同变化趋势的数据。同时录取标准装置和被试样品的示值。测试结果记在本章附表 3.4 中。

3.3.6.2.2　气温

测试点：−25 ℃、0 ℃、25 ℃、35℃、50 ℃。

标准数字温度计和被试样品置于恒温槽中，其温度感应部分应等高，距离尽量靠近，但不应直接接触。采用定点测试法，在每个测试点上连续录取 10 次数据。每次录取数据前都应改变被试样品的示值。录取数据前的测试点稳定时间为 1 min。同时录取标准数字温度计与被试样品数据。测试结果记在本章附表 3.5 中。

3.3.6.2.3　相对湿度

测试点：30％、45％、65％、85％、95％。

测试时，一次循环的顺序为：30％、45％、65％、85％、95％、85％、65％、45％、30％。共进行 5 个循环，在每个循环的调湿过程中，应保持规定的湿度变化趋势。各循环的最高和最低测试点，应先超过测试点 1％～2％，然后再回到测试点，以录取不同变化趋势的数据。同时录取标准值与被试样品数据。测试结果记在本章附表 3.6 中。

3.3.6.2.4　风向

测试点：0°、45°、90°、135°、180°、225°、270°、315°、355°。

将被试样品安装在风洞工作段内，其感应部分均应位于工作段有效区内，将被试样品的安装支杆与方位盘同心，并始终保持二者的相对位置不变。调节风洞工作段风速为 5 m/s 左右，并持续保持直至风向示值误差测试完毕。转动方位盘使被试样品的风向示值为 0°，以此为起始位，逆时针旋转方位盘，至每个测试点，直至 355°，继续逆时针转过 355°（不超过 360°），再顺时针旋转方位盘，至每个测试点，直至 0°。正反两个方向转动方位盘一周为一循环，共进行 3 个循环。在每个测试点，取风向示值误差的绝对值较大者作为该测试点的风向示值误差，符号不变。测试结果记在本章附表 3.7 中。

3.3.6.2.5　风速

风速测试分为启动风速测试和风速示值测试，对选用超声波式风传感器的被试样品不做启动风速测试。

风速测试点：2 m/s、5 m/s、15 m/s、25 m/s、35 m/s、45 m/s、75 m/s。

启动风速测试：将螺旋桨式风传感器安装于风洞实验段底面中心，中心轴垂直于试验段底平面。测试前应将风洞速度调到 10 m/s 使螺旋桨式风传感器在 10 m/s 的风速下运转 2～3 min。关闭风洞电机，在旋桨由旋转恢复至静止状态后，手动调整尾翼方位，使其与风洞气流方向所夹锐角为 10°，偏离不超过 ±2°。开动风洞电机，缓慢增加风洞工作段内气流速度，直到尾翼摆动而后停止，且旋桨变为连续转动状态，测量并计算风洞内的风速值，所得风速即为被试样品的启动风速值。

风速传感器示值误差:风速在启动风速的基础上进行,风速测试从最低风速测试点开始至最高测试点为 1 次,共进行 5 次。

当测试点风速调好后,稳定 1 min,同时录取标准装置和被试样品的示值。测试结果记在本章附表 3.8 中。

3.3.6.2.6　能见度

测试点:10 m、200 m、500 m、750 m、1000 m、1250 m、5000 m、10000 m 和 20000 m。

开启标准装置,并使试验舱内能见度持续保持在 10 m 以下,当被试样品输出示值稳定后,保持试验舱内空气样本自然沉降,实时连续采集测试标准装置和被试样品输出示值。当试验舱内能见度升至所选测试点最高值(以标准装置示值为准)30 min 后,停止数据采集,完成示值误差测试。测试结果记在本章附表 3.9 中。

3.3.6.2.7　降水量

测试点:1 mm/min(10 mm),4 mm/min(30 mm)。

测试的降水量分别为 10 mm 和 30 mm,降水强度分别为 1 mm/min 和 4 mm/min 的降水量。每种降水量、降水强度分别测试 10 次,并检查分辨力。数据的计算与温度相同。测试结果记在本章附表 3.10 中。

3.3.6.2.8　海水温度

测试点:-5 ℃,0 ℃,15 ℃,25 ℃,40 ℃。

标准数字温度计和被试样品置于恒温槽中时,其温度感应部分应等高,距离尽量靠近,但不应直接接触。采用定点测试法,在每个测试点上连续录取 10 次数据。每次录取数据前都应改变被试样品的示值。录取数据前的测试点稳定时间为 1 min。同时录取标准数字温度计与被试样品数据。测试结果记在本章附表 3.11 中。

3.3.6.3　数据处理

3.3.6.3.1　示值误差

每次测试的差值 x_i 的计算公式:

$$x_i = A_i - A_{0i} \tag{3.1}$$

式中,A_i 为被试样品的测量值;A_{0i} 为与 A_i 同时次的标准装置测量值。

以各测试点的系统误差和随机误差(标准偏差)的综合结果评定。

系统误差 $\overline{x}$ 的计算公式:

$$\overline{x} = \frac{\sum\limits_{i=1}^{n} x_i}{n} \tag{3.2}$$

标准偏差 s 的计算公式:

$$s = \sqrt{\frac{\sum\limits_{i=1}^{n} (x_i - \overline{x})^2}{n-1}} \tag{3.3}$$

式(3.2)和式(3.3)中,n 为测量次数,$i = 1, 2, 3, \cdots, n$。

被试样品各测试点示值误差用误差区间表示为($\overline{x} + k \cdot s, \overline{x} - k \cdot s$),取置信概率为 95%,$k = 2$。

3.3.6.3.2　漂移量

计算各测试要素初测和复测两次测试示值误差的差值,取差值的绝对值作为该测试要素的漂移量。

3.4　环境试验

3.4.1　气候环境

3.4.1.1　要求

产品在以下环境中应正常工作,并满足 GB/T 4798.6—2012 及中国船级社 GD 01—2006 等相关标准中对船用设备环境的要求:

气温:−40～70 ℃;

相对湿度:15％～100％;

气压:840～1060 hPa;

太阳辐射:≤1120 W/m²;

环境风速:≤60 m/s;

降水强度:≤6 mm/min,外壳防护等级应达到《需求书》5.2 中的 IP66 要求;

抗盐雾腐蚀、防霉菌措施。

3.4.1.2　试验方法

实验方法如下:

(1)低温

−40 ℃工作 2 h,−40 ℃贮藏 2 h。采用 GB/T 2423.1 进行试验、检测和评定。

(2)高温

50 ℃工作 2 h,70 ℃贮藏 2 h。采用 GB/T 2423.2 进行试验、检测和评定。

(3)恒定湿热

40 ℃,93％,放置 12 h,通电后正常工作。采用 GB/T 2423.3 进行试验、检测和评定。

(4)交变湿热

高温 40 ℃,循环次数 2 次。采用 GB/T 2423.4 进行试验、检测和评定。

(5)低气压

840 hPa 放置 0.5 h。采用 GB/T 2423.21 进行试验、检测和评定。

(6)盐雾试验

48 h 盐雾沉降试验。采用 GB/T 2423.17 进行试验、检测和评定。

(7)淋雨试验

外壳防护等级 IP66。采用 GB/T 2423.38 或 GB/T 4208 进行试验、检测和评定。

(8)沙尘试验

外壳防护等级 IP66。采用 GB/T 2423.37 进行试验、检测和评定。

(9)环境风速的适应性在动态比对中检验。

(10)生物试验

进行 28 d 的培养试验。采用 GB/T 2423.16 进行试验、检测和评定。

3.4.2　机械条件

3.4.2.1　要求

机械条件应满足 GD 01—2006 的要求：

倾斜度：22.5°；

摇摆范围：22.5°；

振动：频率 2～13.2 Hz、振幅±1.0 mm，频率 13.2～100 Hz、加速度±6.9 m/s^2。

3.4.2.2　试验方法

建议采用以下方法进行试验：

（1）将被试样品 X 轴、Y 轴通过压板及螺钉紧固在电动振动台水平台面上，采用三点平均控制，试验倾斜度：≤22.5°正常工作。

（2）将被试样品 Z 轴紧固在电动振动台垂直台面上，采用三点平均控制，试验摇摆范围：22.5°正常工作。

（3）将被试样品 X 轴、Y 轴、Z 轴紧固在电动振动台上，分别试验振动：频率 2～13.2 Hz、振幅±1.0 mm 和振动频率 13.2～100 Hz、加速度±6.9 m/s^{2}正常工作。

3.4.3　电磁环境

3.4.3.1　电磁骚扰限值

船载站为小功率、被动测试设备，因此不进行《需求书》5.6.1 电磁骚扰限值的试验。

3.4.3.2　电磁抗扰度

3.4.3.2.1　要求

电磁抗扰度应满足表 3.3 试验内容和严酷度等级要求。

表 3.3　电磁抗扰度试验内容和严酷度等级

试验项目	试验条件		
	交流电源端口	直流电源端口	控制和信号端口
静电放电抗扰度	接触放电：6 kV，空气放电：8 kV		
射频电磁场辐射抗扰度	80～1000 MHz，3 V/m，80％AM(1 kHz)		
电快速瞬变脉冲群抗扰度	±2 kV　5 kHz	±1 kV　5 kHz	±1 kV　5 kHz
浪涌（冲击）抗扰度	线—线：±2 kV 线—地：±4 kV	线—线：±1 kV 线—地：±2 kV	线—地：±2 kV
低频传导抗扰度	电源频率的 15 次谐波及以下：10％×220 V；15～100 次谐波：从 10％×220 V 下降至 1％×220 V；100～200 次谐波：1％×220 V；功率：2 W	电压(正弦有效值)：10％×24 V 频率范围：50 Hz～10 kHz 功率：2 W	—
射频场感应的传导骚扰抗扰度	频率范围：150 kHz～80 MHz，试验电压：3 V 信号调制：80％AM(1 kHz)		

注 1：《需求书》5.6.2.6 射频电磁场辐射抗扰度，电磁场强度为 10 V/m，根据实际应用，试验改为 3 V/m。

注 2：《需求书》5.6.2.3 电快速瞬变脉冲群抗扰度，电源端口为 2 kV，2.5 kHz，根据实际应用，试验改为交流电源端口±2 kV，5 kHz；直流电源端口±1 kV，5 kHz。

注 3：《需求书》5.6.2.2 浪涌（冲击）抗扰度，电源端口：线—线 ±0.5 kV，线—地 ±1 kV，根据实际应用，试验改为交流电源端口：线—线 ±2 kV，线—地 ±4 kV；直流电源端口：线—线 ±1 kV，线—地 ±2 kV。

3.4.3.2.2　试验方法

被试样品均应在正常工作状态下进行下列试验。

（1）静电放电抗扰度

被试样品按台式（接地或不接地）和落地式设备（接地或不接地）进行配置，确定施加放电点，每个放电点进行至少 10 次放电。如被试样品涂膜未说明是绝缘层，则发生器电极头应穿入漆膜与导电层接触；若涂膜为绝缘层，则只进行空气放电。接触放电 6 kV，空气放电 8 kV，采用 GB/T 17626.2 进行试验、检测和评定。

（2）射频电磁场辐射抗扰度

被试样品按现场安装姿态放置在试验台上，按照 80～1000 MHz，3 V/m，80％ AM（1 kHz），采用 GB/T 17626.3 进行试验、检测和评定。

（3）电快速瞬变脉冲群抗扰度

交流电源端口：±2 kV、5 kHz，直流电源端口：±1 kV、5 kHz，控制和信号端口：±1 kV、5 kHz，试验持续时间不短于 1 min。采用 GB/T 17626.4 依次对被试产品的试验端口进行正负极性试验、检测和评定。

（4）浪涌（冲击）抗扰度

施加在直流电源端和互连线上的浪涌脉冲次数应为正、负极性各 5 次；对交流电源端口，应分别在 0°、90°、180°、270°相位施加正、负极性各 5 次的浪涌脉冲。试验速率为每分钟 1 次。交流电源端口：线对线±2 kV，线对地±4 kV；直流电源端口：线对线±1 kV，线对地±2 kV；控制和信号端口：线对地±2 kV，采用 GB/T 17626.5 进行试验、检测和评定。

（5）低频传导抗扰度

将耦合网络和去耦合设备与被试样品的端口连接，施加试验电压，试验电压的持续时间应当充分满足完整验证被试样品的运行性能，对于短时驻留试验（1 s 的驻留时间），试验电压应当重复施加直到满足要求。在 50 Hz～10 kHz 频率范围内，扫描速率不能超过 1×10^{-2} 十倍频程/s，采用 GB/T 17626.16 进行试验、检测和评定。

（6）射频场感应的传导骚扰抗扰度

依次将试验信号发生器连接到每个耦合装置（耦合和去耦网络、电磁钳、电流注入探头）上，试验电压 3 V，骚扰信号是 1 kHz 正弦波调幅、调制度 80％ 的射频信号。扫频范围 150 kHz～80 MHz，在每个频率，幅度调制载波的驻留时间应不低于被试样品运行和响应的必要时间。采用 GB/T 17626.6 进行试验、检测和评定。

上述试验结束后，均应进行最后检测，检查其是否保持在技术要求限值内性能正常。

3.5　动态比对试验

海上测试，选择在相对稳定的天气条件下进行。测试期间，在指定海域内，以不同航速沿东、南、西、北方向和环绕相对固定半径的圆周进行航行，夜间停泊时被试样品仍处于工作状态，因此测试船在夜间不得用于其他活动。应实时记录航程日志：时间、天气、位置、航速、航向、海况等信息。

岸基测试时，要做好测试值班记录及测试仪器的日常维护，见本章附表 3.12。

3.5.1　数据的录取

被试样品和比对标准应同时录取数据，录取温度、气压、湿度和能见度的每分钟整点数据，风向风速的瞬时值(3 s)、2 min 和 10 min 平均值。

要求各被试方在计算机中正常储存《需求书》中规定的数据外,另外存储不少于一周的以下数据:

气压、温度、湿度每分钟 30 次的瞬时值;风速每秒 4 次的瞬时值和 3 s 滑动平均值;风向每秒 1 次的瞬时值。

3.5.2 数学模型的验证

按照 3.5.1 节要求储存不少于一周的数据,用《需求书》4.2 规定的数学模型进行计算,验证被试样品算法的正确性。

3.5.3 数据完整性

3.5.3.1 缺测率

$$缺测率(\%)＝规定时间内要素累计缺测次数/要素应观测总次数 \qquad (3.4)$$

3.5.3.2 到报率

$$数据到报率(\%)＝规定时间内实际上传文件数/应上传文件总数 \qquad (3.5)$$

3.5.4 数据可比较性

分析航行状态下被试样品与比对标准相同观测项目数据可比较性:计算不同航行状态下被试产品观测值与比对标准相应观测值差值的系统误差和标准偏差。

特殊数据的处理:由于风向的特殊表示方式,在计算系统误差时,对差值绝对值在 180°以上的,用其加 360°(或减去 360°)来修正在 0°(360°)左右两侧风向值的计算误差。另外,由于《需求书》中对能见度的测量范围要求是 10～20000 m,因此可选择 10～20000 m 的能见度数据进行统计计算。统计过程中,用 3 倍标准偏差法剔除粗大误差。

差值应采用同一时次的数据进行计算。同类被试产品不同测量要素的各组差值计算前后顺序应相同。差值 x 按式(3.1)计算。

对于正态分布,系统误差(平均值)用式(3.2)计算,标准偏差 s 用式(3.3)计算。要求系统误差绝对值不大于规定允许误差半宽的 1/2,且标准偏差不大于规定允许误差限的半宽。

3.5.5 测量结果的一致性

评定被试样品各气象要素测量结果的一致性:被试样品在同一试验场地同时测量时,两台被试样品测量结果的一致性,用两台同时次测量值的差值计算系统误差和标准偏差;多台被试样品测量结果的一致性,应先计算各被试样品同一时次的测量结果的平均值,再计算各台被试样品测量结果对该平均值的系统误差和标准偏差。要求系统误差的绝对值不大于允许误差半宽的 1/3,且标准偏差的绝对值不大于允许误差的半宽。

3.5.6 设备可靠性

可靠性反映了被试设备在规定的情况下,在规定的时间内,完成规定功能的能力。以平均故障间隔时间(MTBF)表示设备的可靠性。要求平均故障间隔时间 MTBF(θ_1)大于等于 5000 h。

3.5.6.1 试验方案

按照定时截尾试验方案,在 QX/T 526—2019 表 A.1 的方案类型中选用标准型(17 号方案)或短时高风险(21 号方案)两种试验方案之一。

3.5.6.1.1　标准型试验方案

采用 17 号方案,即生产方和使用方风险各为 20%,鉴别比为 3 的定时截尾试验方案,试验的总时间为规定 MTBF 下限值(θ_1)的 4.3 倍,接受故障数为 2,拒收故障数为 3。

试验总时间 T 为:

$$T = 4.3 \times 5000 \text{ h} = 21500 \text{ h}$$

要求 3 套或以上被试样品进行动态比对试验。以 3 套被试样品为例,每台试验的平均时间 t 为:

3 套被试样品:$t = 21500 \text{ h}/3 = 7166.7 \text{ h} = 298.6 \text{ d} \approx 299 \text{ d}$

所以 3 套被试样品需试验 299 d,期间允许出现 2 次故障。

3.5.6.1.2　短时高风险试验方案

采用 21 号方案,即生产方和使用方风险各为 30%,鉴别比为 3 的定时截尾试验方案,试验的总时间为规定 MTBF 下限值(θ_1)的 1.1 倍,接受故障数为 0,拒收故障数为 1。

试验总时间 T 为:

$$T = 1.1 \times 5000 \text{ h} = 5500 \text{ h}$$

3 套被试样品进行动态比对试验,每台试验的平均时间 t 为:

$$t = 5500 \text{ h}/3 = 1833.3 \text{ h} = 76.4 \text{ d} \approx 77 \text{ d}$$

所以 3 套被试样品需试验 77 d,期间允许出现 0 次故障。根据 QX/T 526—2019 的 5.3 规定,至少应进行 3 个月的试验,因此,采用 3 套或以上被试样品进行试验,试验时间应至少 3 个月。

3.5.6.2　MTBF 观测值的计算

MTBF 的观测值(点估计值)$\hat{\theta}$ 用公式(3.6)计算。

$$\hat{\theta} = \frac{T}{r} \tag{3.6}$$

式中,T 为试验总时间,是所有被试样品试验期间各自工作时间的总和;r 为总责任故障数。

3.5.6.3　MTBF 置信区间的估计

按照 QX/T 526—2019 中的 A.2.3 计算 MTBF 置信区间的估计值。

3.5.6.3.1　有故障的 MTBF 置信区间估计

采用标准型试验方案,使用方风险 $\beta = 20\%$ 时,置信度 $C = 60\%$;采用短时高风险试验方案,使用方风险 $\beta = 30\%$ 时,置信度 $C = 40\%$。

根据责任故障数 r 和置信度 C,由 QX/T 526—2019 中表 A.2 查取置信上限系数 $\theta_U(C', r)$ 和置信下限系数 $\theta_L(C', r)$,其中,$C' = (1+C)/2 = 1 - \beta$,MTBF 的置信区间下限值 θ_L 用公式(3.7)计算,上限值 θ_U 用公式(3.8)计算

$$\theta_L = \theta_L(C', r) \times \hat{\theta} \tag{3.7}$$

$$\theta_U = \theta_U(C', r) \times \hat{\theta} \tag{3.8}$$

MTBF 的置信区间表示为(θ_L, θ_U)(置信度为 C)。

3.5.6.3.2　故障数为 0 的 MTBF 置信区间估计

若责任故障数 r 为 0,只给出置信下限值,用公式(3.9)计算。

$$\theta_L = T/(-\ln\beta) \tag{3.9}$$

式中,T 为试验总时间,为所有被试样品试验期间各自工作时间的总和;β 为使用方风险。

采用标准型试验方案,使用方风险 $\beta=20\%$;采用短时高风险试验方案,使用方风险 $\beta=30\%$。

这里的置信度应为 $C=1-\beta$。

3.5.6.4　试验结论

(1)按照试验中可接收的故障数判断可靠性是否合格。

(2)可靠性试验无论是否合格,都应给出被试样品平均故障间隔时间(MTBF)的观测值 $\hat{\theta}$ 和置信区间估计的上限 θ_U 和下限 θ_L,表示为 (θ_L,θ_U)(置信度为 C)。

3.5.6.5　故障的认定和记录

按照 QX/T 526—2019 的 A.3 认定和记录故障。故障认定应区分责任故障和非责任故障,故障记录在动态比对试验的设备故障维修登记表中,见附表 A。

3.5.7　维修性

设备的维修性,检查维修可达性,审查维修手册的适用性。

3.6　结果评定

3.6.1　单项评定

评定方法如下:

(1)静态测试和环境试验

被试样品静态测试和环境试验合格后,方可进行动态比对试验。

(2)动态比对试验

①数学模型的验证

当验证结果与《需求书》的要求一致时为合格。

②数据完整性

缺测率<2%、到报率≥80%时为合格。

③数据可比较性

系统误差绝对值不大于规定允许误差半宽的 1/2,且标准偏差不大于规定允许误差限的半宽为合格。

④测量结果一致性

相同时次测量值差值的系统误差的绝对值不大于允许误差半宽的 1/3,且标准偏差的绝对值不大于允许误差的半宽为合格。

⑤设备可靠性

若选择 3.5.6.1.1 标准型试验方案,最多出现 2 次故障为合格;若选择 3.5.6.1.1 短时高风险试验方案,试验时间至少 3 个月,77 d 无故障为合格。

3.6.2　总评定

被试样品总数的 2/3 及以上合格时,视该型号被试样品为合格,否则不合格。

本章附表

附表 3.1　静态测试记录表

<table>
<tr><td rowspan="3">被试样品</td><td>名称</td><td colspan="2">船载自动气象站</td><td>测试日期</td><td colspan="2"></td></tr>
<tr><td>型号</td><td colspan="2"></td><td>环境温度</td><td></td><td>℃</td></tr>
<tr><td>编号</td><td colspan="2"></td><td>环境湿度</td><td></td><td>%</td></tr>
<tr><td>被试方</td><td colspan="3"></td><td>测试地点</td><td colspan="2"></td></tr>
<tr><td colspan="2">测试项目</td><td colspan="3">技术要求</td><td>测试结果</td><td>结论</td></tr>
<tr><td rowspan="7">组成</td><td>传感器</td><td colspan="3">应具备的传感器为气温、湿度、气压、风向风速和能见度</td><td></td><td></td></tr>
<tr><td>数据采集器</td><td colspan="3">具备:6 个基本观测项目的接入通道、船舶定向定位仪器的接入通道、可选观测项目的扩展接口、船姿监测仪的接口、RS-232/RS-485 本地及远程通信接口、可移动存储器接口、电源检测接口、机箱门开关状态检测接口、工作状态指示灯</td><td></td><td></td></tr>
<tr><td rowspan="3">外围设备</td><td colspan="3">电源:采用标称 12 V 的免维护蓄电池为系统供电,并支持船用直流、交流电源或太阳能等为蓄电池充电。采用船用交流电源充电时,须配置空气开关、电源避雷器、AC-DC 电源模块、充电保护模块等部件</td><td></td><td></td></tr>
<tr><td colspan="3">通信设备:包括本地和远程通信设备,与数据采集器以 RS-232/RS-485 进行连接,实现无线或有线传输和组网。本地通信设备一般有 RS-232 长线驱动器、RS-232/ZigBee 通信模块、WiFi 模块等。远程通信设备支持基于公用移动网络(GPRS/CDMA1X/3G/4G)和卫星通信等</td><td></td><td></td></tr>
<tr><td colspan="3">必备设备:船舶定向定位仪器、可移动存储器,船姿监测仪器、船载数据显示终端为可选仪器</td><td></td><td></td></tr>
<tr><td>软件</td><td colspan="3">具备单一船载自动气象站软件和数据监控中心系统软件</td><td></td><td></td></tr>
<tr><td rowspan="12">结构和外观</td><td rowspan="2">机械结构</td><td colspan="3">应利于装配、调试、检验、包装、运输、安装、维护等,应安装配置灵活、便于维修,更换部件时简便易行</td><td></td><td></td></tr>
<tr><td colspan="3">各零部件应安装正确、牢固,无机械变形、断裂、弯曲等,操作部分不应有迟滞、卡死、松脱等,安装过程中不应产生易划伤、不匹配的情况</td><td></td><td></td></tr>
<tr><td>机械强度</td><td colspan="3">各零部件应有足够的机械强度,确保在产品寿命期内,不因外界环境的影响和材料本身原因而导致机械强度下降而引起危险和不安全</td><td></td><td></td></tr>
<tr><td rowspan="2">材料与涂覆</td><td colspan="3">机箱应采用不锈钢材料制作,表面进行静电喷涂处理</td><td></td><td></td></tr>
<tr><td colspan="3">标准件及安装辅件:应采用 316 及以上不锈钢材料的标准件</td><td></td><td></td></tr>
<tr><td rowspan="3">材料与涂覆</td><td colspan="3">电缆接头:机箱进出线采用防水电缆接头,应符合 EN 50262 对防水接头的要求,并能通过 GB/T 5169.10—2006 规定的防火性能测试。推荐采用聚酰胺、316 不锈钢等材质的电缆接头</td><td></td><td></td></tr>
<tr><td colspan="3">接线端子:应符合 GB 3783—2008 的相关要求。即接线端子结构应有良好的电接触和预期的载流能力。接线端子的结构应能压紧导体,且不会对导体和接线端子有任何显著的损伤;用于连接外部导线的接线端子应易于安装便于接线</td><td></td><td></td></tr>
<tr><td colspan="3">其他材料及涂覆要求:金属结构材料应选用 316 不锈钢材料,表面应采用静电喷涂工艺进行涂覆。绝缘零部件应采用耐久、滞燃、耐潮和耐霉材料,应尽量避免采用有毒性或能释放出有毒性气体的材料</td><td></td><td></td></tr>
<tr><td>焊接工艺</td><td colspan="3">应采用氩弧焊接工艺,焊接材料应选用优于母材本身的焊接材料,以保证焊缝材料与母体材料同成分</td><td></td><td></td></tr>
<tr><td>外观</td><td colspan="3">外观应整洁,无损伤和形变,表面涂层无气泡、开裂、脱落等现象</td><td></td><td></td></tr>
</table>

测试单位＿＿＿＿＿＿＿＿＿＿＿＿＿＿＿＿＿　　测试人员＿＿＿＿＿＿＿＿＿＿＿＿＿＿＿＿＿

附表 3.1　静态测试记录表(续表)

<table>
<tr><td rowspan="3">被试样品</td><td>名称</td><td colspan="2">船载自动气象站</td><td>测试日期</td><td></td></tr>
<tr><td>型号</td><td colspan="2"></td><td>环境温度</td><td>℃</td></tr>
<tr><td>编号</td><td colspan="2"></td><td>环境湿度</td><td>%</td></tr>
<tr><td>被试方</td><td colspan="3"></td><td>测试地点</td><td></td></tr>
<tr><td colspan="2">测试项目</td><td colspan="2">技术要求</td><td>测试结果</td><td>结论</td></tr>
<tr><td rowspan="5">结构和外观</td><td>数据采集器</td><td colspan="2">物理接口:
接口端子规格:物理接口采用间距为 5.08 mm 或 3.81 mm 的插座式接线端子。
接口端子布局:具有以下传感器输入接口和扩展接口:
——模拟通道测量:气温传感器、相对湿度传感器、风向传感器、海水温度传感器;
——计数通道测量:风传感器;
——RS232 通道:气压传感器、能见度传感器、雨量传感器;
——扩展接口:CAN 总线接口。
接口端子分配应符合《需求书》7.6.2.3 的要求。选用的接线端子应符合 GB 3783—2008 的相关要求</td><td></td><td></td></tr>
<tr><td>机箱</td><td colspan="2">应具有接地装置</td><td></td><td></td></tr>
<tr><td>防辐射罩</td><td colspan="2">采用 ABS 塑料。防辐射罩的高为 284 mm,直径为 140 mm</td><td></td><td></td></tr>
<tr><td>太阳能电池</td><td colspan="2">船载自动气象站配置为基本观测要素时,太阳能电池功率为 240 W,由 4 块 60 W 太阳能电池组成</td><td></td><td></td></tr>
<tr><td>供电方式</td><td colspan="2">船载自动气象站采用标称 12 V 免维护蓄电池作为基本工作电源,并优先选用船舶直流电源作为辅助电源为蓄电池进行充电。备选的辅助电源可以采用船舶交流电源、太阳能电池等</td><td></td><td></td></tr>
<tr><td rowspan="3">电源要求</td><td>蓄电池容量</td><td colspan="2">蓄电池的容量必须保证自动气象站能在脱离辅助电源的条件下连续工作 7 d,并在蓄电池电压低于标称电压的 95%(11.4 V)时发出报警信息</td><td></td><td></td></tr>
<tr><td>功耗要求</td><td colspan="2">船载自动气象站采集器的功耗不大于 2 W。
基本观测要素配置下,船载自动气象站平均功耗不大于 35 W(含北斗通信),其设备功耗参考值应符合《需求书》表 4 要求</td><td></td><td></td></tr>
<tr><td>电源适应性</td><td colspan="2">直流电源:辅助电源直流输入电压范围:21.6～26.4 V;电压波动:5%;允许极性接反。
交流电源:辅助电源交流输入电压范围:176～264 V;电源频率:45～55 Hz</td><td></td><td></td></tr>
<tr><td rowspan="3">电缆性能</td><td>一般要求</td><td colspan="2">船载自动气象站电缆应选择通过 CCS 认证的电缆,或符合 GB/T 7358—1998、GB/T 9332—2008、GB/T 9333—2009 的规定</td><td></td><td></td></tr>
<tr><td>直流和交流电源电缆</td><td colspan="2">直流和交流电源电缆性能应符合 GB/T9332—2008 的规定,主要包括下列内容:
导体截面积:≥2 mm²;绝缘厚度:≥0.5 mm;
线芯与屏蔽的绝缘电阻:≥1 MΩ·km;外护套厚度:≥1.1 mm</td><td></td><td></td></tr>
<tr><td>其他电缆</td><td colspan="2">信号、控制、通信等电缆性能应符合 GB/T 9333—2009 的规定,主要包括下列内容:导体截面积:≥0.35 mm²;线芯与屏蔽的绝缘电阻:≥8 MΩ·km;外护套厚度:≥1.1 mm</td><td></td><td></td></tr>
<tr><td rowspan="4">测试仪器</td><td colspan="2">名称</td><td colspan="2">型号</td><td>编号</td></tr>
<tr><td colspan="2"></td><td colspan="2"></td><td></td></tr>
<tr><td colspan="2"></td><td colspan="2"></td><td></td></tr>
<tr><td colspan="2"></td><td colspan="2"></td><td></td></tr>
</table>

测试单位_____　　　　　测试人员_____

附表 3.2 功能检测记录表

<table>
<tr><td rowspan="3">被试样品</td><td>名称</td><td colspan="2">船载自动气象站</td><td>测试日期</td><td></td></tr>
<tr><td>型号</td><td colspan="2"></td><td>环境温度</td><td>℃</td></tr>
<tr><td>编号</td><td colspan="2"></td><td>环境湿度</td><td>%</td></tr>
<tr><td>被试方</td><td colspan="3"></td><td>测试地点</td><td></td></tr>
<tr><td colspan="2">测试项目</td><td colspan="2">技术要求</td><td>测试结果</td><td>结论</td></tr>
<tr><td colspan="2">基本观测</td><td colspan="2">气温、相对湿度、风向、风速、气压、能见度</td><td></td><td></td></tr>
<tr><td colspan="2">可选观测</td><td colspan="2">雨量、表层海水温度</td><td></td><td></td></tr>
<tr><td colspan="2">初始化</td><td colspan="2">对采集器进行自检,加载采集软件、准备存储器、外围设备;可通过终端操作命令对采集器进行参数配置</td><td></td><td></td></tr>
<tr><td colspan="2">数据采集</td><td colspan="2">应按规定的采样频率对传感器的输出信号进行采样,并转换成相应的气象要素、水文要素采样值;按风要素同样的采样频率采集船艏向、航向、航速数据,计算得到真风向、真风速;对所有的采样值进行数据质量控制</td><td></td><td></td></tr>
<tr><td colspan="2">数据处理</td><td colspan="2">对数据进行处理,得到相应的导出量、统计量(极值、总量、累计量等),并对结果进行质量控制</td><td></td><td></td></tr>
<tr><td rowspan="2">数据存储</td><td>数据采集器</td><td colspan="2">必须具备非易失内置存储器,支持可移动存储器(如 CF 卡),可存储最近 12 个月的全要素分钟数据和状态监控信息</td><td></td><td></td></tr>
<tr><td>数据监控中心</td><td colspan="2">应把收到的数据和状态信息存入数据库并生成相应的文件,对存储器的剩余容量进行监视,在达到警戒线时进行报警</td><td></td><td></td></tr>
<tr><td rowspan="3">数据传输</td><td>本地传输</td><td colspan="2">通过无线或有线方式实现数据采集器与数据监控终端的数据传输,应符合《需求书》附录 2 规定的数据传输格式</td><td></td><td></td></tr>
<tr><td>远程传输</td><td colspan="2">通过公用移动网络、卫星通信等无线方式实现数据采集器与远程数据监控中心的数据传输。公用移动网络通信方式应符合《需求书》附录 2 规定的数据传输格式。卫星通信方式应符合《需求书》附录 3 规定的数据传输格式</td><td></td><td></td></tr>
<tr><td>数据上传</td><td colspan="2">数据监控中心按照《需求书》附录 1 规定的数据上传格式将数据文件上传上一级(一个或多个)中心站</td><td></td><td></td></tr>
<tr><td colspan="2">数据质量控制</td><td colspan="2">须具备采集器嵌入式软件和数据监控中心软件的质量控制。数据质量控制方法、参数的设置应符合《新型自动气象(气候)站功能规格需求书(修订版)》的规定</td><td></td><td></td></tr>
<tr><td colspan="2">时钟同步</td><td colspan="2">采集器与数据监控中心均采用 GPS(或北斗)卫星进行时钟校对,实现数据采集器与数据监控中心的时钟同步</td><td></td><td></td></tr>
<tr><td rowspan="3">数据格式</td><td>存储数据文件格式</td><td colspan="2">应参照 QX/T 122—2011 的要求,详见《需求书》附录 1</td><td></td><td></td></tr>
<tr><td>传输数据格式</td><td colspan="2">应符合《需求书》附录 2 和附录 3 的要求</td><td></td><td></td></tr>
<tr><td>上传数据文件格式</td><td colspan="2">参照中国气象局《地面气象要素数据文件格式(V1.0)》,详见《需求书》附录 1</td><td></td><td></td></tr>
<tr><td rowspan="2">数据显示</td><td>数据监控终端</td><td colspan="2">数据和状态信息应能在船载数据监控终端上实时显示</td><td></td><td></td></tr>
<tr><td>数据监控中心</td><td colspan="2">数据和状态信息在数据监控中心以数据列表、图形等形式进行显示,并显示船船航迹</td><td></td><td></td></tr>
<tr><td colspan="2">远程维护</td><td colspan="2">船载自动气象站支持远程维护功能,包括远程参数设置、故障诊断等</td><td></td><td></td></tr>
<tr><td colspan="2">可配置及可扩展性</td><td colspan="2">船载自动气象站在观测项目、通信方式、辅助电源等方面应具有可配置、可扩展性</td><td></td><td></td></tr>
<tr><td rowspan="2">数据采集器</td><td>时钟准确度</td><td colspan="2">数据采集器时钟最大允许误差:15 s(月累计)</td><td></td><td></td></tr>
<tr><td>通信响应时间</td><td colspan="2">数据采集器对通信命令的响应延迟不超过 1 s</td><td></td><td></td></tr>
</table>

测试单位＿＿＿＿＿＿＿＿＿＿＿＿＿＿＿＿＿＿＿　　　　测试人员＿＿＿＿＿＿＿＿＿＿＿＿＿＿＿＿＿＿＿

附表 3.3　数据格式、算法和终端命令检查表

被试样品	名称	船载自动气象站		测试日期		
	型号			环境温度		℃
	编号			环境湿度		%
被试方				测试地点		
测试项目	技术要求				测试结果	结论
采集器数据存储格式	应符合《需求书》附录 1 船载自动气象站数据文件格式的要求。					
监控中心数据存储格式						
数据上传格式						
远程传输数据格式(GPRS)	应符合《需求书》附录 2 船载自动气象站终端命令格式中的观测要素编码及状态编码格式要求					
远程传输数据格式(卫星)	应符合《需求书》附录 3 船载自动气象站卫星通信终端命令格式					
算术平均算法	气压、温度、相对湿度、1 min 平均风速、2 min 平均风速、1 min 平均风向、2 min 平均风向、能见度、表层海水温度等平均值的计算					
滑动平均法	3 s 平均风速、10 min 平均风速、10 min 平均风向、10 min 平均能见度等平均值的计算					
单位矢量平均法	3 s 平均风向、1 min 平均风向、2 min 平均风向、10 min 平均风向等平均值的计算					
真风算法	真风向、真风速的计算					
海平面气压	1min 平均值					
水汽压						
露点温度						
能见度	1 h 内最小值					
终端命令	设置或读取设备的通信参数(SETCOM)					
	设备自检(AUTOCHECK)					
	读取数据采集器的基本信息(BASEINFO)					
	帮助命令(HELP)					
	设置或读取设备的区站号(QZ)					
	设置或读取设备的服务类型(ST)					
	读取设备标识位(DI)					
	设置或读取设备 ID(ID)					
	设置或读取气象观测站的纬度(LAT)					
	设置或读取气象观测站的经度(LONG)					
	设置或读取设备日期(DATE)					
	设置或读取设备时间(TIME)					
	设置或读取设备日期与时间(DATETIME)					
	设置或读取设备主动模式下的发送时间间隔(FTD)					
	历史数据下载(DOWN)					
	实时读取数据(READDATA)					
	设置数据传输握手机制方式(SETCOMWAY)					
	设置或读取各传感器测量范围值(QCPS)					
	设置或读取各要素质量控制参数(QCPM)					

测试单位＿＿＿＿＿＿＿＿＿＿＿＿＿＿＿＿＿　　　　测试人员＿＿＿＿＿＿＿＿＿＿＿＿＿＿＿＿＿

附表 3.4 气压测试记录表

被试样品	名称	船载自动气象站		测试日期		
	型号			环境温度		℃
	编号			环境湿度		%
被试方				测试地点		
测试点		标准值/hPa	测量值/hPa	测试点	标准值/hPa	测量值/hPa
800 hPa	1			1		
	2			2		
	3			3		
	4			4		
	5			5		
	6			6		
	7		960 hPa	7		
	8			8		
	9			9		
	10			10		
	平均值			平均值		
	误差值/hPa			误差值/hPa		
860 hPa	1			1		
	2			2		
	3			3		
	4			4		
	5			5		
	6		1013 hPa	6		
	7			7		
	8			8		
	9			9		
	10			10		
	平均值			平均值		
	误差值/hPa			误差值/hPa		
910 hPa	1			1		
	2			2		
	3			3		
	4			4		
	5			5		
	6		1060 hPa	6		
	7			7		
	8			8		
	9			9		
	10			10		
	平均值			平均值		
	误差值/hPa			误差值/hPa		

测试单位＿＿＿＿＿＿＿＿＿＿＿＿＿＿＿＿＿＿＿   测试人员＿＿＿＿＿＿＿＿＿＿＿＿＿＿＿＿＿＿＿

附表 3.5 气温测试记录表

被试样品	名称	船载自动气象站		测试日期		
	型号			环境温度		℃
	编号			环境湿度		%
被试方				测试地点		
测试点	标准值/℃	测量值/℃		测试点	标准值/℃	测量值/℃
−25 ℃	1			35 ℃	1	
	2				2	
	3				3	
	4				4	
	5				5	
	6				6	
	7				7	
	8				8	
	9				9	
	10				10	
	平均值				平均值	
	误差值/℃				误差值/℃	
0 ℃	1			50 ℃	1	
	2				2	
	3				3	
	4				4	
	5				5	
	6				6	
	7				7	
	8				8	
	9				9	
	10				10	
	平均值				平均值	
	误差值/℃				误差值/℃	
25 ℃	1					
	2					
	3					
	4					
	5					
	6					
	7					
	8					
	9					
	10					
	平均值					
	误差值/℃					
测试仪器	名称		型号		编号	

测试单位＿＿＿＿＿＿＿＿＿＿＿＿＿＿＿＿＿　　测试人员＿＿＿＿＿＿＿＿＿＿＿＿＿＿＿＿＿

附表 3.6　湿度测试记录表

被试样品	名称	船载自动气象站		测试日期		
	型号			环境温度		℃
	编号			环境湿度		%
被试方				测试地点		
测试点	标准值/%		测量值/%	测试点		标准值/%	测量值/%

测试点		标准值/%	测量值/%	测试点		标准值/%	测量值/%
30%	1			85%	1		
	2				2		
	3				3		
	4				4		
	5				5		
	6				6		
	7				7		
	8				8		
	9				9		
	10				10		
	平均值				平均值		
	误差值/%				误差值/%		
45%	1			95%	1		
	2				2		
	3				3		
	4				4		
	5				5		
	6				6		
	7				7		
	8				8		
	9				9		
	10				10		
	平均值				平均值		
	误差值/%				误差值/%		
65%	1						
	2						
	3						
	4						
	5						
	6						
	7						
	8						
	9						
	10						
	平均值						
	误差值/%						

测试仪器	名称	型号	编号

测试单位＿＿＿＿＿＿＿＿＿＿＿＿＿＿＿＿＿　　　　测试人员＿＿＿＿＿＿＿＿＿＿＿＿＿＿＿＿＿

附表 3.7　风向测试记录表

被试样品	名称	船载自动气象站		测试日期		
	型号			环境温度		℃
	编号			环境湿度		%
被试方				测试地点		
测试点		标准值/°	测量值/°	测试点	标准值/°	测量值/°
45°	1			180°	1	
	2				2	
	3				3	
	4				4	
	5				5	
	6				6	
	平均值				平均值	
	误差值/°				误差值/°	
90°	1			225°	1	
	2				2	
	3				3	
	4				4	
	5				5	
	6				6	
	平均值				平均值	
	误差值/°				误差值/°	
135°	1			270°	1	
	2				2	
	3				3	
	4				4	
	5				5	
	6				6	
	平均值				平均值	
	误差值/°				误差值/°	
315°	1			355°	1	
	2				2	
	3				3	
	4				4	
	5				5	
	6				6	
	平均值				平均值	
	误差值/°				误差值/°	
测试仪器	名称		型号		编号	

测试单位_____　　　　测试人员_____

附表 3.8　风速测试记录表

被试样品	名称	船载自动气象站		测试日期		
	型号			环境温度		℃
	编号			环境湿度		%
被试方				测试地点		
测试点		标准值/(m/s)	测量值/(m/s)	测试点	标准值/(m/s)	测量值/(m/s)
启动风速	1			25 m/s	1	
	2				2	
	3				3	
	4				4	
	5				5	
	平均值				平均值	
	误差值/(m/s)				误差值/(m/s)	
2 m/s	1			35 m/s	1	
	2				2	
	3				3	
	4				4	
	5				5	
	平均值				平均值	
	误差值/(m/s)				误差值/(m/s)	
5 m/s	1			45 m/s	1	
	2				2	
	3				3	
	4				4	
	5				5	
	平均值				平均值	
	误差值/(m/s)				误差值/(m/s)	
15 m/s	1			75 m/s	1	
	2				2	
	3				3	
	4				4	
	5				5	
	平均值				平均值	
	误差值/(m/s)				误差值/(m/s)	
测试仪器		名称		型号		编号

测试单位_____　　　　测试人员_____

附表3.9　能见度测试记录表

<table>
<tr><td rowspan="3">被试样品</td><td>名称</td><td colspan="2">船载自动气象站</td><td>测试日期</td><td></td><td></td></tr>
<tr><td>型号</td><td colspan="2"></td><td>环境温度</td><td></td><td>℃</td></tr>
<tr><td>编号</td><td colspan="2"></td><td>环境湿度</td><td></td><td>%</td></tr>
<tr><td>被试方</td><td colspan="3"></td><td>测试地点</td><td colspan="2"></td></tr>
<tr><td colspan="2">测试点</td><td>标准值/m</td><td>测量值/m</td><td>测试点</td><td>标准值/m</td><td>测量值/m</td></tr>
<tr><td rowspan="7">50 m</td><td>1</td><td></td><td></td><td rowspan="7">1000 m</td><td>1</td><td></td><td></td></tr>
<tr><td>2</td><td></td><td></td><td>2</td><td></td><td></td></tr>
<tr><td>3</td><td></td><td></td><td>3</td><td></td><td></td></tr>
<tr><td>4</td><td></td><td></td><td>4</td><td></td><td></td></tr>
<tr><td>5</td><td></td><td></td><td>5</td><td></td><td></td></tr>
<tr><td>平均值</td><td></td><td></td><td>平均值</td><td></td><td></td></tr>
<tr><td>误差值/m</td><td></td><td></td><td>误差值/m</td><td></td><td></td></tr>
<tr><td rowspan="7">200 m</td><td>1</td><td></td><td></td><td rowspan="7">1500 m</td><td>1</td><td></td><td></td></tr>
<tr><td>2</td><td></td><td></td><td>2</td><td></td><td></td></tr>
<tr><td>3</td><td></td><td></td><td>3</td><td></td><td></td></tr>
<tr><td>4</td><td></td><td></td><td>4</td><td></td><td></td></tr>
<tr><td>5</td><td></td><td></td><td>5</td><td></td><td></td></tr>
<tr><td>平均值</td><td></td><td></td><td>平均值</td><td></td><td></td></tr>
<tr><td>误差值/m</td><td></td><td></td><td>误差值/m</td><td></td><td></td></tr>
<tr><td rowspan="7">500 m</td><td>1</td><td></td><td></td><td rowspan="7">5000 m</td><td>1</td><td></td><td></td></tr>
<tr><td>2</td><td></td><td></td><td>2</td><td></td><td></td></tr>
<tr><td>3</td><td></td><td></td><td>3</td><td></td><td></td></tr>
<tr><td>4</td><td></td><td></td><td>4</td><td></td><td></td></tr>
<tr><td>5</td><td></td><td></td><td>5</td><td></td><td></td></tr>
<tr><td>平均值</td><td></td><td></td><td>平均值</td><td></td><td></td></tr>
<tr><td>误差值/m</td><td></td><td></td><td>误差值/m</td><td></td><td></td></tr>
<tr><td rowspan="7">750 m</td><td>1</td><td></td><td></td><td rowspan="7">10000 m</td><td>1</td><td></td><td></td></tr>
<tr><td>2</td><td></td><td></td><td>2</td><td></td><td></td></tr>
<tr><td>3</td><td></td><td></td><td>3</td><td></td><td></td></tr>
<tr><td>4</td><td></td><td></td><td>4</td><td></td><td></td></tr>
<tr><td>5</td><td></td><td></td><td>5</td><td></td><td></td></tr>
<tr><td>平均值</td><td></td><td></td><td>平均值</td><td></td><td></td></tr>
<tr><td>误差值/m</td><td></td><td></td><td>误差值/m</td><td></td><td></td></tr>
<tr><td rowspan="4">测试仪器</td><td colspan="2">名称</td><td colspan="2">型号</td><td colspan="3">编号</td></tr>
<tr><td colspan="2"></td><td colspan="2"></td><td colspan="3"></td></tr>
<tr><td colspan="2"></td><td colspan="2"></td><td colspan="3"></td></tr>
<tr><td colspan="2"></td><td colspan="2"></td><td colspan="3"></td></tr>
</table>

测试单位＿＿＿＿＿＿＿＿＿＿＿＿＿　　　　　　测试人员＿＿＿＿＿＿＿＿＿＿＿＿＿

附表 3.10 降水量测试记录表

被试样品	名称	船载自动气象站		测试日期		
	型号			环境温度		℃
	编号			环境湿度		%
被试方				测试地点		

测试点		1 mm/min		4 mm/min	
		标准值/mm	测量值/mm	标准值/mm	测量值/mm
10 mm	1				
	2				
	3				
	4				
	5				
	6				
	7				
	8				
	9				
	10				
	平均值				
	误差值/mm				
30 mm	1				
	2				
	3				
	4				
	5				
	6				
	7				
	8				
	9				
	10				
	平均值				
	误差值/mm				

测试仪器	名称	型号	编号

测试单位_____   测试人员_____

附表 3.11　海水温度测试记录表

被试样品	名称	船载自动气象站		测试日期		
	型号			环境温度		℃
	编号			环境湿度		%
被试方				测试地点		
测试点		标准值/℃	测量值/℃	测试点	标准值/℃	测量值/℃
−5 ℃	1			25 ℃	1		
	2				2		
	3				3		
	4				4		
	5				5		
	6				6		
	7				7		
	8				8		
	9				9		
	10				10		
	平均值				平均值		
	误差值/℃				误差值/℃		
0 ℃	1			40 ℃	1		
	2				2		
	3				3		
	4				4		
	5				5		
	6				6		
	7				7		
	8				8		
	9				9		
	10				10		
	平均值				平均值		
	误差值/℃				误差值/℃		
15 ℃	1					
	2					
	3					
	4					
	5					
	6					
	7					
	8					
	9					
	10					
	平均值					
	误差值/℃					

测试仪器	名称	型号	编号

测试单位＿＿＿＿＿＿＿＿＿＿＿＿＿＿＿　　　　测试人员＿＿＿＿＿＿＿＿＿＿＿＿＿＿＿

附表 3.12　动态比对试验日常巡视记录表

试验名称						
试验地点				试验时间		年　　月
日期	（被试方） （被试样品）	（被试方） （被试样品）	（被试方） （被试样品）	（被试方） （被试样品）	故障记录	值班员
01						
02						
03						
04						
05						
06						
07						
08						
09						
10						
11						
12						
13						
14						
15						
16						
17						
18						
19						
20						
21						
22						
23						
24						
25						
26						
27						
28						
29						
30						
31						

注 1：应每日定时巡视被试样品，包括设备安全、软件运行、数据存储、供电电源及中心站运行情况等，并填写记录表；

注 2：如果出现故障，还应填写附表 A。

第 4 章　翻斗式自动雨量站[①]

4.1　目的

规范翻斗式自动雨量站测试的内容和方法,通过测试与试验,检验其是否满足 QX/T 288—2015 翻斗式自动雨量站(简称《标准》)的要求。

4.2　基本要求

4.2.1　被试样品

提供 3 套或以上同一型号的翻斗式自动雨量站(简称雨量站)作为被试样品。被试样品须具备独立供电、数据本地存储和远程通信能力;配备太阳能电池板和大容量蓄电池,在整个试验期间(无市电)为设备供电,保证设备连续正常工作。

功能检测和环境试验可抽取 1 套被试样品。

4.2.2　动态比对标准

根据实验条件,选择下列至少一种方式作为动态比对标准。

(1)以地面观测的自动气象站的翻斗雨量传感器定时观测结果为参考值进行可比较性分析。

(2)用人工雨量筒进行降水量观测,做被试样品的可比较性分析,具体观测时间和降水量记录在本章附表 4.2。

(3)每月一次(或试验期间不少于 3 次)使用雨量传感器计量标准(加液器)在试验现场检测各被试样品的测量准确性。

(4)坑式雨量计与被试样品同步观测。

4.2.3　试验场地及设备安装

(1)试验场地在地面气象观测场附近(距离不超过 50 m),与观测场具有基本相同的气象观测环境,不影响正常业务观测。

(2)雨量站不应受任何障碍物的影响,离障碍物的距离应大于障碍物与雨量器承水口高度差的两倍以上。

(3)若有多种型号的雨量站进行试验,安装应遵守"东西成行,南北成列,南低北高"原则,尽量避免相互影响(阳光、风、雨水滴溅等),东西、南北间隔不小于 2.5 m,距观测场边缘护栏不小于 3 m。

[①]　本章作者:莫月琴、任晓毓、张明、巩娜、刘晓雪

(4)雨量器口保持水平,距地面高度 70 cm。

(5)安装水泥基础参考尺寸为 400 mm×400 mm×500 mm。

4.2.4　日常观测与维护

动态比对试验期间的日常观测与维护:

(1)每日早晚 7 时或有较恶劣天气过程(如沙尘暴、强雷暴、大风、暴雨等)后巡视,检查雨量站的雨量计有无杂物或堵塞,承水口是否水平,并填写值班日志,见本章附表 4.1。坑式雨量计也做相同的维护。

(2)在有降水的日子里,每天 08、14、20 时次(北京时)进行人工雨量筒的降水量观测(降水过程结束时,应立即观测),并将具体观测时间和降水量记录在本章附表 4.2。

(3)每月使用一次雨量传感器计量标准(加液器)在试验现场检测各被试仪器的测量准确性,或试验期间不少于 3 次,在动态比对试验正式开始前和试验结束前各进行一次,其余在试验期间进行。测量结果记录在本章附表 4.3。

4.3　静态测试

4.3.1　组成、结构与外观

(1)以目测和手动操作为主,检查被试样品的组成,应由传感器、采集器和外围组件组成,且满足《标准》3 组织要求;目视检查雨量站外观、标志、零部件的连接、表面涂层等,应满足《标准》4.2 结构与外观的 c)、d)、e)要求。

(2)用分度值为 0.05 mm 的游标卡尺,分别在互成 120°角的三个位置上测量传感器承水口内径,其值均应在规定误差范围内。取三个测量值的平均值,作为承水口内径的测量结果。

(3)用分度值为 0.1°的量角器或用万能角度尺分别在互成 120°角的三个位置测量传感器承水口刃口角度,其值均应在规定范围内。取三个测量值的平均值,作为承水口内径的测量结果。

上述(1)、(2)、(3)检查结果记录在本章附表 4.4。

4.3.2　标志和包装

目测检查标志和包装,应满足《标准》7.1 和 7.2 要求。检查结果记录在本章附表 4.4。

4.3.3　功能

应满足《标准》4.1 功能的要求,检测结果记录在本章附表 4.4。方法如下:

(1)能对雨量进行采样、处理、存储、传输和质量控制。雨量站通电后应能进入正常工作状态,采用向雨量传感器注入清水的方法检验其功能,应能对雨量进行采样、处理、存储、传输和质量控制。

(2)实时采集雨量信号,最小时间间隔为 1 min,可累加处理。人工进行分钟数据计算,将被试样品的输出数据与人工计算数据进行比较,判断分钟数据是否按采样算法要求输出。至少进行三次数据模拟。同时在雨量站动态比对试验中检验。

(3)存储不少于 30 d 的雨量数据。被试样品正常工作不少于 1 d,通过命令读取历史数据,检查被试样品内部是否保存了完整的分钟数据,计算 30 d 需要存储数据的字节数并与被试样品存储容量比较,应满足要求。

(4)设置发送模式,选择发送条件及发送时间间隔。将发送模式设置为"有雨时,每分钟发送"。用标准器以一定的降水强度向雨量传感器注水,每分钟能收到雨量数据。将发送模式改为"定时发送",能在正点收到雨量数据。

(5)提供状态信息。通过设定各状态检测判断的阈值,检查状态检测原始值;改变状态值或状态检测判断阈值,查看相应状态码是否按照要求输出。

(6)分别用有线及无线方式传输数据,应能进行这两种方式的数据传输。

4.3.4　测量性能

4.3.4.1　要求

分辨力为 0.1 mm 雨量站的允许误差应符合以下要求:

±0.4 mm(雨量≤10 mm,雨强≤4 mm/min);

±4%(雨量>10 mm,雨强≤4 mm/min)。

4.3.4.2　测试方法

测试结果应符合 4.3.4.1 的要求。测试结果记录在本章附表 4.5。

(1)标准器

标准器可在下列两种仪器中任选其一:

1)标准玻璃量器

容量:314.16 mL,942.48 mL,200 mL,600 mL。

允许误差:0.2%。

2)加液器

加液量范围:200~942.48 mL;

加液量允许误差:20~126 mL/min。

另外,需要计数器,用于计数雨量传感器输出的脉冲信号个数。

(2)测量误差

在 10 mm 雨量、1 mm/min 雨强和 30 mm 雨量、4 mm/min 雨强两个测试点上进行测量误差的测试。测试时,应首先测试 30 mm 雨量、4 mm/min 雨强。

参考表 4.1 选择适当容量的标准玻璃量器,或设定加液器的加液量,以及各测试点降雨量对应的加液量,或测试点降雨强度对应的加液速度。

表 4.1　标准玻璃量器

雨量/雨强				
承水口内径/mm	10 mm	30 mm	1 mm/min	4 mm/min
200	314.16 mL	942.48 mL	20 mL/min	80 mL/min
159.6	200 mL	600 mL	31.4 mL/min	126 mL/min

使用标准玻璃量器时,按照测试点降雨量,选择容量合适的标准玻璃量器。使用加液器时,按照测试点设定好加液量与加液速度。注意:每次测试前,均应清空翻斗中残留的水,并将技术装置计数清零。

每种雨强和雨量分别测试 3 次。以 3 次测量结果的平均值减去标准雨量值,得到各测试点上的测量误差。

$$\Delta R = \overline{R} - R \qquad\qquad\qquad (4.1)$$

式中，ΔR 为被试样品的测量误差，单位：mm；$\overline{R}$ 为同一测试点 3 次测试的平均值，单位：mm；R 为标准值，单位：mm。

当测试点雨量为 30 mm 时，用公式（4.2）计算该点上的相对测量误差：

$$\Delta r = \frac{\Delta R}{R} \times 100\% \tag{4.2}$$

式中，Δr 为相对误差；ΔR 和 R 同式（4.1）。

4.3.5　电源适应性

4.3.5.1　电源电压和频率

4.3.5.1.1　要求

在下列任何电压和频率组合情况下，仪器性能应不受影响：

(1)电压允许范围：$220 \times (1 \pm 10\%)$ V；

(2)频率允许范围：$50 \times (1 \pm 5\%)$ Hz。

4.3.5.1.2　试验方法

按照 GB/T 6587—2012 的 5.12.2 进行试验，方法如下：

(1)将可调电源输出置于 50 Hz、220 V，测试仪器的性能特性。

(2)将可调电源输出频率保持在 50 Hz，将电压分别置于 198 V 和 242 V，并在这两个数值上各自至少保持 15 min 后，分别测试仪器的性能特性。

(3)将可调电源输出电压保持在 220 V，将频率分别置于 47.5 Hz 和 52.5 Hz，并在这两个数值上各自至少保持 15 min 后，分别测试仪器的性能特性。

4.3.5.2　蓄电池

将蓄电池充满电后脱离充电装置运行，在无外部供电情况下，在每分钟发送模式下，维持正常运行的天数至少 15 d。蓄电池应具备充放电保护功能。该项目可在动态比对试验中检验。

4.3.5.3　功耗

在每分钟发送模式下，测量其一小时内的平均功率，功耗应小于 0.5 W。可通过测量电流电压计算获得，也可直接测量。

4.3.6　时钟误差

以国家授时中心网标准时间为准，验证时钟误差，每 30 d 时钟误差不大于 15 s。可在动态比对试验中检查。

4.4　环境试验

4.4.1　气候条件

4.4.1.1　要求

产品应适用于如下气候条件：

工作温度：0～60 ℃；

储存温度：−40～60 ℃；

相对湿度：0～100%。

4.4.1.2　试验方法

（1）低温：－40 ℃贮藏 2 h。采用 GB/T 2423.1 进行试验、检测和评定。

（2）高温：60 ℃工作 2 h，60 ℃贮藏 2 h。采用 GB/T 2423.2 进行试验、检测和评定。

（3）恒定湿热：40 ℃，93％，放置 12 h，通电后正常工作。采用 GB/T 2423.3 进行试验、检测和评定。

4.4.2　机械环境

4.4.2.1　要求

机械环境试验的目的是检验被试样品能否达到运输的要求，根据 GB/T 6587—2012 的 5.10 包装运输试验，按照表 4.2 所示的要求进行试验。

表 4.2　包装运输试验要求

试验项目	试验条件	试验等级
		3 级
振动	振动频率/Hz	5、15、30
	加速度/(m/s²)	9.8±2.5
	持续时间/min	每个频率点 15
	振动方法	垂直固定
自由跌落	按重量确定	跌落高度
	重量≤10 kg	60 cm

4.4.2.2　试验方法

被试样品在完整包装状态下，按照 GB/T 6587—2012 的 5.10.2.1 和 5.10.2.2 方法进行试验。试验结束后，包装箱不应有较大的变形和损伤，被试样品及附件不应有变形松脱、涂敷层剥落等损伤，外观及结构应无异常，通电后应能正常工作。

4.4.3　电磁抗扰度

4.4.3.1　要求

静电放电抗扰度水平应达到 GB/T 17626.2 的试验等级 3 要求。

电快速瞬变脉冲群抗扰度水平应达到 GB/T 17626.4 的试验等级 3 要求。

浪涌（冲击）抗扰度水平应达到 GB/T 17626.5 的试验等级 3 要求。

试验内容和严酷度等级要求见表 4.3。

表 4.3　电磁抗扰度试验内容和严酷度等级

内容	试验条件		
	交流电源端口	直流电源端口	控制和信号端口
静电放电抗扰度	接触放电：6 kV，空气放电：8 kV		
电快速瞬变脉冲群抗扰度	±2 kV　5 kHz	±1 kV　5 kHz	±1 kV　5 kHz
浪涌（冲击）抗扰度	线—线：±1 kV 线—地：±2 kV		线—线：±1 kV 线—地：±2 kV

4.4.3.2　试验方法

（1）静电放电抗扰度

被试样品按台式（接地或不接地）和落地式设备（接地或不接地）进行配置，确定施加放电点，每个放电点进行至少 10 次放电。如被试样品涂膜未说明是绝缘层，则发生器电极头应穿入漆膜与导电层接触；若涂膜为绝缘层，则只进行空气放电。接触放电 6 kV，空气放电 8 kV，采用 GB/T 17626.2 进行试验、检测和评定。

（2）电快速瞬变脉冲群抗扰度

交流电源端口：±2 kV、5 kHz，直流电源端口：±1 kV、5 kHz，控制和信号端口：±1 kV、5 kHz，试验持续时间不短于 1 min。采用 GB/T 17626.4 依次对被试产品的试验端口进行正负极性试验、检测和评定。

（3）浪涌（冲击）抗扰度

对交流电源端口，应分别在 0°、90°、180°、270°相位施加浪涌脉冲正、负极性各 5 次，试验速率为每分钟 1 次；施加在控制和信号端口上的浪涌脉冲亦正、负极性各 5 次。交流电源端口及控制和信号端口：线对线±1 kV，线对地±2 kV。采用 GB/T 17626.5 进行试验、检测和评定。

4.5　动态比对试验

4.5.1　数据分析说明

试验数据：取被试样品的分钟数据（本地存储数据）作为基本的数据分析单元。用基本的数据分析单元，计算数据的完整性。

以试验数据与现场加液器数据对比，分析试验数据的准确性。

试验数据与人工雨量筒观测值（本章附表 4.2）的对比，检验观测数据可靠性（降水感应一致），与台站现行业务自动气象站降水量（Z、R 文件）的对比，分析试验数据的可比较性。

考虑到自动气象站对降水量采集的可靠性和准确性，在对比分析前，需对台站现行业务自动气象站的降水量（Z、R 文件）进行必要的质量控制。

月降水量<10.0 mm 时，不进行数据分析。设备可靠性用责任故障次数判断。

4.5.2　数据完整性

4.5.2.1　评定方法

在人工定时观测有降水时段内，被试样品的分钟数据有缺测或无数据的现象，被认为被试样品的数据缺测。

有效观测次数为人工定时观测到的降水次数。缺测次数为人工定时观测有降水时，被试样品观测的定时数据缺测次数。

$$缺测率（\%）=\frac{缺测次数}{有效观测次数}×100\% \tag{4.3}$$

4.5.2.2　评定指标

数据缺测率小于等于 2%。

4.5.3　数据可靠性（降水感应一致）

通过统计有无降水一致率对各被试样品观测的定时数据进行可靠性检验。

当人工定时观测有降水时，若人工定时观测的降水量（E）$\geqslant$0.5 mm，同时被试样品的定时降水量$\geqslant$0.5 mm，则认为降水感应一致。

$$降水感应一致率（\%）＝\frac{一致次数}{有效对比次数}\times100\% \tag{4.4}$$

4.5.4　数据准确性

以每月进行的一次（或至少三次）现场加液器数据为标准，或者以坑式雨量计数据为准，分析试验数据的准确性。用公式（4.5）和公式（4.6）计算其绝对误差和相对误差。

4.5.5　数据可比较性

在有降水时间段内，试验数据分别与人工雨量筒观测的总降水量、6 h 降水量、台站业务观测 1 h 降水量进行比较，用其绝对误差和相对误差评价试验数据的可比较性，用公式（4.5）和公式（4.6）计算。

$$绝对误差＝X_i－X \tag{4.5}$$

$$相对误差＝\frac{X_i－X}{X} \tag{4.6}$$

式中，X_i 为各被试样品测量的累计降水量；X 为对应时间段的人工雨量筒、台站业务观测的降水量。

4.5.6　设备可靠性

可靠性反映被试样品在规定的情况下，在规定的时间内，完成规定功能的能力。以平均故障间隔时间（MTBF）表示设备的可靠性。平均故障间隔时间 MTBF（θ_1）$\geqslant$4000 h。

4.5.6.1　试验方案

按照定时截尾试验方案，在 QX/T 526—2019 表 A.1 的方案类型中选用标准型（17 号方案）或短时高风险（21 号方案）两种试验方案之一，推荐选用标准型试验方案。

4.5.6.1.1　标准型试验方案

采用 17 号方案，即生产方和使用方风险各为 20%，鉴别比为 3 的定时截尾试验方案，试验的总时间为规定 MTBF 下限值（θ_1）的 4.3 倍，接受故障数为 2，拒收故障数为 3。

试验总时间 T 为：

$$T＝4.3\times4000 \text{ h}＝17200 \text{ h}$$

要求 3 套或以上被试样品进行动态比对试验。以 3 套被试样品为例，每台试验的平均时间 t 为：

3 套被试样品：$t＝17200 \text{ h}/3＝5733.3 \text{ h}＝238.9 \text{ d}\approx239 \text{ d}$

若为了缩短试验时间，可增加被试样品的数量，如：

4 套被试样品：$t＝17200 \text{ h}/4＝4300 \text{ h}＝179.2 \text{ d}\approx180 \text{ d}$

所以 3 套被试样品需试验 239 d，4 套需试验 180 d，期间允许出现 2 次故障。

4.5.6.1.2　短时高风险试验方案

采用 21 号方案，即生产方和使用方风险各为 30%，鉴别比为 3 的定时截尾试验方案，试验的总时间为规定 MTBF 下限值（θ_1）的 1.1 倍，接受故障数为 0，拒收故障数为 1。

试验总时间 T 为：

$$T＝1.1\times4000 \text{ h}＝4400 \text{ h}$$

3 套被试样品进行动态比对试验,每台试验的平均时间 t 为:

$$t = 4400 \text{ h}/3 = 1466.7 \text{ h} = 61.1 \text{ d} \approx 62 \text{ d}$$

所以 3 套被试样品需试验 62 d,期间允许出现 0 次故障。根据 QX/T 526—2019 的 5.3 规定,至少应进行 3 个月的试验,因此,采用 3 套及以上被试样品进行试验,试验时间应至少 3 个月。

4.5.6.2　MTBF 观测值的计算

MTBF 的观测值(点估计值)$\hat{\theta}$ 用公式(4.7)计算。

$$\hat{\theta} = \frac{T}{r} \tag{4.7}$$

式中,T 为试验总时间,是所有被试样品试验期间各自工作时间的总和;r 为总责任故障数。

4.5.6.3　MTBF 置信区间的估计

按照 QX/T 526—2019 中的 A.2.3 计算 MTBF 置信区间的估计值。

4.5.6.3.1　有故障的 MTBF 置信区间估计

采用 4.5.6.1.1 标准型试验方案,使用方风险 $\beta = 20\%$ 时,置信度 $C = 60\%$;采用 4.5.6.1.2 短时高风险试验方案,使用方风险 $\beta = 30\%$ 时,置信度 $C = 40\%$。

根据责任故障数 r 和置信度 C,由 QX/T 526—2019 中表 A.2 查取置信上限系数 $\theta_\mathrm{U}(C', r)$ 和置信下限系数 $\theta_\mathrm{L}(C', r)$,其中,$C' = (1+C)/2 = 1-\beta$,MTBF 的置信区间下限值 θ_L 用公式(4.8)计算,上限值 θ_U 用公式(4.9)计算

$$\theta_\mathrm{L} = \theta_\mathrm{L}(C', r) \times \hat{\theta} \tag{4.8}$$

$$\theta_\mathrm{U} = \theta_\mathrm{U}(C', r) \times \hat{\theta} \tag{4.9}$$

MTBF 的置信区间表示为 $(\theta_\mathrm{L}, \theta_\mathrm{U})$(置信度为 C)。

4.5.6.3.2　故障数为 0 的 MTBF 置信区间估计

若责任故障数 r 为 0,只给出置信下限值,用公式(4.5)计算。

$$\theta_\mathrm{L} = T/(-\ln\beta) \tag{4.10}$$

式中,T 为试验总时间,是所有被试样品试验期间各自工作时间的总和;β 为使用方风险。采用 4.5.6.1.1 标准型试验方案,使用方风险 $\beta = 20\%$,采用 4.5.6.1.2 短时高风险试验方案,使用方风险 $\beta = 30\%$。

这里的置信度应为 $C = 1-\beta$。

4.5.6.4　试验结论

(1)按照试验中可接收的故障数判断可靠性是否合格。

(2)可靠性试验无论是否合格,都应给出被试样品平均故障间隔时间(MTBF)的观测值 $\hat{\theta}$ 和置信区间估计的上限 θ_U 和下限 θ_L,表示为 $(\theta_\mathrm{L}, \theta_\mathrm{U})$(置信度为 C)。

4.5.6.5　故障的认定和记录

按照 QX/T 526—2019 的 A.3 认定和记录故障。故障认定应区分责任故障和非责任故障,故障记录在动态比对试验设备故障登记表中,见附表 A。

4.6　结果评定

4.6.1　单项评定

以下各项均合格的,视该被试样品合格,有一项不合格的,视为不合格。

（1）静态测试和环境试验

被试样品静态测试和环境试验合格后，方可进行动态比对试验。

（2）动态比对试验

①数据完整性

缺测率（％）≤2％为合格。

②测量准确性

±0.4 mm（雨量≤10 mm，雨强≤4 mm/min）；±4％（雨量＞10 mm，雨强≤4 mm/min）为合格。

③数据可比较性

不作为被试样品合格与否的依据。

④设备可靠性

若选择4.5.6.1.1标准型试验方案，最多出现2次故障为合格；若选择4.5.6.1.2短时高风险试验方案，无故障为合格。

4.6.2　总评定

被试样品总数的2/3及以上合格时，视该型号被试样品为合格，否则不合格。

本章附表

附表 4.1　动态比对试验日常巡视记录表

日期	试验名称				故障记录	值班员
	（被试方）（被试样品）	（被试方）（被试样品）	（被试方）（被试样品）	（被试方）（被试样品）		
01						
02						
03						
04						
05						
06						
07						
08						
09						
10						
11						
12						
13						
14						
15						
16						
17						
18						
19						
20						
21						
22						
23						
24						
25						
26						
27						
28						
29						
30						
31						

注 1：应每日定时巡视被试样品的采样区、软件运行及数据存储情况并填写记录表；

注 2：如果被试样品的采样区有杂物应清洁，如果出现故障，还应填写附表 A。

试验地点　　　　　试验时间　　　年　　月

附表 4.2　人工雨量筒观测记录表

年　　月

日期	项目	08 时	14 时	20 时	日累计	值班员
	降水量					
	观测时间					
	天气现象 降水起止时间					
	降水量					
	观测时间					
	天气现象 降水起止时间					
	降水量					
	观测时间					
	天气现象 降水起止时间					
	降水量					
	观测时间					
	天气现象 降水起止时间					
	降水量					
	观测时间					
	天气现象 降水起止时间					
	降水量					
	观测时间					
	天气现象 降水起止时间					
	降水量					
	观测时间					
	天气现象 降水起止时间					
	降水量					
	观测时间					
	天气现象 降水起止时间					
	降水量					
	观测时间					
	天气现象 降水起止时间					

附表 4.3　现场检测记录表

被试样品	名称	翻斗式自动雨量站		测试日期		
	型号			环境温度		℃
	编号			环境湿度		%
被试方				测试地点		
降雨量/mm	雨强/(mm/min)		标准值/mm	采集器累计值/mm		测量误差/mm
	1 mm/min					
	平均					
	4 mm/min					
	平均					
备注						

测试单位＿＿＿＿＿＿＿＿＿＿＿＿＿＿＿＿＿　　　　测试人员＿＿＿＿＿＿＿＿＿＿＿＿＿＿＿＿＿

附表4.4 外观、结构、功能、标志、包装和电源适应性检测记录表

<table>
<tr><td rowspan="3">被试样品</td><td>名称</td><td>翻斗式自动雨量站</td><td>测试日期</td><td colspan="2"></td></tr>
<tr><td>型号</td><td></td><td>环境温度</td><td colspan="2">℃</td></tr>
<tr><td>编号</td><td></td><td>环境湿度</td><td colspan="2">%</td></tr>
<tr><td>被试方</td><td colspan="2"></td><td>测试地点</td><td colspan="2"></td></tr>
<tr><td rowspan="2">检测项目</td><td rowspan="2" colspan="2">技术要求</td><td colspan="3" style="text-align:center">检测结果</td><td rowspan="2">结论</td></tr>
<tr><td>1</td><td>2</td><td>3</td><td>均值</td></tr>
<tr><td rowspan="6">结构与外观</td><td>传感器
承水口</td><td>内径：$200^{+0.6}_{0}$ mm</td><td></td><td></td><td></td><td></td><td></td></tr>
<tr><td></td><td>刃口角度：40°～45°</td><td></td><td></td><td></td><td></td><td></td></tr>
<tr><td colspan="2">外观整洁，无损伤和形变。金属件无锈蚀。表面棱角光滑，涂层无气泡、开裂、脱落等现象。标志和字符完整、清晰、醒目</td><td></td><td></td><td></td><td></td><td></td></tr>
<tr><td colspan="2">机箱内所有部件、连接器及其针脚应有编号或标志，编号或标志应清晰、易读且不易脱落</td><td></td><td></td><td></td><td></td><td></td></tr>
<tr><td colspan="2">除用耐腐蚀材料制造的各零件外，其余表面应有涂、敷、镀等防腐防霉工艺措施</td><td></td><td></td><td></td><td></td><td></td></tr>
<tr><td rowspan="3">组成</td><td>传感器</td><td>承水口、翻斗、翻转感应装置等组成</td><td></td><td></td><td></td><td></td><td></td></tr>
<tr><td>采集器</td><td>中央处理器、时钟电路、数据存储器、接口、控制电路及采集软件等组成</td><td></td><td></td><td></td><td></td><td></td></tr>
<tr><td>外围组件</td><td>电源、通信和安装结构件等组成</td><td></td><td></td><td></td><td></td><td></td></tr>
<tr><td rowspan="6">功能</td><td colspan="2">数据的采样、处理、存储、传输和质量控制</td><td></td><td></td><td></td><td></td><td></td></tr>
<tr><td colspan="2">实时采集信号最小间隔为 1 min，可累加</td><td></td><td></td><td></td><td></td><td></td></tr>
<tr><td colspan="2">存储不少于 30 d 的雨量数据</td><td></td><td></td><td></td><td></td><td></td></tr>
<tr><td colspan="2">设置发送模式选择发送条件及发送时间间隔</td><td></td><td></td><td></td><td></td><td></td></tr>
<tr><td colspan="2">提供状态信息</td><td></td><td></td><td></td><td></td><td></td></tr>
<tr><td colspan="2">分别用有线及无线方式传输数据</td><td></td><td></td><td></td><td></td><td></td></tr>
<tr><td rowspan="3">电源适应性</td><td colspan="2">电源电压和频率：220×(1±10%)V；50×(1±5%)Hz</td><td></td><td></td><td></td><td></td><td></td></tr>
<tr><td colspan="2">蓄电池：在无外部供电和每分钟发送模式下，维持正常运行的天数至少15 d。并具备充放电保护功能</td><td></td><td></td><td></td><td></td><td></td></tr>
<tr><td colspan="2">功耗：小于等于 0.5 W</td><td></td><td></td><td></td><td></td><td></td></tr>
<tr><td>标志</td><td colspan="2">应满足《标准》7.1要求</td><td></td><td></td><td></td><td></td><td></td></tr>
<tr><td>包装</td><td colspan="2">应满足《标准》7.2要求</td><td></td><td></td><td></td><td></td><td></td></tr>
<tr><td rowspan="3">测试仪器</td><td colspan="2" style="text-align:center">名称</td><td colspan="2" style="text-align:center">型号</td><td colspan="2" style="text-align:center">编号</td></tr>
<tr><td colspan="2"></td><td colspan="2"></td><td colspan="2"></td></tr>
<tr><td colspan="2"></td><td colspan="2"></td><td colspan="2"></td></tr>
</table>

测试单位＿＿＿＿＿＿＿＿＿＿＿＿＿＿＿＿＿　　　测试人员＿＿＿＿＿＿＿＿＿＿＿＿＿＿＿＿＿

附表 4.5 测量性能测试记录表

被试样品	名称		翻斗式自动雨量站		测试日期		
	型号				环境温度		℃
	编号				环境湿度		%
被试方					测试地点		

分辨力			
测试点		标准值/mm	测量值/mm
10 mm 1 mm/min	1		
	2		
	3		
	平均值		
	误差值/mm		
30 mm 4 mm/min	1		
	2		
	3		
	平均值		
	误差值/%		

测试仪器	名称	型号	编号

测试单位＿＿＿＿＿＿＿＿＿＿＿＿＿＿＿＿＿＿＿＿   测试人员＿＿＿＿＿＿＿＿＿＿＿＿＿＿＿＿＿＿＿＿

第5章　综合集成硬件控制器[①]

5.1　目的

规范综合集成硬件控制器测试的内容和方法,通过测试与试验,检验综合集成硬件控制器是否满足《综合集成硬件控制器功能规格需求书》(气测函〔2014〕73号)(简称《需求书》)的要求。

5.2　基本要求

5.2.1　被试样品

提供3套或以上同型号综合集成硬件控制器作为被试样品,须具备防雷措施和大容量蓄电池,在整个测试试验期间被试样品应连续正常工作,数据正常上传至指定的终端,与ISOS-SS地面综合观测业务软件(简称ISOS-SS软件)正常通信。

5.2.2　试验场地

(1)选择2个或以上试验场地,至少包含2个不同的气候区,尽量选择接近被试样品使用环境要求的气象参数极限值。

(2)与地面气象观测仪器连接,将被试样品安装在试验场地北侧附近(可根据实际情况进行调整),尽量避免对其他观测仪器的影响。

5.3　静态测试

5.3.1　外观、结构和工艺

以目测和手动操作为主,必要时可采用计量器具,检查被试样品的外观、结构和工艺,应满足《需求书》3外观、结构和工艺要求。同时在被试样品正常工作情况下,检查电源指示灯、输入接口通信指示灯、光纤通信指示灯等是否正常。检查结果记录在本章附表5.1。

5.3.2　功能

配备一套综合集成硬件控制器、一根8路RS232串口转换线、一台电脑、一套串口循环测试软件、一套串口数据回送软件等测试工具。

检测步骤:

(1)在计算机内分别安装串口循环测试软件和串口数据回送软件。

(2)串口循环测试软件模拟业务软件,通过被试样品对8路设备发送和接收数据,数据发

---

① 本章作者:莫月琴、巩娜、任晓毓、刘晓雪

送间隔为 3 s,数据格式为 100 字节长度的随机数。

（3）串口数据回送软件利用计算机串口模拟 8 路设备端,通过被试样品接收和回送业务软件数据。

（4）分别进行初始化、网络信息和串口信息等参数设置,检查相应功能的正确性。

（5）通过实际操作,检查能否实现串口设备联网、以太网光纤转换、数据存储、级联、驱动程序、管理软件和在线升级等功能。

注:实际应用中如果没有用到数据存储功能,数据存储功能可不检测。

检测结果记录在本章附表 5.2。

5.3.3　技术性能

5.3.3.1　观测设备接入数量和接口

用目测和手动操作的方法检查,应满足《需求书》5.1 和 5.2 的要求,检查结果记录在本章附表 5.1。

5.3.3.2　供电电源

5.3.3.2.1　要求

综合集成硬件控制器采用 DC12 V 供电,室内光纤转换模块采用 AC220 V 供电。对于 DC12 V 电源,在 DC9～15 V 范围内能正常工作,对于 AC220 V 电源,在 AC187～242 V 范围内能正常工作。

5.3.3.2.2　测试方法

通过可调直流电源和交流电源改变被试样品的供给电压,分别置其规定允许范围的上下限 DC9～15 V 和 AC187～242 V,持续 1 min,设备应能正常工作。

5.3.3.3　功耗

5.3.3.3.1　要求

通信控制模块工作状态下,平均功耗:≤10.0 W。

5.3.3.3.2　测试方法

正常工作情况下,测量被试样品的电源电压和电流,计算功率。平均功耗应≤10.0 W。

5.3.3.4　串口数据缓冲

5.3.3.4.1　要求

每路 RS-232/485/422/光纤接口接收数据缓冲区均应大于 7 K 字节。

5.3.3.4.2　测试方法

各个串口通信速率在 19200 bps 时可以接收 7 K 字节的数据。

5.3.3.5　数据到报率

5.3.3.5.1　要求

月数据到报率(收到的数据与输出数据之比)应大于等于 99.9%。

5.3.3.5.2　测试方法

在光纤通信方式下,进行 5.3.2 节的测试步骤(2)和(3)进行设备发送和接收数据,时长为 48 h。

5.3.3.6 数据正确率

5.3.3.6.1 要求

月数据传输正确率应大于等于 99.9％。

5.3.3.6.2 测试方法

综合硬件控制器应正确无误接收数据,测试方法同 5.3.3.5.2。

5.4 环境试验

5.4.1 气候环境

5.4.1.1 要求

产品在以下环境中应正常工作:

环境温度:−40～60 ℃;

相对湿度:5％～95％;

大气压力:550～1060 hPa。

5.4.1.2 试验方法

(1)低温:−40 ℃工作 2 h,−60 ℃贮藏 2 h。采用 GB/T 2423.1 进行试验、检测和评定。

(2)高温:60 ℃工作 2 h,60 ℃贮藏 2 h。采用 GB/T 2423.2 进行试验、检测和评定。

(3)恒定湿热:40 ℃,93％,放置 12 h,通电后正常工作。采用 GB/T 2423.3 进行试验、检测和评定。

(4)低气压:550 hPa 放置 0.5 h。采用 GB/T 2423.21 进行试验、检测和评定。

(5)盐雾试验:48 h 盐雾沉降试验。采用 GB/T 2423.17 进行试验、检测和评定。

注:如果设备配置中没有防护箱,则不做盐雾试验。

(6)淋雨试验:外壳防护等级 IP65。采用 GB/T 2423.38 或 GB/T 4208 进行试验、检测和评定。

注:如果设备配置中没有防护箱,则不做淋雨试验。

5.4.2 机械环境

5.4.2.1 要求

机械试验的目的是检验被试样品能否达到运输的要求,根据 GB/T 6587—2012 的 5.10 包装运输试验,对《需求书》6.2 机械条件进行了适当调整,按照表 5.1 所示的要求进行试验。

表 5.1 包装运输试验要求

试验项目	试验条件	试验等级
		3 级
振动	振动频率 /Hz	5、15、30
	加速度 /(m/s²)	9.8±2.5
	持续时间 /min	每个频率点 15
	振动方法	垂直固定
自由跌落	按重量确定	跌落高度
	重量≤10 kg	60 cm

5.4.2.2　试验方法

被试样品在完整包装状态下,按照 GB/T 6587—2012 的 5.10.2.1 和 5.10.2.2 方法进行试验。试验结束后,包装箱不应有较大的变形和损伤。被试样品及附件不应有变形松脱、涂敷层剥落等损伤,外观及结构应无异常,通电后应能正常工作。

5.4.3　电磁环境

5.4.3.1　要求

电磁抗扰度应满足表 5.2 试验内容和严酷度等级要求,采用推荐的标准进行试验。

表 5.2　电磁抗扰度试验内容和严酷度等级

内容	试验条件		
	交流电源端口	直流电源端口	控制和信号端口
静电放电抗扰度	接触放电:4 kV,空气放电:4 kV		
射频电磁场辐射抗扰度	80～1000 MHz,3 V/m,80%AM(1 kHz)		
电快速瞬变脉冲群抗扰度	±2 kV　5 kHz	±1kV　5 kHz	±1 kV　5 kHz
浪涌(冲击)抗扰度	线—线:±2 kV 线—地:±4 kV	线—线:±1 kV 线—地:±2 kV	线—地:±2 kV

注 1:《需求书》6.3.1 静电放电抗扰度的空气放电为 8 kV,根据实际应用,测试改为 4 kV;
注 2:《需求书》6.3.3 电快速瞬变脉冲群抗扰度的交流电源端口施加电压为 0.5 kV,根据实际应用,测试改为±2 kV。

5.4.3.2　试验方法

被试样品均应在正常工作状态下进行下列试验。

(1)静电放电抗扰度

被试样品按台式(接地或不接地)和落地式设备(接地或不接地)进行配置,确定施加放电点,每个放电点进行至少 10 次放电。如被试样品涂膜未说明是绝缘层,则发生器电极头应穿入漆膜与导电层接触;若涂膜为绝缘层,则只进行空气放电。接触放电 4 kV,空气放电 4 kV,采用 GB/T 17626.2 进行试验、检测和评定。

(2)射频电磁场辐射抗扰度

被试样品按现场安装姿态放置在试验台上,按照 80～1000 MHz,3 V/m,80% AM(1 kHz),采用 GB/T 17626.3 进行试验、检测和评定。

(3)电快速瞬变脉冲群抗扰度

交流电源端口:±2 kV、5 kHz,直流电源端口:±1 kV、5 kHz,控制和信号端口:±1 kV、5 kHz,试验持续时间不短于 1 min。采用 GB/T 17626.4 依次对被试产品的试验端口进行正负极性试验、检测和评定。

(4)浪涌(冲击)抗扰度

施加在直流电源端和互连线上的浪涌脉冲次数应为正、负极性各 5 次;对交流电源端口,应分别在 0°、90°、180°、270°相位施加正、负极性各 5 次的浪涌脉冲。试验速率为每分钟 1 次。交流电源端口:线对线±2 kV,线对地±4 kV;直流电源端口:线对线±1 kV,线对地±2 kV;控制和信号端口:线对地±2 kV,采用 GB/T 17626.5 进行试验、检测和评定。

上述试验结束后,均应进行最后检测,检查其是否保持在技术要求限值内性能正常。

5.5 动态比对试验

通过观测设备上传到 ISOS-SS 地面综合观测业务软件的数据与其实际接收的数据对比,评定被试样品的数据到报率、数据正确性和设备可靠性。

5.5.1 数据到报率

观测设备应上传到 ISOS-SS 软件的数据总量为数据应到条数,实际上传到 ISOS-SS 软件的数据总量为实到条数,到报率按(5.1)式计算。

$$到报率(\%) = \frac{实到条数}{应到条数} \times 100\% \tag{5.1}$$

月数据到报率应大于等于 99.9%。

5.5.2 数据正确率

用观测设备上传到 ISOS-SS 软件的数据与实际上传到 ISOS-SS 软件的数据比较,数据正确率按(5.2)式计算。

$$正确率(\%) = \frac{正确数据条数}{应到条数} \times 100\% \tag{5.2}$$

月传输数据正确率应大于等于 99.9%。

5.5.3 设备可靠性

可靠性反映了被试设备在规定的情况下,在规定的时间内,完成规定功能的能力。以平均故障间隔时间(MTBF)表示设备的可靠性。平均故障间隔时间 MTBF(θ_1)大于等于 5000 h。

5.5.3.1 试验方案

按照定时截尾试验方案,在 QX/T 526—2019 表 A.1 的方案类型中选用标准型或短时高风险两种试验方案之一,推荐选用标准型试验方案。

5.5.3.1.1 标准型试验方案

采用 17 号方案,即生产方和使用方风险各为 20%,鉴别比为 3 的定时截尾试验方案,试验的总时间为规定 MTBF 下限值(θ_1)的 4.3 倍,接受故障数为 2,拒收故障数为 3。

试验总时间 T 为:

$$T = 4.3 \times 5000 \text{ h} = 21500 \text{ h}$$

要求 3 套或以上被试样品进行动态比对试验。以 3 套被试样品为例,每台试验的平均时间 t 为:

3 套被试样品:$t = 21500 \text{ h}/3 = 7166.7 \text{ h} = 298.6 \text{ d} \approx 299 \text{ d}$

若为了缩短试验时间,可增加被试样品的数量,如:

4 套被试样品:$t = 21500 \text{ h}/4 = 5375 \text{ h} \approx 224 \text{ d}$

5 套被试样品:$t = 21500 \text{ h}/5 = 4300 \text{ h} = 179.2 \text{ d} \approx 180 \text{ d}$

6 套被试样品:$t = 21500 \text{ h}/6 = 3583.3 \text{ h} = 149.3 \text{ d} \approx 150 \text{ d}$

所以 3 套被试样品需试验 299 d,4 套需试验 224 d,5 套需试验 180 d,6 套需试验 150 d,期间允许出现 2 次故障。

5.5.3.1.2　短时高风险试验方案

采用 21 号方案,即生产方和使用方风险各为 30%,鉴别比为 3 的定时截尾试验方案,试验的总时间为规定 MTBF 下限值(θ_1)的 1.1 倍,接受故障数为 0,拒收故障数为 1。

试验总时间 T 为:

$$T = 1.1 \times 5000 \text{ h} = 5500 \text{ h}$$

3 套被试样品进行动态比对试验,每台试验的平均时间 t 为:

$$t = 5500 \text{ h}/3 = 1833.3 \text{ h} = 76.4 \text{ d} \approx 77 \text{ d}$$

所以 3 套被试样品需试验 77 d,期间允许出现 0 次故障。根据 QX/T 526—2019 的 5.3 规定,至少应进行 3 个月的试验,因此,采用 3 套及以上被试样品进行试验,试验时间应为至少 3 个月。

5.5.3.2　MTBF 观测值的计算

MTBF 的观测值(点估计值)$\hat{\theta}$ 用公式(5.3)计算。

$$\hat{\theta} = \frac{T}{r} \tag{5.3}$$

式中,T 为试验总时间,是所有被试样品试验期间各自工作时间的总和;r 为总责任故障数。

5.5.3.3　MTBF 置信区间的估计

按照 QX/T 526—2019 中的 A.2.3 计算 MTBF 置信区间的估计值。

5.5.3.3.1　有故障的 MTBF 置信区间估计

采用 5.5.3.1.1 标准型试验方案,使用方风险 $\beta = 20\%$ 时,置信度 $C = 60\%$;采用 5.5.3.1.2 短时高风险试验方案,使用方风险 $\beta = 30\%$ 时,置信度 $C = 40\%$。

根据责任故障数 r 和置信度 C,由 QX/T 526—2019 中表 A.2 查取置信上限系数 $\theta_U(C', r)$ 和置信下限系数 $\theta_L(C', r)$,其中,$C' = (1+C)/2 = 1-\beta$,MTBF 的置信区间下限值 θ_L 用公式(5.4)计算,上限值 θ_U 用公式(5.5)计算

$$\theta_L = \theta_L(C', r) \times \hat{\theta} \tag{5.4}$$

$$\theta_U = \theta_U(C', r) \times \hat{\theta} \tag{5.5}$$

MTBF 的置信区间表示为 (θ_L, θ_U)(置信度为 C)。

5.5.3.3.2　故障数为 0 的 MTBF 置信区间估计

若责任故障数 r 为 0,只给出置信下限值,用公式(5.6)计算。

$$\theta_L = T/(-\ln\beta) \tag{5.6}$$

式中,T 为试验总时间,是所有被试样品试验期间各自工作时间的总和;β 为使用方风险。采用 5.5.3.1.1 标准型试验方案,使用方风险 $\beta = 20\%$,采用 5.5.3.1.2 短时高风险试验方案,使用方风险 $\beta = 30\%$。

这里的置信度应为 $C = 1-\beta$。

5.5.3.4　试验结论

(1)按照试验中可接收的故障数判断可靠性是否合格。

(2)可靠性试验无论是否合格,都应给出被试样品平均故障间隔时间(MTBF)的观测值 $\hat{\theta}$ 和置信区间估计的上限 θ_U 和下限 θ_L,表示为 (θ_L, θ_U)(置信度为 C)。

5.5.3.5　故障的认定和记录

按照 QX/T 526—2019 的 A.3 认定和记录故障。故障认定应区别责任故障和非责任故

障,故障记录在动态比对试验的设备故障维修登记表中,见附表 A。

5.5.4　维修性

设备的维修性,应在功能检测中检查维修可达性,审查维修手册的适用性。

5.6　结果评定方法

5.6.1　单项评定

(1)测试与试验评定

按照《需求书》和本测试方案进行评定,对测试结果是否符合技术指标要求做出合格与否的结论。如果测试与试验不合格,不再进行动态比对试验。

(2)动态比对试验评定

根据被试样品的实际设备接入数量计算到报率,如果接入 1 套设备,统计 1 套设备的到报率,接入 2 套,则统计 2 套设备的到报率,依次类推。通过统计数据到报率、数据正确性和责任故障次数,进行数据完整性、正确性和设备可靠性评定。判断如下:

月数据完整性大于等于 99.9% 为合格,否则不合格。

月数据正确性大于等于 99.9% 为合格,否则不合格。

平均故障间隔时间(MTBF)≥5000,若选择 5.5.3.1.1 标准型试验方案,3 台被试样品在 299 d 的动态比对试验期间,最多出现 2 次故障为合格,否则不合格;若选择 5.5.3.1.2 短时高风险试验方案,3 台被试样品在 77 d 内无故障,且完成了 3 个月的动态比对试验为合格,否则不合格。

5.6.2　总评定

被试样品总数的 2/3 及以上合格时,视该型号被试样品为合格,否则不合格。

本章附表

附表 5.1　外观、结构和技术性能检测记录表

<table>
<tr><td rowspan="3">被试样品</td><td>名称</td><td colspan="2">综合集成硬件控制器</td><td>测试日期</td><td colspan="2"></td></tr>
<tr><td>型号</td><td colspan="2"></td><td>环境温度</td><td colspan="2">℃</td></tr>
<tr><td>编号</td><td colspan="2"></td><td>环境湿度</td><td colspan="2">%</td></tr>
<tr><td colspan="1">被试方</td><td colspan="3"></td><td>测试地点</td><td colspan="2"></td></tr>
<tr><td colspan="2">测试项目</td><td colspan="3">技术要求</td><td>测试结果</td><td>结论</td></tr>
<tr><td rowspan="7">外观、结构和工艺</td><td>外观</td><td colspan="3">表面应整洁,无损伤和形变,表面涂层均匀,无气泡、开裂、脱落等</td><td></td><td></td></tr>
<tr><td>机械结构</td><td colspan="3">便于装配、调试、检验、包装、运输、安装、维护等,各零部件应安装牢固,更换部件简便易行,一体化高度集成</td><td></td><td></td></tr>
<tr><td>机械强度</td><td colspan="3">应有足够的机械强度和防腐蚀能力,确保在产品寿命期内,不因外界环境的影响和材料本身原因而导致机械强度下降而引起危险和不安全</td><td></td><td></td></tr>
<tr><td>材料与涂覆</td><td colspan="3">材料应耐老化、抗腐蚀、电气绝缘性良好。需要涂、覆、镀的零部件,表面应均匀、覆盖面达 100%</td><td></td><td></td></tr>
<tr><td>电缆</td><td colspan="3">应选用低温电缆和接线,并有防水、防腐、抗磨、抗拉等特殊防护</td><td></td><td></td></tr>
<tr><td>尺寸</td><td colspan="3">符合《需求书》3.6 要求,尺寸不超过 350 mm×250 mm×50 mm(长×宽×高)</td><td></td><td></td></tr>
<tr><td>其他</td><td colspan="3">电源、输入接口通信、光纤通信等的指示灯是否正常</td><td></td><td></td></tr>
<tr><td rowspan="9">技术性能</td><td>设备接入数量</td><td colspan="3">可直接接入 8 路观测设备,支持级联扩展</td><td></td><td></td></tr>
<tr><td rowspan="2">接口</td><td colspan="3">具备 RS-232/485/422/ZigBee/ST 光纤接口、RJ45 接口、ST 光纤接口、USB 接口等多种通信接口</td><td></td><td></td></tr>
<tr><td colspan="3">每个接口均支持具备 RS-232/485/ 422/ZigBee/ST 光纤任意一种接口的观测设备接入</td><td></td><td></td></tr>
<tr><td>供电电源</td><td colspan="3">综合集成硬件控制器采用 DC12 V 供电,应在 DC9～15 V 范围内能正常工作;室内的光纤转换模块采用 AC220 V 供电。应在 AC187～242 V 范围内能正常工作</td><td></td><td></td></tr>
<tr><td>功耗</td><td colspan="3">通信控制模块在工作状态下平均功耗:≤10.0 W</td><td></td><td></td></tr>
<tr><td>串口数据缓冲</td><td colspan="3">每个串口接收数据缓冲区均应大于 7 K 字节</td><td></td><td></td></tr>
<tr><td>存储卡</td><td colspan="3">综合集成硬件控制器存储卡最小容量 1 G</td><td></td><td></td></tr>
<tr><td>到报率</td><td colspan="3">数据到报率应优于 99.9%</td><td></td><td></td></tr>
<tr><td>正确率</td><td colspan="3">数据传输准确率应优于 99.9%</td><td></td><td></td></tr>
<tr><td rowspan="4">测试仪器</td><td colspan="3">名称</td><td colspan="2">型号</td><td>编号</td></tr>
<tr><td colspan="3"></td><td colspan="2"></td><td></td></tr>
<tr><td colspan="3"></td><td colspan="2"></td><td></td></tr>
<tr><td colspan="3"></td><td colspan="2"></td><td></td></tr>
</table>

测试单位＿＿＿＿＿＿＿＿＿＿＿＿＿＿＿　　　测试人员＿＿＿＿＿＿＿＿＿＿＿＿＿＿＿

附表 5.2　功能检测记录表

<table>
<tr><td rowspan="3">被试样品</td><td>名称</td><td>综合集成硬件控制器</td><td>测试日期</td><td></td></tr>
<tr><td>型号</td><td></td><td>环境温度</td><td>℃</td></tr>
<tr><td>编号</td><td></td><td>环境湿度</td><td>%</td></tr>
<tr><td>被试方</td><td colspan="2"></td><td>测试地点</td><td></td></tr>
<tr><td>测试项目</td><td colspan="2">技术要求</td><td>测试结果</td><td>结论</td></tr>
<tr><td>初始化</td><td colspan="2">首次使用时,可通过管理软件进行初始信息设置,如用户名和密码等</td><td></td><td></td></tr>
<tr><td>设置网络信息</td><td colspan="2">可进行网络信息设置,实现与终端的网络通信</td><td></td><td></td></tr>
<tr><td>设置串口信息</td><td colspan="2">可对每个串口信息进行设置,包括工作方式、波特率和数据位等。串口通信参数设置见《需求书》表 3</td><td></td><td></td></tr>
<tr><td>串口设备联网</td><td colspan="2">基于 TCP/IP 协议栈实现 8 个串口设备数据到以太网传输的交互</td><td></td><td></td></tr>
<tr><td>以太网</td><td colspan="2">至少应有 1 个 10/100 M RJ45 以太网接口,支持 10/100 M、全双工和半双工自适应</td><td></td><td></td></tr>
<tr><td>光纤转换</td><td colspan="2">应有 1 对 100Base-FX 光纤 ST 接头,支持 1300 nm 多模光纤,默认通信方式为 100Base-FX 光纤有线传输</td><td></td><td></td></tr>
<tr><td>数据存储</td><td colspan="2">存储卡最小容量 1 G,可备份不少于 1 个月的观测数据,基于数据字典终端命令格式,备份内容为各路观测设备对实时读取数据指令(READDATA)的返回数据,数据以文件形式存储,存储模式为"先入先出"
注:实际应用中如果没有用到数据存储功能,数据存储功能可不检测</td><td></td><td></td></tr>
<tr><td>级联</td><td colspan="2">支持 2 个通信控制模块级联,实现通信控制模块的串口扩展</td><td></td><td></td></tr>
<tr><td>驱动程序</td><td colspan="2">驱动程序安装应简单方便,易于用户操作和使用,应能将 8 个 RS-232/485/422 接口在计算机中映射成 8 个虚拟串口,用户可以正常访问虚拟串口</td><td></td><td></td></tr>
<tr><td>管理软件</td><td colspan="2">实现网络参数、串口类型、串口通信参数和用户名与密码等设置,并提供下载历史数据等功能。
—网络参数,如 IP 地址、子网掩码、网关等;
—串口类型:RS-232、RS-485、RS-422、ZigBee、ST 光纤等;
—串口通信参数,如数据位、波特率等</td><td></td><td></td></tr>
<tr><td>在线升级</td><td colspan="2">通过终端可以对综合集成硬件控制器中的软件进行远程在线升级,管理软件的远程在线升级应再次要求登陆防止误操作,如升级失败可以恢复初始状态</td><td></td><td></td></tr>
<tr><td rowspan="3">测试仪器</td><td colspan="2" style="text-align:center">名称</td><td>型号</td><td>编号</td></tr>
<tr><td colspan="2"></td><td></td><td></td></tr>
<tr><td colspan="2"></td><td></td><td></td></tr>
</table>

测试单位＿＿＿＿＿＿＿＿＿＿＿＿＿＿＿　　　测试人员＿＿＿＿＿＿＿＿＿＿＿＿＿＿＿＿

第 6 章　智能气温测量仪[①]

6.1　目的

规范智能气温测量仪测试的内容和方法,通过测试与试验,检验智能气温测量仪是否满足《智能气温测量仪-I型功能规格需求书》(气测函〔2017〕186号)(简称《需求书》)的要求。

6.2　基本要求

6.2.1　被试样品

提供3套或以上同一型号的智能气温测量仪-I型作为被试样品,包括被试样品以及完成测试所必需的转接口、电缆线、接线图、输出格式说明资料等,保证数据正常上传至指定的业务终端或自带终端。被试样品接受上位机授时,以实现时间同步。

注:为便于测试,要求被试样品在测试期间输出采样值。

6.2.2　试验场地

选择2个或以上试验场地,至少包含2个不同的气候区,尽量选择接近被试样品使用环境要求的气象参数极限值。

6.2.3　场地布局

被试样品安装在百叶箱中,感应单元距离地面高度约为1.5 m。同一试验场地安装多套被试样品时,所有被试样品安装在同一个百叶箱中,相互间应有足够的距离,保证通风,减小相互影响;被试样品距离百叶箱壁的空间应足够大,防止辐射和雨溅。

6.2.4　标准器

6.2.4.1　测量性能测试

测量性能的测试在实验室进行,采用的标准仪器及设备见表6.1。

表 6.1　测量性能测试标准器及设备

标准器及设备名称	指标要求	推荐型号
精密测温电桥	准确度等级:0.0001级	6015T
标准铂电阻温度计	一等	WZPB-1
恒温槽	温度范围:-50~80 ℃ 温度均匀性:0.02 ℃ 温度波动性:0.04 ℃/10min	WLR-60D

注:若无表中推荐型号,需选择指标与推荐型号一致或更优的标准器或设备。

[①]　本章作者:巩娜、张明、田金虎、李济海

6.2.4.2　动态比对试验

动态比对试验期间,在每个试验场地对气温进行三次平行比对试验,每次连续进行 6 h。比对标准器的感应单元应和被试样品感应单元放置在同一个百叶箱里。动态比对标准器均溯源到国家气象计量站,并在有效期内。其主要性能指标:

测量范围:−60~70 ℃;

分辨率:±0.001 ℃;

允许误差:±0.06 ℃。

注:当环境温度低于 0 ℃时,温度比对标准器除感应单元外其余部分需保温。

6.3　静态测试

6.3.1　外观、结构及材料检查

以目测和手动操作为主,需要时可采用计量器具,检查被试样品外观、结构和材料,应满足《需求书》4.7、5.1~5.5、5.6.2、5.6.3、9.2 要求,检查结果记录在本章附表 6.1。

6.3.2　功能检测

选取 1 台被试样品进行检测,检测结果记录在相应本章附表中,应满足《需求书》3 功能要求和 9.3 时钟精度要求,检测方法如下。

6.3.2.1　测量要素

发送"READDATA"和"DOWN"命令,检查输出气温观测要素及其观测值是否符合《需求书》3.2 测量要素要求。检测结果记录在本章附表 6.2。

6.3.2.2　数据存储

被试样品正常工作不少于 1 d,通过"DOWN"命令读取历史数据,检查被试样品内部是否保存了完整的分钟数据,数据存储器应具备掉电保存功能,计算 10 d 需要存储的数据的字节数与存储容量,存储容量能满足 10 d 的分钟数据存储量为合格。检测结果记录在本章附表 6.2。

6.3.2.3　时钟精度

使用"DATETIME"命令对被试样品参照"北京时"进行校时,被试样品正常工作 1 d 后进行对时检查,走时误差在 1 s 内为合格。检测结果记录在本章附表 6.2。

注:由于人工操作可能会造成时间误差,实际检测时走时误差在 2 s 内为合格。

6.3.2.4　数据采集和数据处理

校时后,被试样品处于正常工作状态,读取其采样值及对应的分钟数据,根据《需求书》3.3 数据采集、3.5 数据处理规定的算法进行人工分钟数据计算,结果与被试样品输出的分钟数据进行比较,判断被试样品的分钟数据是否按采样算法要求输出。按照此方法进行三次,检测结果记录在本章附表 6.3。

6.3.2.5　数据质量控制

(1)采样值质量控制

①对被试样品进行校时;

②接收被试样品的数据并进行存储;

③使用命令"QCPS"修改采样值质量控制参数,根据质量控制参数分别模拟出"正确"的信号、低于下限的信号、高于上限的信号以及信号突变等情况。判断数据是否按照"QCPS"设定的参数进行质量控制、气温的分钟数据是否按采样算法要求输出以及对应的质控码是否正确显示。检测结果记录在本章附表6.4。

注:质量控制方法检测结束后需将质量控制参数修改为《需求书》设定的参数。

(2)瞬时气象值质量控制

①对被试样品进行校时;

②接收被试样品的数据并进行存储;

③使用命令"QCPM"修改瞬时值质量控制参数,根据质量控制参数模拟出"正确"的信号、低于下限的信号、高于上限的信号、存疑变化速率、错误变化速率以及最小应该变化速率等情况。判断气温的分钟数据是否按照"QCPM"设定的参数进行质量控制以及对应的质控码是否正确显示。检测结果记录在本章附表6.4。

注:质量控制方法检测结束后需将质量控制参数修改为《需求书》设定的参数。

6.3.2.6 数据传输和通信命令

被试样品支持标准的 RS232 串行通信接口,向被试样品发送通信命令,检测结果记录在本章附表6.5。

6.3.2.7 状态监控

先通过设定被试样品的各状态检测判断的阈值,检查状态检测原始值;改变被试样品状态值或状态检测判断阈值,检查被试样品相应状态码是否按照《需求书》3.8 要求输出。检测结果记录在本章附表6.6。检测过程中应特别注意检查设备自检状态 z 的状态码是否正确。

6.3.2.8 数据格式

(1)分钟数据包帧格式

向被试样品发送"READDATA"命令进行检测并记录,检查数据帧格式是否符合《需求书》3.9 数据格式要求。检测结果记录在本章附表6.7。

(2)历史数据下载功能

向被试样品发送"DOWN"命令进行检测并记录,检查数据帧格式是否符合《需求书》3.9 数据格式要求,下载数据是否有缺失。检测结果记录在本章附表6.8。

6.3.3 电气性能

6.3.3.1 要求

(1)整机功耗不大于 0.15 W。如采用蓄电池供电,蓄电池容量应不小于 4 Ah。

(2)智能气温测量仪-I 型采用外置直流电源供电,供电电压为 9～15 V,电源应具有防反接功能。

6.3.3.2 测试方法

(1)测量被试样品电源输入端的电压和电流,计算被试样品正常工作状态下的平均功耗。测试结果记录在本章附表6.1。

(2)被试样品外接直流电源并加负载(连接传感器)。先将 DC 电源调在 9 V,被试样品应正常工作;以同样方式再将电源分别调至 12 V 和 15 V,被试样品应正常工作。将被试样品供电电源正负反接,被试样品应不被损坏。检测结果记录在本章附表 6.2。

6.3.4　电气安全

6.3.4.1　要求

（1）保护接地

应有保护接地措施,接地端子或接地接触件与需要接地的零部件之间的连接电阻不应超过 0.1 Ω。

（2）绝缘电阻

电源初级电路和机壳间绝缘电阻,不应小于 1 MΩ。

（3）抗电强度

电源的初级电路和外壳间应能承受幅值 500 V,电流 5 mA 的冲击耐压试验,历时 1 min,试验中不应出现飞弧和击穿。试验结束后被试样品能正常工作。

6.3.4.2　测试方法

（1）保护接地

按照 GB 6587—2012 中 5.8.3 的要求和方法进行试验与评定。测试结果记录在本章附表 6.2。

试验时,施加试验电流 1 min,然后计算阻抗,进行检查,试验电流选下面的较大者:25 A 直流或在额定电源频率下的交流有效值;仪器额定电流值的 2 倍。

（2）绝缘电阻

被试样品处于非工作状态,开关接通,用绝缘电阻测量仪进行测量。

检测前,应断开整台设备的外部供电电路,断开被测电路与保护接地电路之间的连接。

若测试方案中无特殊要求,绝缘电阻的检测范围应包括整台设备的电源开关的电源输入端子和输出端子,以及所有动力电路导线。

测试结果记录在本章附表 6.2。

（3）抗电强度

对电源的初级电路和外壳间施加规定的试验电压值。施加方式为施加到被试部位上的试验电压从零升至规定试验电压值的一半,然后迅速将电压升高到规定值并持续 1 min。当由于施加的试验电压而引起的电流以失控的方式迅速增大,即绝缘无法限制电流时.则认为绝缘已被击穿。电晕放电或单次瞬间闪络不认为是绝缘击穿。

上述测试结果记录在本章附表 6.2。

6.3.5　测量性能

6.3.5.1　要求

测量范围:−50∼50 ℃;

分辨力:0.01 ℃;

允许误差:±0.1 ℃。

6.3.5.2　测试方法

（1）被试样品处于正常工作状态,与上位机保持正常通信,读取并保存被试样品观测数据。

在每个测试点上,依次读取标准值和被试样品的测量值,连续读取 10 次,计算平均值,并检查分辨力。测试结果记录在本章附表 6.9。

(2)测试点的选取,一般使用范围的上限、下限和 0 ℃为必测点,其他点根据使用的气候条件选择,一般不少于 5 个测试点。

6.4 环境试验

6.4.1 气候环境

6.4.1.1 要求

温度:−60~60 ℃;

湿度:0~100%;

气压:550~1060 hPa;

最大降水强度:6 mm/min;

抗盐雾腐蚀:零件镀层耐 48 h 盐雾沉降试验。

6.4.1.2 试验方法

试验项目需满足以下要求:

(1)低温

−50 ℃工作 2 h,−60 ℃贮藏 2 h。采用 GB/T 2423.1 进行试验、检测和评定。

(2)高温

60 ℃工作 2 h,60 ℃贮藏 2 h。采用 GB/T 2423.2 进行试验、检测和评定。

(3)恒定湿热

40 ℃,93%,放置 12 h,通电后正常工作。采用 GB/T 2423.3 进行试验、检测和评定。

(4)低气压

550 hPa 放置 0.5 h。采用 GB/T 2423.21 进行试验、检测和评定。

(5)盐雾试验

48 h 盐雾沉降试验。采用 GB/T 2423.17 进行试验、检测和评定。

(6)外壳防护(淋雨和沙尘)试验

按照外壳防护等级 IP65 进行试验。采用 GB/T 2423.37 和 GB/T 2423.38 或 GB/T 4208 进行试验、检测和评定。

6.4.2 电磁环境

6.4.2.1 要求

电磁抗扰度应满足表 6.2 的试验内容和严酷度等级要求。

表 6.2 电磁抗扰度试验内容和严酷度等级

内容	试验条件		
	交流电源端口	直流电源端口	控制和信号端口
浪涌(冲击)抗扰度	线—线:±2 kV 线—地:±4 kV	线—线:±1 kV 线—地:±2 kV	线—地:±2 kV
电快速瞬变脉冲群抗扰度	±2 kV　5 kHz	±1 kV　5 kHz	±1 kV　5 kHz

续表

内容	试验条件		
	交流电源端口	直流电源端口	控制和信号端口
射频电磁场辐射抗扰度	80~1000 MHz,3 V/m,80%AM(1 kHz)		
射频场感应的传导骚扰抗扰度	频率范围:150 kHz~80 MHz,试验电压:3 V 信号调制:80%AM(1 kHz)		
静电放电抗扰度	接触放电:4 kV,空气放电:4 kV		

6.4.2.2 试验方法

被试样品均应在正常工作状态下进行下列试验。

(1)浪涌(冲击)抗扰度

施加在直流电源端和互连线上的浪涌脉冲次数应为正、负极性各 5 次;对交流电源端口,应分别在 0°、90°、180°、270°相位施加正、负极性各 5 次的浪涌脉冲。试验速率为每分钟 1 次。交流电源端口:线对线±2 kV,线对地±4 kV;直流电源端口:线对线±1 kV,线对地±2 kV;控制和信号端口:线对地±2 kV,采用 GB/T 17626.5 进行试验、检测和评定。

(2)电快速瞬变脉冲群抗扰度

交流电源端口:±2 kV、5 kHz,直流电源端口:±1 kV、5 kHz,控制和信号端:±1 kV、5 kHz,试验持续时间不短于 1 min。采用 GB/T 17626.4 依次对被试产品的试验端口进行正负极性试验、检测和评定。

(3)射频电磁场辐射抗扰度

被试样品按现场安装姿态放置在试验台上,按照 80~1000 MHz,3 V/m,80%AM(1 kHz),采用 GB/T 17626.3 进行试验、检测和评定。

(4)射频场感应的传导骚扰抗扰度

依次将试验信号发生器连接到每个耦合装置(耦合和去耦网络、电磁钳、电流注入探头)上,试验电压 3 V,骚扰信号是 1 kHz 正弦波调幅、调制度 80%的射频信号。扫频范围 150 kHz~80 MHz,在每个频率,幅度调制载波的驻留时间应不低于被试样品运行和响应的必要时间。采用 GB/T 17626.6 进行试验、检测和评定。

(5)静电放电抗扰度

被试样品按台式(接地或不接地)和落地式设备(接地或不接地)进行配置,确定施加放电点,每个放电点进行至少 10 次放电。如被试样品涂膜未说明是绝缘层,则发生器电极头应穿入漆膜与导电层接触;若涂膜为绝缘层,则只进行空气放电。接触放电 4 kV,空气放电 4 kV,采用 GB/T 17626.2 进行试验、检测和评定。

上述各项试验结束后,均应进行最后检测,检查其是否保持在技术要求限值内性能正常。

6.4.3 机械环境

6.4.3.1 要求

机械环境试验的目的是检验被试样品能否达到运输的要求,根据 GB/T 6587—2012 的 5.10 包装运输试验,对《需求书》4.2 机械条件进行了适当调整,按照表 6.3 所示的要求进行试验。

表 6.3 包装运输试验要求

试验项目	试验条件	试验等级
		3 级
振动	振动频率/Hz	5、15、30
	加速度/(m/s²)	9.8±2.5
	持续时间/min	每个频率点 15
	振动方法	垂直固定
自由跌落	按重量确定	跌落高度
	重量≤10 kg	60 cm

6.4.3.2 试验方法

被试样品在完整包装状态下,按照 GB/T 6587—2012 的 5.10.2.1 和 5.10.2.2 方法进行试验。试验结束后,包装箱不应有较大的变形和损伤,被试样品及附件不应有变形松脱、涂敷层剥落等损伤,外观及结构应无异常,通电后应能正常工作。

6.5 动态比对试验

动态比对试验主要评定被试样品的数据完整性、数据准确性、设备稳定性、设备可靠性和维修性等。

6.5.1 数据完整性

以分钟数据为基本分析单元,排除由于外界干扰造成的数据缺测,对每套被试样品输出的数据完整性做缺测率评定。

6.5.1.1 评定方法

缺测率(%)=(试验期内累计缺测次数/试验期内应观测总次数)×100%。

6.5.1.2 评定指标

缺测率(%)≤1‰。

6.5.2 数据准确性

6.5.2.1 评定方法

计算被试样品测量值与比对标准器测量值的差值,统计该差值的系统误差和标准偏差。假设差值为正态分布,分别用公式(6.1)和公式(6.2)计算。

$$系统误差 \ \overline{x} = \frac{\sum x_i}{n} \tag{6.1}$$

$$标准偏差 \ s = \left[\frac{1}{n-1} \sum_{i=1}^{n} (x_i - \overline{x})^2 \right]^{\frac{1}{2}} \tag{6.2}$$

式中,$\overline{x}$ 为差值的平均值,即系统误差;x_i 为第 i 次被试样品测量值与比对标准器测量值的差值;n 为差值的个数;s 为差值的标准偏差。

注:以上进行统计分析的数据,均已按照 QX/T 526—2019 的 C.1 进行了数据的质量控制,剔除异常值,并按照 3 s 准则剔除了 $|x_i - \overline{x}| > 3s$ 的粗大误差。

6.5.2.2　评定指标

数据的准确性以被试样品与比对标准器的误差区间给出,表示为$(\overline{x}-ks,\overline{x}+ks)$,$k=1$,其值应在允许误差范围内。

6.5.3　设备稳定性

6.5.3.1　评定方法

运行稳定性反映被试样品在规定的技术条件和各种自然环境中运行一定时间后,其性能保持不变的能力。以测量性能的初测与复测差值的最大波动幅度表示。

动态比对试验结束后,将再次对被试样品的测量性能进行复测,复测条件与初测条件一致。

6.5.3.2　评定指标

评定指标为初测与复测结果均不超过允许误差,且|初测与复测差值的最大波动幅度|≤允许误差区间。

6.5.4　设备可靠性

可靠性反映被试样品在规定的情况下,在规定的时间内,完成规定功能的能力。以平均故障间隔时间(MTBF)表示设备的可靠性。要求平均故障间隔时间 MTBF(θ_1)大于等于 8000 h。

6.5.4.1　试验方案

按照定时截尾试验方案,在 QX/T 526—2019 表 A.1 的方案类型中选用标准型或短时高风险两种试验方案之一,推荐选用标准型试验方案。

6.5.4.1.1　标准型试验方案

采用 17 号方案,即生产方和使用方风险各为 20%,鉴别比为 3 的定时截尾试验方案,试验的总时间为规定 MTBF 下限值(θ_1)的 4.3 倍,接受故障数为 2,拒收故障数为 3。

以 3 套被试样品为例:

$$T=4.3\times 8000\ h=34400\ h$$

每台试验的平均时间 t 为:

3 套被试样品:$t=34400\ h/3=11467\ h=477.8\ d\approx 478\ d$

所以 3 套被试样品需试验 478 d,期间允许出现 2 次故障。

4 套被试样品:$t=34400\ h/4=8600\ h=358.3\ d\approx 359\ d$

所以 4 套被试样品需试验 359 d,期间允许出现 2 次故障。

6.5.4.1.2　短时高风险试验方案

采用 21 号方案,即生产方和使用方风险各为 30%,鉴别比为 3 的定时截尾试验方案,试验的总时间为规定 MTBF 下限值(θ_1)的 1.1 倍,接受故障数为 0,拒收故障数为 1。

试验总时间 T 为:

$$T=1.1\times 8000\ h=8800\ h$$

(1)3 套被试样品进行动态比对试验,每台试验的平均时间 t 为:

$$t=8800\ h/3=2934\ h=122.25\ d\approx 123\ d$$

所以 3 套被试样品需试验 123 d,期间允许出现 0 次故障。

(2)4 套被试样品进行动态比对试验,每台试验的平均时间 t 为:

$$t=8800\ h/4=2200\ h=91.67\ d\approx 92\ d$$

所以 4 套被试样品需试验 92 d,期间允许出现 0 次故障。

6.5.4.2　MTBF 观测值的计算

MTBF 的观测值(点估计值)$\hat{\theta}$ 用公式(6.3)计算。

$$\hat{\theta} = \frac{T}{r} \tag{6.3}$$

式中,T 为试验总时间,是所有被试样品试验期间各自工作时间的总和;r 为总责任故障数。

6.5.4.3　MTBF 置信区间的估计

按照 QX/T 526—2019 中的 A.2.3 计算 MTBF 置信区间的估计值。

6.5.4.3.1　有故障的 MTBF 置信区间估计

采用 6.5.4.1.1 标准型试验方案,使用方风险 $\beta = 20\%$ 时,置信度 $C = 60\%$;采用 6.5.4.1.2 短时高风险试验方案,使用方风险 $\beta = 30\%$ 时,置信度 $C = 40\%$。

根据责任故障数 r 和置信度 C,由 QX/T 526—2019 中表 A.2 查取置信上限系数 $\theta_U(C', r)$ 和置信下限系数 $\theta_L(C', r)$,其中,$C' = (1+C)/2 = 1 - \beta$,MTBF 的置信区间下限值 θ_L 用公式 (6.4)计算,上限值 θ_U 用公式(6.5)计算

$$\theta_L = \theta_L(C', r) \times \hat{\theta} \tag{6.4}$$

$$\theta_U = \theta_U(C', r) \times \hat{\theta} \tag{6.5}$$

MTBF 的置信区间表示为 (θ_L, θ_U)(置信度为 C)。

6.5.4.3.2　故障数为 0 的 MTBF 置信区间估计

若责任故障数 r 为 0,只给出置信下限值,用公式(6.6)计算。

$$\theta_L = T/(-\ln\beta) \tag{6.6}$$

式中,T 为试验总时间,是所有被试样品试验期间各自工作时间的总和;β 为使用方风险。采用 6.5.4.1.1 标准型试验方案,使用方风险 $\beta = 20\%$;采用 6.5.4.1.2 短时高风险试验方案,使用方风险 $\beta = 30\%$。

这里的置信度应为 $C = 1 - \beta$。

6.5.4.4　试验结论

(1)按照试验中可接收的故障数判断可靠性是否合格。

(2)可靠性试验无论是否合格,都应给出被试样品平均故障间隔时间(MTBF)的观测值 $\hat{\theta}$ 和置信区间估计的上限 θ_U 和下限 θ_L,表示为 (θ_L, θ_U)(置信度为 C)。

6.5.4.5　故障的认定和记录

按照 QX/T 526—2019 的 A.3 认定和记录故障。故障认定应区分责任故障和非责任故障,故障记录在动态比对试验的设备故障维修登记表中,见附表 A。

6.5.5　维修性

设备的维修性,检查维修可达性,审查维修手册的适用性。

6.6　综合评定

6.6.1　单项评定

以下各项均合格的,视该被试样品合格,有一项不合格的,视为不合格。

（1）静态测试和环境试验

被试样品静态测试和环境试验合格后，方可进行动态比对试验。

（2）动态比对试验

①数据完整性

缺测率（％）≤1‰为合格，否则不合格。

②数据准确性

$(\overline{x}-ks,\overline{x}+ks)$，$k=1$，在允许误差范围内为合格，否则不合格。

③设备稳定性

初检与复检结果均不超过允许误差，且|初检与复检差值的最大波动幅度|≤允许误差区间为合格，否则不合格。

④设备可靠性

若选择6.5.4.1.1标准型试验方案，3台被试样品在478 d的动态比对试验期间，4台被试样品在359 d的动态比对试验期间，最多出现2次故障为合格，否则不合格。

若选择6.5.4.1.2短时高风险试验方案，3台被试样品在123 d内无故障，4台被试样品在92 d内无故障为合格，否则不合格。

6.6.2　总评定

被试样品总数的2/3及以上合格时，视该型号被试样品为合格，否则不合格。

本章附表

附表 6.1　外观、结构和材料检测记录表

被试样品	名称	智能气温测量仪		测试日期	
	型号			环境温度	℃
	编号			环境湿度	%
被试方				测试地点	
测试项目	技术要求			测试结果	结论
外观、结构和材料	尺寸不超过 300 mm×50 mm×50 mm				
	外观应整洁,无损伤和形变,表面涂层无气泡、开裂、脱落等现象,主体为白色				
	各零部件应安装正确、牢固,无机械变形、断裂、弯曲等,操作部分不应有迟滞、卡死、松脱等				
	通信接口和电源接口共用一个 5 芯的针型航空插头,其中 1 脚为电源正,2 脚为电源负,3 脚为 TX,4 脚为 RX,5 脚为 RS232 的 GND。航空插头推荐使用 SACC-E-MS-5CON-M16/0,5 SCO 及其兼容型号				
	数据处理模块和感应元件间采用一体式结构,勿需连线				
	应有足够的机械强度和防腐蚀能力,确保在产品寿命期内,不因外界环境的影响和材料本身原因而导致机械强度下降而引起危险和不安全				
	电缆应具有防水、防腐、抗磨、抗拉、屏蔽等功能				
	应选用耐老化、抗腐蚀、良好电气绝缘的材料等。各零部件,除用耐腐蚀材料制造的外,其表面应有涂、敷、镀等措施,表面应均匀覆盖达 100%,以保证其耐潮、防霉、防盐雾的性能				
	结构上的棱缘或拐角,应倒圆和磨光;对于在产品寿命期内无法始终保持足够的机械强度而需要定期维护或更换的部件,应在产品使用说明书上醒目的注明更换周期并着重注明不这样做的危险性;螺钉等连接件,如果其松脱或损坏会影响安全,应能承受正常使用时的机械强度;如果因电池极性接反或强制充放电可能导致危险,在设计上应有相应的预防措施				
	(1)产品标识,至少应标明:a)制造厂商名称或商标或识别标记;b)产品的型号、名称。 (2)电源标识,电源额定值的电源铭牌,电源铭牌应包括下列内容:a)电源性质的符号(交流或直流);b)额定电压或额定电压范围;c)额定电流或功耗				
测试仪器	名称	型号			编号

测试单位_____　　　测试人员_____

附表 6.2　测量要素、存储、时钟和电气检测记录表

被试样品	名称	智能气温测量仪		测试日期	
	型号			环境温度	℃
	编号			环境湿度	%
被试方				测试地点	
测试项目	技术要求			测试结果	结论
测量要素	应输出分钟和 5 min 观测要素，输出名称及编码应符合《需求书》的表 1				
数据存储	数据存储器应选择非易失性，容量应不小于 4 MB，能满足 10 d 分钟数据存储要求				
时钟精度	自带高精度实时时钟，响应校时命令进行校时；时钟走时误差≤1 s/d				
电气性能	整机功耗不大于 0.15 W。如采用蓄电池供电，蓄电池容量应不小于 4 Ah				
	采用外置直流电源供电，供电电压为 9～15 V，电源应具有防反接功能				
电气安全	应有保护接地措施，接地端子或接地接触件与需要接地的零部件之间的连接电阻不应超过 0.1 Ω				
	电源初级电路和机壳间绝缘电阻，不应小于 1 MΩ				
	电源的初级电路和外壳间应能承受幅值 500 V，电流 5 mA 的冲击耐压试验，历时 1 min，试验中不应出现飞弧和击穿。试验结束后能正常工作				
测试仪器	名称		型号		编号

测试单位＿＿＿＿＿＿＿＿＿＿＿＿＿＿＿　　　测试人员＿＿＿＿＿＿＿＿＿＿＿＿＿＿＿

附表 6.3　数据采集和数据处理检测记录表

被试样品	名称	智能气温测量仪		测试日期		
	型号			环境温度		℃
	编号			环境湿度		％
被试方				测试地点		
序号	模拟值		被试样品输出数据		人工计算值	结论

注 1："模拟值"记录模拟的被试样品的采样值，"被试样品输出数据"记录被试样品输出的分钟数据；

注 2："模拟值"应有至少一组有效样本比例不足 66％(2/3)的情况。

测试单位＿＿＿＿＿＿＿＿＿＿＿＿＿＿＿＿　　　　测试人员＿＿＿＿＿＿＿＿＿＿＿＿＿＿＿＿＿＿

附表 6.4　数据质量控制检测记录表

<table>
<tr><td rowspan="3">被试样品</td><td>名称</td><td colspan="2">智能气温测量仪</td><td>测试日期</td><td></td></tr>
<tr><td>型号</td><td colspan="2"></td><td>环境温度</td><td>℃</td></tr>
<tr><td>编号</td><td colspan="2"></td><td>环境湿度</td><td>%</td></tr>
<tr><td>被试方</td><td colspan="3"></td><td>测试地点</td><td></td></tr>
<tr><td colspan="3">测试项目</td><td>模拟数据</td><td>被试样品输出数据</td><td>输出质控</td><td>结论</td></tr>
<tr><td rowspan="6">采样值
质控参数</td><td rowspan="2">上限</td><td></td><td></td><td></td><td></td><td></td></tr>
<tr><td></td><td></td><td></td><td></td><td></td></tr>
<tr><td rowspan="2">下限</td><td></td><td></td><td></td><td></td><td></td></tr>
<tr><td></td><td></td><td></td><td></td><td></td></tr>
<tr><td rowspan="2">允许最大
变化值</td><td></td><td></td><td></td><td></td><td></td></tr>
<tr><td></td><td></td><td></td><td></td><td></td></tr>
<tr><td rowspan="7">瞬时值
质控参数</td><td rowspan="2">上限</td><td></td><td></td><td></td><td></td><td></td></tr>
<tr><td></td><td></td><td></td><td></td><td></td></tr>
<tr><td rowspan="2">下限</td><td></td><td></td><td></td><td></td><td></td></tr>
<tr><td></td><td></td><td></td><td></td><td></td></tr>
<tr><td>存疑界限</td><td></td><td></td><td></td><td></td><td></td></tr>
<tr><td>错误界限</td><td></td><td></td><td></td><td></td><td></td></tr>
<tr><td>最小应该
变化率</td><td></td><td></td><td></td><td></td><td></td></tr>
<tr><td colspan="7">注 1:上限、下限单独测试,数值选择未超范围、超过范围、未超范围,检测数据输出和质控码的变化;
注 2:"被试样品输出数据"记录分钟观测要素;
注 3:"允许最大变化值"可使用一组模拟数据,通过调整质控参数进行检测。</td></tr>
</table>

测试单位＿＿＿＿＿＿＿＿＿＿＿＿＿＿＿＿　　　　测试人员＿＿＿＿＿＿＿＿＿＿＿＿＿＿＿＿

附表 6.5　数据传输和通信命令检测记录表

被试样品	名称	智能气温测量仪		测试日期	
	型号			环境温度	℃
	编号			环境湿度	%
被试方				测试地点	
检测项目	测试要求			检测结果	结论
SETCOM 设置	成功设置串口参数				
SETCOM 读取	应读取到串口参数				
	读取的串口参数与设置的应一致				
AUTOCHECK	成功自检				
HELP 命令	返回终端命令清单				
QZ 设置	成功设置区站号				
QZ 读取	读取到区站号				
	读取的区站号应与设置的一致				
ST 设置	成功设置服务类型				
ST 读取	应读取到服务类型				
	读取的服务类型与设置的应一致				
DI 命令	读取到设备标识符				
ID 设置	成功设置设备 ID				
ID 读取	读取到设备 ID				
	读取的设备 ID 与设置的应一致				
LAT 设置	成功设置气象观测站纬度				
LAT 读取	读取到气象观测站纬度				
	读取的纬度与设置的应一致				
LONG 设置	成功设置气象观测站经度				
LONG 读取	读取到气象观测站经度				
	读取的经度与设置的应一致				
DATE 设置	成功设置设备日期				
DATE 读取	读取到设备日期				
	读取的设备日期与设置的日期应一致				
TIME 设置	成功设置设备时间				
TIME 读取	读取到设备时间				
	读取的设备时间与设置的时间应一致				
DATETIME 设置	是否成功设置设备日期时间				
DATETIME 读取	读取到日期、时间				
	读取的日期、时间与设置的日期时间应一致				
FTD 设置	成功设置设备在主动模式下的发送时间间隔				
FTD 读取	读取到设备在主动模式下的发送时间间隔				
	读取的时间间隔与设置的应一致				
DOWN 命令	下载到分钟历史数据				
	下载的分钟历史数据的数据格式、时间等应符合要求				

被试样品	名称	智能气温测量仪		测试日期	
	型号			环境温度	℃
	编号			环境湿度	%
被试方				测试地点	
检测项目	测试要求			检测结果	结论
READDATA 命令	读取到分钟数据				
	读取到的分钟数据格式应符合需求书要求				
SETCOMWAY,设备标识符,设备 ID,1\r\n	成功设置设备工作模式为主动模式				
FTD,设备标识符,设备 ID,001,分钟时间间隔\r\n	成功设置设备在主动模式下的分钟数据发送时间间隔				
设备在主动模式下发送数据功能检测	在规定时间范围内成功发送预期数量的分钟数据				
SETCOMWAY,设备标识符,设备 ID,0\r\n	成功设置设备工作模式为被动模式				
STAT 命令	读取到设备所有状态数据				
	返回数据是否符合格式要求				
QCPS 设置	成功设置采样值质量控制参数				
QCPS 读取	读取设备的采样值质量控制参数				
	读取的设备的采样值质量控制参数与设置的应一致				
QCPM 设置	成功设置瞬时气象值质量控制参数				
QCPM 读取	读取设备的瞬时气象值质量控制参数				
	读取的设备瞬时气象值质量控制参数与设置的应一致				
STDEV 设置	成功设置设备数据标准偏差时间间隔				
STDEV 读取	成功读取设备数据标准偏差时间间隔				
	读取到的时间间隔与设置的应一致				
FAT 读取	成功读取设备主动模式下数据发送时间				
FAT 设置	成功设置设备主动模式下数据发送时间				
	读取到的与设置的应一致				
SS 命令	读取到设备工作参数值				
	返回数据应符合格式要求				
CR 设置	成功设置设备的校正或检定参数				
CR 读取	读取到设备设置的校正或检定参数				
	读取的设备校正或检定参数与设置的应一致				
SN 设置	成功设置设备序列号				
SN 读取	成功读取到设备序列号				
	读取的设备序列号与设置的应一致				
RESET 命令	设备成功复位。				
任意输入一条错误命令	查看是否回复＜设备标识符,设备 ID,BADCOMMAND＞				

测试单位_____   测试人员_____

附表 6.6　状态监控检测记录表

<table>
<tr><td rowspan="3">被试样品</td><td>名称</td><td colspan="2">智能气温测量仪</td><td>测试日期</td><td colspan="2"></td></tr>
<tr><td>型号</td><td colspan="2"></td><td>环境温度</td><td></td><td>℃</td></tr>
<tr><td>编号</td><td colspan="2"></td><td>环境湿度</td><td></td><td>%</td></tr>
<tr><td>被试方</td><td colspan="3"></td><td>测试地点</td><td colspan="2"></td></tr>
<tr><td>测试项目</td><td colspan="2">状态判断依据</td><td>模拟状态数据</td><td>所有状态数据输出</td><td>对应状态变量
码测试结果</td><td>结论</td></tr>
<tr><td rowspan="4">内部电路
电压</td><td rowspan="2">偏高阈值</td><td></td><td rowspan="4"></td><td></td><td></td><td></td></tr>
<tr><td></td><td></td><td></td><td></td></tr>
<tr><td rowspan="2">偏低阈值</td><td></td><td></td><td></td><td></td></tr>
<tr><td></td><td></td><td></td><td></td></tr>
<tr><td rowspan="6">内部电路
温度</td><td>偏高阈值</td><td></td><td rowspan="6">检测环境温度</td><td></td><td></td><td></td></tr>
<tr><td>偏低阈值</td><td></td><td></td><td></td><td></td></tr>
<tr><td>偏高阈值</td><td></td><td></td><td></td><td></td></tr>
<tr><td>偏低阈值</td><td></td><td></td><td></td><td></td></tr>
<tr><td>偏高阈值</td><td></td><td></td><td></td><td></td></tr>
<tr><td>偏低阈值</td><td></td><td></td><td></td><td></td></tr>
<tr><td colspan="7">注 1：状态监控进行 3 次检测，建议包含 1 组正常状态数据；
注 2：建议内部电路电压模拟状态数据使用电源进行模拟，偏高和偏低单独进行检测；
注 3：建议内部电路温度状态检测，通过调整被试样品状态检测判断阈值，以检测环境温度为模拟值进行检测。</td></tr>
</table>

测试单位_____　　　　测试人员_____

附表 6.7　数据格式检测记录表(分钟数据)

被试样品	名称	智能气温测量仪		测试日期	
	型号			环境温度	℃
	编号			环境湿度	%
被试方				测试地点	

检测项目	测试要求	检测结果	结论
起始标识	为"BG"		
版本号	3 位数字,表示传输的数据参照的版本号		
区站号	5 位字符		
纬度	6 位数字,按度分秒记录,均为 2 位,高位不足补"0",台站纬度未精确到秒时,秒固定记录"00"		
经度	7 位数字,按度分秒记录,度为 3 位,分秒为 2 位,高位不足补"0",台站经度未精确到秒时,秒固定记录"00"		
观测场海拔高度	5 位数字,保留 1 位小数,原值扩大 10 倍记录,高位不足补"0"		
服务类型	2 位数字		
设备标识位	4 位字母,设备类型		
设备 ID	3 位数字		
观测时间	14 位数字,采用北京时,年月日时分秒,yyyyMMddhhmmss		
帧标识	3 位数字		
观测要素变量数	3 位数字,取值 000～999		
设备状态变量数	2 位数字,取值 01～99		
数据主体 — 观测数据	由一系列观测要素数据对组成,数据对中观测要素变量名与变量值一一对应		
	数据对的个数与观测要素变量数一致		
	观测要素变量名是否与功能需求书中定义的一致		
	观测要素名按字母先后顺序输出		
数据主体 — 质量控制位	各位组成字符是否合法(组成字符:0、1、2、3、4、5、6、7、8、9)		
	长度是否与观测要素变量数相等		
数据主体中状态信息部分	设备状态变量名、变量值是否成对出现		
	设备状态变量名、变量值对的数量是否等于传感器状态变量数		
	设备状态变量名是否是功能需求书中定义的变量名		
	单个设备状态变量值的组成字符是否合法(组成字符:0～9 十个数字字符)		
校验码	4 位数字。采用校验和方式,对"BG"开始一直到校验段前、包括分隔符',' 在内的全部字符以 ASCII 码累加。累加值以 10 进制无符号编码,高位溢出,取低四位		
结束标志	是否"ED"		

测试单位_____　　　　测试人员_____

附表 6.8　数据格式检测记录表(历史数据)

被试样品	名称	智能气温测量仪		测试日期	
	型号			环境温度	℃
	编号			环境湿度	%
被试方				测试地点	
下载类型	组成部分	测试项目		检测结果	结论
分钟历史数据下载	数据记录条数	是否等于预期条数(从 DOWN 命令的起止时间可以算出预期条数)			
	单条记录完整性	是否以"BG"打头,"ED"结尾			
	记录时间	记录时间超出时间范围条数		( )条	
		记录时间重复条数(计算方法:若有 x 条记录的时间相同,则有 $x-1$ 记录时间重复,然后求出所有重复条数的和值)		( )条	
		记录丢失条数(计算方法:记录的时间位于时间范围之内,重复记录按一条计算,用这种方法算出实际有效的记录数,然后计算出预期记录数减去实际有效记录数的差值)		( )条	
分钟历史数据下载(设备未开机时的"缺测数据")	数据记录条数	是否等于预期条数(从 DOWN 命令的起止时间可以算出预期条数)			
	单条记录完整性	格式是否为 BG,版本号,QZ(区站),纬度,经度,海拔高度,ST(服务类型),DI(设备标识),ID(设备 ID),DATETIME(时间),FI(帧标识),/////,校验,ED↙			
	记录时间	记录时间超出时间范围条数		( )条	
		记录时间重复条数(计算方法:若有 x 条记录的时间相同,则有 $x-1$ 条记录时间重复,然后求出所有重复条数的和值)		( )条	
		记录丢失条数(计算方法:记录的时间位于时间范围之内,重复记录按一条计算,用这种方法算出实际有效的记录数,然后计算出预期记录数减去实际有效记录数的差值)		( )条	

测试单位＿＿＿＿＿＿＿＿＿＿＿＿＿＿＿＿＿　　　　测试人员＿＿＿＿＿＿＿＿＿＿＿＿＿＿＿＿＿

附表6.9　气温测试记录表

被试样品	名称	智能气温测量仪		测试日期		
	型号			环境温度		℃
	编号			环境湿度		%
被试方				测试地点		
测试点	标准值/℃	测量值/℃		测试点	标准值/℃	测量值/℃
1				1		
2				2		
3				3		
4				4		
5				5		
6				6		
7				7		
8				8		
9				9		
10				10		
平均值				平均值		
误差值/℃				误差值/℃		
1				1		
2				2		
3				3		
4				4		
5				5		
6				6		
7				7		
8				8		
9				9		
10				10		
平均值				平均值		
误差值/℃				误差值/℃		
1				1		
2				2		
3				3		
4				4		
5				5		
6				6		
7				7		
8				8		
9				9		
10				10		
平均值				平均值		
误差值/℃				误差值/℃		
测试仪器	名称		型号		编号	

测试单位＿＿＿＿＿＿＿＿＿＿＿＿＿＿＿＿＿　　测试人员＿＿＿＿＿＿＿＿＿＿＿＿＿＿＿＿＿＿＿

第 7 章　智能湿度测量仪[①]

7.1　目的

规范智能湿度测量仪测试的内容和方法,通过测试与试验,检验智能湿度测量仪是否满足《智能湿度测量仪-Ⅰ型功能规格需求书》(气测函〔2017〕186 号)(简称《需求书》)的要求。

7.2　基本要求

7.2.1　被试样品

提供 3 套或以上同一型号的智能湿度测量仪-Ⅰ型作为被试样品,包括被试样品以及完成测试所必需的转接口、电缆线、接线图、输出格式说明资料等,保证数据正常上传至指定的业务终端或自带终端。被试样品接受上位机授时,以实现时间同步。

注:为便于测试,要求被试样品在测试期间可以输出采样值。

7.2.2　试验场地

选择 2 个或以上试验场地,至少包含 2 个不同的气候区,尽量选择接近被试样品使用环境要求的气象参数极限值。

7.2.3　场地布局

被试样品安装在百叶箱中,感应单元距离地面高度约为 1.5 m。同一试验场地安装多套被试样品时,所有被试样品安装在同一个百叶箱中,在百叶箱内以安装支架为中心对称分布安装,相互间应有足够的距离,保证通风,减小相互影响;被试样品距离百叶箱壁的空间应足够大,防止辐射和雨溅。

7.2.4　标准器

7.2.4.1　测量性能测试

测量性能的测试在实验室进行,采用的标准仪器为冷镜式露点仪,推荐型号为 DewStar S-1(常温、高温),露点温度允许误差为 ±0.2 ℃(DP)。若无该推荐型号,需选择指标与推荐型号一致或更优的标准器。

7.2.4.2　动态比对试验

动态比对试验期间,在每个试验场地对湿度进行三次平行比对试验,每次连续进行 6 h。比对标准器采用通风干湿表,可溯源到国家气象计量站,并在有效期内。其主要性能指标:

---

① 本章作者:巩娜、张明、张利利、翟龙升

(1)温度

测量范围:-40~50 ℃;

分辨率:0.001 ℃;

允许误差:±0.06 ℃。

(2)湿度

测量范围:10%~100%;

分辨率:0.1%;

允许误差:±1.5%。

7.3 静态测试

7.3.1 外观、结构及材料检查

以目测和手动操作为主,需要时可采用计量器具,检查被试样品外观、结构和材料,应满足《需求书》4.7、5.1~5.5、5.6.2、5.6.3、9.2 要求,检查结果记录在本章附表 7.1。

7.3.2 功能检测

选取 1 台被试样品进行检测,检测结果应满足《需求书》3 功能要求和 9.3 时钟精度要求,检测方法如下。

7.3.2.1 测量要素

发送"READDATA"和"DOWN"命令,检查输出湿度观测要素及其观测值是否符合《需求书》3.2 测量要素要求。检测结果记录在本章附表 7.2。

7.3.2.2 数据存储

被试样品正常工作不少于 1 d,通过"DOWN"命令读取历史数据,检查被试样品内部是否保存了完整的分钟数据,数据存储器应具备掉电保存功能,计算 10 d 需要存储的数据的字节数与存储容量,存储容量能满足 10 d 的分钟数据存储量为合格。检测结果记录在本章附表 7.2。

7.3.2.3 时钟精度

使用"DATETIME"命令对被试样品按照"北京时"进行校时,被试样品正常工作 1 d 后进行对时检查,走时误差在 1 s 内为合格。检测结果记录在本章附表 7.2。

注:由于人工操作可能会造成时间误差,实际检测时走时误差在 2 s 内为合格。

7.3.2.4 数据采集和数据处理

校时后,被试样品处于正常工作状态,读取其采样值及对应的分钟数据,根据《需求书》3.3 数据采集、3.5 数据处理规定的算法进行人工分钟数据计算,结果与被试样品输出的分钟数据进行比较,判断被试样品的分钟数据是否按采样算法要求输出。按照此方法进行三次,检测结果记录在本章附表 7.3。

7.3.2.5 数据质量控制

(1)采样值质量控制

①对被试样品进行校时;

②接收被试样品的数据并进行存储;

③使用命令"QCPS"修改采样值质量控制参数,根据质量控制参数分别模拟出"正确"的

信号、低于下限的信号、高于上限的信号以及信号突变等情况。判断数据是否按照"QCPS"设定的参数进行质量控制、湿度的分钟数据是否按采样算法要求输出以及对应的质控码是否正确显示。检测结果记录在本章附表 7.4。

注:质量控制方法检测结束后需将质量控制参数修改为《需求书》设定的参数。

(2)瞬时气象值质量控制

①对被试样品进行校时;

②接收被试样品的数据并进行存储;

③使用命令"QCPM"修改瞬时值质量控制参数,根据质量控制参数模拟出"正确"的信号、低于下限的信号、高于上限的信号、存疑变化速率、错误变化速率以及最小应该变化速率等情况。判断湿度的分钟数据是否按照"QCPM"设定的参数进行质量控制以及对应的质控码是否正确显示。检测结果记录在本章附表 7.4。

注:质量控制方法检测结束后需将质量控制参数修改为《需求书》设定的参数。

7.3.2.6　数据传输和通信命令

被试样品支持标准的 RS232 串行通信接口,向被试样品发送通信命令,检测结果记录在本章附表 7.5。

7.3.2.7　状态监控

先通过设定被试样品的各状态检测判断的阈值,检查状态检测原始值;改变被试样品状态值或状态检测判断阈值,检查被试样品相应状态码是否按照《需求书》3.8 要求输出。检测结果记录在本章附表 7.6。检测过程中应特别注意检查设备自检状态 z 的状态码是否正确。

7.3.2.8　数据格式

(1)分钟数据包帧格式

向被试样品发送"READDATA"命令进行检测并记录,检查数据帧格式是否符合《需求书》3.9 数据格式要求。检测结果记录在本章附表 7.7。

(2)历史数据下载功能

向被试样品发送"DOWN"命令进行检测并记录,检查数据帧格式是否符合《需求书》3.9 数据格式要求,下载数据是否有缺失。检测结果记录在本章附表 7.8。

7.3.3　电气性能

7.3.3.1　要求

(1)整机功耗不大于 0.15 W。如采用蓄电池供电,蓄电池容量应不小于 4 Ah。

(2)智能湿度测量仪-I 型采用外置直流电源供电,供电电压为 9~15 V,电源应具有防反接功能。

7.3.3.2　测试方法

(1)测量被试样品电源输入端的电压和电流,计算被试样品正常工作状态下的平均功耗。测试结果记录在本章附表 7.1。

(2)被试样品外接直流电源并加负载(连接传感器)。先将 DC 电源调在 9 V,被试样品应正常工作;以同样方式再将电源分别调至 12 V 和 15 V,被试样品应正常工作。将被试样品供电电源正负反接,被试样品应不被损坏。测试结果记录在本章附表 7.2。

7.3.4　电气安全

7.3.4.1　要求

(1)保护接地

应有保护接地措施,接地端子或接地接触件与需要接地的零部件之间的连接电阻不应超过 0.1 Ω。

(2)绝缘电阻

电源初级电路和机壳间绝缘电阻,不应小于 1 MΩ。

(3)抗电强度

电源的初级电路和外壳间应能承受幅值 500 V,电流 5 mA 的冲击耐压试验,历时 1 min,试验中不应出现飞弧和击穿。试验结束后被试样品能正常工作。

7.3.4.2　测试方法

(1)保护接地

按照 GB 6587—2012 中 5.8.3 的要求和方法进行试验与评定。测试结果记录在本章附表 7.2。

试验时,施加试验电流 1 min,然后计算阻抗,进行检查,试验电流选下面的较大者:

25 A 直流或在额定电源频率下的交流有效值;仪器额定电流值的 2 倍。

(2)绝缘电阻

被试样品处于非工作状态,开关接通,用绝缘电阻测量仪进行测量。

测量前,应断开整台设备的外部供电电路,断开被测电路与保护接地电路之间的连接。

若测试方案中无特殊要求,绝缘电阻的测量范围应包括整台设备的电源开关的电源输入端子和输出端子,以及所有动力电路导线。

(3)抗电强度

对电源的初级电路和外壳间施加规定的试验电压值。施加方式为施加到被试部位上的试验电压从零升至规定试验电压值的一半,然后迅速将电压升高到规定值并持续 1 min。当由于施加的试验电压而引起的电流以失控的方式迅速增大,即绝缘无法限制电流时.则认为绝缘已被击穿。电晕放电或单次瞬间闪络不认为是绝缘击穿。

上述测试结果均记录在本章附表 7.2。

7.3.5　测量性能

7.3.5.1　要求

(1)相对湿度测量范围:5%～100%;

(2)分辨力:1%;

(3)最大允许误差:±2%(≤80%),±3%(>80%)。

7.3.5.2　测试方法

(1)被试样品处于正常工作状态,与上位机保持正常通信,读取并保存被试样品观测数据。在每个测试点上,依次读取标准值和被试样品的测量值,连续读取 10 次,计算平均值,并检查分辨力。测试结果记录在本章附表 7.9～本章附表 7.11。

(2)测试点的选取,选择在常温条件下进行一个循环的测试,了解其特性后再选择其他温

度环境测试点。温度测试范围为－30～40 ℃,测试点为－30 ℃、20 ℃、40 ℃。其中环境温度
－30 ℃时测试点为 12％、40％、55％、66％,回程测试点为 12％、55％,其他环境温度下测试点
为 12％、40％、55％、75％、90％,回程测试点为 12％、75％。

7.4　环境试验

7.4.1　气候环境

7.4.1.1　要求

(1)温度:－60～60 ℃。

(2)湿度:0～100％。

(3)气压:550～1060 hPa。

(4)最大降水强度:6 mm/min。

(5)抗盐雾腐蚀:零件镀层耐 48 h 盐雾沉降试验。

7.4.1.2　试验方法

试验项目需满足以下要求:

(1)低温

－40 ℃工作 2 h,－60 ℃贮藏 2 h。采用 GB/T 2423.1 进行试验、检测和评定。

(2)高温

60 ℃工作 2 h,60 ℃贮藏 2 h。采用 GB/T 2423.2 进行试验、检测和评定。

(3)恒定湿热

40 ℃,93％,放置 12 h,通电后正常工作。采用 GB/T 2423.3 进行试验、检测和评定。

(4)低气压

550 hPa 放置 0.5 h。采用 GB/T 2423.21 进行试验、检测和评定。

(5)盐雾试验

48 h 盐雾沉降试验。采用 GB/T 2423.17 进行试验、检测和评定。

(6)外壳防护(淋雨和沙尘)试验

按照外壳防护等级 IP65 进行试验。采用 GB/T 2423.37 和 GB/T 2423.38 或 GB/T 4208
进行试验、检测和评定。

7.4.2　电磁环境

7.4.2.1　要求

电磁抗扰度应满足表 7.1 的试验内容和严酷度等级要求。

表 7.1　电磁抗扰度试验内容和严酷度等级

内容	试验条件		
	交流电源端口	直流电源端口	控制和信号端口
浪涌(冲击)抗扰度	线—线:±2 kV 线—地:±4 kV	线—线:±1 kV 线—地:±2 kV	线—地:±2 kV

内容	试验条件		
	交流电源端口	直流电源端口	控制和信号端口
电快速瞬变脉冲群抗扰度	±2 kV 5 kHz	±1 kV 5 kHz	±1 kV 5 kHz
射频电磁场辐射抗扰度	80～1000 MHz,3 V/m,80％AM(1 kHz)		
射频场感应的传导骚扰抗扰度	频率范围:150 kHz～80 MHz,试验电压:3 V 信号调制:80％AM(1 kHz)		
静电放电抗扰度	接触放电:4 kV,空气放电:4 kV		

7.4.2.2　试验方法

被试样品均应在正常工作状态下进行下列试验。

(1)浪涌(冲击)抗扰度

施加在直流电源端和互连线上的浪涌脉冲次数应为正、负极性各 5 次;对交流电源端口,应分别在 0°、90°、180°、270°相位施加正、负极性各 5 次的浪涌脉冲。试验速率为每分钟 1 次。交流电源端口:线对线±2 kV,线对地±4 kV;直流电源端口:线对线±1 kV,线对地±2 kV;控制和信号端口:线对地±2 kV,采用 GB/T 17626.5 进行试验、检测和评定。

(2)电快速瞬变脉冲群抗扰度

交流电源端口:±2 kV、5 kHz,直流电源端口:±1 kV、5 kHz,控制和信号端口:±1 kV、5 kHz,试验持续时间不短于 1 min。采用 GB/T 17626.4 依次对被试产品的试验端口进行正负极性试验、检测和评定。

(3)射频电磁场辐射抗扰度

被试样品按现场安装姿态放置在试验台上,按照 80～1000 MHz,3 V/m,80％AM(1 kHz),采用 GB/T 17626.3 进行试验、检测和评定。

(4)射频场感应的传导骚扰抗扰度

依次将试验信号发生器连接到每个耦合装置(耦合和去耦网络、电磁钳、电流注入探头)上,试验电压 3 V,骚扰信号是 1 kHz 正弦波调幅、调制度 80％ 的射频信号。扫频范围 150 kHz～80 MHz,在每个频率,幅度调制载波的驻留时间应不低于被试样品运行和响应的必要时间。采用 GB/T 17626.6 进行试验、检测和评定。

(5)静电放电抗扰度

被试样品按台式(接地或不接地)和落地式设备(接地或不接地)进行配置,确定施加放电点,每个放电点进行至少 10 次放电。如被试样品涂膜未说明是绝缘层,则发生器电极头应穿入漆膜与导电层接触;若涂膜为绝缘层,则只进行空气放电。接触放电 4 kV,空气放电 4 kV,采用 GB/T 17626.2 进行试验、检测和评定。

上述各项试验结束后,均应进行最后检测,检查其是否保持在技术要求限值内性能正常。

7.4.3　机械环境

7.4.3.1　要求

机械环境试验的目的是检验被试样品能否达到运输的要求,根据 GB/T 6587—2012

的 5.10 包装运输试验,对《需求书》4.2 机械条件进行了适当调整,按照表 7.2 所示的要求进行试验。

表 7.2　包装运输试验要求

试验项目	试验条件	试验等级
		3 级
振动	振动频率/Hz	5、15、30
	加速度/(m/s²)	9.8±2.5
	持续时间/min	每个频率点 15
	振动方法	垂直固定
自由跌落	按重量确定	跌落高度
	重量≤10 kg	60 cm

7.4.3.2　试验方法

被试样品在完整包装状态下,按照 GB/T 6587—2012 的 5.10.2.1 和 5.10.2.2 方法进行试验。试验结束后,包装箱不应有较大的变形和损伤,被试样品及附件不应有变形松脱、涂敷层剥落等损伤,外观及结构应无异常,通电后应能正常工作。

7.5　动态比对试验

动态比对试验主要评定被试样品的数据完整性、数据准确性、设备稳定性、设备可靠性和维修性等。

7.5.1　数据完整性

以分钟数据为基本分析单元,排除由于外界干扰造成的数据缺测,对每套被试样品输出的数据完整性做缺测率评定。

7.5.1.1　评定方法

缺测率(%)=(试验期内累计缺测次数/试验期内应观测总次数)×100%。

7.5.1.2　评定指标

缺测率(%)≤1‰。

7.5.2　数据准确性

7.5.2.1　评定方法

计算被试样品测量值与比对标准器测量值的差值,统计该差值的系统误差和标准偏差。假设差值为正态分布,分别用公式(7.1)和公式(7.2)计算。

$$系统误差\ \overline{x} = \frac{\sum x_i}{n} \tag{7.1}$$

$$标准偏差\ s = \left[\frac{1}{n-1} \sum_{i=1}^{n} (x_i - \overline{x})^2 \right]^{\frac{1}{2}} \tag{7.2}$$

式中,$\overline{x}$ 为差值的平均值,即系统误差;x_i 为第 i 次被试样品测量值与比对标准器测量值的差值;n 为差值的个数;s 为差值的标准偏差。

注:以上进行统计分析的数据,均已按照 QX/T 526—2019 的 C.1 进行了数据的质量控制,剔除异常值,并按照 C.2.2.2 的 3 s 准则剔除了 $|x_i - \bar{x}| > 3 s$ 的粗大误差。

7.5.2.2 评定指标

数据的准确性以被试样品与比对标准器的误差区间给出,表示为 $(\bar{x} - ks, \bar{x} + ks)$,$k = 1$,其值应在允许误差范围内。

7.5.3 设备稳定性

7.5.3.1 评定方法

运行稳定性反映被试样品在规定的技术条件和各种自然环境中运行一定时间后,其性能保持不变的能力。以测量性能的初测与复测差值的最大波动幅度表示。

动态比对试验结束后,将再次对被试样品的测量性能进行复测,复测条件与初测条件一致。

7.5.3.2 评定指标

评定指标为初测与复测结果均不超过允许误差,且 |初测与复测差值的最大波动幅度| ≤ 允许误差区间。

7.5.4 设备可靠性

可靠性反映了被试样品在规定的情况下,在规定的时间内,完成规定功能的能力。以平均故障间隔时间(MTBF)表示设备的可靠性。要求平均故障间隔时间 MTBF$(\theta_1) \geqslant 8000$ h。

7.5.4.1 试验方案

按照定时截尾试验方案,在 QX/T 526—2019 表 A.1 的方案类型中选用标准型或短时高风险两种试验方案之一,推荐选用标准型试验方案。

7.5.4.1.1 标准型试验方案

采用 17 号方案,即生产方和使用方风险各为 20%,鉴别比为 3 的定时截尾试验方案,试验的总时间为规定 MTBF 下限值 (θ_1) 的 4.3 倍,接受故障数为 2,拒收故障数为 3。

以 3 套被试样品为例:

$$T = 4.3 \times 8000 \text{ h} = 34400 \text{ h}$$

每台试验的平均时间 t 为:

3 套被试样品:$t = 34400 \text{ h}/3 = 11467 \text{ h} = 477.8 \text{ d} \approx 478 \text{ d}$

所以 3 套被试样品需试验 478 d,期间允许出现 2 次故障。

4 套被试样品:$t = 34400 \text{ h}/4 = 8600 \text{ h} = 358.3 \text{ d} \approx 359 \text{ d}$

所以 4 套被试样品需试验 359 d,期间允许出现 2 次故障。

7.5.4.1.2 短时高风险试验方案

采用生产方和使用方风险各为 30%,鉴别比为 3 的定时截尾试验方案,试验的总时间为规定 MTBF 下限值 (θ_1) 的 1.1 倍,接受故障数为 0,拒收故障数为 1。

试验总时间 T 为:

$$T = 1.1 \times 8000 \text{ h} = 8800 \text{ h}$$

(1)3 套被试样品进行动态比对试验,每台试验的平均时间 t 为:

$$t = 8800 \text{ h}/3 = 2934 \text{ h} = 122.25 \text{ d} \approx 123 \text{ d}$$

所以 3 套被试样品需试验 123 d,期间允许出现 0 次故障。

(2)4 套被试样品进行动态比对试验,每台试验的平均时间 t 为:

$$t=8800 \text{ h}/4=2200 \text{ h}=91.67 \text{ d}\approx 92 \text{ d}$$

所以 4 套被试样品需试验 92 d,期间允许出现 0 次故障。

7.5.4.2　MTBF 观测值的计算

MTBF 的观测值(点估计值)$\hat{\theta}$ 用公式(7.3)计算。

$$\hat{\theta}=\frac{T}{r} \tag{7.3}$$

式中,T 为试验总时间,是所有被试样品试验期间各自工作时间的总和;r 为总责任故障数。

7.5.4.3　MTBF 置信区间的估计

按照 QX/T 526—2019 中的 A.2.3 计算 MTBF 置信区间的估计值。

7.5.4.3.1　有故障的 MTBF 置信区间估计

采用 7.5.4.1.1 标准型试验方案,使用方风险 $\beta=20\%$ 时,置信度 $C=60\%$;采用 7.5.4.1.2 短时高风险试验方案,使用方风险 $\beta=30\%$ 时,置信度 $C=40\%$。

根据责任故障数 r 和置信度 C,由 QX/T 526—2019 中表 A.2 查取置信上限系数 $\theta_U(C', r)$ 和置信下限系数 $\theta_L(C', r)$,其中,$C'=(1+C)/2=1-\beta$,MTBF 的置信区间下限值 θ_L 用公式(7.4)计算,上限值 θ_U 用公式(7.5)计算

$$\theta_L=\theta_L(C', r)\times\hat{\theta} \tag{7.4}$$
$$\theta_U=\theta_U(C', r)\times\hat{\theta} \tag{7.5}$$

MTBF 的置信区间表示为 (θ_L, θ_U)(置信度为 C)。

7.5.4.3.2　故障数为 0 的 MTBF 置信区间估计

若责任故障数 r 为 0,只给出置信下限值,用公式(7.6)计算。

$$\theta_L=T/(-\ln\beta) \tag{7.6}$$

式中,T 为试验总时间,为所有被试样品试验期间各自工作时间的总和;β 为使用方风险。采用 7.5.4.1.1 标准型试验方案,使用方风险 $\beta=20\%$;采用 7.5.4.1.2 短时高风险试验方案,使用方风险 $\beta=30\%$。

这里的置信度应为 $C=1-\beta$。

7.5.4.4　试验结论

(1)按照试验中可接收的故障数判断可靠性是否合格。

(2)可靠性试验无论是否合格,都应给出被试样品平均故障间隔时间(MTBF)的观测值 $\hat{\theta}$ 和置信区间估计的上限 θ_U 和下限 θ_L,表示为 (θ_L, θ_U)(置信度为 C)。

7.5.4.5　故障的认定和记录

按照 QX/T 526—2019 的 A.3 认定和记录故障。故障认定应区分责任故障和非责任故障,故障记录在动态比对试验的设备故障维修登记表中,见附表 A。

7.5.5　维修性

设备的维修性,检查维修可达性,审查维修手册的适用性。

7.6　综合评定

7.6.1　单项评定

以下各项均合格的,视该被试样品合格,有一项不合格的,视为不合格。

(1)静态测试和环境试验

被试样品静态测试和环境试验合格后,方可进行动态比对试验。

(2)动态比对试验

1)数据完整性

缺测率(%)≤1‰为合格,否则不合格。

2)数据准确性

$(\overline{x}-ks,\overline{x}+ks)$,$k=1$,在允许误差范围内为合格,否则不合格。

3)设备稳定性

初检与复检结果均不超过允许误差,且|初检与复检差值的最大波动幅度|≤允许误差区间为合格,否则不合格。

4)设备可靠性

若选择7.5.4.1.1标准型试验方案,3台被试样品在478 d的动态比对试验期间,4台被试样品在359 d的动态比对试验期间,最多出现2次故障为合格,否则不合格。

若选择7.5.4.1.2短时高风险试验方案,3台被试样品在123 d内无故障,4台被试样品在92 d内无故障为合格,否则不合格。

7.6.2　总评定

被试样品总数的2/3及以上合格时,视该型号被试样品为合格,否则不合格。

本章附表

附表 7.1　外观、结构和材料检测记录表

<table>
<tr><td rowspan="3">被试样品</td><td>名称</td><td colspan="2">智能湿度测量仪</td><td>测试日期</td><td colspan="2"></td></tr>
<tr><td>型号</td><td colspan="2"></td><td>环境温度</td><td colspan="2">℃</td></tr>
<tr><td>编号</td><td colspan="2"></td><td>环境湿度</td><td colspan="2">%</td></tr>
<tr><td>被试方</td><td colspan="3"></td><td>测试地点</td><td colspan="2"></td></tr>
<tr><td>测试项目</td><td colspan="4">技术要求</td><td>检测结果</td><td>结论</td></tr>
<tr><td rowspan="11">外观、结构
和材料</td><td colspan="4">尺寸不超过 300 mm×50 mm×50 mm</td><td></td><td></td></tr>
<tr><td colspan="4">外观应整洁,无损伤和形变,表面涂层无气泡、开裂、脱落等现象,主体为白色</td><td></td><td></td></tr>
<tr><td colspan="4">各零部件应安装正确、牢固,无机械变形、断裂、弯曲等,操作部分不应有迟滞、卡死、松脱等</td><td></td><td></td></tr>
<tr><td colspan="4">通信接口和电源接口共用一个 5 芯的针型航空插头,其中 1 脚为电源正,2 脚为电源负,3 脚为 TX,4 脚为 RX,5 脚为 RS232 的 GND。航空插头推荐使用 SACC-E-MS-5CON-M16/0,5 SCO 及其兼容型号</td><td></td><td></td></tr>
<tr><td colspan="4">数据处理模块和感应元件间采用一体式结构,勿需连线</td><td></td><td></td></tr>
<tr><td colspan="4">应有足够的机械强度和防腐蚀能力,确保在产品寿命期内,不因外界环境的影响和材料本身原因而导致机械强度下降而引起危险和不安全</td><td></td><td></td></tr>
<tr><td colspan="4">电缆应具有防水、防腐、抗磨、抗拉、屏蔽等功能</td><td></td><td></td></tr>
<tr><td colspan="4">应选用耐老化、抗腐蚀、良好电气绝缘的材料等。各零部件,除用耐腐蚀材料制造的外,其表面应有涂、敷、镀等措施,表面应均匀覆盖达 100%,以保证其耐潮、防霉、防盐雾的性能</td><td></td><td></td></tr>
<tr><td colspan="4">结构上的棱缘或拐角,应倒圆和磨光;
对于在产品寿命期内无法始终保持足够的机械强度而需要定期维护或更换的部件,应在产品使用说明书上醒目的注明更换周期并着重注明不这样做的危险性;
螺钉等连接件,如果其松脱或损坏会影响安全,应能承受正常使用时的机械强度;
如果因电池极性接反或强制充放电可能导致危险,在设计上应有相应的预防措施</td><td></td><td></td></tr>
<tr><td colspan="4">(1)产品标识,至少应标明:a)制造厂商名称或商标或识别标记;b)产品的型号、名称。
(2)电源标识,电源额定值的电源铭牌,电源铭牌应包括下列内容:a)电源性质的符号(交流或直流);b)额定电压或额定电压范围;c)额定电流或功耗</td><td></td><td></td></tr>
<tr><td rowspan="4">测试仪器</td><td colspan="2">名称</td><td colspan="2">型号</td><td colspan="2">编号</td></tr>
<tr><td colspan="2"></td><td colspan="2"></td><td colspan="2"></td></tr>
<tr><td colspan="2"></td><td colspan="2"></td><td colspan="2"></td></tr>
<tr><td colspan="2"></td><td colspan="2"></td><td colspan="2"></td></tr>
</table>

测试单位＿＿＿＿＿＿＿＿＿＿＿＿＿＿＿＿　　　　测试人员＿＿＿＿＿＿＿＿＿＿＿＿＿＿＿＿

附表 7.2　测量要素、存储、时钟、电气性能和安全检测记录表

被试样品	名称	智能湿度测量仪		测试日期	
	型号			环境温度	℃
	编号			环境湿度	%
被试方				测试地点	
测试项目	技术要求			测试结果	结论
测量要素	应输出分钟观测要素,输出名称及编码应符合《需求书》的表1				
数据存储	数据存储器应选择非易失性,容量应不小于 4 MB,能满足 10 d 分钟数据存储要求				
时钟精度	自带高精度实时时钟,响应校时命令进行校时;时钟走时误差≤1 s/d				
电气性能	整机功耗不大于 0.15 W。如采用蓄电池供电,蓄电池容量应不小于 4 Ah				
	采用外置直流电源供电,供电电压为 9～15 V,电源应具有防反接功能				
电气安全	应有保护接地措施,接地端子或接地接触件与需要接地的零部件之间的连接电阻不应超过 0.1 Ω				
	电源初级电路和机壳间绝缘电阻,不应小于 1 MΩ				
	电源的初级电路和外壳间应能承受幅值 500 V,电流 5 mA 的冲击耐压试验,历时 1 min,试验中不应出现飞弧和击穿。试验结束后能正常工作				
测试仪器	名称		型号		编号

测试单位＿＿＿＿＿＿＿＿＿＿＿＿　　测试人员＿＿＿＿＿＿＿＿＿＿＿＿

附表 7.3　数据采集和数据处理检测记录表

被试样品	名称	智能湿度测量仪		测试日期		
	型号			环境温度		℃
	编号			环境湿度		%
被试方				测试地点		
序号	模拟值		被试样品输出数据		人工计算值	结论

注 1："模拟值"记录模拟的被试样品的采样值，"被试样品输出数据"记录被试样品输出的分钟数据；

注 2："模拟值"应有至少一组有效样本比例不足 66%(2/3)的情况。

测试单位＿＿＿＿＿＿＿＿＿＿＿＿＿＿＿　　　　　测试人员＿＿＿＿＿＿＿＿＿＿＿＿＿＿＿

附表 7.4 数据质量控制检测记录表

被试样品	名称	智能湿度测量仪			测试日期	
	型号				环境温度	℃
	编号				环境湿度	%
被试方					测试地点	

测试项目		模拟数据	被试样品输出数据	输出质控	结论
采样值质控参数	上限				
	下限				
	允许最大变化值				
瞬时值质控参数	上限				
	下限				
	存疑界限				
	错误界限				
	最小应该变化率				

注1:上限、下限单独测试,数值选择未超范围、超过范围、未超范围,检测数据输出和质控码的变化;

注2:"被试样品输出数据"记录分钟观测要素;

注3:"允许最大变化值"可使用一组模拟数据,通过调整质控参数进行检测。

测试单位_____   测试人员_____

附表 7.5　数据传输和通信命令检测记录表

检测项目	测试要求	检测结果	结论
被试样品 （名称）	智能湿度测量仪　　　　　测试日期		
被试样品 （型号）	环境温度		℃
被试样品 （编号）	环境湿度		%
被试方	测试地点		
SETCOM 设置	成功设置串口参数		
SETCOM 读取	应读取到串口参数		
	读取的串口参数与设置的应一致		
AUTOCHECK	成功自检		
HELP 命令	返回终端命令清单		
QZ 设置	成功设置区站号		
QZ 读取	读取到区站号		
	读取的区站号应与设置的一致		
ST 设置	成功设置服务类型		
ST 读取	应读取到服务类型		
	读取的服务类型与设置的应一致		
DI 命令	读取到设备标识符		
ID 设置	成功设置设备 ID		
ID 读取	读取到设备 ID		
	读取的设备 ID 与设置的应一致		
LAT 设置	成功设置气象观测站纬度		
LAT 读取	读取到气象观测站纬度		
	读取的纬度与设置的应一致		
LONG 设置	成功设置气象观测站经度		
LONG 读取	读取到气象观测站经度		
	读取的经度与设置的应一致		
DATE 设置	成功设置设备日期		
DATE 读取	读取到设备日期		
	读取的设备日期与设置的日期应一致		
TIME 设置	成功设置设备时间		
TIME 读取	读取到设备时间		
	读取的设备时间与设置的时间应一致		
DATETIME 设置	是否成功设置设备日期时间		
DATETIME 读取	读取到日期、时间		
	读取的日期、时间与设置的日期时间应一致		
FTD 设置	成功设置设备在主动模式下的发送时间间隔		
FTD 读取	读取到设备在主动模式下的发送时间间隔		
	读取的时间间隔与设置的应一致		
DOWN 命令	下载到分钟历史数据		
	下载的分钟历史数据的数据格式、时间等应符合要求		

续表

<table>
<tr><td rowspan="3">被试样品</td><td>名称</td><td colspan="2">智能湿度测量仪</td><td>测试日期</td><td colspan="2"></td></tr>
<tr><td>型号</td><td colspan="2"></td><td>环境温度</td><td colspan="2">℃</td></tr>
<tr><td>编号</td><td colspan="2"></td><td>环境湿度</td><td colspan="2">%</td></tr>
<tr><td colspan="2">被试方</td><td colspan="2"></td><td>测试地点</td><td colspan="2"></td></tr>
<tr><td colspan="2">检测项目</td><td colspan="3">测试要求</td><td>检测结果</td><td>结论</td></tr>
<tr><td colspan="2" rowspan="2">READDATA 命令</td><td colspan="3">读取到分钟数据</td><td></td><td></td></tr>
<tr><td colspan="3">读取到的分钟数据格式应符合需求书要求</td><td></td><td></td></tr>
<tr><td colspan="2">SETCOMWAY,设备标识符,设备 ID,1\r\n</td><td colspan="3">成功设置设备工作模式为主动模式</td><td></td><td></td></tr>
<tr><td colspan="2">FTD,设备标识符,设备 ID,001,分钟时间间隔\r\n</td><td colspan="3">成功设置设备在主动模式下的分钟数据发送时间间隔</td><td></td><td></td></tr>
<tr><td colspan="2">设备在主动模式下发送数据功能检测</td><td colspan="3">在规定时间范围内成功发送预期数量的分钟数据</td><td></td><td></td></tr>
<tr><td colspan="2">SETCOMWAY,设备标识符,设备 ID,0\r\n</td><td colspan="3">成功设置设备工作模式为被动模式</td><td></td><td></td></tr>
<tr><td colspan="2" rowspan="2">STAT 命令</td><td colspan="3">读取到设备所有状态数据</td><td></td><td></td></tr>
<tr><td colspan="3">返回数据是否符合格式要求</td><td></td><td></td></tr>
<tr><td colspan="2">QCPS 设置</td><td colspan="3">成功设置采样值质量控制参数</td><td></td><td></td></tr>
<tr><td colspan="2" rowspan="2">QCPS 读取</td><td colspan="3">读取设备的采样值质量控制参数</td><td></td><td></td></tr>
<tr><td colspan="3">读取的设备的采样值质量控制参数与设置的应一致</td><td></td><td></td></tr>
<tr><td colspan="2">QCPM 设置</td><td colspan="3">成功设置瞬时气象值质量控制参数</td><td></td><td></td></tr>
<tr><td colspan="2" rowspan="2">QCPM 读取</td><td colspan="3">读取设备的瞬时气象值质量控制参数</td><td></td><td></td></tr>
<tr><td colspan="3">读取的设备瞬时气象值质量控制参数与设置的应一致</td><td></td><td></td></tr>
<tr><td colspan="2">STDEV 设置</td><td colspan="3">成功设置设备数据标准偏差时间间隔</td><td></td><td></td></tr>
<tr><td colspan="2" rowspan="2">STDEV 读取</td><td colspan="3">成功读取设备数据标准偏差时间间隔</td><td></td><td></td></tr>
<tr><td colspan="3">读取到的时间间隔与设置的应一致</td><td></td><td></td></tr>
<tr><td colspan="2">FAT 读取</td><td colspan="3">成功读取设备主动模式下数据发送时间</td><td></td><td></td></tr>
<tr><td colspan="2" rowspan="2">FAT 设置</td><td colspan="3">成功设置设备主动模式下数据发送时间</td><td></td><td></td></tr>
<tr><td colspan="3">读取到的与设置的应一致</td><td></td><td></td></tr>
<tr><td colspan="2" rowspan="2">SS 命令</td><td colspan="3">读取到设备工作参数值</td><td></td><td></td></tr>
<tr><td colspan="3">返回数据应符合格式要求</td><td></td><td></td></tr>
<tr><td colspan="2">CR 设置</td><td colspan="3">成功设置设备的校正或检定参数</td><td></td><td></td></tr>
<tr><td colspan="2" rowspan="2">CR 读取</td><td colspan="3">读取到设备设置的校正或和检定参数</td><td></td><td></td></tr>
<tr><td colspan="3">读取的设备校正或检定参数与设置的应一致</td><td></td><td></td></tr>
<tr><td colspan="2">SN 设置</td><td colspan="3">成功设置设备序列号</td><td></td><td></td></tr>
<tr><td colspan="2" rowspan="2">SN 读取</td><td colspan="3">成功读取到设备序列号</td><td></td><td></td></tr>
<tr><td colspan="3">读取的设备序列号与设置的应一致</td><td></td><td></td></tr>
<tr><td colspan="2">RESET 命令</td><td colspan="3">设备成功复位。</td><td></td><td></td></tr>
<tr><td colspan="2">任意输入一条错误命令</td><td colspan="3">应回复＜设备标识符,设备 ID,BADCOMMAND＞</td><td></td><td></td></tr>
</table>

测试单位_____　　　　测试人员_____

附表 7.6 状态监控检测记录表

被试样品	名称	智能湿度测量仪		测试日期		
	型号			环境温度		℃
	编号			环境湿度		%
被试方				测试地点		
测试项目	状态判断依据		模拟状态数据	所有状态数据输出	对应状态变量码测试结果	结论
内部电路电压	偏高阈值					
	偏低阈值					
内部电路温度	偏高阈值		检测环境温度			
	偏低阈值					
	偏高阈值					
	偏低阈值					
	偏高阈值					
	偏低阈值					

注 1:状态监控进行 3 次检测,建议包含 1 组正常状态数据;

注 2:建议内部电路电压模拟状态数据使用电源进行模拟,偏高和偏低单独进行检测;

注 3:建议内部电路温度状态检测,通过调整被试样品状态检测判断阈值,以检测环境温度为模拟值进行检测。

测试单位＿＿＿＿＿＿＿＿＿＿＿＿＿＿＿＿＿＿＿　　测试人员＿＿＿＿＿＿＿＿＿＿＿＿＿＿＿＿＿＿＿＿

附表 7.7　数据格式检测记录表(分钟数据)

被试样品	名称	智能湿度测量仪	测试日期	
	型号		环境温度	℃
	编号		环境湿度	%
被试方			测试地点	

检测项目	测试要求	检测结果	结论
起始标识	为"BG"		
版本号	3 位数字,表示传输的数据参照的版本号		
区站号	5 位字符		
纬度	6 位数字,按度分秒记录,均为 2 位,高位不足补"0",台站纬度未精确到秒时,秒固定记录"00"		
经度	7 位数字,按度分秒记录,度为 3 位,分秒为 2 位,高位不足补"0",台站经度未精确到秒时,秒固定记录"00"		
观测场海拔高度	5 位数字,保留 1 位小数,原值扩大 10 倍记录,高位不足补"0"		
服务类型	2 位数字		
设备标识位	4 位字母,设备类型		
设备 ID	3 位数字		
观测时间	14 位数字,采用北京时,年月日时分秒,yyyyMMddhhmmss		
帧标识	3 位数字		
观测要素变量数	3 位数字,取值 000～999		
设备状态变量数	2 位数字,取值 01～99		

数据主体	观测数据	由一系列观测要素数据对组成,数据对中观测要素变量名与变量值一一对应		
		数据对的个数与观测要素变量数一致		
		观测要素变量名是否与功能需求书中定义的一致		
		观测要素名按字母先后顺序输出		
	质量控制位	各位组成字符是否合法(组成字符:0、1、2、3、4、5、6、7、8、9)		
		长度是否与观测要素变量数相等		

数据主体中状态信息部分	设备状态变量名、变量值是否成对出现		
	设备状态变量名、变量值对的数量是否等于传感器状态变量数		
	设备状态变量名是否功能需求书中定义的变量名		
	单个设备状态变量值的组成字符是否合法(组成字符:0～9 十个数字字符)		

校验码	4 位数字。采用校验和方式,对"BG"开始一直到校验段前、包括分隔符',' 在内的全部字符以 ASCII 码累加。累加值以 10 进制无符号编码,高位溢出,取低四位		
结束标志	是否"ED"		

测试单位＿＿＿＿＿＿＿＿＿＿＿＿＿＿＿　　　　　测试人员＿＿＿＿＿＿＿＿＿＿＿＿＿＿＿

附表 7.8　数据格式检测记录表(历史数据)

被试样品	名称	智能湿度测量仪		测试日期	
	型号			环境温度	℃
	编号			环境湿度	%
被试方				测试地点	

下载类型	组成部分	测试项目	检测结果	结论
分钟历史数据下载	数据记录条数	是否等于预期条数(从 DOWN 命令的起止时间可以算出预期条数)		
	单条记录完整性	是否以"BG"打头,"ED"结尾		
	记录时间	记录时间超出时间范围条数	( )条	
		记录时间重复条数(计算方法:若有 x 条记录的时间相同,则有 $x-1$ 条记录时间重复,然后求出所有重复条数的和值)	( )条	
		记录丢失条数(计算方法:记录的时间位于时间范围之内,重复记录按一条计算,用这种方法算出实际有效的记录数,然后计算出预期记录数减去实际有效记录数的差值)	( )条	
分钟历史数据下载(设备未开机时的"缺测数据")	数据记录条数	是否等于预期条数(从 DOWN 命令的起止时间可以算出预期条数)		
	单条记录完整性	格式是否为 BG,版本号,QZ(区站),纬度,经度,海拔高度,ST(服务类型),DI(设备标识),ID(设备 ID),DATETIME(时间),FI(帧标识),/////,校验,ED↙		
	记录时间	记录时间超出时间范围条数	( )条	
		记录时间重复条数(计算方法:若有 x 条记录的时间相同,则有 $x-1$ 条记录时间重复,然后求出所有重复条数的和值)	( )条	
		记录丢失条数(计算方法:记录的时间位于时间范围之内,重复记录按一条计算,用这种方法算出实际有效的记录数,然后计算出预期记录数减去实际有效记录数的差值)	( )条	

测试单位＿＿＿＿＿＿＿＿＿＿＿＿＿＿＿＿　　　测试人员＿＿＿＿＿＿＿＿＿＿＿＿＿＿＿＿

附表7.9　湿度测试记录表(常温,正程/回程)

被试样品	名称	智能湿度测量仪		测试日期		
	型号			环境温度		℃
	编号			环境湿度		%
被试方				测试地点		
测试点	标准值/%	测量值/%		测试点	标准值/%	测量值/%
12%	1			75%	1	
	2				2	
	3				3	
	4				4	
	5				5	
	6				6	
	7				7	
	8				8	
	9				9	
	10				10	
	平均值				平均值	
	误差值/%				误差值/%	
40%	1			90%	1	
	2				2	
	3				3	
	4				4	
	5				5	
	6				6	
	7				7	
	8				8	
	9				9	
	10				10	
	平均值				平均值	
	误差值/%				误差值/%	
55%	1			/	1	
	2				2	
	3				3	
	4				4	
	5				5	
	6				6	
	7				7	
	8				8	
	9				9	
	10				10	
	平均值				平均值	
	误差值/%				误差值/%	
测试仪器	名称		型号		编号	

测试单位＿＿＿＿＿＿＿＿＿＿＿＿＿＿＿＿＿　　　测试人员＿＿＿＿＿＿＿＿＿＿＿＿＿＿＿＿＿

附表 7.10　湿度测试记录表(-30℃,正程/回程)

被试样品	名称	智能湿度测量仪		测试日期		
	型号			环境温度		℃
	编号			环境湿度		%
被试方				测试地点		
测试点		标准值/%	测量值/%	测试点		标准值/%	测量值/%
12%	1			66%	1		
	2				2		
	3				3		
	4				4		
	5				5		
	6				6		
	7				7		
	8				8		
	9				9		
	10				10		
	平均值				平均值		
	误差值/%				误差值/%		
40%	1			/	1		
	2				2		
	3				3		
	4				4		
	5				5		
	6				6		
	7				7		
	8				8		
	9				9		
	10				10		
	平均值				平均值		
	误差值/%				误差值/%		
55%	1			/	1		
	2				2		
	3				3		
	4				4		
	5				5		
	6				6		
	7				7		
	8				8		
	9				9		
	10				10		
	平均值				平均值		
	误差值/%				误差值/%		
测试仪器	名称			型号			编号

测试单位＿＿＿＿＿＿＿＿＿＿＿＿＿＿＿　　测试人员＿＿＿＿＿＿＿＿＿＿＿＿＿＿＿＿

附表 7.11 湿度测试记录表(40 ℃,正程/回程)

被试样品	名称	智能湿度测量仪		测试日期		
	型号			环境温度		℃
	编号			环境湿度		%
被试方				测试地点		
测试点		标准值/%	测量值/%	测试点		标准值/%	测量值/%
12%	1			75%	1		
	2				2		
	3				3		
	4				4		
	5				5		
	6				6		
	7				7		
	8				8		
	9				9		
	10				10		
	平均值				平均值		
	误差值/%				误差值/%		
40%	1			90%	1		
	2				2		
	3				3		
	4				4		
	5				5		
	6				6		
	7				7		
	8				8		
	9				9		
	10				10		
	平均值				平均值		
	误差值/%				误差值/%		
55%	1			/	1		
	2				2		
	3				3		
	4				4		
	5				5		
	6				6		
	7				7		
	8				8		
	9				9		
	10				10		
	平均值				平均值		
	误差值/%				误差值/%		
测试仪器	名称			型号		编号	

测试单位_____ 测试人员_____

第 8 章　智能气压测量仪[①]

8.1　目的

规范智能气压测量仪测试的内容和方法,通过测试与试验,检验智能气压测量仪是否满足《智能气压测量仪-I 型功能规格需求书》(气测函〔2017〕186 号)(简称《需求书》)的要求。

8.2　基本要求

8.2.1　被试样品

提供 3 套或以上同一型号的智能气压测量仪-I 型作为被试样品,包括被试样品以及完成测试所必需的转接口、电缆线、接线图、输出格式说明资料等,保证数据正常上传至指定的业务终端或自带终端。被试样品接受上位机授时,以实现时间同步。

注:为便于测试,要求被试样品在测试期间输出采样值。

8.2.2　试验场地

选择 2 个或以上试验场地,至少包含 2 个不同的气候区,尽量选择接近被试样品使用环境要求的气象参数极限值。

8.2.3　场地布局

被试样品安装在机箱内,需具有静压装置,参试仪器距离地面 70 cm 高度的一个水平面上,应防止太阳直射、降水、风的扰动对气压测量的影响,同一试验场地安装多套被试样品时,所有被试样品安装在同一个机箱内,相互间应有足够的距离,减小相互影响。

8.2.4　标准器

8.2.4.1　测量性能测试

测量性能的测试在实验室进行,推荐采用的标准器及设备见表 8.1。

表 8.1　测量性能测试标准器及设备

标准器及设备名称	指标要求	推荐型号
高精度数字式石英压力标准器	500~1100 hPa 最大允许误差:±0.10 hPa	745(高温、低温)
气体活塞压力计	$U=0.003\%\times P+0.3$ Pa	PG7601(常温)
注:若无表中推荐型号,需选择指标与推荐型号一致或更优的标准器或设备。		

[①]　本章作者:巩娜、张东明、张明、张成

8.2.4.2　动态比对试验

动态比对试验期间,在每个试验场地对气压进行三次平行比对试验,每次连续进行 6 h。比对标准器和被试样品放置在相同高度。动态比对标准器均溯源到国家气象计量站,并在有效期内。其主要性能指标:

测量范围:500~1100 hPa;

分辨率:0.01 hPa;

允许误差:±0.1 hPa。

8.3　静态测试

8.3.1　外观、结构及材料检查

以目测和手动操作为主,需要时可采用计量器具,检查被试样品外观、结构和材料,应满足《需求书》4.7、5.1~5.5、5.6.2、5.6.3、9.2 要求,检查结果记录在本章附表 8.1。

8.3.2　功能检测

选取 1 台被试样品进行检测,应满足《需求书》3 功能要求和 9.3 时钟精度要求,检测方法如下。

8.3.2.1　测量要素

发送"READDATA"和"DOWN"命令,检查输出气压观测要素及其观测值是否符合《需求书》3.2 测量要素要求。检测结果记录在本章附表 8.2。

8.3.2.2　数据存储

被试样品正常工作不少于 1 d,通过"DOWN"命令读取历史数据,检查被试样品内部是否保存了完整的分钟数据,数据存储器应具备掉电保存功能,计算 10 d 需要存储的数据的字节数与存储容量,存储容量能满足 10 d 的分钟数据存储量为合格。检测结果记录在本章附表 8.2。

8.3.2.3　时钟精度

使用"DATETIME"命令对被试样品参照"北京时"进行校时,被试样品正常工作 1 d 后进行对时检查,走时误差在 1 s 内为合格。检测结果记录在本章附表 8.2。

注:由于人工操作可能会造成时间误差,实际检测时走时误差在 2 s 内为合格。

8.3.2.4　数据采集和数据处理

校时后,被试样品处于正常工作状态,读取其采样值及对应的分钟数据,根据《需求书》3.3 数据采集、3.5 数据处理规定的算法进行人工分钟数据计算,结果与被试样品输出的分钟数据进行比较,判断被试样品的分钟数据是否按采样算法要求输出。按照此方法进行三次,检测结果记录在本章附表 8.3。

8.3.2.5　数据质量控制

(1)采样值质量控制

①对被试样品进行校时;

②接收被试样品的数据并进行存储;

③使用命令"QCPS"修改采样值质量控制参数,根据质量控制参数分别模拟出"正确"的

信号、低于下限的信号、高于上限的信号以及信号突变等情况。判断数据是否按照"QCPS"设定的参数进行质量控制、气压的分钟数据是否按采样算法要求输出以及对应的质控码是否正确显示。检测结果记录在本章附表 8.4。

注:质量控制方法检测结束后需将质量控制参数修改为《需求书》设定的参数。

(2)瞬时气象值质量控制

①对被试样品进行校时;

②接收被试样品的数据并进行存储;

③使用命令"QCPM"修改瞬时值质量控制参数,根据质量控制参数模拟出"正确"的信号、低于下限的信号、高于上限的信号、存疑变化速率、错误变化速率以及最小应该变化速率等情况。判断气压的分钟数据是否按照"QCPM"设定的参数进行质量控制以及对应的质控码是否正确显示。检测结果记录在本章附表 8.4。

注:质量控制方法检测结束后需将质量控制参数修改为《需求书》设定的参数。

8.3.2.6　数据传输和通信命令

被试样品支持标准的 RS232 串行通信接口,向被试样品发送通信命令,检测结果记录在本章附表 8.5。

8.3.2.7　状态监控

先通过设定被试样品的各状态检测判断的阈值,检查状态检测原始值;改变被试样品状态值或状态检测判断阈值,检查被试样品相应状态码是否按照《需求书》3.8 要求输出。检测结果记录在本章附表 8.6。检测过程中应特别注意检查设备自检状态 z 的状态码是否正确。

8.3.2.8　数据格式

(1)分钟数据包帧格式

向被试样品发送"READDATA"命令进行检测并记录,检查数据帧格式是否符合《需求书》3.9 数据格式要求。检测结果记录在本章附表 8.7。

(2)历史数据下载功能

向被试样品发送"DOWN"命令进行检测并记录,检查数据帧格式是否符合《需求书》3.9 数据格式要求,下载数据是否有缺失。检测结果记录在本章附表 8.8。

8.3.3　电气性能

8.3.3.1　要求

(1)整机功耗不大于 1.5 W。如采用蓄电池供电,蓄电池容量应不小于 30 Ah。

(2)智能气压测量仪-I 型采用外置直流电源供电,供电电压为 9~15 V,电源应具有防反接功能。

8.3.3.2　测试方法

(1)测量被试样品电源输入端的电压和电流,计算被试样品正常工作状态下的平均功耗。测试结果记录在本章附表 8.1。

(2)被试样品外接直流电源并加负载(连接传感器)。先将 DC 电源调在 9 V,被试样品应正常工作;以同样方式再将电源分别调至 12 V 和 15 V,被试样品应正常工作。将被试样品供电电源正负反接,被试样品应不被损坏。检测结果记录在本章附表 8.2。

8.3.4　电气安全

8.3.4.1　要求

（1）保护接地

应有保护接地措施，接地端子或接地接触件与需要接地的零部件之间的连接电阻不应超过 0.1 Ω。

（2）绝缘电阻

电源初级电路和机壳间绝缘电阻，不应小于 1 MΩ。

（3）抗电强度

电源的初级电路和外壳间应能承受幅值 500 V，电流 5 mA 的冲击耐压试验，历时 1 min，试验中不应出现飞弧和击穿。试验结束后被试样品能正常工作。

8.3.4.2　测试方法

（1）保护接地

按照 GB 6587—2012 中 5.8.3 的要求和方法进行试验与评定。测试结果记录在本章附表 8.2。

试验时，施加试验电流 1 min，然后计算阻抗，进行检查，试验电流选下面的较大者：

25 A 直流或在额定电源频率下的交流有效值；仪器额定电流值的 2 倍。

（2）绝缘电阻

被试样品处于非工作状态，开关接通，用绝缘电阻测量仪进行测量。

检测前，应断开整台设备的外部供电电路，断开被测电路与保护接地电路之间的连接。

若测试方案中无特殊要求，绝缘电阻的检测范围应包括整台设备的电源开关的电源输入端子和输出端子，以及所有动力电路导线。

测试结果记录在本章附表 8.2。

（3）抗电强度

对电源的初级电路和外壳间施加规定的试验电压值。施加方式为施加到被试部位上的试验电压从零升至规定试验电压值的一半，然后迅速将电压升高到规定值并持续 1 min。当由于施加的试验电压而引起的电流以失控的方式迅速增大，即绝缘无法限制电流时.则认为绝缘已被击穿。电晕放电或单次瞬间闪络不认为是绝缘击穿。

上述测试结果记录在本章附表 8.2。

8.3.5　测量性能

8.3.5.1　要求

（1）测量范围：800～1100 hPa（基本型）或 450～900 hPa（高原型）。

（2）分辨力：0.1 hPa。

（3）最大允许误差：±0.2 hPa。

8.3.5.2　测试方法

（1）被试样品处于正常工作状态，与上位机保持正常通信，读取并保存被试样品观测数据。在每个测试点上，依次读取标准值和被试样品的测量值，连续读取 10 次，计算平均值，并检查分辨力。测试结果记录在本章附表 8.9 和本章附表 8.10。

(2)测试点的选取,一般使用范围的上限、下限和 1013 hPa 为必测点,其他点根据使用的气候条件选择,可以每隔 100 hPa 选取一个测试点,一般不少于 5 个测试点。正反程循环测试,温度测试范围为 −40～50 ℃,测试点为 −40 ℃、−20 ℃、0 ℃、20 ℃、50 ℃。

8.4　环境试验

8.4.1　气候环境

8.4.1.1　要求

(1)温度: −60～60 ℃。

(2)湿度: 0～100%。

(3)气压: 550～1060 hPa。

(4)最大降水强度: 6 mm/min。

(5)抗盐雾腐蚀: 零件镀层耐 48 h 盐雾沉降试验。

8.4.1.2　试验方法

试验项目需满足以下要求:

(1)低温

−40 ℃工作 2 h, −60 ℃贮藏 2 h。采用 GB/T 2423.1 进行试验、检测和评定。

(2)高温

60 ℃工作 2 h, 60 ℃贮藏 2 h。采用 GB/T 2423.2 进行试验、检测和评定。

(3)恒定湿热

40 ℃, 93%,放置 12 h,通电后正常工作。采用 GB/T 2423.3 进行试验、检测和评定。

(4)低气压

550 hPa 放置 0.5 h。采用 GB/T 2423.21 进行试验、检测和评定。

(5)盐雾试验

48 h 盐雾沉降试验。采用 GB/T 2423.17 进行试验、检测和评定。

(6)外壳防护(淋雨和沙尘)试验

按照外壳防护等级 IP65 进行试验。采用 GB/T 2423.37 和 GB/T 2423.38 或 GB/T 4208 进行试验、检测和评定。

8.4.2　电磁环境

8.4.2.1　要求

电磁抗扰度应满足表 8.2 的试验内容和严酷度等级要求。

表 8.2　电磁抗扰度试验内容和严酷度等级

内容	试验条件		
	交流电源端口	直流电源端口	控制和信号端口
浪涌(冲击)抗扰度	线—线: ±2 kV 线—地: ±4 kV	线—线: ±1 kV 线—地: ±2 kV	线—地: ±2 kV
电快速瞬变脉冲群抗扰度	±2kV　5kHz	±1kV　5kHz	±1 kV　5 kHz
射频电磁场辐射抗扰度	80～1000 MHz,3 V/m,80%AM(1 kHz)		

内容	试验条件		
	交流电源端口	直流电源端口	控制和信号端口
射频场感应的传导骚扰抗扰度	频率范围:150 kHz~80 MHz,试验电压:3 V 信号调制:80%AM(1 kHz)		
静电放电抗扰度	接触放电:4 kV,空气放电:4 kV		

8.4.2.2　试验方法

被试样品均应在正常工作状态下进行下列试验。

(1)浪涌(冲击)抗扰度

施加在直流电源端和互连线上的浪涌脉冲次数应为正、负极性各 5 次;对交流电源端口,应分别在 0°、90°、180°、270°相位施加正、负极性各 5 次的浪涌脉冲。试验速率为每分钟 1 次。交流电源端口:线对线±2 kV,线对地±4 kV;直流电源端口:线对线±1 kV,线对地±2 kV;控制和信号端口:线对地±2 kV,采用 GB/T 17626.5 进行试验、检测和评定。

(2)电快速瞬变脉冲群抗扰度

交流电源端口:±2 kV、5 kHz,直流电源端口:±1 kV、5 kHz,控制和信号端口:±1 kV、5 kHz,试验持续时间不短于 1 min。采用 GB/T 17626.4 依次对被试产品的试验端口进行正负极性试验、检测和评定。

(3)射频电磁场辐射抗扰度

被试样品按现场安装姿态放置在试验台上,按照 80~1000 MHz,3 V/m,80% AM(1 kHz),采用 GB/T 17626.3 进行试验、检测和评定。

(4)射频场感应的传导骚扰抗扰度

依次将试验信号发生器连接到每个耦合装置(耦合和去耦网络、电磁钳、电流注入探头)上,试验电压 3 V,骚扰信号是 1 kHz 正弦波调幅、调制度 80% 的射频信号。扫频范围 150 kHz~80 MHz,在每个频率,幅度调制载波的驻留时间应不低于被试样品运行和响应的必要时间。采用 GB/T 17626.6 进行试验、检测和评定。

(5)静电放电抗扰度

被试样品按台式(接地或不接地)和落地式设备(接地或不接地)进行配置,确定施加放电点,每个放电点进行至少 10 次放电。如被试样品涂膜未说明是绝缘层,则发生器电极头应穿入漆膜与导电层接触;若涂膜为绝缘层,则只进行空气放电。接触放电 4 kV,空气放电 4 kV,采用 GB/T 17626.2 进行试验、检测和评定。

上述各项试验结束后,均应进行最后检测,检查其是否保持在技术要求限值内性能正常。

8.4.3　机械环境

8.4.3.1　要求

机械环境试验的目的是检验被试样品能否达到运输的要求,根据 GB/T 6587—2012 的 5.10 包装运输试验,对《需求书》4.2 机械条件进行了适当调整,按照表 8.3 所示的要求进行试验。

表 8.3　包装运输试验要求

试验项目	试验条件	试验等级
		3 级
振动	振动频率/Hz	5、15、30
	加速度/(m/s²)	9.8±2.5
	持续时间/min	每个频率点 15
	振动方法	垂直固定
自由跌落	按重量确定	跌落高度
	重量≤10 kg	60 cm

8.4.3.2　试验方法

被试样品在完整包装状态下,按照 GB/T 6587—2012 的 5.10.2.1 和 5.10.2.2 方法进行试验。试验结束后,包装箱不应有较大的变形和损伤,被试样品及附件不应有变形松脱、涂敷层剥落等损伤,外观及结构应无异常,通电后应能正常工作。

8.5　动态比对试验

动态比对试验主要评定被试样品的数据完整性、数据准确性、设备稳定性、设备可靠性和维修性等。

8.5.1　数据完整性

以分钟数据为基本分析单元,排除由于外界干扰造成的数据缺测,对每套被试样品输出的数据完整性做缺测率评定。

8.5.1.1　评定方法

缺测率(%)=(试验期内累计缺测次数/试验期内应观测总次数)×100%。

8.5.1.2　评定指标

缺测率(%)≤1‰。

8.5.2　数据准确性

8.5.2.1　评定方法

计算被试样品测量值与比对标准器测量值的差值,统计该差值的系统误差和标准偏差。假设差值为正态分布,分别用公式(8.1)和公式(8.2)计算。

$$系统误差 \ \overline{x} = \frac{\sum x_i}{n} \tag{8.1}$$

$$标准偏差 \ s = \left[\frac{1}{n-1} \sum_{i=1}^{n} (x_i - \overline{x})^2 \right]^{1/2} \tag{8.2}$$

式中,$\overline{x}$ 为差值的平均值,即系统误差;x_i 为第 i 次被试样品测量值与比对标准器测量值的差值;n 为差值的个数;s 为差值的标准偏差。

注:以上进行统计分析的数据,均已按照 QX/T 526—2019 的 C.1 进行了数据的质量控

制,剔除异常值,并按照 3 s 准则剔除了 $|x_i-\overline{x}|>3\,s$ 的粗大误差。

8.5.2.2　评定指标

数据的准确性以被试样品与比对标准器的误差区间给出,表示为 $(\overline{x}-ks,\overline{x}+ks)$,$k=1$,其值应在允许误差范围内。

8.5.3　设备稳定性

8.5.3.1　评定方法

运行稳定性反映被试样品在规定的技术条件和各种自然环境中运行一定时间后,其性能保持不变的能力。以测量性能的初测与复测差值的最大波动幅度表示。

动态比对试验结束后,将再次对被试样品的测量性能进行复测,复测条件与初测条件一致。

8.5.3.2　评定指标

评定指标为初测与复测结果均不超过允许误差,且|初测与复测差值的最大波动幅度|≤允许误差区间。

8.5.4　设备可靠性

可靠性反映了被试样品在规定的情况下,在规定的时间内,完成规定功能的能力。以平均故障间隔时间（MTBF）表示设备的可靠性。要求平均故障间隔时间 MTBF（θ_1）大于等于 8000 h。

8.5.4.1　试验方案

按照定时截尾试验方案,在 QX/T 526—2019 表 A.1 的方案类型中选用标准型或短时高风险两种试验方案之一,推荐选用标准型试验方案。

8.5.4.1.1　标准型试验方案

采用 17 号方案,即生产方和使用方风险各为 20%,鉴别比为 3 的定时截尾试验方案,试验的总时间为规定 MTBF 下限值（θ_1）的 4.3 倍,接受故障数为 2,拒收故障数为 3。

以 3 套被试样品为例:
$$T=4.3\times8000\ \text{h}=34400\ \text{h}$$

每台试验的平均时间 t 为:

3 套被试样品:$t=34400\ \text{h}/3=11467\ \text{h}=477.8\ \text{d}\approx478\ \text{d}$

所以 3 套被试样品需试验 478 d,期间允许出现 2 次故障。

4 套被试样品:$t=34400\ \text{h}/4=8600\ \text{h}=358.3\ \text{d}\approx359\ \text{d}$

所以 4 套被试样品需试验 359 d,期间允许出现 2 次故障。

8.5.4.1.2　短时高风险试验方案

采用 21 号方案,即生产方和使用方风险各为 30%,鉴别比为 3 的定时截尾试验方案,试验的总时间为规定 MTBF 下限值（θ_1）的 1.1 倍,接受故障数为 0,拒收故障数为 1。

试验总时间 T 为:
$$T=1.1\times8000\ \text{h}=8800\ \text{h}$$

（1）3 套被试样品进行动态比对试验,每台试验的平均时间 t 为:
$$t=8800\ \text{h}/3=2934\ \text{h}=122.25\ \text{d}\approx123\ \text{d}$$

所以 3 套被试样品需试验 123 d,期间允许出现 0 次故障。

(2)4 套被试样品进行动态比对试验,每台试验的平均时间 t 为:
$$t＝8800\ h/4＝2200\ h＝91.67\ d≈92\ d$$

所以 4 套被试样品需试验 92 d,期间允许出现 0 次故障。

8.5.4.2　MTBF 观测值的计算

MTBF 的观测值(点估计值)$\hat{\theta}$ 用公式(8.3)计算。

$$\hat{\theta}=\frac{T}{r} \tag{8.3}$$

式中,T 为试验总时间,为所有被试样品试验期间各自工作时间的总和;r 为总责任故障数。

8.5.4.3　MTBF 置信区间的估计

按照 QX/T 526—2019 中的 A.2.3 计算 MTBF 置信区间的估计值。

8.5.4.3.1　有故障的 MTBF 置信区间估计

采用 8.5.4.1.1 标准型试验方案,使用方风险 $\beta＝20\%$ 时,置信度 $C＝60\%$;采用 8.5.4.1.2 短时高风险试验方案,使用方风险 $\beta＝30\%$ 时,置信度 $C＝40\%$。

根据责任故障数 r 和置信度 C,由 QX/T 526—2019 中表 A.2 查取置信上限系数 $\theta_U(C',r)$ 和置信下限系数 $\theta_L(C',r)$,其中,$C'＝(1＋C)/2＝1－\beta$,MTBF 的置信区间下限值 θ_L 用公式(8.4)计算,上限值 θ_U 用公式(8.5)计算

$$\theta_L＝\theta_L(C',r)\times\hat{\theta} \tag{8.4}$$

$$\theta_U＝\theta_U(C',r)\times\hat{\theta} \tag{8.5}$$

MTBF 的置信区间表示为 (θ_L,θ_U)(置信度为 C)。

8.5.4.3.2　故障数为 0 的 MTBF 置信区间估计

若责任故障数 r 为 0,只给出置信下限值,用公式(8.6)计算。

$$\theta_L＝T/(-\ln\beta) \tag{8.6}$$

式中,T 为试验总时间,为所有被试样品试验期间各自工作时间的总和;β 为使用方风险。采用 5.4.1.1 标准型试验方案,使用方风险 $\beta＝20\%$,采用 8.5.4.1.2 短时高风险试验方案,使用方风险 $\beta＝30\%$。

这里的置信度应为 $C＝1－\beta$。

8.5.4.4　试验结论

(1)按照试验中可接收的故障数判断可靠性是否合格。

(2)可靠性试验无论是否合格,都应给出被试样品平均故障间隔时间(MTBF)的观测值 $\hat{\theta}$ 和置信区间估计的上限 θ_U 和下限 θ_L,表示为 (θ_L,θ_U)(置信度为 C)。

8.5.4.5　故障的认定和记录

按照 QX/T 526—2019 的 A.3 认定和记录故障。故障认定应区分责任故障和非责任故障,故障记录在动态比对试验的设备故障维修登记表中,见附表 A。

8.5.5　维修性

设备的维修性,检查维修可达性,审查维修手册的适用性。

8.6　综合评定

8.6.1　单项评定

以下各项均合格的,视该被试样品合格,有一项不合格的,视为不合格。

(1)静态测试和环境试验

被试样品静态测试和环境试验合格后,方可进行动态比对试验。

(2)动态比对试验

①数据完整性

缺测率(%)≤1‰为合格,否则不合格。

②数据准确性

$(\bar{x}-ks,\bar{x}+ks),k=1$,在允许误差范围内为合格,否则不合格。

③设备稳定性

初检与复检结果均不超过允许误差,且|初检与复检差值的最大波动幅度|≤允许误差区间为合格,否则不合格。

④设备可靠性

若选择 8.5.4.1.1 标准型试验方案,3 台被试样品在 478 d 的动态比对试验期间,4 台被试样品在 359 d 的动态比对试验期间,最多出现 2 次故障为合格,否则不合格。

若选择 8.5.4.1.2 短时高风险试验方案,3 台被试样品在 123 d 内无故障,4 台被试样品在 92 d 内无故障为合格,否则不合格。

8.6.2　总评定

被试样品总数的 2/3 及以上合格时,视该型号被试样品为合格,否则不合格。

本章附表

附表 8.1 外观、结构和材料检测记录表

被试样品	名称	智能气压测量仪		测试日期	
	型号			环境温度	℃
	编号			环境湿度	%
被试方				测试地点	

测试项目	技术要求	测试结果	结论
外观、结构和材料	尺寸不超过 160 mm×120 mm×80 mm		
	外观应整洁,无损伤和形变,表面涂层无气泡、开裂、脱落等现象,主体为白色		
	各零部件应安装正确、牢固,无机械变形、断裂、弯曲等,操作部分不应有迟滞、卡死、松脱等		
	通信接口和电源接口共用一个 5 芯的针型航空插头,其中 1 脚为电源正,2 脚为电源负,3 脚为 TX,4 脚为 RX,5 脚为 RS232 的 GND。航空插头推荐使用 SACC-E-MS-5CON-M16/0,5 SCO 及其兼容型号		
	数据处理模块和感应元件间采用一体式结构,勿需连线		
	应有足够的机械强度和防腐蚀能力,确保在产品寿命期内,不因外界环境的影响和材料本身原因而导致机械强度下降而引起危险和不安全		
	电缆应具有防水、防腐、抗磨、抗拉、屏蔽等功能		
	应选用耐老化、抗腐蚀、良好电气绝缘的材料等。各零部件,除用耐腐蚀材料制造的外,其表面应有涂、敷、镀等措施,表面应均匀覆盖达 100%,以保证其耐潮、防霉、防盐雾的性能		
	结构上的棱缘或拐角,应倒圆和磨光; 对于在产品寿命期内无法始终保持足够的机械强度而需要定期维护或更换的部件,应在产品使用说明书上醒目的注明更换周期并着重注明不这样做的危险性; 螺钉等连接件,如果其松脱或损坏会影响安全,应能承受正常使用时的机械强度; 如果因电池极性接反或强制充放电可能导致危险,在设计上应有相应的预防措施		
	(1)产品标识,至少应标明:a)制造厂商名称或商标或识别标记;b)产品的型号、名称。 (2)电源标识,电源额定值的电源铭牌,电源铭牌应包括下列内容:a)电源性质的符号(交流或直流);b)额定电压或额定电压范围;c)额定电流或功耗		

测试仪器	名称	型号	编号

测试单位＿＿＿＿＿＿＿＿＿＿＿＿＿＿＿＿＿ 测试人员＿＿＿＿＿＿＿＿＿＿＿＿＿＿＿＿＿

附表 8.2 测量要素、存储、时钟、电气性能和安全检测记录表

<table>
<tr><td rowspan="3">被试样品</td><td>名称</td><td colspan="2" style="text-align:center">智能气压测量仪</td><td>测试日期</td><td colspan="2"></td></tr>
<tr><td>型号</td><td colspan="2"></td><td>环境温度</td><td colspan="2">℃</td></tr>
<tr><td>编号</td><td colspan="2"></td><td>环境湿度</td><td colspan="2">%</td></tr>
<tr><td>被试方</td><td colspan="3"></td><td>测试地点</td><td colspan="2"></td></tr>
<tr><td>测试项目</td><td colspan="3" style="text-align:center">技术要求</td><td colspan="2" style="text-align:center">测试结果</td><td>结论</td></tr>
<tr><td>测量要素</td><td colspan="3">应输出分钟观测要素,输出名称及编码应符合《需求书》的表 1</td><td colspan="2"></td><td></td></tr>
<tr><td>数据存储</td><td colspan="3">数据存储器应选择非易失性,容量应不小于 4 MB,能满足 10 d 分钟数据存储要求</td><td colspan="2"></td><td></td></tr>
<tr><td>时钟精度</td><td colspan="3">自带高精度实时时钟,响应校时命令进行校时;时钟走时误差≤1 s/d</td><td colspan="2"></td><td></td></tr>
<tr><td rowspan="2">电气性能</td><td colspan="3">整机功耗不大于 1.5 W。如采用蓄电池供电,蓄电池容量应不小于 30 Ah</td><td colspan="2"></td><td></td></tr>
<tr><td colspan="3">采用外置直流电源供电,供电电压为 9~15 V,电源应具有防反接功能</td><td colspan="2"></td><td></td></tr>
<tr><td rowspan="3">电气安全</td><td colspan="3">应有保护接地措施,接地端子或接地接触件与需要接地的零部件之间的连接电阻不应超过 0.1 Ω</td><td colspan="2"></td><td></td></tr>
<tr><td colspan="3">电源初级电路和机壳间绝缘电阻,不应小于 1 MΩ</td><td colspan="2"></td><td></td></tr>
<tr><td colspan="3">电源的初级电路和外壳间应能承受幅值 500 V,电流 5 mA 的冲击耐压试验,历时 1 min,试验中不应出现飞弧和击穿。试验结束后能正常工作</td><td colspan="2"></td><td></td></tr>
<tr><td rowspan="3">测试仪器</td><td colspan="3" style="text-align:center">名称</td><td colspan="2" style="text-align:center">型号</td><td style="text-align:center">编号</td></tr>
<tr><td colspan="3"></td><td colspan="2"></td><td></td></tr>
<tr><td colspan="3"></td><td colspan="2"></td><td></td></tr>
</table>

测试单位_____ 测试人员_____

附表 8.3　数据采集和数据处理检测记录表

被试样品	名称	智能气压测量仪		测试日期		
	型号			环境温度		℃
	编号			环境湿度		%
被试方				测试地点		
序号	模拟值		被试样品输出数据		人工计算值	结论

注 1："模拟值"记录模拟的被试样品的采样值，"被试样品输出数据"记录被试样品输出的分钟数据；

注 2："模拟值"应有至少一组有效样本比例不足 66%(2/3)的情况。

测试单位＿＿＿＿＿＿＿＿＿＿＿＿＿＿＿＿＿＿　　　测试人员＿＿＿＿＿＿＿＿＿＿＿＿＿＿＿＿＿＿＿＿＿

附表 8.4　数据质量控制检测记录表

<table>
<tr><td rowspan="3">被试样品</td><td>名称</td><td colspan="2" style="text-align:center">智能气压测量仪</td><td>测试日期</td><td></td></tr>
<tr><td>型号</td><td colspan="2"></td><td>环境温度</td><td>℃</td></tr>
<tr><td>编号</td><td colspan="2"></td><td>环境湿度</td><td>%</td></tr>
<tr><td>被试方</td><td colspan="3"></td><td>测试地点</td><td></td></tr>
</table>

	测试项目		模拟数据	被试样品输出数据	输出质控	结论
采样值质控参数	上限					
	下限					
	允许最大变化值					
瞬时值质控参数	上限					
	下限					
	存疑界限					
	错误界限					
	最小应该变化率					

注 1：上限、下限单独测试，数值选择未超范围、超过范围、未超范围，检测数据输出和质控码的变化；

注 2："被试样品输出数据"记录分钟观测要素；

注 3："允许最大变化值"可使用一组模拟数据，通过调整质控参数进行检测。

测试单位＿＿＿＿＿＿＿＿＿＿＿＿＿＿＿＿＿　　　测试人员＿＿＿＿＿＿＿＿＿＿＿＿＿＿＿＿＿

附表 8.5　数据传输和通信命令检测记录表

被试样品	名称	智能气压测量仪	测试日期		
	型号		环境温度		℃
	编号		环境湿度		%
被试方			测试地点		
检测项目	测试要求			检测结果	结论
SETCOM 设置	成功设置串口参数				
SETCOM 读取	应读取到串口参数				
	读取的串口参数与设置的应一致				
AUTOCHECK	成功自检				
HELP 命令	返回终端命令清单				
QZ 设置	成功设置区站号				
QZ 读取	读取到区站号				
	读取的区站号应与设置的一致				
ST 设置	成功设置服务类型				
ST 读取	应读取到服务类型				
	读取的服务类型与设置的应一致				
DI 命令	读取到设备标识符				
ID 设置	成功设置设备 ID				
ID 读取	读取到设备 ID				
	读取的设备 ID 与设置的应一致				
LAT 设置	成功设置气象观测站纬度				
LAT 读取	读取到气象观测站纬度				
	读取的纬度与设置的应一致				
LONG 设置	成功设置气象观测站经度				
LONG 读取	读取到气象观测站经度				
	读取的经度与设置的应一致				
DATE 设置	成功设置设备日期				
DATE 读取	读取到设备日期				
	读取的设备日期与设置的日期应一致				
TIME 设置	成功设置设备时间				
TIME 读取	读取到设备时间				
	读取的设备时间与设置的时间应一致				
DATETIME 设置	是否成功设置设备日期时间				
DATETIME 读取	读取到日期、时间				
	读取的日期、时间与设置的日期时间应一致				
FTD 设置	成功设置设备在主动模式下的发送时间间隔				
FTD 读取	读取到设备在主动模式下的发送时间间隔				
	读取的时间间隔与设置的应一致				
DOWN 命令	下载到分钟历史数据				
	下载的分钟历史数据的数据格式、时间等应符合要求				

被试样品	名称	智能气压测量仪		测试日期	
	型号			环境温度	℃
	编号			环境湿度	%
被试方				测试地点	
检测项目	测试要求			检测结果	结论
READDATA 命令	读取到分钟数据				
	读取到的分钟数据格式应符合需求书要求				
SETCOMWAY,设备标识符,设备 ID,1\r\n	成功设置设备工作模式为主动模式				
FTD,设备标识符,设备 ID,001,时间间隔\r\n	成功设置设备在主动模式下的分钟数据发送时间间隔				
主动模式下发送数据功能	在规定时间范围内成功发送预期数量的分钟数据				
SETCOMWAY,设备标识符,设备 ID,0\r\n	成功设置设备工作模式为被动模式				
STAT 命令	读取到设备所有状态数据				
	返回数据是否符合格式要求				
QCPS 设置	成功设置采样值质量控制参数				
QCPS 读取	读取设备的采样值质量控制参数				
	读取的设备的采样值质量控制参数与设置的应一致				
QCPM 设置	成功设置瞬时气象值质量控制参数				
QCPM 读取	读取设备的瞬时气象值质量控制参数				
	读取的设备瞬时气象值质量控制参数与设置的应一致				
STDEV 设置	成功设置设备数据标准偏差时间间隔				
STDEV 读取	成功读取设备数据标准偏差时间间隔				
	读取到的时间间隔与设置的应一致				
FAT 读取	成功读取设备主动模式下数据发送时间				
FAT 设置	成功设置设备主动模式下数据发送时间				
	读取到的与设置的应一致				
UNIT 设置	成功设置智能气压测量仪输出数据的单位				
UNIT 读取	成功读取智能气压测量仪输出数据的单位				
	读取到的数据输出单位应与设置的一致				
SS 命令	读取到设备工作参数值				
	返回数据应符合格式要求				
CR 设置	成功设置设备的校正或检定参数				
CR 读取	读取到设备设置的校正或检定参数				
	读取的设备校正或检定参数与设置的应一致				
SN 设置	成功设置设备序列号				
SN 读取	成功读取到设备序列号				
	读取的设备序列号与设置的应一致				
RESET 命令	设备成功复位。				
任意输入一条错误命令	应回复<设备标识符,设备 ID,BADCOMMAND>				

测试单位_____   测试人员_____

附表 8.6　状态监控检测记录表

被试样品	名称	智能气压测量仪		测试日期		
	型号			环境温度		℃
	编号			环境湿度		%
被试方				测试地点		
测试项目	状态判断依据		模拟状态数据	所有状态数据输出	对应状态变量 码测试结果	结论
内部电路 电压	偏高阈值					
	偏低阈值					
内部电路 温度	偏高阈值		检测环境温度			
	偏低阈值					
	偏高阈值					
	偏低阈值					
	偏高阈值					
	偏低阈值					

注 1：状态监控进行 3 次检测，建议包含 1 组正常状态数据；

注 2：建议内部电路电压模拟状态数据使用电源进行模拟，偏高和偏低单独进行检测；

注 3：建议内部电路温度状态检测，通过调整被试样品状态检测判断阈值，以检测环境温度为模拟值进行检测。

测试单位_____　　　　测试人员_____

附表8.7 数据格式检测记录表(分钟数据)

被试样品	名称	智能气压测量仪	测试日期	
	型号		环境温度	℃
	编号		环境湿度	%
被试方			测试地点	

检测项目	测试要求	检测结果	结论
起始标识	为"BG"		
版本号	3位数字,表示传输的数据参照的版本号		
区站号	5位字符		
纬度	6位数字,按度分秒记录,均为2位,高位不足补"0",台站纬度未精确到秒时,秒固定记录"00"		
经度	7位数字,按度分秒记录,度为3位,分秒为2位,高位不足补"0",台站经度未精确到秒时,秒固定记录"00"		
观测场海拔高度	5位数字,保留1位小数,原值扩大10倍记录,高位不足补"0"		
服务类型	2位数字		
设备标识位	4位字母,设备类型		
设备ID	3位数字		
观测时间	14位数字,采用北京时,年月日时分秒,yyyyMMddhhmmss		
帧标识	3位数字		
观测要素变量数	3位数字,取值000~999		
设备状态变量数	2位数字,取值01~99		

数据主体	观测数据	由一系列观测要素数据对组成,数据对中观测要素变量名与变量值一一对应		
		数据对的个数与观测要素变量数一致		
		观测要素变量名是否与功能需求书中定义的一致		
		观测要素名按字母先后顺序输出		
	质量控制位	各位组成字符是否合法(组成字符:0、1、2、3、4、5、6、7、8、9)		
		长度是否与观测要素变量数相等		

数据主体中状态信息部分	设备状态变量名、变量值是否成对出现		
	设备状态变量名、变量值对的数量是否等于传感器状态变量数		
	设备状态变量名是否是功能需求书中定义的变量名		
	单个设备状态变量值的组成字符是否合法(组成字符:0~9十个数字字符)		

校验码	4位数字。采用校验和方式,对"BG"开始一直到校验段前、包括分隔符',' 在内的全部字符以ASCII码累加。累加值以10进制无符号编码,高位溢出,取低四位		
结束标志	是否"ED"		

测试单位_____   测试人员_____

附表 8.8　数据格式检测记录表(历史数据)

被试样品	名称	智能气压测量仪		测试日期	
	型号			环境温度	℃
	编号			环境湿度	%
被试方				测试地点	
下载类型	组成部分	测试项目		检测结果	结论
分钟历史数据下载	数据记录条数	是否等于预期条数(从 DOWN 命令的起止时间可以算出预期条数)			
	单条记录完整性	是否以"BG"打头,"ED"结尾			
	记录时间	记录时间超出时间范围条数		( )条	
		记录时间重复条数(计算方法:若有 x 条记录的时间相同,则有 $x-1$ 条记录时间重复,然后求出所有重复条数的和值)		( )条	
		记录丢失条数(计算方法:记录的时间位于时间范围之内,重复记录按一条计算,用这种方法算出实际有效的记录数,然后计算出预期记录数减去实际有效记录数的差值)		( )条	
分钟历史数据下载(设备未开机时的"缺测数据")	数据记录条数	是否等于预期条数(从 DOWN 命令的起止时间可以算出预期条数)			
	单条记录完整性	格式是否为 BG,版本号,QZ(区站),纬度,经度,海拔高度,ST(服务类型),DI(设备标识),ID(设备 ID),DATETIME(时间),FI(帧标识),//////,校验,ED↙			
	记录时间	记录时间超出时间范围条数		( )条	
		记录时间重复条数(计算方法:若有 x 条记录的时间相同,则有 $x-1$ 条记录时间重复,然后求出所有重复条数的和值)		( )条	
		记录丢失条数(计算方法:记录的时间位于时间范围之内,重复记录按一条计算,用这种方法算出实际有效的记录数,然后计算出预期记录数减去实际有效记录数的差值)		( )条	

测试单位＿＿＿＿＿＿＿＿＿＿＿＿＿＿＿＿　　　　测试人员＿＿＿＿＿＿＿＿＿＿＿＿＿＿＿＿＿

附表8.9　气压测试记录表(℃正程/返程)

被试样品	名称	智能气压测量仪(基本型)		测试日期		
	型号			环境温度		℃
	编号			环境湿度		%
被试方				测试地点		
测试点		标准值/hPa	测量值/hPa	测试点	标准值/hPa	测量值/hPa
800 hPa	1			1013 hPa 1		
	2			2		
	3			3		
	4			4		
	5			5		
	6			6		
	7			7		
	8			8		
	9			9		
	10			10		
	平均值			平均值		
	误差值/hPa			误差值/hPa		
900 hPa	1			1100 hPa 1		
	2			2		
	3			3		
	4			4		
	5			5		
	6			6		
	7			7		
	8			8		
	9			9		
	10			10		
	平均值			平均值		
	误差值/hPa			误差值/hPa		
1000 hPa	1			/ 1		
	2			2		
	3			3		
	4			4		
	5			5		
	6			6		
	7			7		
	8			8		
	9			9		
	10			10		
	平均值			平均值		
	误差值/hPa			误差值/hPa		
测试仪器	名称			型号		编号

测试单位＿＿＿＿＿＿＿＿＿＿＿＿＿＿　　　测试人员＿＿＿＿＿＿＿＿＿＿＿＿＿＿

附表 8.10　气压测试记录表(℃正程/返程)

被试样品	名称	智能气压测量仪(高原型)		测试日期		
	型号			环境温度		℃
	编号			环境湿度		%
被试方				测试地点		
测试点		标准值/hPa	测量值/hPa	测试点	标准值/hPa	测量值/hPa
450 hPa	1			700 hPa	1	
	2				2	
	3				3	
	4				4	
	5				5	
	6				6	
	7				7	
	8				8	
	9				9	
	10				10	
	平均值				平均值	
	误差值/hPa				误差值/hPa	
500 hPa	1			800 hPa	1	
	2				2	
	3				3	
	4				4	
	5				5	
	6				6	
	7				7	
	8				8	
	9				9	
	10				10	
	平均值				平均值	
	误差值/hPa				误差值/hPa	
600 hPa	1			900 hPa	1	
	2				2	
	3				3	
	4				4	
	5				5	
	6				6	
	7				7	
	8				8	
	9				9	
	10				10	
	平均值				平均值	
	误差值/hPa				误差值/hPa	
测试仪器	名称			型号		编号

测试单位_____　　　测试人员_____

第 9 章　智能风测量仪[①]

9.1　目的

规范智能风测量仪测试的内容和方法,通过测试与试验,检验是否满足《智能风测量仪-I型功能规格需求书》(气测函〔2017〕186 号)(简称《需求书》)的要求。

9.2　基本要求

9.2.1　被试样品

提供 3 套或以上同一型号的智能风测量仪-I 型作为被试样品,包括被试样品以及完成测试所必需的转接口、电缆线、接线图、输出格式说明资料等,保证数据正常上传至指定的业务终端或自带终端。被试样品接受上位机授时,以实现时间同步。

注:为便于测试,要求被试样品在测试期间输出采样值。

9.2.2　试验场地

选择 2 个或以上试验场地,至少包含 2 个不同的气候区,尽量选择接近被试样品使用环境要求的气象参数极限值。

9.2.3　场地布局

被试样品安装在风塔上,感应单元距离地面高度为 10 m±0.5 m。同一试验场地安装多套被试样品时,所有被试样品安装在同一个风塔上,相互间应有一定的距离(不小于 1.5 m),减小相互影响。

9.2.4　标准器

测量性能的测试在实验室(风洞)进行,采用的标准器及设备见表 9.1。

表 9.1　测量性能测试标准器及设备

分类	名称	主要技术指标
标准器	皮托静压管	K 取值范围(0.999~1.002),U_{rel}不大于 0.5%
	微差压计	允许误差±0.5 Pa
	角度编码器	分度误差±0.1°
配套设备	温度仪	允许误差±0.5 ℃
	湿度仪	允许误差±8.0%
	气压计	允许误差±2 hPa
	风洞	稳定性±0.5% 均匀性±1.0% 气流偏角±1.0°

---

① 本章作者:彭坚、王小兰、巩娜、张明

9.3 静态测试

9.3.1 外观、结构及材料检查

以目测和手动操作为主,需要时可采用计量器具,检查被试样品外观、结构和材料,应满足《需求书》4.7、5.1~5.5、5.6.2、5.6.3、9.2 要求,检查结果记录在本章附表 9.1。

9.3.2 功能检测

选取 1 台被试样品进行检测,检测结果应满足《需求书》3 功能要求和 9.3 时钟精度要求,检测方法如下。

9.3.2.1 测量要素

发送"READDATA"和"DOWN"命令,检查输出风观测要素及其观测值是否符合《需求书》3.2 测量要素要求。检测结果记录在本章附表 9.2。

9.3.2.2 数据存储

被试样品正常工作不少于 1 d,通过"DOWN"命令读取历史数据,检查被试样品内部是否保存了完整的分钟数据,数据存储器应具备掉电保存功能,计算 10 d 需要存储的数据的字节数与存储容量,存储容量能满足 10 d 的分钟数据存储量为合格。检测结果记录在本章附表 9.2。

9.3.2.3 时钟精度

使用"DATETIME"命令对被试样品参照"北京时"进行校时,被试样品正常工作 1 d 后进行对时检查,走时误差在 1 s 内为合格。检测结果记录在本章附表 9.2。

注:由于人工操作可能会造成时间误差,实际检测时走时误差在 2 s 内为合格。

9.3.2.4 数据采集和数据处理

校时后,被试样品处于正常工作状态,读取其采样值及对应的分钟数据,根据《需求书》3.3 数据采集、3.5 数据处理规定的算法进行人工分钟数据计算,结果与被试样品输出的分钟数据进行比较,判断被试样品的分钟数据是否按采样算法要求输出。按照此方法进行三次,检测结果记录在本章附表 9.3。

9.3.2.5 数据质量控制

(1)采样值质量控制

①对被试样品进行校时;

②接收被试样品的数据并进行存储;

③使用命令"QCPS"修改采样值质量控制参数,根据质量控制参数分别模拟出"正确"的信号、低于下限的信号、高于上限的信号以及信号突变等情况。判断数据是否按照"QCPS"设定的参数进行质量控制、风要素的分钟值是否按采样算法要求输出以及对应的质控码是否正确显示。检测结果记录在本章附表 9.4。

注:质量控制方法检测结束后需将质量控制参数修改为《需求书》设定的参数。

(2)瞬时气象值质量控制

①对被试样品进行校时;

②接收被试样品的数据并进行存储;

③使用命令"QCPM"修改瞬时值质量控制参数,根据质量控制参数模拟出"正确"的信号、低于下限的信号、高于上限的信号、存疑变化速率、错误变化速率以及最小应该变化速率等情况。判断风的分钟数据是否按照"QCPM"设定的参数进行质量控制以及对应的质控码是否正确显示。检测结果记录在本章附表9.4。

注:质量控制方法检测结束后需将质量控制参数修改为《需求书》设定的参数。

9.3.2.6 数据传输和通信命令

被试样品支持标准的 RS232 串行通信接口,向被试样品发送通信命令,检测结果记录在本章附表9.5。

9.3.2.7 状态监控

先通过设定被试样品的各状态检测判断的阈值,检查状态检测原始值;改变被试样品状态值或状态检测判断阈值,检查被试样品相应状态码是否按照《需求书》3.8要求输出。检测结果记录在本章附表9.6。检测过程中应特别注意检查设备自检状态 z 的状态码是否正确。

9.3.2.8 数据格式

(1)分钟数据包帧格式

向被试样品发送"READDATA"命令进行检测并记录,检查数据帧格式是否符合《需求书》3.9 数据格式要求。检测结果记录在本章附表9.7

(2)历史数据下载功能

向被试样品发送"DOWN"命令检测并记录,检查数据帧格式是否符合《需求书》3.9 数据格式要求,下载数据是否有缺失。检测结果记录在本章附表9.8。

9.3.3 电气性能

9.3.3.1 要求

(1)整机功耗不大于 1 W。如采用蓄电池供电,蓄电池容量应不小于 20 Ah。

(2)智能风测量仪-I 型采用外置直流电源供电,供电电压为 9～15 V,电源应具有防反接功能。

9.3.3.2 测试方法

(1)测量被试样品电源输入端的电压和电流,计算被试样品正常工作状态下的平均功耗。测试结果记录在本章附表9.2。

(2)被试样品外接直流电源并加负载(连接传感器)。先将 DC 电源调在 9 V,被试样品应正常工作;以同样方式再将电源分别调至 12 V 和 15 V,被试样品应正常工作。将被试样品供电电源正负反接,被试样品应不被损坏。检测结果记录在本章附表9.2。

9.3.4 电气安全

9.3.4.1 要求

(1)保护接地

应有保护接地措施,接地端子或接地接触件与需要接地的零部件之间的连接电阻不应超过 0.1 Ω。

(2)绝缘电阻

电源初级电路和机壳间绝缘电阻,不应小于 1 MΩ。

（3）抗电强度

电源的初级电路和外壳间应能承受幅值 500 V,电流 5 mA 的冲击耐压试验,历时 1 min,试验中不应出现飞弧和击穿。试验结束后被试样品能正常工作。

9.3.4.2　测试方法

（1）保护接地

按照 GB 6587—2012 中 5.8.3 的要求和方法进行试验与评定。

试验时,施加试验电流 1 min,然后计算阻抗,进行检查,试验电流选下面的较大者:

25 A 直流或在额定电源频率下的交流有效值;仪器额定电流值的 2 倍。

（2）绝缘电阻

被试样品处于非工作状态,开关接通,用绝缘电阻测量仪进行测量。

检测前,应断开整台设备的外部供电电路,断开被测电路与保护接地电路之间的连接。

若测试方案中无特殊要求,绝缘电阻的测量范围应包括整台设备的电源开关的电源输入端子和输出端子,以及所有动力电路导线。

（3）抗电强度

对电源的初级电路和外壳间施加规定的试验电压值。施加方式为施加到被试部位上的试验电压从零升至规定试验电压值的一半,然后迅速将电压升高到规定值并持续 1min。当由于施加的试验电压而引起的电流以失控的方式迅速增大,即绝缘无法限制电流时.则认为绝缘已被击穿。电晕放电或单次瞬间闪络不认为是绝缘击穿。

上述测试结果记录在本章附表 9.2。

9.3.5　测量性能

9.3.5.1　要求

（1）风速

测量范围:0~60 m/s;

分辨力:0.1 m/s;

允许误差:± 0.5 m/s($\leqslant 5$ m/s),$\pm 10\%$(>5 m/s);

启动风速:$\leqslant 0.5$ m/s。

（2）风向性能

测量范围:0~360°;

分辨力:3°;

允许误差:$\pm 5°$;

启动风速:$\leqslant 0.5$ m/s。

9.3.5.2　测试方法

下面测试均在风洞中进行。

（1）风速示值误差

风速测试点:2 m/s、5 m/s、10 m/s、15 m/s、20 m/s,30 m/s,45 m/s,60 m/s。如有特殊要求,也可自主选择测试点。

在每个风速测试点,风速稳定后,记录微压计的实测风压值和工作段内温度、湿度及气压值,计算标准风速值,同时记录被试样品的风速值。该风速值与标准风速值进行比较,计算风速示值误差。

各测试点的风速示值误差计算见公式(9.1)。

$$\Delta v = v' - v \tag{9.1}$$

式中,Δv 为风速示值误差,单位:m/s;v' 为被试样品风速值,单位:m/s;v 为标准风速,单位:m/s。

(2)风向示值误差

风向测试点:0°、45°、90°、135°、180°、225°、270°、315°。如有特殊要求,也可自主选择测试点。

将风向传感器固定安装于标准度盘的圆心位置,使风向标指北线与标准度盘上的0°点对齐,且正对气流来向。将风洞风速调节至 10 m/s,待风速稳定后,以标准度盘的刻度值作为标准值,再读取被测仪器的测量值,并计算示值误差。然后根据选定的测试点依次转动标准度盘至相应角度,进行其余测试点的测试。

各测试点的风向示值误差计算见公式(9.2)。

$$\Delta D = D' - D \tag{9.2}$$

式中,ΔD 为风向示值误差,单位:°;D' 为被试样品风向值,单位:°;D 为标准风向值,单位:°。

(3)风速(传感器)启动风速

将风速传感器安装在风洞工作段内,在风速传感器的风杯处于任一静止状态下,启动风机,调节变频器使风速缓慢增大,记录当风速传感器的风杯开始启动并连续旋转时的最低风速值,按照以上方法重复测试 3 次,取其平均值为风速传感器的启动风速。该最低风速值的测量和计算同(1)中的标准风速值。

(4)风向(传感器)启动风速

将风向传感器安装在风洞工作段内,风向标与风洞轴线夹角先后成15°或345°,从静止状态开始启动风速并缓慢增加风速,使风向标启动并向 0°方向转动,记录当夹角为 0°时的风速值,按以上方法每个角度重复测试 3 次,取其平均值为风向传感器的启动风速。该风速值的测量和计算同(1)。

上述(1)、(2)和(3)、(4)的测试结果记录在本章附表 9.9。

9.4 环境试验

9.4.1 气候环境

9.4.1.1 要求

(1)环境温度:−60～60 ℃,使用温度:−50～50 ℃。

(2)湿度:0～100%。

(3)气压:550～1060 hPa。

(4)最大降水强度:6 mm/min。

(5)抗盐雾腐蚀:零件镀层耐 48 h 盐雾沉降试验。

9.4.1.2 试验方法

试验项目需满足以下要求:

(1)低温

−50 ℃工作 2 h,−60 ℃贮藏 2 h。采用 GB/T 2423.1 进行试验、检测和评定。

（2）高温

60 ℃工作 2 h，60 ℃贮藏 2 h。采用 GB/T 2423.2 进行试验、检测和评定。

（3）恒定湿热

40 ℃，93％，放置 12 h，通电后正常工作。采用 GB/T 2423.3 进行试验、检测和评定。

（4）低气压

550 hPa 放置 0.5 h。采用 GB/T 2423.21 进行试验、检测和评定。

（5）盐雾试验

48 h 盐雾沉降试验。采用 GB/T 2423.17 进行试验、检测和评定。

（6）外壳防护（淋雨和沙尘）试验

外壳防护等级 IP65。采用 GB/T 2423.37 和 GB/T 2423.38 或 GB/T 4208 进行试验、检测和评定。

9.4.2 电磁环境

9.4.2.1 要求

电磁抗扰度应满足表 9.2 的试验内容和严酷度等级要求。

表 9.2 电磁抗扰度试验内容和严酷度等级

内容	试验条件		
	交流电源端口	直流电源端口	控制和信号端口
浪涌（冲击）抗扰度	线—线：±2 kV 线—地：±4 kV	线—线：±1 kV 线—地：±2 kV	线—地：±2 kV
电快速瞬变脉冲群抗扰度	±2 kV 5 kHz	±1 kV 5 kHz	±1 kV 5 kHz
射频电磁场辐射抗扰度	80～1000 MHz，3 V/m，80％AM(1 kHz)		
射频场感应的传导骚扰抗扰度	频率范围：150 kHz～80 MHz，试验电压：3 V 信号调制：80％AM(1 kHz)		
静电放电抗扰度	接触放电：4 kV，空气放电：4 kV		

9.4.2.2 试验方法

被试样品均应在正常工作状态下进行下列试验。

（1）浪涌（冲击）抗扰度

施加在直流电源端和互连线上的浪涌脉冲次数应为正、负极性各 5 次；对交流电源端口，应分别在 0°、90°、180°、270°相位施加正、负极性各 5 次的浪涌脉冲。试验速率为每分钟 1 次。交流电源端口：线对线±2 kV，线对地±4 kV；直流电源端口：线对线±1 kV，线对地±2 kV；控制和信号端口：线对地±2 kV，采用 GB/T 17626.5 进行试验、检测和评定。

（2）电快速瞬变脉冲群抗扰度

交流电源端口：±2 kV、5 kHz，直流电源端口：±1 kV、5 kHz，控制和信号端口：±1 kV、5 kHz，试验持续时间不短于 1 min。采用 GB/T 17626.4 依次对被试产品的试验端口进行正负极性试验、检测和评定。

（3）射频电磁场辐射抗扰度

被试样品按现场安装姿态放置在试验台上，按照 80～1000 MHz，3 V/m，80％AM

（1 kHz），采用 GB/T 17626.3 进行试验、检测和评定。

（4）射频场感应的传导骚扰抗扰度

依次将试验信号发生器连接到每个耦合装置（耦合和去耦网络、电磁钳、电流注入探头）上，试验电压 3 V，骚扰信号是 1 kHz 正弦波调幅、调制度 80% 的射频信号。扫频范围 150 kHz～80 MHz，在每个频率，幅度调制载波的驻留时间应不低于被试样品运行和响应的必要时间。采用 GB/T 17626.6 进行试验、检测和评定。

（5）静电放电抗扰度

被试样品按台式（接地或不接地）和落地式设备（接地或不接地）进行配置，确定施加放电点，每个放电点进行至少 10 次放电。如被试样品涂膜未说明是绝缘层，则发生器电极头应穿入漆膜与导电层接触；若涂膜为绝缘层，则只进行空气放电。接触放电 4 kV，空气放电 4 kV，采用 GB/T 17626.2 进行试验、检测和评定。

上述各项试验结束后，均应进行最后检测，检查其是否保持在技术要求限值内性能正常。

9.4.3 机械环境

9.4.3.1 要求

机械环境试验的目的是检验被试样品能否达到运输的要求，根据 GB/T 6587—2012 的 5.10 包装运输试验，对《需求书》4.2 机械条件进行了适当调整，按照表 9.3 所示的要求进行试验。

表 9.3 包装运输试验要求

试验项目	试验条件	试验等级 3 级
振动	振动频率/Hz	5、15、30
	加速度/(m/s²)	9.8±2.5
	持续时间/min	每个频率点 15
	振动方法	垂直固定
自由跌落	按重量确定	跌落高度
	重量≤10 kg	60 cm

9.4.3.2 试验方法

被试样品在完整包装状态下，按照 GB/T 6587—2012 的 5.10.2.1 和 5.10.2.2 方法进行试验。试验结束后，包装箱不应有较大的变形和损伤，被试样品及附件不应有变形松脱、涂敷层剥落等损伤，外观及结构应无异常，通电后应能正常工作。

9.5 动态比对试验

动态比对试验主要评定被试样品的数据完整性、数据一致性、设备稳定性、设备可靠性和维修性等。

9.5.1 数据完整性

以分钟数据为基本分析单元，排除由于外界干扰造成的数据缺测，对每套被试样品输出的数据完整性做缺测率评定。

9.5.1.1 评定方法

缺测率(%)＝(试验期内累计缺测次数/试验期内应观测总次数)×100%。

9.5.1.2 评定指标

缺测率(%)≤1‰。

9.5.2 数据一致性

9.5.2.1 评定方法

(1)两台被试样品的一致性

计算两台被试样品同时次测量值的差值,统计该差值的系统偏差和标准偏差。假设差值为正态分布,分别用公式(9.1)和公式(9.2)计算。

$$系统误差 \ \overline{x} = \frac{\sum x_i}{n} \tag{9.1}$$

$$标准偏差 \ s = \left[\frac{1}{n-1} \sum_{i=1}^{n} (x_i - \overline{x})^2 \right]^{\frac{1}{2}} \tag{9.2}$$

式中,$\overline{x}$ 为差值的平均值,即系统误差;x_i 为第 i 次被试样品同时次测量值的差值;n 为差值的个数;s 为差值的标准偏差。

(2)多台(3 台及以上)被试样品的一致性

计算每台被试样品测量值与多台被试样品测量值平均值的差值,统计每组差值的系统偏差和标准偏差,计算公式同(9.1)和(9.2)。假设差值为正态分布。

注:以上进行统计分析的数据,均已按照 QX/T 526—2019 的 C.1 进行了数据的质量控制,剔除异常值,并按照 3 s 准则剔除了 $|x_i - \overline{x}| > 3 \ s$ 的粗大误差。

9.5.2.2 评定指标

数据一致性指标结合被试样品规定的允许误差进行判定,若被试样品系统误差的绝对值大于被试样品允许误差半宽的三分之一,或标准偏差的绝对值大于允许误差的半宽,其测量结果的一致性判定为不合格。被试样品有一台不合格,判定为被试样品整体不合格。

9.5.3 设备稳定性

9.5.3.1 评定方法

设备稳定性反映被试样品在规定的条件下和各种自然环境中运行一定时间后,其性能保持不变的能力。以测量性能的初测与复测差值的最大波动幅度表示。

动态比对试验结束后,将再次对被试样品的测量性能进行复测,复测与初测条件一致。

9.5.3.2 评定指标

评定指标为初测与复测结果均不超过允许误差,且|初测与复测差值的最大波动幅度|≤允许误差区间。

9.5.4 设备可靠性

可靠性反映被试样品在规定的情况下,在规定的时间内,完成规定功能的能力。以平均故障间隔时间(MTBF)表示设备的可靠性。要求平均故障间隔时间 MTBF(θ_1)大于等于

8000 h。

9.5.4.1　试验方案

按照定时截尾试验方案,在 QX/T 526—2019 表 A.1 的方案类型中选用标准型或短时高风险两种试验方案之一,推荐选用标准型试验方案。

9.5.4.1.1　标准型试验方案

采用 17 号方案,即生产方和使用方风险各为 20%,鉴别比为 3 的定时截尾试验方案,试验的总时间为规定 MTBF 下限值(θ_1)的 4.3 倍,接受故障数为 2,拒收故障数为 3。

以 3 套被试样品为例:

$$T = 4.3 \times 8000 \text{ h} = 34400 \text{ h}$$

每台试验的平均时间 t 为:

3 套被试样品:$t = 34400 \text{ h}/3 = 11467 \text{ h} = 477.8 \text{ d} \approx 478 \text{ d}$

所以 3 套被试样品需试验 478 d,期间允许出现 2 次故障。

4 套被试样品:$t = 34400 \text{ h}/4 = 8600 \text{ h} = 358.3 \text{ d} \approx 359 \text{ d}$

所以 4 套被试样品需试验 359 d,期间允许出现 2 次故障。

9.5.4.1.2　短时高风险试验方案

采用 21 号方案,即生产方和使用方风险各为 30%,鉴别比为 3 的定时截尾试验方案,试验的总时间为规定 MTBF 下限值(θ_1)的 1.1 倍,接受故障数为 0,拒收故障数为 1。

试验总时间 T 为:

$$T = 1.1 \times 8000 \text{ h} = 8800 \text{ h}$$

(1)3 套被试样品进行动态比对试验,每台试验的平均时间 t 为:

$$t = 8800 \text{ h}/3 = 2934 \text{ h} = 122.25 \text{ d} \approx 123 \text{ d}$$

所以 3 套被试样品需试验 123 d,期间允许出现 0 次故障。

(2)4 套被试样品进行动态比对试验,每台试验的平均时间 t 为:

$$t = 8800 \text{ h}/4 = 2200 \text{ h} = 91.67 \text{ d} \approx 92 \text{ d}$$

所以 4 套被试样品需试验 92 d,期间允许出现 0 次故障。

9.5.4.2　MTBF 观测值的计算

MTBF 的观测值(点估计值)$\hat{\theta}$ 用公式(9.3)计算。

$$\hat{\theta} = \frac{T}{r} \tag{9.3}$$

式中,T 为试验总时间,是所有被试样品试验期间各自工作时间的总和;r 为总责任故障数。

9.5.4.3　MTBF 置信区间的估计

按照 QX/T 526—2019 中的 A.2.3 计算 MTBF 置信区间的估计值。

9.5.4.3.1　有故障的 MTBF 置信区间估计

采用 9.5.4.1.1 标准型试验方案,使用方风险 $\beta = 20\%$ 时,置信度 $C = 60\%$;采用 9.5.4.1.2 短时高风险试验方案,使用方风险 $\beta = 30\%$ 时,置信度 $C = 40\%$。

根据责任故障数 r 和置信度 C,由 QX/T 526—2019 中表 A.2 查取置信上限系数 $\theta_U(C', r)$ 和置信下限系数 $\theta_L(C', r)$,其中,$C' = (1+C)/2 = 1 - \beta$,MTBF 的置信区间下限值 θ_L 用公式(9.4)计算,上限值 θ_U 用公式(9.5)计算

$$\theta_L = \theta_L(C', r) \times \hat{\theta} \tag{9.4}$$

$$\theta_U = \theta_U(C', r) \times \hat{\theta} \tag{9.5}$$

MTBF 的置信区间表示为 (θ_L, θ_U)（置信度为 C）。

9.5.4.3.2　故障数为 0 的 MTBF 置信区间估计

若责任故障数 r 为 0，只给出置信下限值，用公式（9.6）计算。

$$\theta_L = T/(-\ln\beta) \tag{9.6}$$

式中，T 为试验总时间，是所有被试样品试验期间各自工作时间的总和；β 为使用方风险。采用 9.5.4.1.1 标准型试验方案，使用方风险 $\beta = 20\%$，采用 9.5.4.1.2 短时高风险试验方案，使用方风险 $\beta = 30\%$。

这里的置信度应为 $C = 1 - \beta$。

9.5.4.4　试验结论

（1）按照试验中可接收的故障数判断可靠性是否合格。

（2）可靠性试验无论是否合格，都应给出被试样品平均故障间隔时间（MTBF）的观测值 $\hat{\theta}$ 和置信区间估计的上限 θ_U 和下限 θ_L，表示为 (θ_L, θ_U)（置信度为 C）。

9.5.4.5　故障的认定和记录

按照 QX/T 526—2019 的 A.3 认定和记录故障。故障认定应区分责任故障和非责任故障，故障记录在动态比对试验的设备故障维修登记表中，见附表 A。

9.5.5　维修性

设备的维修性，检查维修可达性，审查维修手册的适用性。

9.6　综合评定

9.6.1　单项评定

以下各项均合格的，视该被试样品合格，有一项不合格的，视为不合格。

（1）静态测试和环境试验

被试样品静态测试和环境试验合格后，方可进行动态比对试验。

（2）动态比对试验

①数据完整性

缺测率（%）≤1‰为合格，否则不合格。

②数据一致性

系统误差的绝对值小于等于允许误差半宽的三分之一，或标准偏差的绝对值小于等于允许误差的半宽，判定为一致性合格。被试样品有一台不合格，判定为被试样品整体不合格。

③设备稳定性

初检与复检结果均不超过允许误差，且|初检与复检差值的最大波动幅度|≤允许误差区间为合格，否则不合格。

④设备可靠性

若选择 9.5.4.1.1 标准型试验方案，3 台被试样品在 478 d 的动态比对试验期间，4 台被试样品在 359 d 的动态比对试验期间,最多出现 2 次故障为合格,否则不合格。

若选择 9.5.4.1.2 短时高风险试验方案,3 台被试样品在 123 d 内无故障,4 台被试样品在 92 d 内无故障为合格,否则不合格。

9.6.2　总评定

被试样品总数的 2/3 及以上合格时,视该型号被试样品为合格,否则不合格。

本章附表

附表 9.1　外观、结构和材料检查记录表

<table>
<tr><td rowspan="3">被试样品</td><td>名称</td><td colspan="2">智能风测量仪</td><td>测试日期</td><td></td></tr>
<tr><td>型号</td><td colspan="2"></td><td>环境温度</td><td>℃</td></tr>
<tr><td>编号</td><td colspan="2"></td><td>环境湿度</td><td>%</td></tr>
<tr><td>被试方</td><td colspan="3"></td><td>测试地点</td><td></td></tr>
<tr><td>测试项目</td><td colspan="3">技术要求</td><td>测试结果</td><td>结论</td></tr>
<tr><td rowspan="10">外观、结构和
工艺材料</td><td colspan="3">尺寸不超过 150 mm×100 mm×80 mm</td><td></td><td></td></tr>
<tr><td colspan="3">机械结构应利于装配、调试、检验、包装、运输、安装、维护等工作,更换部件时简
便易行</td><td></td><td></td></tr>
<tr><td colspan="3">各零部件应安装正确、牢固,无机械变形、断裂、弯曲等,操作部分不应有迟滞、卡
死、松脱等</td><td></td><td></td></tr>
<tr><td colspan="3">通信接口和电源接口共用一个 5 芯的针型航空插头,其中 1 脚为电
源正,2 脚为电源负,3 脚为 TX,4 脚为 RX,5 脚为 RS232 的 GND。
航空插头推荐使用 SACC-E-MS-5CON-M16/0,5 SCO 及其兼容
型号</td><td></td><td></td></tr>
<tr><td colspan="3">智能风测量仪-I 型的单翼风向感应元件和风杯风速感应元件分别固定在长 0.8
m 的安装横臂的两端,数据处理模块应安装在安装横臂中间,外部无连接线</td><td></td><td></td></tr>
<tr><td colspan="3">应有足够的机械强度和防腐蚀能力,确保在产品寿命期内,不因外界环境的影响
和材料本身原因而导致机械强度下降而引起危险和不安全</td><td></td><td></td></tr>
<tr><td colspan="3">电缆应具有防水、防腐、抗磨、抗拉、屏蔽等功能</td><td></td><td></td></tr>
<tr><td colspan="3">应选用耐老化、抗腐蚀、良好电气绝缘的材料等。各零部件,除用耐腐蚀材料制
造的外,其表面应有涂、敷、镀等措施,表面应均匀覆盖达 100%,以保证其耐潮、
防霉、防盐雾的性能</td><td></td><td></td></tr>
<tr><td colspan="3">结构上的棱缘或拐角,应倒圆和磨光;
对于在产品寿命期内无法始终保持足够的机械强度而需要定期维护或更换的部件,
应在产品使用说明书上醒目的注明更换周期并着重注明不这样做的危险性;
螺钉等连接件,如果其松脱或损坏会影响安全,应能承受正常使用时的机械
强度;
如果因电池极性接反或强制充放电可能导致危险,在设计上应有相应的预防
措施</td><td></td><td></td></tr>
<tr><td colspan="3">(1)产品标识,至少应标明:a)制造厂商名称或商标或识别标记;b)产品的型号、
名称。
(2)电源标识,电源额定值的电源铭牌,电源铭牌应包括下列内容:a)电源性质的
符号(交流或直流);b)额定电压或额定电压范围;c)额定电流或功耗</td><td></td><td></td></tr>
<tr><td rowspan="3">测试仪器</td><td>名称</td><td colspan="2">型号</td><td colspan="2">编号</td></tr>
<tr><td></td><td colspan="2"></td><td colspan="2"></td></tr>
<tr><td></td><td colspan="2"></td><td colspan="2"></td></tr>
</table>

测试单位＿＿＿＿＿＿＿＿＿＿＿＿＿＿＿　　　　　测试人员＿＿＿＿＿＿＿＿＿＿＿＿＿＿＿

附表 9.2　测量要素、存储、时钟、电气性能和安全检测记录表

被试样品	名称	智能风测量仪		测试日期	
	型号			环境温度	℃
	编号			环境湿度	%
被试方				测试地点	
测试项目	技术要求			测试结果	结论
测量要素	应输出分钟和 5 min 观测要素,输出名称及编码应符合《需求书》的表 1				
数据存储	数据存储器应选择非易失性,容量应不小于 4 MB,能满足 10 d 分钟数据存储要求				
时钟精度	自带高精度实时时钟,响应校时命令进行校时;时钟走时误差≤1 s/d				
电气性能	整机功耗不大于 0.15 W。如采用蓄电池供电,蓄电池容量应不小于 4 Ah				
	采用外置直流电源供电,供电电压为 9~15 V,电源应具有防反接功能				
电气安全	应有保护接地措施,接地端子或接地接触件与需要接地的零部件之间的连接电阻不应超过 0.1 Ω				
	电源初级电路和机壳间绝缘电阻,不应小于 1 MΩ				
	电源的初级电路和外壳间应能承受幅值 500 V,电流 5 mA 的冲击耐压试验,历时 1 min,试验中不应出现飞弧和击穿。试验结束后能正常工作				
测试仪器	名称		型号		编号

测试单位_____　　　测试人员_____

附表 9.3　数据采集和数据处理检测记录表

被试样品	名称	智能风测量仪		测试日期		
	型号			环境温度		℃
	编号			环境湿度		%
被试方				测试地点		
序号	模拟值		被试样品输出数据	人工计算值		结论

注 1:"模拟值"记录模拟的被试样品的采样值,"被试样品输出数据"记录被试样品输出的分钟数据;

注 2:"模拟值"应有至少一组有效样本比例不足 66%(2/3)的情况。

测试单位＿＿＿＿＿＿＿＿＿＿＿＿＿＿＿＿＿　　　测试人员＿＿＿＿＿＿＿＿＿＿＿＿＿＿＿＿＿＿＿

附表 9.4　数据质量控制检测记录表

被试样品	名称	智能风测量仪		测试日期		
	型号			环境温度		℃
	编号			环境湿度		%
被试方				测试地点		
测试项目			模拟数据	被试样品输出数据	输出质控	结论
采样值质控参数	上限					
	下限					
	允许最大变化值					
瞬时值质控参数	上限					
	下限					
	存疑界限					
	错误界限					
	最小应该变化率					

注 1：上限、下限单独测试，数值选择未超范围、超过范围、未超范围，检测数据输出和质控码的变化；

注 2："被试样品输出数据"记录分钟观测要素；

注 3："允许最大变化值"可使用一组模拟数据，通过调整质控参数进行检测。

测试单位＿＿＿＿＿＿＿＿＿＿＿＿＿＿＿＿　　　测试人员＿＿＿＿＿＿＿＿＿＿＿＿＿＿＿＿

附表9.5 数据传输和通信命令检测记录表

被试样品	名称	智能风测量仪		测试日期	
	型号			环境温度	℃
	编号			环境湿度	%
被试方				测试地点	
检测项目	测试要求			检测结果	结论
SETCOM 设置	成功设置串口参数				
SETCOM 读取	应读取到串口参数				
	读取的串口参数与设置的应一致				
AUTOCHECK	成功自检				
HELP 命令	返回终端命令清单				
QZ 设置	成功设置区站号				
QZ 读取	读取到区站号				
	读取的区站号应与设置的一致				
ST 设置	成功设置服务类型				
ST 读取	应读取到服务类型				
	读取的服务类型与设置的应一致				
DI 命令	读取到设备标识符				
ID 设置	成功设置设备 ID				
ID 读取	读取到设备 ID				
	读取的设备 ID 与设置的应一致				
LAT 设置	成功设置气象观测站纬度				
LAT 读取	读取到气象观测站纬度				
	读取的纬度与设置的应一致				
LONG 设置	成功设置气象观测站经度				
LONG 读取	读取到气象观测站经度				
	读取的经度与设置的应一致				
DATE 设置	成功设置设备日期				
DATE 读取	读取到设备日期				
	读取的设备日期与设置的日期应一致				
TIME 设置	成功设置设备时间				
TIME 读取	读取到设备时间				
	读取的设备时间与设置的时间应一致				
DATETIME 设置	是否成功设置设备日期时间				
DATETIME 读取	读取到日期、时间				
	读取的日期、时间与设置的日期时间应一致				
FTD 设置	成功设置设备在主动模式下的发送时间间隔				
FTD 读取	读取到设备在主动模式下的发送时间间隔				
	读取的时间间隔与设置的应一致				
DOWN 命令	下载到分钟历史数据				
	下载的分钟历史数据的数据格式、时间等应符合要求				

续表

被试样品	名称	智能风测量仪		测试日期	
	型号			环境温度	℃
	编号			环境湿度	%
被试方				测试地点	

检测项目	测试要求	检测结果	结论
READDATA 命令	读取到分钟数据		
	读取到的分钟数据格式应符合需求书要求		
SETCOMWAY,设备标识符,设备 ID,1\r\n	成功设置设备工作模式为主动模式		
FTD,设备标识符,设备 ID,001,分钟时间间隔\r\n	成功设置设备在主动模式下的分钟数据发送时间间隔		
设备在主动模式下发送数据功能检测	在规定时间范围内成功发送预期数量的分钟数据		
SETCOMWAY,设备标识符,设备 ID,0\r\n	成功设置设备工作模式为被动模式		
STAT 命令	读取到设备所有状态数据		
	返回数据是否符合格式要求		
QCPS 设置	成功设置采样值质量控制参数		
QCPS 读取	读取设备的采样值质量控制参数		
	读取的设备的采样值质量控制参数与设置的应一致		
QCPM 设置	成功设置瞬时气象值质量控制参数		
QCPM 读取	读取设备的瞬时气象值质量控制参数		
	读取的设备瞬时气象值质量控制参数与设置的应一致		
STDEV 设置	成功设置设备数据标准偏差时间间隔		
STDEV 读取	成功读取设备数据标准偏差时间间隔		
	读取到的时间间隔与设置的应一致		
FAT 读取	成功读取设备主动模式下数据发送时间		
FAT 设置	成功设置设备主动模式下数据发送时间		
	读取到的与设置的应一致		
SS 命令	读取到设备工作参数值		
	返回数据应符合格式要求		
CR 设置	成功设置设备的校正或检定参数		
CR 读取	读取到设备设置的校正或检定参数		
	读取的设备校正或检定参数与设置的应一致		
SN 设置	成功设置设备序列号		
SN 读取	成功读取到设备序列号		
	读取的设备序列号与设置的应一致		
RESET 命令	设备成功复位。		
任意输入一条错误命令	查看是否回复<设备标识符,设备 ID,BADCOMMAND>		

测试单位_____　　　　测试人员_____

附表 9.6　状态监控检测记录表

被试样品	名称	智能风测量仪		测试日期		
	型号			环境温度		℃
	编号			环境湿度		%
被试方				测试地点		
测试项目	状态判断依据		模拟状态数据	所有状态数据输出	对应状态变量码测试结果	结论
内部电路电压	偏高阈值					
	偏低阈值					
内部电路温度	偏高阈值		检测环境温度			
	偏低阈值					
	偏高阈值					
	偏低阈值					
	偏高阈值					
	偏低阈值					

注 1:状态监控进行 3 次检测,建议包含 1 组正常状态数据;

注 2:建议内部电路电压模拟状态数据使用电源进行模拟,偏高和偏低单独进行检测;

注 3:建议内部电路温度状态检测,通过调整被试样品状态检测判断阈值,以检测环境温度为模拟值进行检测。

测试单位_____　　　　测试人员_____

附表 9.7 数据格式检测记录表(分钟数据)

被试样品	名称	智能风测量仪	测试日期		
	型号		环境温度		℃
	编号		环境湿度		%
被试方			测试地点		

检测项目	测试要求	检测结果	结论
起始标识	为"BG"		
版本号	3 位数,表示传输的数据参照的版本号		
区站号	5 位字符		
纬度	6 位数字,按度分秒记录,均为 2 位,高位不足补"0",台站纬度未精确到秒时,秒固定记录"00"		
经度	7 位数字,按度分秒记录,度为 3 位,分秒为 2 位,高位不足补"0",台站经度未精确到秒时,秒固定记录"00"		
观测场海拔高度	5 位数字,保留 1 位小数,原值扩大 10 倍记录,高位不足补"0"		
服务类型	2 位数字		
设备标识位	4 位字母,设备类型		
设备 ID	3 位数字		
观测时间	14 位数字,采用北京时,年月日时分秒,yyyyMMddhhmmss		
帧标识	3 位数字		
观测要素变量数	3 位数字,取值 000~999		
设备状态变量数	2 位数字,取值 01~99		
数据主体 / 观测数据	由一系列观测要素数据对组成,数据对中观测要素变量名与变量值一一对应		
	数据对的个数与观测要素变量数一致		
	观测要素变量名是否与功能需求书中定义的一致		
	观测要素名按字母先后顺序输出		
数据主体 / 质量控制位	各位组成字符是否合法(组成字符:0、1、2、3、4、5、6、7、8、9)		
	长度是否与观测要素变量数相等		
数据主体中状态信息部分	设备状态变量名、变量值是否成对出现		
	设备状态变量名、变量值对的数量是否等于传感器状态变量数		
	设备状态变量名是否功能需求书中定义的变量名		
	单个设备状态变量值的组成字符是否合法(组成字符:0~9 十个数字字符)		
校验码	4 位数字。采用校验和方式,对"BG"开始一直到校验段前、包括分隔符',' 在内的全部字符以 ASCII 码累加。累加值以 10 进制无符号编码,高位溢出,取低四位		
结束标志	是否"ED"		

测试单位＿＿＿＿＿＿＿＿＿＿＿＿＿＿＿＿＿　　　　测试人员＿＿＿＿＿＿＿＿＿＿＿＿＿＿＿＿＿

附表 9.8 数据格式检测记录表(历史数据)

被试样品	名称	智能风测量仪		测试日期	
	型号			环境温度	℃
	编号			环境湿度	%
被试方				测试地点	

下载类型	组成部分	测试项目	检测结果	结论
分钟历史数据下载	数据记录条数	是否等于预期条数(从 DOWN 命令的起止时间可以算出预期条数)		
	单条记录完整性	是否以"BG"打头,"ED"结尾		
	记录时间	记录时间超出时间范围条数	( )条	
		记录时间重复条数(计算方法:若有 x 条记录的时间相同,则有 $x-1$ 条记录时间重复,然后求出所有重复条数的和值)	( )条	
		记录丢失条数(计算方法:记录的时间位于时间范围之内,重复记录按一条计算,用这种方法算出实际有效的记录数,然后计算出预期记录数减去实际有效记录数的差值)	( )条	
分钟历史数据下载(设备未开机时的"缺测数据")	数据记录条数	是否等于预期条数(从 DOWN 命令的起止时间可以算出预期条数)		
	单条记录完整性	格式是否为 BG,版本号,QZ(区站),纬度,经度,海拔高度,ST(服务类型),DI(设备标识),ID(设备 ID),DATETIME(时间),FI(帧标识),/////,校验,ED		
	记录时间	记录时间超出时间范围条数	( )条	
		记录时间重复条数(计算方法:若有 x 条记录的时间相同,则有 $x-1$ 条记录时间重复,然后求出所有重复条数的和值)	( )条	
		记录丢失条数(计算方法:记录的时间位于时间范围之内,重复记录按一条计算,用这种方法算出实际有效的记录数,然后计算出预期记录数减去实际有效记录数的差值)	( )条	

测试单位＿＿＿＿＿＿＿＿＿＿＿＿＿＿＿＿＿＿＿＿ 测试人员＿＿＿＿＿＿＿＿＿＿＿＿＿＿＿＿＿＿＿＿

附表9.9 风速风向测试记录表

被试样品	名称		智能风测量仪				测试日期				
	型号						环境温度				℃
	编号						环境湿度				%
被试方							测试地点				

传感器		测试点	标准器示值			标准示值平均值	被测仪器示值			测量平均值	误差
			1	2	3		1	2	3		
风速传感器	风速示值/(m/s)	2									
		5									
		10									
		15									
		20									
		30									
		45									
		60									
	启动风速/(m/s)	//									
风向传感器	风向示值/°	0									
		45									
		90									
		135									
		180									
		225									
		270									
		315									
	启动风速/(m/s)	//									

测试仪器	名称	型号	编号

测试单位_____ 测试人员_____

第 10 章　智能翻斗式雨量测量仪①

10.1　目的

规范智能翻斗式雨量测量仪测试的内容和方法,通过测试与试验,检验是否满足《智能翻斗式雨量测量仪-Ⅰ型功能规格需求书》(气测函〔2017〕186 号)(简称《需求书》)的要求。

10.2　基本要求

10.2.1　被试样品

提供 3 套或以上同一型号的智能翻斗式雨量测量仪作为被试样品。在整个测试试验期间被试样品应连续工作,数据正常上传至指定的业务终端或自带终端。功能检测和环境试验可抽取 1 套被试样品。

10.2.2　试验场地

(1)选择 2 个或以上试验场地,至少包含 2 个不同的气候区,尽量选择接近被试样品使用环境要求的气象参数极限值。

(2)试验场地既临近业务观测场又不影响正常观测业务,在同一试验场地安装多套被试样品时,应避免相互影响。

10.2.3　标准器

测量性能的测试在实验室进行,采用的标准器见表 10.1,可任选其一。

表 10.1　测量性能测试标准器

标准器	指标要求
标准玻璃量器	容量:314.16 mL,942.48 mL 允许误差:±0.314 mL
加液器	测量范围:0~30 mm 允许误差:±0.2%

10.3　静态测试

10.3.1　外观和结构

以目测和手动操作为主,检查被试样品外观与结构,应满足《需求书》4.7 体积指标、5 结构

---

① 本章作者:任晓毓、巩娜、张明、安涛

及材料要求、9.2 外观要求，检查结果记录在本章附表 10.1。

10.3.2　功能

应满足《需求书》3 功能要求、6 供电要求、9.3 时钟精度，检测结果记录在本章附表 10.1。方法如下：

（1）基本要求

通过实际操作检测被试样品是否具有自处理、自适应、自诊断、自恢复、在线升级、即插即用的功能。

（2）测量要素

通过命令读取 1 min、5 min 观测要素，检查输出观测要素名称及编码是否符合要求。

（3）数据采集

按照数据采样方法输出降水量 1 min 和 5 min 累计值。检测结果记录在本章附表 10.2。

（4）数据质量控制

通过串口调试助手对被试样品的数据极限范围、变化速率等参数进行设置，检查输出的观测要素是否按采样算法要求输出以及对应的质控码是否正确显示。检测结果记录在本章附表 10.2。

（5）数据处理

人工进行分钟数据计算，将被试样品的输出数据与人工计算数据进行比较，判断分钟数据是否按采样算法要求输出。至少进行三次数据模拟。

（6）数据存储

被试样品正常工作不少于 1 d，通过命令读取历史数据，检查被试样品内部是否保存了完整的分钟数据，计算 10 d 需要存储数据的字节数并与被试样品存储容量比较，存储的数据量应不少于 10 d，容量大于 4 MB。

（7）数据传输

检查通信接口是否采用三线制 RS232 串口，波特率、序列号是否符合要求，是否具备主动和被动数据传输模式。

（8）状态监控

通过设定各状态检测判断的阈值，检查状态检测原始值；改变状态值或状态检测判断阈值，查看相应状态码是否按照要求输出。检测结果记录在本章附表 10.3。

（9）数据格式

进行分钟数据包帧格式测试和历史数据下载功能测试，发送命令检查数据帧格式是否符合要求。检测结果记录在本章附表 10.4。

（10）通信命令

通过串口线连接上位机与被试样品，逐条检查被试样品通信是否正常。检测结果记录在本章附表 10.5。

（11）时钟精度

使用"DATETIME"命令对被试样品参照"北京时"进行校时，被试样品正常工作 1 d 后进行对时检查，走时误差在 1 s 内为合格。

注：由于人工操作可能会造成时间误差，实际检测时走时误差在 2 s 内为合格。

（12）供电

采用规定的上限和下限电压工作，被试样品应能正常工作，检查电源应具有防反接功能。

10.3.3　电气性能

10.3.3.1　要求

（1）功耗：整机功耗不大于 0.15 W。

（2）蓄电池：如采用蓄电池供电，蓄电池容量应不小于 4 Ah。

10.3.3.2　测试方法

（1）功耗：被试样品正常工作的情况下，使用万用表分别测量供电电压 U 和电流 I，用 $P = U \times I$ 计算平均功耗。整机功耗不大于 0.15 W 为合格。

（2）蓄电池：在蓄电池输出端连接阻抗较小的发热型电阻，增大放电电流 I，在放电回路中串联电流表，记录放电时间 t，则蓄电池容量 $P = I \times t$。

测试结果记录在本章附表 10.1。

10.3.4　安全性

10.3.4.1　要求

（1）保护接地

应有保护接地措施，接地端子或接地接触件与需要接地的零部件之间的连接电阻不应超过 0.1 Ω。

（2）绝缘电阻

电源初级电路和机壳间绝缘电阻，不应小于 1 MΩ。

（3）抗电强度

电源的初级电路和外壳间应能承受幅值 500 V，电流 5 mA 的冲击耐压试验，历时 1 min，试验中不应出现飞弧和击穿。试验结束后被试样品能正常工作。

10.3.4.2　测试方法

（1）保护接地

按照 GB/T 6587—2012 进行试验和评定。

（2）绝缘电阻

按照 GB/T 24343—2009 进行试验和评定。

（3）抗电强度

按照 GB 4943.1—2011 进行试验和评定。

上述测试结果记录在本章附表 10.1。

10.3.5　测量性能

10.3.5.1　要求

雨强测量范围：0～4 mm/min；

分辨力：0.1 mm；

允许误差：±0.4 mm（≤10 mm）；±4%（>10 mm）。

10.3.5.2　测试方法

测试结果记录在本章附表 10.6。测试方法如下：

（1）分辨力

向翻斗式雨量传感器中注入 0.1 mm 水，读取测量结果应为 0.1 mm。

（2）初测

在 10 mm 降水量、1 mm/min 降水强度和 30 mm 降水量、4 mm/min 降水强度两个点分别测试 3 次。首先进行 30 mm 降水量、4 mm/min 降水强度点的测试。测量值的平均值减去标准值的平均值，得到误差值，应在允许误差限内。

（3）复测

动态比对试验结束后，再次对被试样品的测量性能进行复测，复测环境和条件与初测一致。

10.4　环境试验

10.4.1　气候环境

10.4.1.1　要求

温度：工作环境 0～50 ℃，贮存环境−60～60 ℃；

湿度：0～100％；

气压：550～1060 hPa；

外壳防护等级：IP65；

盐雾：48 h 盐雾试验。

10.4.1.2　试验方法

试验方法如下：

（1）低温：0 ℃工作 2 h，−60 ℃贮存 2 h。采用 GB/T 2423.1 进行试验、检测和评定。

（2）高温：50 ℃工作 2 h，60 ℃贮存 2 h。采用 GB/T 2423.2 进行试验、检测和评定。

（3）恒定湿热：40 ℃，93％，持续时间 12 h，通电后正常工作。采用 GB/T 2423.3 进行试验、检测和评定。

（4）低气压：550 hPa 工作 30 min。采用 GB/T 2423.21 进行试验、检测和评定。

（5）外壳防护等级：应符合 GB/T 4208 中 IP65 的规定。

（6）盐雾试验：48 h 盐雾沉降试验。采用 GB/T 2423.17 进行试验、检测和评定。

10.4.2　机械环境

10.4.2.1　要求

（1）宽带随机振动

加速度谱密度为：

频率范围 2～10 Hz，30 m^2/s^3；

频率范围 10～200 Hz，3 m^2/s^3；

频率范围 200～500 Hz，1 m^2/s^3。

试验持续时间：3 min。

（2）冲击

峰值加速度：500 m/s^2；

脉冲持续时间：11 ms；

次数：应对被试产品的三个互相垂直方向的每一方向连续施加三次冲击，即共 18 次。

（3）自由跌落

重量≤10 kg,跌落高度 105 cm;

10 kg<重量≤25 kg,跌落高度 90 cm。

试验台面为平整的水泥地面或钢板。

跌落次数:上、下、左、右、前、后六个方向上各一次,共 6 次。

10.4.2.2　试验方法

（1）宽带随机振动

按照 GB/T 2423.56—2018 进行试验和结果评定。

（2）冲击

按照 GB/T 2423.5—2019 进行试验和结果评定。

（3）自由跌落

按照 GB/T 6587—2012 进行试验和结果评定。

10.4.3　电磁兼容

10.4.3.1　要求

应满足表 10.2 试验内容和严酷度等级要求。

表 10.2　电磁抗扰度试验内容和严酷度等级

内容	试验条件		
	交流电源端口	直流电源端口	控制和信号端口
浪涌（冲击）抗扰度	线对线:±1 kV 线对地:±2 kV	线对线:±1 kV 线对地:±2 kV	线对地:±2 kV
电快速瞬变脉冲群抗扰度	±2 kV　5 kHz	±1 kV　5 kHz	±1 kV　5 kHz
射频电磁场辐射抗扰度	80～1000 MHz,3 V/m,80％AM(1 kHz)		
静电放电抗扰度	接触放电:±4 kV,空气放电:±8 kV		

10.4.3.2　试验方法

被试样品均应在正常工作状态下进行下列试验。

（1）静电放电抗扰度试验

被试样品按台式（接地或不接地）和落地式设备（接地或不接地）进行配置,确定施加放电点,每个放电点进行至少 10 次放电。如被试样品涂膜未说明是绝缘层,则发生器电极头应穿入漆膜与导电层接触;若涂膜为绝缘层,则只进行空气放电。接触放电 4 kV,空气放电 4 kV,采用 GB/T 17626.2 进行试验、检测和评定。

（2）射频电磁场辐射抗扰度试验

被试样品按现场安装姿态放置在试验台上,按照 80～1000 MHz,3 V/m,80％AM(1 kHz),采用 GB/T 17626.3 进行试验、检测和评定。

（3）电快速瞬变脉冲群抗扰度试验

交流电源端口:±2 kV,5 kHz,直流电源端口:±1 kV,5 kHz,控制和信号端口:±1 kV、5 kHz,试验持续时间不短于 1 min。采用 GB/T 17626.4 依次对被试产品的试验端口进行正负极性试验、检测和评定。

(4)浪涌(冲击)抗扰度试验

施加在直流电源端和互连线上的浪涌脉冲次数应为正、负极性各 5 次;对交流电源端口,应分别在 0°、90°、180°、270°相位施加正、负极性各 5 次的浪涌脉冲。试验速率为每分钟 1 次。交流电源端口:线对线±2 kV,线对地±4 kV;直流电源端口:线对线±1 kV,线对地±2 kV;控制和信号端口:线对地±2 kV,采用 GB/T 17626.5 进行试验、检测和评定。

上述试验结束后,均应进行最后检测,检查其是否保持在技术要求限值内性能正常。

10.5　动态比对试验

按照 10.5.6.1 可靠性试验方案确定试验时间,且不少于 3 个月;若动态比对试验的时间超过了可靠性试验的截止时间,应按照动态比对试验的时间结束试验。动态比对试验主要评定被试样品的数据完整性、测量准确性、设备稳定性、测量结果一致性、设备可靠性等项目。可比较性的结果,仅用于判断是否能够纳入气象观测网使用或能否组成新的气象观测网,不作为被试样品是否合格的依据。

10.5.1　数据完整性

10.5.1.1　评定方法

用业务终端或自带终端接收到的观测数据个数评定数据的完整性。排除由于外界干扰因素造成的数据缺测,评定每套被试样品的数据完整性。

$$数据完整性(\%)=(实际观测数据个数/应观测数据个数)\times100\%$$

10.5.1.2　评定指标

数据完整性大于等于 99.9%。

10.5.2　测量准确性

10.5.2.1　评定方法

动态比对标准可从以下三种任选至少其一:①液态降水采用坑式雨量器作为比对标准,固态降水采用双栅式比对用标准(DFIR);②地面气象观测业务中使用的人工雨量桶观测;③在被试样品外场安装调试后、动态比对试验开始前,动态比对试验结束后,动态比对试验期间进行不少于 3 次、使用加液器在试验现场检测各被试样品的测量准确性。

动态测量误差用被试样品对于标准器的误差区间 $(x-ks,x+ks)$ 表示,置信系数取 $k=1$。

10.5.2.2　评定指标

误差区间 $(x-ks,x+ks)$ 应在允许误差限内。

10.5.3　设备稳定性

10.5.3.1　评定方法

在初测合格的基础上,通过动态比对试验,不对被试样品作任何调整和维护,进行测量性能的复测。用两次测量结果进行对比,稳定性 w 用公式(10.1)计算。

$$w=x_1-x_0 \qquad (10.1)$$

式中,w 为稳定性;x_0 为初测时的测量值;x_1 为复测时的测量值。

10.5.3.2　评定指标

稳定性 w 应在允许误差限内。

10.5.4　测量结果一致性

10.5.4.1　评定方法

　　两台被试样品在同一试验场地,用两台被试样品小时降水量、日降水量或降水过程的测量值的差值进行系统误差和标准偏差的计算。

10.5.4.2　评定指标

　　系统误差的绝对值小于等于允许误差半宽的三分之一,且标准偏差的绝对值小于等于允许误差的半宽。

10.5.5　可比较性

　　被试样品小时降水量、日降水量或降水过程的测量值与业务雨量值的差值进行系统误差和标准偏差的计算。如果系统误差的绝对值小于等于允许误差半宽的二分之一,且标准偏差的绝对值小于等于允许误差的半宽,则可判断被试样品能够纳入气象观测网使用或能组成新的气象观测网。

10.5.6　设备可靠性

　　可靠性反映被试样品在规定的情况下,在规定的时间内,完成规定功能的能力。以平均故障间隔时间(MTBF)表示设备的可靠性。平均故障间隔时间 MTBF(θ_1)大于等于8000 h。

10.5.6.1　试验方案

　　按照定时截尾试验方案,在 QX/T 526—2019 表 A.1 的方案类型中选用标准型或短时高风险两种试验方案之一,推荐选用标准型试验方案。

10.5.6.1.1　标准型试验方案

　　采用 17 号方案,即生产方和使用方风险各为 20%,鉴别比为 3 的定时截尾试验方案,试验的总时间为规定 MTBF 下限值(θ_1)的 4.3 倍,接受故障数为 2,拒收故障数为 3。

　　试验总时间 T 为:

$$T = 4.3 \times 8000 \text{ h} = 34400 \text{ h}$$

　　要求 3 套或以上被试样品进行动态比对试验。以 3 套被试样品为例,每台试验的平均时间 t 为:

　　3 套被试样品:$t = 34400 \text{ h}/3 = 11466.7 \text{ h} = 477.8 \text{ d} \approx 478 \text{ d}$

　　若为了缩短试验时间,可增加被试样品的数量,如:

　　4 套被试样品:$t = 34400 \text{ h}/4 = 8600 \text{ h} = 358.3 \text{ d} \approx 359 \text{ d}$

　　所以 3 套被试样品需试验 478 d,4 套需试验 359 d,期间允许出现 2 次故障。

10.5.6.1.2　短时高风险试验方案

　　采用 21 号方案,即生产方和使用方风险各为 30%,鉴别比为 3 的定时截尾试验方案,试验的总时间为规定 MTBF 下限值(θ_1)的 1.1 倍,接受故障数为 0,拒收故障数为 1。

　　试验总时间 T 为:

$$T = 1.1 \times 8000 \text{ h} = 8800 \text{ h}$$

　　3 套被试样品进行动态比对试验,每台试验的平均时间 t 为:

$$t = 8800 \text{ h}/3 = 2933.3 \text{ h} = 122.2 \text{ d} \approx 123 \text{ d}$$

若为了缩短试验时间,可增加被试样品的数量,如:

4 套被试样品:$t=8800\ \text{h}/4=2200\ \text{h}=91.7\ \text{d}\approx92\ \text{d}$

所以 3 套被试样品需试验 123 d,4 套需试验 92 d,期间允许出现 0 次故障。根据 QX/T 526—2019 的 5.3 规定,至少应进行 3 个月的试验。

10.5.6.2 MTBF 观测值的计算

MTBF 的观测值(点估计值)$\hat{\theta}$ 用公式(10.2)计算。

$$\hat{\theta}=\frac{T}{r} \tag{10.2}$$

式中,T 为试验总时间,是所有被试样品试验期间各自工作时间的总和;r 为总责任故障数。

10.5.6.3 MTBF 置信区间的估计

按照 QX/T 526—2019 中的 A.2.3 计算 MTBF 置信区间的估计值。

10.5.6.3.1 有故障的 MTBF 置信区间估计

采用 10.5.6.1.1 标准型试验方案,使用方风险 $\beta=20\%$ 时,置信度 $C=60\%$;采用 10.5.6.1.2 短时高风险试验方案,使用方风险 $\beta=30\%$ 时,置信度 $C=40\%$。

根据责任故障数 r 和置信度 C,由 QX/T 526—2019 中表 A.2 查取置信上限系数 $\theta_\mathrm{U}(C',r)$ 和置信下限系数 $\theta_\mathrm{L}(C',r)$,其中,$C'=(1+C)/2=1-\beta$,MTBF 的置信区间下限值 θ_L 用公式(10.3)计算,上限值 θ_U 用公式(10.4)计算

$$\theta_\mathrm{L}=\theta_\mathrm{L}(C',r)\times\hat{\theta} \tag{10.3}$$

$$\theta_\mathrm{U}=\theta_\mathrm{U}(C',r)\times\hat{\theta} \tag{10.4}$$

MTBF 的置信区间表示为 $(\theta_\mathrm{L},\theta_\mathrm{U})$(置信度为 C)。

10.5.6.3.2 故障数为 0 的 MTBF 置信区间估计

若责任故障数 r 为 0,只给出置信下限值,用公式(10.5)计算。

$$\theta_\mathrm{L}=T/(-\ln\beta) \tag{10.5}$$

式中,T 为试验总时间,是所有被试样品试验期间各自工作时间的总和;β 为使用方风险。采用 10.5.6.1.1 标准型试验方案,使用方风险 $\beta=20\%$;采用 10.5.6.1.2 短时高风险试验方案,使用方风险 $\beta=30\%$。

这里的置信度应为 $C=1-\beta$。

10.5.6.4 试验结论

(1)按照试验中可接收的故障数判断可靠性是否合格。

(2)可靠性试验无论是否合格,都应给出被试样品平均故障间隔时间(MTBF)的观测值 $\hat{\theta}$ 和置信区间估计的上限 θ_U 和下限 θ_L,表示为 $(\theta_\mathrm{L},\theta_\mathrm{U})$(置信度为 C)。

10.5.6.5 故障的认定和记录

按照 QX/T 526—2019 的 A.3 认定和记录故障。故障认定应区别责任故障和非责任故障,故障记录在设备故障维修登记表中(见附表 A)。

10.5.7 维修性

设备的维修性,应在功能检测中检查维修可达性,审查维修手册的适用性。

10.6　结果评定

10.6.1　单项评定

以下各项均合格的,视该被试样品合格,有一项不合格的,视为不合格。

(1)静态测试和环境试验

被试样品静态测试和环境试验合格后,方可进行动态比对试验。

(2)动态比对试验

①数据完整性

数据完整性(%)≥99.9%为合格。

②测量准确性

误差区间$(x-ks,x+ks)$在允许误差限内为合格。

③设备稳定性

稳定性 w 在允许误差限内为合格。

④测量结果一致性

两台被试样品相同时次测量值差值的系统误差的绝对值小于等于允许误差半宽的三分之一,且标准偏差的绝对值小于等于允许误差的半宽为合格。

⑤设备可靠性

若选择 10.5.6.1.1 标准型试验方案,最多出现 2 次故障为合格;若选择 10.5.6.1.2 短时高风险试验方案,无故障为合格。

10.6.2　总评定

被试样品总数的 2/3 及以上合格时,视该型号被试样品为合格,否则不合格。

本章附表

附表 10.1　外观、结构、功能、电气性能和安全性检测记录表

被试样品	名称	智能翻斗式雨量测量仪		测试日期		
	型号			环境温度		℃
	编号			环境湿度		%
被试方				测试地点		
测试项目		技术要求			测试结果	结论
外观和结构		外观应整洁,无损伤和形变,表面涂层无气泡、开裂、脱落等现象,外观主体颜色为白色				
		各零部件应安装正确、牢固,无机械变形、断裂、弯曲等,操作部分不应有迟滞、卡死、松脱等				
		通信接口和电源接口共用一个 5 芯的针型航空插头				
		数据处理模块和感应器件之间采用一体式结构设计,不需要外部连接线				
		各零部件表面应有涂、敷、镀等工艺措施,表面涂、敷、镀层应均匀,覆盖面达 100%				
		设备至少应标明:制造厂商名或商标或识别标记;制造厂商规定的产品型号、名称或型号标志				
		电源额定值的电源铭牌应包括:电源性质的符号(交流或直流);额定电压或额定电压范围;额定电流或功耗				
		尺寸不超过 260×545(筒外径×高,单位:mm)				
功能	基本要求	具有自处理、自适应、自诊断、自恢复、在线升级、即插即用等功能				
	测量要素	《需求书》3.2 测量要素				
	数据处理	《需求书》3.5 数据处理				
	数据存储	数据存储器应选择非易失性,容量应大于 4 MB,能满足 10 d 分钟观测要素及状态要素存储要求				
	数据传输	《需求书》3.7 数据传输				
	时钟精度	自带高精度实时时钟,响应校时命令进行校时;时钟走时误差≤1 s/d				
	供电	采用外置电源进行供电,外接电源供电电压为 9～15 V,电源应具有防反接功能				
电气性能	整机功耗	不大于 0.15 W				
	蓄电池容量	蓄电池容量不小于 4 Ah				
安全性	保护接地	接地端子或接地接触件与需要接地的零部件之间的连接电阻不超过 0.1 Ω				
	绝缘电阻	电源初级电路和机壳间绝缘电阻不小于 1 MΩ				
	抗电强度	电源的初级电路和外壳间能承受幅值 500 V,电流 5 mA 的冲击耐压试验,历时 1 min				
测试仪器		名称	型号		编号	

测试单位 _____　　　　　测试人员 _____

附表 10.2　采样算法和质量控制检测记录表

被试样品	名称	智能翻斗式雨量测量仪		测试日期	
	型号			环境温度	℃
	编号			环境湿度	%
被试方				测试地点	
采样算法	模拟值		输出数据	人工计算值	采样算法判断
质量控制	分钟值质控参数		模拟值	输出数据	输出质控	质控判断
	上限					
	下限					
	上限					
	下限					
	上限					
	下限					
	存疑界限					
	错误界限					

注：设置瞬时值质控参数上下限时应不超过采样值质控参数上下限范围。

测试单位＿＿＿＿＿＿＿＿＿＿＿＿＿＿＿＿　　　测试人员＿＿＿＿＿＿＿＿＿＿＿＿＿＿＿＿＿

附表 10.3　状态信息检测记录表

<table>
<tr><td rowspan="3">被试样品</td><td>名称</td><td colspan="2">智能翻斗式雨量测量仪</td><td>测试日期</td><td colspan="5"></td></tr>
<tr><td>型号</td><td colspan="2"></td><td>环境温度</td><td colspan="5">℃</td></tr>
<tr><td>编号</td><td colspan="2"></td><td>环境湿度</td><td colspan="5">%</td></tr>
<tr><td colspan="1">被试方</td><td colspan="3"></td><td>测试地点</td><td colspan="5"></td></tr>
<tr><td rowspan="2">状态变量</td><td colspan="9">状态信息检测记录</td></tr>
<tr><td colspan="3">状态判断依据</td><td>模拟状态</td><td>所有状态
数据输出</td><td>对应状态
变量码</td><td>状态判断</td></tr>
<tr><td rowspan="6">内部电路温度状态</td><td rowspan="2">第1组阈值</td><td>偏高阈值</td><td></td><td></td><td></td><td></td><td></td></tr>
<tr><td>偏低阈值</td><td></td><td></td><td></td><td></td><td></td></tr>
<tr><td rowspan="2">第2组阈值</td><td>偏高阈值</td><td></td><td></td><td></td><td></td><td></td></tr>
<tr><td>偏低阈值</td><td></td><td></td><td></td><td></td><td></td></tr>
<tr><td rowspan="2">第3组阈值</td><td>偏高阈值</td><td></td><td></td><td></td><td></td><td></td></tr>
<tr><td>偏低阈值</td><td></td><td></td><td></td><td></td><td></td></tr>
<tr><td rowspan="2">外接电源</td><td colspan="2">未接</td><td></td><td></td><td></td><td></td><td></td></tr>
<tr><td colspan="2">直流</td><td></td><td></td><td></td><td></td><td></td></tr>
<tr><td rowspan="6">内部电路电压状态</td><td rowspan="2">第1组阈值</td><td>偏高阈值</td><td></td><td></td><td></td><td></td><td></td></tr>
<tr><td>偏低阈值</td><td></td><td></td><td></td><td></td><td></td></tr>
<tr><td rowspan="2">第2组阈值</td><td>偏高阈值</td><td></td><td></td><td></td><td></td><td></td></tr>
<tr><td>偏低阈值</td><td></td><td></td><td></td><td></td><td></td></tr>
<tr><td rowspan="2">第3组阈值</td><td>偏高阈值</td><td></td><td></td><td></td><td></td><td></td></tr>
<tr><td>偏低阈值</td><td></td><td></td><td></td><td></td><td></td></tr>
<tr><td rowspan="2">内部电路电流状态</td><td colspan="2">偏高阈值</td><td></td><td></td><td></td><td></td><td></td></tr>
<tr><td colspan="2">偏低阈值</td><td></td><td></td><td></td><td></td><td></td></tr>
<tr><td rowspan="2">外接电源电压状态</td><td colspan="2">偏高阈值</td><td></td><td></td><td></td><td></td><td></td></tr>
<tr><td colspan="2">偏低阈值</td><td></td><td></td><td></td><td></td><td></td></tr>
<tr><td rowspan="3">翻斗式雨量
工作状态检测</td><td colspan="2">雨量筒筒口
堵塞监测</td><td></td><td></td><td></td><td></td><td></td></tr>
<tr><td colspan="2">雨量筒上翻
斗状态监测</td><td></td><td></td><td></td><td></td><td></td></tr>
<tr><td colspan="2">计数翻斗
状态监测</td><td></td><td></td><td></td><td></td><td></td></tr>
<tr><td colspan="9">注:检测每种状态时均要注意自检状态 z 的输出值。</td></tr>
</table>

测试单位＿＿＿＿＿＿＿＿＿＿＿＿＿＿　　　　测试人员＿＿＿＿＿＿＿＿＿＿＿＿＿＿

附表 10.4　数据格式检测记录表

<table>
<tr><td rowspan="3">被试样品</td><td>名称</td><td colspan="2">智能翻斗式雨量测量仪</td><td>测试日期</td><td></td><td></td></tr>
<tr><td>型号</td><td colspan="2"></td><td>环境温度</td><td></td><td>℃</td></tr>
<tr><td>编号</td><td colspan="2"></td><td>环境湿度</td><td></td><td>%</td></tr>
<tr><td>被试方</td><td colspan="3"></td><td>测试地点</td><td colspan="2"></td></tr>
<tr><td>组成部分</td><td colspan="4">测试项目</td><td>测试结果</td><td>备注</td></tr>
<tr><td>起始标志</td><td colspan="4">为"BG"</td><td></td><td></td></tr>
<tr><td>版本号</td><td colspan="4">3 位数字</td><td></td><td></td></tr>
<tr><td>区站号</td><td colspan="4">5 位字符</td><td></td><td></td></tr>
<tr><td>纬度</td><td colspan="4">6 位数字,是否在正常范围之内</td><td></td><td></td></tr>
<tr><td>经度</td><td colspan="4">7 位数字,是否在正常范围之内</td><td></td><td></td></tr>
<tr><td>观测场海拔高度</td><td colspan="4">5 位数字</td><td></td><td></td></tr>
<tr><td>服务类型</td><td colspan="4">2 位数字</td><td></td><td></td></tr>
<tr><td>设备标识位</td><td colspan="4">4 位字母 YTBR</td><td></td><td></td></tr>
<tr><td>设备 ID</td><td colspan="4">3 位数字</td><td></td><td></td></tr>
<tr><td>观测时间</td><td colspan="4">14 位数字,并且满足年 4 位,月、日、时、分、秒各 2 位的格式</td><td></td><td></td></tr>
<tr><td>帧标识</td><td colspan="4">3 位数字,且满足《需求书》规定</td><td></td><td></td></tr>
<tr><td>观测要素变量数</td><td colspan="4">3 位数字</td><td></td><td></td></tr>
<tr><td>设备状态变量数</td><td colspan="4">2 位数字</td><td></td><td></td></tr>
<tr><td rowspan="5">数据主体中
观测数据部分</td><td colspan="4">观测要素变量名、变量值成对出现</td><td></td><td></td></tr>
<tr><td colspan="4">观测要素变量名、变量值对的数量与前面的观测要素变量数相等</td><td></td><td></td></tr>
<tr><td colspan="4">观测要素变量名是《需求书》中定义的变量名</td><td></td><td></td></tr>
<tr><td colspan="4">单个观测要素变量值组成字符合法(①由 0—9 的数字组成,首位可为"—"字符;②全是"/"字符;③全是"＊"字符)</td><td></td><td></td></tr>
<tr><td colspan="4">观测要素变量名出现的先后顺序满足《需求书》定义的顺序</td><td></td><td></td></tr>
<tr><td rowspan="2">数据主体中
质量控制部分</td><td colspan="4">各位组成字符合法(组成字符:0、1、2、3、4、5、6、7、8、9)</td><td></td><td></td></tr>
<tr><td colspan="4">长度与观测要素变量数相等</td><td></td><td></td></tr>
<tr><td rowspan="4">数据主体中
状态信息部分</td><td colspan="4">仪器状态变量名、变量值成对出现</td><td></td><td></td></tr>
<tr><td colspan="4">仪器状态变量名、变量值对的数量等于传感器状态变量数</td><td></td><td></td></tr>
<tr><td colspan="4">仪器状态变量名是《需求书》中定义的变量名</td><td></td><td></td></tr>
<tr><td colspan="4">单个仪器状态变量值的组成字符合法(组成字符:0~9 十个数字字符)</td><td></td><td></td></tr>
<tr><td>校验码</td><td colspan="4">计算从记录首字符到校验码前一字符的所有字符 ASCⅡ码值之和,取后 4 位(不足 4 位前面补 0)即为计算得到的检验码,计算得到的检验码等于记录中的检验码(注:记录首字符、校验码前一字符、分隔符",",均包括在内)</td><td></td><td></td></tr>
<tr><td>结束标志</td><td colspan="4">为"ED"</td><td></td><td></td></tr>
</table>

测试单位＿＿＿＿＿＿＿＿＿＿＿＿＿＿＿＿＿　　　　测试人员＿＿＿＿＿＿＿＿＿＿＿＿＿＿＿＿＿

附表 10.5　通信命令检测记录表

被试样品	名称	智能翻斗式雨量测量仪	测试日期		
	型号		环境温度		℃
	编号		环境湿度		%
被试方			测试地点		

第一项:设备监控命令测试

命令	测试项目	测试结果	备注
CR 设置命令	成功设置仪器的校正或检定参数(先测试在没有权限下是否可以进行设置,测试完成后在测试在权限下是否可以进行设置)		
CR 读取命令	读取到仪器设置和检定参数		
	读取到的仪器校正或检定参数与之前设置的一致		
SN 设置命令	成功设置仪器序列号(先测试在没有权限下是否可以进行设置,测试完成后在测试在权限下是否可以进行设置)		
SN 读取命令	成功读取到仪器序列号		
	读取到的仪器序列号与设置的一致		
SETCOM 设置命令	成功设置仪器串口参数		
SETCOM 读取命令	读取到串口参数		
	读取到的串口参数与之前设置的参数一致		
AUTOCHECK 命令	仪器自检成功		
HELP 命令	仪器返回终端命令清单		
QZ 设置命令	成功设置区站号		
QZ 读取命令	读取到区站号		
	读取到的区站号与之前设置的区站号一致		
ST 设置命令	成功设置服务类型		
ST 读取命令	读取到服务类型		
	读取到的服务类型与之前设置的服务类型一致		
DI 命令	读取到设备标识位		
ID 设置命令	成功设置仪器 ID		
ID 读取命令	读取到仪器 ID		
	读取到的仪器 ID 与之前设置的仪器 ID 一致		
LAT 设置命令	成功设置气象观测站纬度		
LAT 读取命令	读取到气象观测站纬度		
	读取到的纬度与之前设置的纬度一致		
LONG 设置命令	成功设置气象观测站经度		
LONG 读取命令	读取到气象观测站经度		
	读取到的经度与之前设置的经度一致		
DATE 设置命令	成功设置仪器日期		
DATE 读取命令	读取到仪器日期		
	读取到的仪器日期为设置的日期		
TIME 设置命令	成功设置仪器时间		
TIME 读取命令	读取到仪器时间		
	读取到的仪器时间为设置的时间		

被试样品	名称	智能翻斗式雨量测量仪	测试日期	
	型号		环境温度	℃
	编号		环境湿度	%
被试方			测试地点	

第一项:设备监控命令测试

命令	测试项目	测试结果	备注
DATETIME 设置命令	成功设置仪器日期时间		
DATETIME 读取命令	读取到日期时间		
	读取到的日期时间是设置的日期时间		
FTD 设置命令	成功设置仪器在主动模式下的发送时间间隔		
FTD 读取命令	读取到仪器在主动模式下的发送时间间隔		
	读取到的时间间隔与之前设置的时间间隔一致		
STDEV 设置命令	成功设置仪器数据标准偏差值计算的时间间隔		
STDEV 读取命令	成功读取仪器数据标准偏差计算的时间间隔		
	读取到的时间间隔与设置的一致		
FAT 设置命令	成功设置仪器在主动模式下的发送时间		
FAT 读取命令	读取到仪器在主动模式下的发送时间		
	读取到的时间间隔与之前设置的时间一致		
SETCOMWAY,设备标识符,设备 ID,0\r\n	成功设置仪器工作模式为被动模式		
SETCOMWAY,设备标识符,设备 ID\r\n	成功读取仪器的工作模式		
	读取到的工作模式与设置的一致		
SETCOMWAY,设备标识符,设备 ID,1\r\n	成功设置仪器工作模式为主动模式		
FTD,设备标识符,设备 ID,001,分钟时间间隔\r\n	成功设置仪器在主动模式下的分钟数据发送时间间隔		
仪器在主动模式下发送数据功能检测	仪器在规定时间范围内成功发送预期数量的分钟数据(未设置 FAT 情况下在每分钟的 15 秒之前完成数据上传)		
SS	读取到仪器工作参数值		
	返回数据符合格式要求		
STAT 读取命令	读取到仪器所有状态数据		
	返回数据符合格式要求		
AT 设置命令	成功设置设备正常工作温度范围		
AT 读取命令	成功读取设备正常工作温度范围		
	读取到的范围与设置一致		
VV 设置命令	成功设置仪器正常工作电压范围		
VV 读取命令	成功读取仪器正常工作电压范围		
	读取到的范围与设置的一致		

被试样品	名称	智能翻斗式雨量测量仪	测试日期	
	型号		环境温度	℃
	编号		环境湿度	%
被试方			测试地点	

第一项:设备监控命令测试

命令	测试项目	测试结果	备注
DOWN 命令	下载到分钟历史数据		
	下载的分钟历史数据的数据格式、时间等符合要求		
READDATA 命令	读取到分钟数据		
	读取到的分钟数据,数据格式正常		
QCPS 设置命令	成功设置采样值质量控制参数		
QCPS 读取命令	读取仪器的采样值质量控制参数		
	读取到的仪器的采样值质量控制参数与之前设置的一致		
QCPM 设置命令	成功设置瞬时气象值质量控制参数		
QCPM 读取命令	读取仪器的瞬时气象值质量控制参数		
	读取到的仪器的瞬时气象值的质量控制参数与之前设置的一致		
RESET 命令	仪器成功复位		
任意输入一条错误命令	回复<设备标识符,设备 ID,BADCOMMAND>		

第二项:历史数据下载测试

下载类型	组成部分	测试项目	测试结果	备注
分钟历史 数据下载	数据记录条数	等于预期条数(从 DO 命令的起止时间可以算出预期条数)		
	单条记录 完整性	以"BG"打头,"ED"结尾		
	记录时间	记录时间超出时间范围条数		
		记录时间重复条数		
		记录丢失条数		
分钟历史数据 下载(仪器未 开机时的 "缺测数据")	数据记录条数	等于预期条数(从 DOWN 命令的起止时间可以算出预期条数)		
	单条记录 完整性	格式为 BG,QZ(区站),ST(服务类型),DI(设备标识),ID(设备 ID),DATETIME(时间),FI(帧标识),/////,校验,ED↙		
	记录时间	记录时间超出时间范围条数		
		记录时间重复条数		
		记录丢失条数		

注 1:时间重复条数计算方法:若有 x 条记录的时间相同,则有 $x-1$ 条记录时间重复,然后求出所有重复条数的和值;

注 2:丢失条数计算方法:记录的时间位于时间范围之内,重复记录按一条计算,用这种方法算出实际有效的记录数,然后计算出预期记录数减去实际有效记录数的差值。

测试单位＿＿＿＿＿＿＿＿＿＿＿＿＿＿＿＿　　　测试人员＿＿＿＿＿＿＿＿＿＿＿＿＿＿＿＿

附表 10.6　测量性能测试记录表

<table>
<tr><td rowspan="3">被试样品</td><td>名称</td><td colspan="2">智能翻斗式雨量测量仪</td><td>测试日期</td><td colspan="2"></td></tr>
<tr><td>型号</td><td colspan="2"></td><td>环境温度</td><td colspan="2">℃</td></tr>
<tr><td>编号</td><td colspan="2"></td><td>环境湿度</td><td colspan="2">%</td></tr>
<tr><td>被试方</td><td colspan="3"></td><td>测试地点</td><td colspan="2"></td></tr>
<tr><td colspan="2">分辨力</td><td colspan="5"></td></tr>
<tr><td colspan="2">测试点</td><td colspan="2">标准值/mm</td><td colspan="3">测量值/mm</td></tr>
<tr><td rowspan="5">10 mm
1 mm/min</td><td>1</td><td colspan="2"></td><td colspan="3"></td></tr>
<tr><td>2</td><td colspan="2"></td><td colspan="3"></td></tr>
<tr><td>3</td><td colspan="2"></td><td colspan="3"></td></tr>
<tr><td>平均值</td><td colspan="2"></td><td colspan="3"></td></tr>
<tr><td>误差值/mm</td><td colspan="2"></td><td colspan="3"></td></tr>
<tr><td rowspan="5">30 mm
4 mm/min</td><td>1</td><td colspan="2"></td><td colspan="3"></td></tr>
<tr><td>2</td><td colspan="2"></td><td colspan="3"></td></tr>
<tr><td>3</td><td colspan="2"></td><td colspan="3"></td></tr>
<tr><td>平均值</td><td colspan="2"></td><td colspan="3"></td></tr>
<tr><td>误差值/mm</td><td colspan="2"></td><td colspan="3"></td></tr>
<tr><td rowspan="3">测试仪器</td><td colspan="2">名称</td><td colspan="2">型号</td><td colspan="2">编号</td></tr>
<tr><td colspan="2"></td><td colspan="2"></td><td colspan="2"></td></tr>
<tr><td colspan="2"></td><td colspan="2"></td><td colspan="2"></td></tr>
</table>

测试单位_____　　　　测试人员_____

第 11 章　智能称重式降水测量仪①

11.1　目的

规范智能称重式降水测量仪测试的内容和方法,通过测试与试验,检验是否满足《智能称重式降水测量仪-I 型功能规格需求书》(气测函〔2017〕186 号)(简称《需求书》)的要求。

11.2　基本要求

11.2.1　被试样品

提供 3 套或以上同一型号的智能称重式降水测量仪作为被试样品。在整个测试试验期间被试样品应连续工作,数据正常上传至指定的业务终端或自带终端。功能检测和环境试验可抽取 1 套被试样品。

11.2.2　试验场地

(1)选择 2 个或以上试验场地,至少包含 2 个不同的气候区,尽量选择接近被试样品使用环境要求的气象参数极限值。

(2)试验场地既临近业务观测场又不影响正常观测业务,在同一试验场地安装多套被试样品时,应避免相互影响。

11.2.3　标准器

测量性能的测试在实验室进行,采用的标准器见表 11.1,可任选其一。

表 11.1　测量性能测试标准器

标准器	指标要求
标准玻璃量器	容量:314.16 mL,942.48 mL 允许误差:±0.314 mL
加液器	测量范围:0~30 mm 允许误差:±0.2%

11.3　静态测试

11.3.1　外观和结构

以目测和手动操作为主,检查被试样品外观与结构,应满足《需求书》4.7 体积指标、5 结构

---

① 本章作者:任晓毓、巩娜、王志成、张明、安涛

及材料要求、9.2 外观要求,检查结果记录在本章附表 11.1。

11.3.2 功能

应满足《需求书》3 功能要求、6 供电要求、9.3 时钟精度,检测结果记录在本章附表 11.1。方法如下:

(1)基本要求

通过实际操作检测被试样品是否具有自处理、自适应、自诊断、自恢复、在线升级、即插即用的功能。

(2)测量要素

通过命令读取 1 min、5 min 观测要素,检查输出观测要素名称及编码是否符合要求。

(3)数据采集

按照数据采样方法输出降水量 1 min 和 5 min 累计值。检测结果记录在本章附表 11.2。

(4)数据质量控制

通过串口调试助手对被试样品的数据极限范围、变化速率等参数进行设置,检查输出的观测要素是否按采样算法要求输出以及对应的质控码是否正确显示。检测结果记录在本章附表 11.2。

(5)数据处理

人工进行分钟数据计算,将被试样品的输出数据与人工计算数据进行比较,判断分钟数据是否按采样算法要求输出。至少进行三次数据模拟。

(6)数据存储

被试样品正常工作不少于 1 d,通过命令读取历史数据,检查被试样品内部是否保存了完整的分钟数据,计算 10 d 需要存储数据的字节数并与被试样品存储容量比较,存储的数据量应不少于 10 d、容量大于 4 MB。

(7)数据传输

检查通信接口是否采用三线制 RS232 串口,波特率、序列号是否符合要求,是否具备主动和被动数据传输模式。

(8)状态监控

通过设定各状态检测判断的阈值,检查状态检测原始值;改变状态值或状态检测判断阈值,查看相应状态码是否按照要求输出。检测结果记录在本章附表 11.3。

(9)数据格式

进行分钟数据包帧格式测试和历史数据下载功能测试,发送命令检查数据帧格式是否符合要求。检测结果记录在本章附表 11.4。

(10)通信命令

通过串口线连接上位机与被试样品,逐条检查被试样品通信是否正常。检测结果记录在本章附表 11.5。

(11)时钟精度

使用"DATETIME"命令对被试样品参照"北京时"进行校时,被试样品正常工作 1 d 后进行对时检查,走时误差在 1 s 内为合格。

注:由于人工操作可能会造成时间误差,实际检测时走时误差在 2 s 内为合格。

(12)供电

采用规定的上限和下限电压工作,被试样品应能正常工作,检查电源应具有防反接功能。

11.3.3 电气性能

11.3.3.1 要求

(1)功耗:整机功耗不大于 1.2 W。

(2)蓄电池:如采用蓄电池供电,蓄电池容量应不小于 25 Ah。

11.3.3.2 测试方法

(1)功耗:被试样品正常工作的情况下,使用万用表分别测量供电电压 U 和电流 I,用 $P = U \times I$ 计算平均功耗。整机功耗不大于 1.2 W 为合格。

(2)蓄电池:在蓄电池输出端连接阻抗较小的发热型电阻,增大放电电流 I,在放电回路中串联电流表,记录放电时间 t,则蓄电池容量 $P = I \times t$。

测试结果记录在本章附表 11.1。

11.3.4 安全性

11.3.4.1 要求

(1)保护接地

应有保护接地措施,接地端子或接地接触件与需要接地的零部件之间的连接电阻不应超过 0.1 Ω。

(2)绝缘电阻

电源初级电路和机壳间绝缘电阻,不应小于 1 MΩ。

(3)抗电强度

电源的初级电路和外壳间应能承受幅值 500 V,电流 5 mA 的冲击耐压试验,历时 1 min,试验中不应出现飞弧和击穿。试验结束后被试样品能正常工作。

11.3.4.2 测试方法

(1)保护接地

按照 GB/T 6587—2012 进行试验和评定。

(2)绝缘电阻

按照 GB/T 24343—2009 进行试验和评定。

(3)抗电强度

按照 GB 4943.1—2011 进行试验和评定。

上述测试结果记录在本章附表 11.1。

11.3.5 测量性能

11.3.5.1 要求

承水桶容量范围:0~400 mm;

分辨力:0.1 mm;

允许误差:±0.4 mm(≤10 mm);±4%(>10 mm)。

11.3.5.2 测试方法

(1)承水桶容量范围:分别读取空桶和满桶的质量测量结果,两者之差换算成雨量,应不小于 400 mm。

(2)分辨力:向承水桶中注入 0.1 mm 水,读取测量结果应为 0.1 mm。

（3）初测：在 10 mm 降水量、1 mm/min 降水强度和 30 mm 降水量、4 mm/min 降水强度两个点分别测试 3 次。首先进行 30 mm 降水量、4 mm/min 降水强度点的测试。测量值的平均值减去标准值的平均值，得到误差值，应在允许误差限内。

（4）复测：动态比对试验结束后，再次对被试样品的测量性能进行复测，复测环境和条件与初测一致。

测试结果记录在本章附表 11.6。

11.4　环境试验

11.4.1　气候环境

11.4.1.1　要求

温度：工作环境 −45～60 ℃，贮存环境 −60～60 ℃；

湿度：0～100%；

气压：550～1060 hPa；

外壳防护等级：IP65；

盐雾：48 h 盐雾试验。

11.4.1.2　试验方法

试验方法如下：

（1）低温：−45 ℃工作 2 h，−60 ℃贮存 2 h。采用 GB/T 2423.1 进行试验、检测和评定。

（2）高温：60 ℃工作 2 h，60 ℃贮存 2 h。采用 GB/T 2423.2 进行试验、检测和评定。

（3）恒定湿热：40 ℃，93%，持续时间 12 h，通电后正常工作。采用 GB/T 2423.3 进行试验、检测和评定。

（4）低气压：550 hPa 工作 30 min。采用 GB/T 2423.21 进行试验、检测和评定。

（5）外壳防护等级：应符合 GB/T 4208 中 IP65 的规定。

（6）盐雾试验：48 h 盐雾沉降试验。采用 GB/T 2423.17 进行试验、检测和评定。

11.4.2　机械环境

11.4.2.1　要求

（1）宽带随机振动

加速度谱密度为：

频率范围 2～10 Hz，30 m²/s³；

频率范围 10～200 Hz，3 m²/s³；

频率范围 200～500 Hz，1 m²/s³。

试验持续时间：3 min。

（2）冲击

峰值加速度：500 m/s²；

脉冲持续时间：11 ms；

次数：应对被试产品的三个互相垂直方向的每一方向连续施加三次冲击，即共 18 次。

(3)自由跌落

重量≤10 kg,跌落高度 105 cm;

10 kg<重量≤25 kg,跌落高度 90 cm;

25 kg<重量≤50 kg,跌落高度 65 cm;

50 kg<重量≤75 kg,跌落高度 50 cm;

75 kg<重量≤100 kg,跌落高度 45 cm。

试验台面为平整的水泥地面或钢板。

跌落次数:上、下、左、右、前、后六个方向上各一次,共 6 次。

11.4.2.2　试验方法

(1)宽带随机振动

按照 GB/T 2423.56—2018 进行试验和结果评定。

(2)冲击

按照 GB/T 2423.5—2019 进行试验和结果评定。

(3)自由跌落

按照 GB/T 6587—2012 进行试验和结果评定。

11.4.3　电磁兼容

11.4.3.1　要求

应满足表 11.2 试验内容和严酷度等级要求。

表 11.2　电磁抗扰度试验内容和严酷度等级

内容	试验条件		
	交流电源端口	直流电源端口	控制和信号端口
浪涌(冲击)抗扰度	线对线:±1 kV 线对地:±2 kV	线对线:±1 kV 线对地:±2 kV	线对地:±2 kV
电快速瞬变脉冲群抗扰度	±2 kV　5 kHz	±1 kV　5 kHz	±1 kV　5 kHz
射频电磁场辐射抗扰度	80～1000 MHz,3 V/m,80%AM(1 kHz)		
静电放电抗扰度	接触放电:±4 kV,空气放电:±8 kV		

11.4.3.2　试验方法

被试样品均应在正常工作状态下进行下列试验。

(1)静电放电抗扰度试验

被试样品按台式(接地或不接地)和落地式设备(接地或不接地)进行配置,确定施加放电点,每个放电点进行至少 10 次放电。如被试样品涂膜未说明是绝缘层,则发生器电极头应穿入漆膜与导电层接触;若涂膜为绝缘层,则只进行空气放电。接触放电 4 kV,空气放电 4kV,采用 GB/T 17626.2 进行试验、检测和评定。

(2)射频电磁场辐射抗扰度试验

被试样品按现场安装姿态放置在试验台上,按照 80～1000 MHz,3 V/m,80%AM (1 kHz),采用 GB/T 17626.3 进行试验、检测和评定。

（3）电快速瞬变脉冲群抗扰度试验

交流电源端口：±2 kV、5 kHz，直流电源端口：±1 kV、5 kHz，控制和信号端口：±1 kV、5 kHz，试验持续时间不短于 1 min。采用 GB/T 17626.4 依次对被试产品的试验端口进行正负极性试验、检测和评定。

（4）浪涌（冲击）抗扰度试验

施加在直流电源端和互连线上的浪涌脉冲次数应为正、负极性各 5 次；对交流电源端口，应分别在 0°、90°、180°、270°相位施加正、负极性各 5 次的浪涌脉冲。试验速率为每分钟 1 次。交流电源端口：线对线±2 kV，线对地±4 kV；直流电源端口：线对线±1 kV，线对地±2 kV；控制和信号端口：线对地±2 kV，采用 GB/T 17626.5 进行试验、检测和评定。

上述试验结束后，均应进行最后检测，检查其是否保持在技术要求限值内性能正常。

11.5　动态比对试验

按照可靠性试验方案确定试验时间，且不少于 3 个月；若动态比对试验的时间超过了可靠性试验的截止时间，应按照动态比对试验的时间结束试验。动态比对试验主要评定被试样品的数据完整性、测量准确性、设备稳定性、测量结果一致性、设备可靠性等项目。可比较性的结果，仅用于判断是否能够纳入气象观测网使用或能否组成新的气象观测网，不作为被试样品是否合格的依据。

11.5.1　数据完整性

11.5.1.1　评定方法

用业务终端或自带终端接收到的观测数据个数评定数据的完整性。排除由于外界干扰因素造成的数据缺测，评定每套被试样品的数据完整性。

数据完整性（%）＝（实际观测数据个数/应观测数据个数）×100%

11.5.1.2　评定指标

数据完整性大于等于 99.9%。

11.5.2　测量准确性

11.5.2.1　评定方法

外场比对标准可从以下三种任选其一：①液态降水采用坑式雨量器作为比对标准，固态降水采用双栅式比对用标准（DFIR）；②地面气象观测业务中使用的人工雨量桶观测；③在被试样品外场安装调试后、动态比对试验开始前，动态比对试验结束后，动态比对试验期间进行不少于 3 次、使用加液器在试验现场检测各被试样品的测量准确性。

动态测量误差用被试样品对于标准器的误差区间$(x-ks, x+ks)$表示，置信系数取 $k=1$。

11.5.2.2　评定指标

误差区间$(x-ks, x+ks)$应在允许误差限内。

11.5.3　设备稳定性

11.5.3.1　评定方法

在初测合格的基础上，通过动态比对试验，不对被试样品作任何调整和维护，进行测量性能的复测。用两次测量结果进行对比,稳定性 w 用公式(11.1)计算。

$$w = x_1 - x_0 \tag{11.1}$$

式中,w 为稳定性;x_0 为初测时的测量值;x_1 为复测时的测量值。

11.5.3.2　评定指标

稳定性 w 应在允许误差限内。

11.5.4　测量结果一致性

11.5.4.1　评定方法

两台被试样品在同一试验场地,用两台被试样品小时降水量、日降水量或降水过程的测量值的差值进行系统误差和标准偏差的计算。

11.5.4.2　评定指标

系统误差的绝对值小于等于允许误差半宽的三分之一,且标准偏差的绝对值小于等于允许误差的半宽。

11.5.5　可比较性

被试样品小时降水量、日降水量或降水过程的测量值与业务雨量值的差值进行系统误差和标准偏差的计算。如果系统误差的绝对值小于等于允许误差半宽的二分之一,且标准偏差的绝对值小于等于允许误差的半宽,则可判断被试样品能够纳入气象观测网使用或能组成新的气象观测网。

11.5.6　设备可靠性

可靠性反映被试样品在规定的情况下,在规定的时间内,完成规定功能的能力。以平均故障间隔时间(MTBF)表示设备的可靠性。平均故障间隔时间 MTBF(θ_1)大于等于 8000 h。

11.5.6.1　试验方案

按照定时截尾试验方案,在 QX/T 526—2019 表 A.1 的方案类型中选用标准型或短时高风险两种试验方案之一,推荐选用标准型试验方案。

11.5.6.1.1　标准型试验方案

采用 17 号方案,即生产方和使用方风险各为 20%,鉴别比为 3 的定时截尾试验方案,试验的总时间为规定 MTBF 下限值(θ_1)的 4.3 倍,接受故障数为 2,拒收故障数为 3。

试验总时间 T 为:

$$T = 4.3 \times 8000 \text{ h} = 34400 \text{ h}$$

要求 3 套或以上被试样品进行动态比对试验。以 3 套被试样品为例,每台试验的平均时间 t 为:

3 套被试样品:$t = 34400 \text{ h}/3 = 11466.7 \text{ h} = 477.8 \text{ d} \approx 478 \text{ d}$

若为了缩短试验时间,可增加被试样品的数量,如:

4 套被试样品:$t = 34400 \text{ h}/4 = 8600 \text{ h} = 358.3 \text{ d} \approx 359 \text{ d}$

所以 3 套被试样品需试验 478 d,4 套需试验 359 d,期间允许出现 2 次故障。

11.5.6.1.2　短时高风险试验方案

采用 21 号方案,即生产方和使用方风险各为 30%,鉴别比为 3 的定时截尾试验方案,试验的总时间为规定 MTBF 下限值(θ_1)的 1.1 倍,接受故障数为 0,拒收故障数为 1。

试验总时间 T 为：

$$T = 1.1 \times 8000 \text{ h} = 8800 \text{ h}$$

3 套被试样品进行动态比对试验，每台试验的平均时间 t 为：

$$t = 8800 \text{ h}/3 = 2933.3 \text{ h} = 122.2 \text{ d} \approx 123 \text{ d}$$

若为了缩短试验时间，可增加被试样品的数量，如：

4 套被试样品：$t = 8800 \text{ h}/4 = 2200 \text{ h} = 91.7 \text{ d} \approx 92 \text{ d}$

所以 3 套被试样品需试验 123 d，4 套需试验 92 d，期间允许出现 0 次故障。根据 QX/T 526—2019 的 5.3 规定，至少应进行 3 个月的试验。

11.5.6.2　MTBF 观测值的计算

MTBF 的观测值（点估计值）$\hat{\theta}$ 用公式（11.2）计算。

$$\hat{\theta} = \frac{T}{r} \tag{11.2}$$

式中，T 为试验总时间，是所有被试样品试验期间各自工作时间的总和；r 为总责任故障数。

11.5.6.3　MTBF 置信区间的估计

按照 QX/T 526—2019 中的 A.2.3 计算 MTBF 置信区间的估计值。

11.5.6.3.1　有故障的 MTBF 置信区间估计

采用 11.5.6.1.1 标准型试验方案，使用方风险 $\beta = 20\%$ 时，置信度 $C = 60\%$；采用 11.5.6.1.2 短时高风险试验方案，使用方风险 $\beta = 30\%$ 时，置信度 $C = 40\%$。

根据责任故障数 r 和置信度 C，由 QX/T 526—2019 中表 A.2 查取置信上限系数 $\theta_U(C', r)$ 和置信下限系数 $\theta_L(C', r)$，其中，$C' = (1+C)/2 = 1 - \beta$，MTBF 的置信区间下限值 θ_L 用公式（11.3）计算，上限值 θ_U 用公式（11.4）计算

$$\theta_L = \theta_L(C', r) \times \hat{\theta} \tag{11.3}$$

$$\theta_U = \theta_U(C', r) \times \hat{\theta} \tag{11.4}$$

MTBF 的置信区间表示为 (θ_L, θ_U)（置信度为 C）。

11.5.6.3.2　故障数为 0 的 MTBF 置信区间估计

若责任故障数 r 为 0，只给出置信下限值，用公式（11.5）计算。

$$\theta_L = T/(-\ln\beta) \tag{11.5}$$

式中，T 为试验总时间，是所有被试样品试验期间各自工作时间的总和；β 为使用方风险。采用 11.5.6.1.1 标准型试验方案，使用方风险 $\beta = 20\%$；采用 11.5.6.1.2 短时高风险试验方案，使用方风险 $\beta = 30\%$。

这里的置信度应为 $C = 1 - \beta$。

11.5.6.4　试验结论

（1）按照试验中可接收的故障数判断可靠性是否合格。

（2）可靠性试验无论是否合格，都应给出被试样品平均故障间隔时间（MTBF）的观测值 $\hat{\theta}$ 和置信区间估计的上限 θ_U 和下限 θ_L，表示为 (θ_L, θ_U)（置信度为 C）。

11.5.6.5　故障的认定和记录

按照 QX/T 526—2019 的 A.3 认定和记录故障。故障认定应区别责任故障和非责任故障，故障记录在动态比对试验的设备故障维修登记表中，见附表 A。

11.5.7　维修性

设备的维修性,应在功能检测中检查维修可达性,审查维修手册的适用性。

11.6　结果评定

11.6.1　单项评定

以下各项均合格的,视该被试样品合格,有一项不合格的,视为不合格。

(1)静态测试和环境试验

被试样品静态测试和环境试验合格后,方可进行动态比对试验。

(2)动态比对试验

①数据完整性

数据完整性(%)≥99.9%为合格。

②测量准确性

误差区间$(x-ks,x+ks)$在允许误差限内为合格。

③设备稳定性

稳定性w在允许误差限内为合格。

④测量结果一致性

两台被试样品相同时次测量值差值的系统误差的绝对值小于等于允许误差半宽的三分之一,且标准偏差的绝对值小于等于允许误差的半宽为合格。

⑤设备可靠性

若选择 11.5.6.1.1 标准型试验方案,最多出现 2 次故障为合格;若选择 11.5.6.1.2 短时高风险试验方案,无故障为合格。

11.6.2　总评定

被试样品总数的 2/3 及以上合格时,视该型号被试样品为合格,否则不合格。

本章附表

附表 11.1　外观、结构、功能、电气性能、安全性检测记录表

被试样品	名称	智能称重式降水测量仪		测试日期	
	型号			环境温度	℃
	编号			环境湿度	%
被试方				测试地点	
测试项目		技术要求		测试结果	结论
外观和结构		外观应整洁,无损伤和形变,表面涂层无气泡、开裂、脱落等现象,外观主体颜色为白色			
		各零部件应安装正确、牢固,无机械变形、断裂、弯曲等,操作部分不应有迟滞、卡死、松脱等			
		通信接口和电源接口共用一个 5 芯的针型航空插头			
		数据处理模块和感应器件之间采用一体式结构设计,不需要外部连接线			
		各零部件表面应有涂、敷、镀等工艺措施,表面涂、敷、镀层应均匀,覆盖面达 100%			
		设备至少应标明:制造厂商名或商标或识别标记;制造厂商规定的产品型号、名称或型号标志			
		电源额定值的电源铭牌应包括:电源性质的符号(交流或直流);额定电压或额定电压范围;额定电流或功耗			
		尺寸不超过 400×780(筒外径×高,单位:mm)			
功能	基本要求	具有自处理、自适应、自诊断、自恢复、在线升级、即插即用等功能			
	测量要素	《需求书》3.2 测量要素			
	数据处理	《需求书》3.5 数据处理			
	数据存储	数据存储器应选择非易失性,容量应大于 4MB,能满足 10 d 分钟观测要素及状态要素存储要求			
	数据传输	《需求书》3.7 数据传输			
	时钟精度	自带高精度实时时钟,响应校时命令进行校时;时钟走时误差≤1 s/d			
	供电	采用外置电源进行供电,外接电源供电电压为 9～15 V,电源应具有防反接功能			
电气性能	整机功耗	不大于 1.2 W			
	蓄电池容量	蓄电池容量不小于 25 Ah			
安全性	保护接地	接地端子或接地接触件与需要接地的零部件之间的连接电阻不超过 0.1 Ω			
	绝缘电阻	电源初级电路和机壳间绝缘电阻不小于 1 MΩ			
	抗电强度	电源的初级电路和外壳间能承受幅值 500 V,电流 5 mA 的冲击耐压试验,历时 1 min			
测试仪器		名称	型号	编号	

测试单位_____　　测试人员_____

附表 11.2　采样算法和质量控制检测记录表

被试样品	名称	智能称重式降水测量仪		测试日期	
	型号			环境温度	℃
	编号			环境湿度	%
被试方				测试地点	

采样算法	模拟值	输出数据	人工计算值	采样算法判断

质量控制	分钟值质控参数	模拟值	输出数据	输出质控	质控判断
	上限				
	下限				
	上限				
	下限				
	上限				
	下限				
	存疑界限				
	错误界限				

注:设置瞬时值质控参数上下限时应不超过采样值质控参数上下限范围。

测试单位＿＿＿＿＿＿＿＿＿＿＿＿＿＿＿＿　　测试人员＿＿＿＿＿＿＿＿＿＿＿＿＿＿＿＿＿

附表 11.3 状态信息检测记录表

被试样品	名称		智能称重式降水测量仪		测试日期		
	型号				环境温度		℃
	编号				环境湿度		%
被试方					测试地点		
状态信息检测记录							
状态变量			状态判断依据		模拟状态	所有状态数据输出	对应状态变量码	状态判断
内部电路温度状态	第 1 组阈值	偏高阈值					
		偏低阈值					
	第 2 组阈值	偏高阈值					
		偏低阈值					
	第 3 组阈值	偏高阈值					
		偏低阈值					
外接电源	未接						
	直流						
内部电路电压状态	第 1 组阈值	偏高阈值					
		偏低阈值					
	第 2 组阈值	偏高阈值					
		偏低阈值					
	第 3 组阈值	偏高阈值					
		偏低阈值					
内部电路电流状态	偏高阈值						
	偏低阈值						
外接电源电压状态	偏高阈值						
	偏低阈值						
蓄电池电压状态	偏高阈值						
	偏低阈值						
盛水桶工作状态	偏高阈值						
	偏低阈值						

注:检测每种状态时均要注意自检状态 z 的输出值。

测试单位_____   测试人员_____

附表 11.4　数据格式检测记录表

<table>
<tr><td rowspan="3">被试样品</td><td>名称</td><td colspan="2">智能称重式降水测量仪</td><td>测试日期</td><td></td></tr>
<tr><td>型号</td><td colspan="2"></td><td>环境温度</td><td>℃</td></tr>
<tr><td>编号</td><td colspan="2"></td><td>环境湿度</td><td>%</td></tr>
<tr><td>被试方</td><td colspan="3"></td><td>测试地点</td><td></td></tr>
<tr><td>组成部分</td><td colspan="3">测试项目</td><td>测试结果</td><td>备注</td></tr>
<tr><td>起始标志</td><td colspan="3">为"BG"</td><td></td><td></td></tr>
<tr><td>版本号</td><td colspan="3">3 位数字</td><td></td><td></td></tr>
<tr><td>区站号</td><td colspan="3">5 位字符</td><td></td><td></td></tr>
<tr><td>纬度</td><td colspan="3">6 位数字,是否在正常范围之内</td><td></td><td></td></tr>
<tr><td>经度</td><td colspan="3">7 位数字,是否在正常范围之内</td><td></td><td></td></tr>
<tr><td>观测场海拔高度</td><td colspan="3">5 位数字</td><td></td><td></td></tr>
<tr><td>服务类型</td><td colspan="3">2 位数字</td><td></td><td></td></tr>
<tr><td>设备标识位</td><td colspan="3">4 位字母 YAWP</td><td></td><td></td></tr>
<tr><td>设备 ID</td><td colspan="3">3 位数字</td><td></td><td></td></tr>
<tr><td>观测时间</td><td colspan="3">14 位数字,并且满足年 4 位,月、日、时、分、秒各 2 位的格式</td><td></td><td></td></tr>
<tr><td>帧标识</td><td colspan="3">3 位数字,且满足《需求书》规定</td><td></td><td></td></tr>
<tr><td>观测要素变量数</td><td colspan="3">3 位数字</td><td></td><td></td></tr>
<tr><td>传感器状态变量数</td><td colspan="3">2 位数字</td><td></td><td></td></tr>
<tr><td rowspan="5">数据主体中
观测数据部分</td><td colspan="3">观测要素变量名、变量值成对出现</td><td></td><td></td></tr>
<tr><td colspan="3">观测要素变量名、变量值对的数量与前面的观测要素变量数相等</td><td></td><td></td></tr>
<tr><td colspan="3">观测要素变量名是《需求书》中定义的变量名</td><td></td><td></td></tr>
<tr><td colspan="3">单个观测要素变量值组成字符合法(①由 0～9 的数字组成,首位可为"—"字符;②全是"/"字符;③全是"＊"字符)</td><td></td><td></td></tr>
<tr><td colspan="3">观测要素变量名出现的先后顺序满足《需求书》定义的顺序</td><td></td><td></td></tr>
<tr><td rowspan="2">数据主体中
质量控制部分</td><td colspan="3">各位组成字符合法(组成字符:0、1、2、3、4、5、6、7、8、9)</td><td></td><td></td></tr>
<tr><td colspan="3">长度与观测要素变量数相等</td><td></td><td></td></tr>
<tr><td rowspan="4">数据主体中
状态信息部分</td><td colspan="3">仪器状态变量名、变量值成对出现</td><td></td><td></td></tr>
<tr><td colspan="3">仪器状态变量名、变量值对的数量等于传感器状态变量数</td><td></td><td></td></tr>
<tr><td colspan="3">仪器状态变量名是《需求书》中定义的变量名</td><td></td><td></td></tr>
<tr><td colspan="3">单个仪器状态变量值的组成字符合法(组成字符:0～9 十个数字字符)</td><td></td><td></td></tr>
<tr><td>校验码</td><td colspan="3">计算从记录首字符到校验码前一字符的所有字符 ASCⅡ码值之和,取后 4 位(不足 4 位前面补 0)即为计算得到的检验码,计算得到的校验码等于记录中的校验码(注:记录首字符、校验码前一字符、分隔符",")均包括在内)</td><td></td><td></td></tr>
<tr><td>结束标志</td><td colspan="3">为"ED"</td><td></td><td></td></tr>
</table>

测试单位＿＿＿＿＿＿＿＿＿＿＿＿＿＿＿＿＿　　　　测试人员＿＿＿＿＿＿＿＿＿＿＿＿＿＿＿＿＿＿＿

附表 11.5　通信命令检测记录表

被试样品	名称	智能称重式降水测量仪	测试日期	
	型号		环境温度	℃
	编号		环境湿度	%
被试方			测试地点	

第一项:设备监控命令测试

命令	测试项目	测试结果	备注
CR 设置命令	成功设置仪器的校正或检定参数(先测试在没有权限下是否可以进行设置,测试完成后在测试在权限下是否可以进行设置)		
CR 读取命令	读取到仪器设置和检定参数		
	读取到的仪器校正或检定参数与之前设置的一致		
SN 设置命令	成功设置仪器序列号(先测试在没有权限下进行设置,测试完成后再测试在权限下进行设置)		
SN 读取命令	成功读取到仪器序列号		
	读取到的仪器序列号与设置的一致		
SETCOM 设置命令	成功设置仪器串口参数		
SETCOM 读取命令	读取到串口参数		
	读取到的串口参数与之前设置的参数一致		
AUTOCHECK 命令	仪器自检成功		
HELP 命令	仪器返回终端命令清单		
QZ 设置命令	成功设置区站号		
QZ 读取命令	读取到区站号		
	读取到的区站号与之前设置的区站号一致		
ST 设置命令	成功设置服务类型		
ST 读取命令	读取到服务类型		
	读取到的服务类型与之前设置的服务类型一致		
DI 命令	读取到设备标识位		
ID 设置命令	成功设置仪器 ID		
ID 读取命令	读取到仪器 ID		
	读取到的仪器 ID 与之前设置的仪器 ID 一致		
LAT 设置命令	成功设置气象观测站纬度		
LAT 读取命令	读取到气象观测站纬度		
	读取到的纬度与之前设置的纬度一致		
LONG 设置命令	成功设置气象观测站经度		
LONG 读取命令	读取到气象观测站经度		
	读取到的经度与之前设置的经度一致		
DATE 设置命令	成功设置仪器日期		
DATE 读取命令	读取到仪器日期		
	读取到的仪器日期为设置的日期		
TIME 设置命令	成功设置仪器时间		
TIME 读取命令	读取到仪器时间		
	读取到的仪器时间为设置的时间		

续表

被试样品	名称	智能称重式降水测量仪	测试日期	
	型号		环境温度	℃
	编号		环境湿度	%
被试方			测试地点	

第一项:设备监控命令测试

命令	测试项目	测试结果	备注
DATETIME 设置命令	成功设置仪器日期时间		
DATETIME 读取命令	读取到日期时间		
	读取到的日期时间是设置的日期时间		
FTD 设置命令	成功设置仪器在主动模式下的发送时间间隔		
FTD 读取命令	读取到仪器在主动模式下的发送时间间隔		
	读取到的时间间隔与之前设置的时间间隔一致		
STDEV 设置命令	成功设置仪器数据标准偏差值计算的时间间隔		
STDEV 读取命令	成功读取仪器数据标准偏差计算的时间间隔		
	读取到的时间间隔与设置的一致		
FAT 设置命令	成功设置仪器在主动模式下的发送时间		
FAT 读取命令	读取到仪器在主动模式下的发送时间		
	读取到的时间间隔与之前设置的时间一致		
SETCOMWAY,设备标识符,设备 ID,0\r\n	成功设置仪器工作模式为被动模式		
SETCOMWAY,设备标识符,设备 ID\r\n	成功读取仪器的工作模式		
	读取到的工作模式与设置的一致		
SETCOMWAY,设备标识符,设备 ID,1\r\n	成功设置仪器工作模式为主动模式		
FTD,设备标识符,设备 ID,001,分钟时间间隔\r\n	成功设置仪器在主动模式下的分钟数据发送时间间隔		
仪器在主动模式下发送数据功能检测	仪器在规定时间范围内成功发送预期数量的分钟数据(未设置 FAT 情况下在每分钟的 15 s 之前完成数据上传)		
SS	读取到仪器工作参数值		
	返回数据符合格式要求		
STAT 读取命令	读取到仪器所有状态数据		
	返回数据符合格式要求		
AT 设置命令	成功设置设备正常工作温度范围		
AT 读取命令	成功读取设备正常工作温度范围		
	读取到的范围与设置一致		
VV 设置命令	成功设置仪器正常工作电压范围		
VV 读取命令	成功读取仪器正常工作电压范围		
	读取到的范围与设置的一致		

被试样品	名称	智能称重式降水测量仪		测试日期	
	型号			环境温度	℃
	编号			环境湿度	%
被试方				测试地点	

第一项:设备监控命令测试

命令	测试项目	测试结果	备注
DOWN 命令	下载到分钟历史数据		
	下载的分钟历史数据的数据格式、时间等符合要求		
READDATA 命令	读取到分钟数据		
	读取到的分钟数据格式正常		
QCPS 设置命令	成功设置采样值质量控制参数		
QCPS 读取命令	读取仪器的采样值质量控制参数		
	读取到的仪器的采样值质量控制参数与之前设置的一致		
QCPM 设置命令	成功设置瞬时气象值质量控制参数		
QCPM 读取命令	读取仪器的瞬时气象值质量控制参数		
	读取到的仪器的瞬时气象值的质量控制参数与之前设置的一致		
RESET 命令	仪器成功复位		
任意输入一条错误命令	回复<设备标识符,设备 ID,BADCOMMAND>		

第二项:历史数据下载测试

下载类型	组成部分	测试项目	测试结果	备注
分钟历史数据下载	数据记录条数	等于预期条数(从 DO 命令的起止时间可以算出预期条数)		
	单条记录完整性	以"BG"打头,"ED"结尾		
	记录时间	记录时间超出时间范围条数		
		记录时间重复条数		
		记录丢失条数		
分钟历史数据下载(仪器未开机时的"缺测数据")	数据记录条数	等于预期条数(从 DOWN 命令的起止时间可以算出预期条数)		
	单条记录完整性	格式为 BG,QZ(区站),ST(服务类型),DI(设备标识),ID(设备 ID),DATETIME(时间),FI(帧标识),/////,校验,ED↙		
	记录时间	记录时间超出时间范围条数		
		记录时间重复条数		
		记录丢失条数		

注 1:时间重复条数计算方法:若有 x 条记录的时间相同,则有 $x-1$ 条记录时间重复,然后求出所有重复条数的和值;

注 2:丢失条数计算方法:记录的时间位于时间范围之内,重复记录按一条计算,用这种方法算出实际有效的记录数,然后计算出预期记录数减去实际有效记录数的差值。

测试单位_____　　　　测试人员_____

附表 11.6　降水测试记录表

被试样品	名称		智能称重式降水测量仪	测试日期		
	型号			环境温度		℃
	编号			环境湿度		%
被试方				测试地点		
分辨力						
测试点		标准值/mm		测量值/mm		
10 mm 1 mm/min	1					
	2					
	3					
	平均值					
	误差值/mm					
30 mm 4 mm/min	1					
	2					
	3					
	平均值					
	误差值/mm					
测试仪器		名称		型号		编号

测试单位＿＿＿＿＿＿＿＿＿＿＿＿＿＿＿＿＿＿　　测试人员＿＿＿＿＿＿＿＿＿＿＿＿＿＿＿＿＿＿

第 12 章　智能土壤温度测量仪^①

12.1　目的

规范智能土壤温度测量仪测试的内容和方法,通过测试与试验,检验是否满足《智能土壤温度测量仪-I 型功能规格需求书》(气测函〔2017〕186 号)(简称《需求书》)的要求。

12.2　基本要求

12.2.1　被试样品

提供 3 套或以上同一型号的智能土壤温度测量仪-I 型作为被试样品,包括被试样品以及完成测试所必需的转接口、电缆线、接线图、输出格式说明资料等,保证数据正常上传至指定的业务终端或自带终端。被试样品接受上位机授时,以实现时间同步。

注:为便于测试,要求被试样品在测试期间输出采样值。

12.2.2　试验场地

选择 2 个或以上试验场地,至少包含 2 个不同的气候区,尽量选择接近被试样品使用环境要求的气象参数极限值。

12.2.3　场地布局

被试样品一套为 8 支感应单元,分别对应浅层和深层地温的 8 个通道,同一试验场地安装单套或多套被试样品时,感应单元统一安装在观测场的地温观测区域内,距离地面深度 20 cm,相互间应有足够的水平距离,减小相互影响。被试样品距离其他观测设备足够远,同样防止影响数据。

12.2.4　标准器

12.2.4.1　测量性能测试

测量性能的测试在实验室进行,采用的标准仪器及设备见表 12.1。

表 12.1　测量性能测试标准器及设备

标准器及设备名称	指标要求	推荐型号
精密测温电桥	准确度等级:0.0001 级	6015T
标准铂电阻温度计	一等	WZPB-1
恒温槽	温度范围:−50～+80 ℃ 温度均匀性:0.02 ℃ 温度波动性:0.04 ℃/10min	WLR−60D

注:若无表中推荐型号,需选择指标与推荐型号一致或更优的标准器或设备。

---

① 本章作者:王小兰、彭坚、张明、巩娜

12.2.4.2　动态比对试验

动态比对试验期间,在每个试验场地对土壤温度进行三次平行比对试验,每次连续进行 6 h。比对标准器的感应单元应和被试样品感应单元放置在相同的土壤测试环境中。

动态比对标准器均溯源到国家气象计量站,并在有效期内。其主要性能指标:

测量范围:－60～70 ℃;

分辨率:±0.001 ℃;

允许误差:±0.06 ℃。

注:当环境温度低于 0 ℃时,温度比对标准器除感应单元外其余部分需保温。

12.3　静态测试

12.3.1　外观、结构及材料检查

以目测和手动操作为主,需要时可采用计量器具,检查被试样品外观、结构和材料,应满足《需求书》4.7 、5.1～5.5 、5.6.2 、5.6.3 、9.2 要求,检查结果记录在本章附表 12.1。

12.3.2　功能检测

选取 1 台被试样品进行检测,检测结果记录在相应的本章附表中,应满足《需求书》3 功能要求和 9.3 时钟精度要求,检测方法如下。

12.3.2.1　测量要素

发送"READDATA"和"DOWN"命令,检查输出土壤温度观测要素及其观测值是否符合《需求书》3.2 测量要素要求。检测结果记录在本章附表 12.2。

12.3.2.2　数据存储

被试样品正常工作不少于 1 d,通过"DOWN"命令读取历史数据,检查被试样品内部是否保存了完整的分钟数据,数据存储器应具备掉电保存功能,计算 10 d 需要存储的数据的字节数与存储容量,存储容量能满足 10 d 的分钟数据存储量为合格。检测结果记录在本章附表 12.2。

12.3.2.3　时钟精度

使用"DATETIME"命令对被试样品参照"北京时"进行校时,被试样品正常工作 1 d 后进行对时检查,走时误差在 1 s 内为合格。检测结果记录在本章附表 12.2。

注:由于人工操作可能会造成时间误差,实际检测时走时误差在 2 s 内为合格。

12.3.2.4　数据采集和数据处理

校时后,被试样品处于正常工作状态,读取其采样值及对应的分钟数据,根据《需求书》3.3 数据采集、3.5 数据处理规定的算法进行人工分钟数据计算,结果与被试样品输出的分钟数据进行比较,判断被试样品的分钟数据是否按采样算法要求输出。按照此方法进行三次,检测结果记录在本章附表 12.3。

12.3.2.5　数据质量控制

(1)采样值质量控制

①对被试样品进行校时;

②接收被试样品的数据并进行存储;

③使用命令"QCPS"修改采样值质量控制参数,根据质量控制参数分别模拟出"正确"的信号、低于下限的信号、高于上限的信号以及信号突变等情况。判断数据是否按照"QCPS"设定的参数进行质量控制、土壤温度的分钟值是否按采样算法要求输出以及对应的质控码是否正确显示。检测结果记录在本章附表 12.4。

注:质量控制方法检测结束后需将质量控制参数修改为《需求书》设定的参数。

(2)瞬时气象值质量控制

①对被试样品进行校时;

②接收被试样品的数据并进行存储;

③使用命令"QCPM"修改瞬时值质量控制参数,根据质量控制参数模拟出"正确"的信号、低于下限的信号、高于上限的信号、存疑变化速率、错误变化速率以及最小应该变化速率等情况。判断土壤温度的分钟数据是否按照"QCPM"设定的参数进行质量控制以及对应的质控码是否正确显示。检测结果记录在本章附表 12.4。

注:质量控制方法检测结束后需将质量控制参数修改为《需求书》设定的参数。

12.3.2.6　数据传输和通信命令

被试样品支持标准的 RS232 串行通信接口,向被试样品发送通信命令,检测结果记录在本章附表 12.5。

12.3.2.7　状态监控

先通过设定被试样品的各状态检测判断的阈值,检查状态检测原始值;改变被试样品状态值或状态检测判断阈值,检查被试样品相应状态码是否按照《需求书》3.8 要求输出。检测结果记录在本章附表 12.6。检测过程中应特别注意检查设备自检状态 z 的状态码是否正确。

12.3.2.8　数据格式

(1)分钟数据包帧格式

向被试样品发送"READDATA"命令检测并记录,检查数据帧格式是否符合《需求书》3.9 数据格式要求。检测结果记录在本章附表 12.7。

(2)历史数据下载功能

向被试样品发送"DOWN"命令检测并记录,检查数据帧格式是否符合《需求书》3.9 数据格式要求,下载数据是否有缺失。检测结果记录在本章附表 12.8。

12.3.3　电气性能

12.3.3.1　要求

(1)整机功耗不大于 0.5 W。如采用蓄电池供电,蓄电池容量应不小于 4 Ah。

(2)智能土壤温度测量仪-I 型采用外置直流电源供电,供电电压为 9~15 V,电源应具有防反接功能。

12.3.3.2　测试方法

(1)测量被试样品电源输入端的电压和电流,计算被试样品正常工作状态下的平均功耗。测试结果记录在本章附表 12.1。

(2)被试样品外接直流电源并加负载(连接传感器)。先将 DC 电源调在 9 V,被试样品应正常工作;以同样方式再将电源分别调至 12 V 和 15 V,被试样品应正常工作。将被试样品供电电源正负反接,被试样品应不被损坏。检测结果记录在本章附表 12.2。

12.3.4　电气安全

12.3.4.1　要求

(1)保护接地

应有保护接地措施,接地端子或接地接触件与需要接地的零部件之间的连接电阻不应超过 0.1 Ω。

(2)绝缘电阻

电源初级电路和机壳间绝缘电阻,不应小于 1 MΩ。

(3)抗电强度

电源的初级电路和外壳间应能承受幅值 500 V,电流 5 mA 的冲击耐压试验,历时 1 min,试验中不应出现飞弧和击穿。试验结束后被试样品能正常工作。

12.3.4.2　测试方法

(1)保护接地

按照 GB 6587—2012 中 5.8.3 的要求和方法进行试验与评定。测试结果记录在本章附表 12.2。

试验时,施加试验电流 1 min,然后计算阻抗,进行检查,试验电流选下面的较大者:

25 A 直流或在额定电源频率下的交流有效值;仪器额定电流值的 2 倍。

(2)绝缘电阻

被试样品处于非工作状态,开关接通,用绝缘电阻测量仪进行测量。

检测前,应断开整台设备的外部供电电路,断开被测电路与保护接地电路之间的连接。

若测试方案中无特殊要求,绝缘电阻的检测范围应包括整台设备的电源开关的电源输入端子和输出端子,以及所有动力电路导线。

以上测试结果记录在本章附表 12.2。

(3)抗电强度

对电源的初级电路和外壳间施加规定的试验电压值。施加方式为施加到被试部位上的试验电压从零升至规定试验电压值的一半,然后迅速将电压升高到规定值并持续 1 min。当由于施加的试验电压而引起的电流以失控的方式迅速增大,即绝缘无法限制电流时.则认为绝缘已被击穿。电晕放电或单次瞬间闪络不认为是绝缘击穿。

上述测试结果记录在本章附表 12.2。

12.3.5　测量性能

12.3.5.1　要求

(1)测量范围:−50~80 ℃。

(2)分辨力:0.1 ℃。

(3)允许误差:±0.1 ℃;地表温度允许误差:±0.2 ℃(−50~50 ℃),±0.3 ℃(>50 ℃)。

(4)土壤温度和草面温度允许误差:±0.3 ℃。

12.3.5.2　测试方法

(1)被试样品处于正常工作状态,与上位机保持正常通信,读取并保存被试样品观测数据。

在每个测试点上,依次读取标准值和被试样品的测量值,连续读取 10 次,计算平均值,并检查分辨力。测试结果记录在本章附表 12.9。

(2)测试点的选取,一般使用范围的上限、下限和 0 ℃为必测点,其他点根据使用的气候条件选择,一般不少于 5 个测试点。

12.4　环境试验

12.4.1　气候环境

12.4.1.1　要求

(1)温度:−60～60 ℃。

(2)湿度:0～100％。

(3)气压:550～1060 hPa。

(4)最大降水强度:6 mm/min。

(5)抗盐雾腐蚀:零件镀层耐 48 h 盐雾沉降试验。

12.4.1.2　试验方法

试验项目需满足以下要求:

(1)低温

−50 ℃工作 2 h,−60 ℃贮藏 2 h。采用 GB/T 2423.1 进行试验、检测和评定。

(2)高温

60 ℃工作 2 h,60 ℃贮藏 2 h。采用 GB/T 2423.2 进行试验、检测和评定。

(3)恒定湿热

40 ℃,93％,放置 12 h,通电后正常工作。采用 GB/T 2423.3 进行试验、检测和评定。

(4)低气压

550 hPa 放置 0.5 h。采用 GB/T 2423.21 进行试验、检测和评定。

(5)盐雾试验

48 h 盐雾沉降试验。采用 GB/T 2423.17 进行试验、检测和评定。

(6)外壳防护(淋雨和沙尘)试验

外壳防护等级 IP65。采用 GB/T 2423.37 和 GB/T 2423.38 或 GB/T 4208 进行试验、检测和评定。

12.4.2　电磁环境

12.4.2.1　要求

电磁抗扰度应满足表 12.2 的试验内容和严酷度等级要求。

表 12.2　电磁抗扰度试验内容和严酷度等级

内容	试验条件		
	交流电源端口	直流电源端口	控制和信号端口
浪涌(冲击)抗扰度	线一线:±2 kV 线一地:±4 kV	线一线:±1 kV 线一地:±2 kV	线一地:±2 kV
电快速瞬变脉冲群抗扰度	±2 kV　5 kHz	±1 kV　5 kHz	±1 kV　5 kHz

内容	试验条件		
	交流电源端口	直流电源端口	控制和信号端口
射频电磁场辐射抗扰度	80~1000 MHz,3 V/m,80%AM(1 kHz)		
射频场感应的传导骚扰抗扰度	频率范围:150 kHz~80 MHz,试验电压:3 V 信号调制:80%AM(1 kHz)		
静电放电抗扰度	接触放电:4 kV,空气放电:4 kV		

12.4.2.2　试验方法

被试样品均应在正常工作状态下进行下列试验。

(1)浪涌(冲击)抗扰度

施加在直流电源端和互连线上的浪涌脉冲次数应为正、负极性各 5 次;对交流电源端口,应分别在 0°、90°、180°、270°相位施加正、负极性各 5 次的浪涌脉冲。试验速率为每分钟 1 次。交流电源端口:线对线±2 kV,线对地±4 kV;直流电源端口:线对线±1 kV,线对地±2 kV;控制和信号端口:线对地±2 kV,采用 GB/T 17626.5 进行试验、检测和评定。

(2)电快速瞬变脉冲群抗扰度

交流电源端口:±2 kV、5 kHz,直流电源端:±1 kV、5 kHz,控制和信号端口:±1 kV、5 kHz,试验持续时间不短于 1 min。采用 GB/T 17626.4 依次对被试产品的试验端口进行正负极性试验、检测和评定。

(3)射频电磁场辐射抗扰度

被试样品按现场安装姿态放置在试验台上,按照 80~1000 MHz,3 V/m,80%AM(1 kHz),采用 GB/T 17626.3 进行试验、检测和评定。

(4)射频场感应的传导骚扰抗扰度

依次将试验信号发生器连接到每个耦合装置(耦合和去耦网络、电磁钳、电流注入探头)上,试验电压 3 V,骚扰信号是 1 kHz 正弦波调幅、调制度 80%的射频信号。扫频范围 150 kHz~80 MHz,在每个频率,幅度调制载波的驻留时间应不低于被试样品运行和响应的必要时间。采用 GB/T 17626.6 进行试验、检测和评定。

(5)静电放电抗扰度

被试样品按台式(接地或不接地)和落地式设备(接地或不接地)进行配置,确定施加放电点,每个放电点进行至少 10 次放电。如被试样品涂膜未说明是绝缘层,则发生器电极头应穿入漆膜与导电层接触;若涂膜为绝缘层,则只进行空气放电。接触放电 4 kV,空气放电 4 kV,采用 GB/T 17626.2 进行试验、检测和评定。

上述各项试验结束后,均应进行最后检测,检查其是否保持在技术要求限值内性能正常。

12.4.3　机械环境

12.4.3.1　要求

机械环境试验的目的是检验被试样品能否达到运输的要求,根据 GB/T 6587—2012 的 5.10 包装运输试验,对《需求书》4.2 机械条件进行了适当调整,按照表 12.3 所示的要求进行试验。

表 12.3　包装运输试验要求

试验项目	试验条件	试验等级
		3 级
振动	振动频率/Hz	5、15、30
	加速度/(m/s²)	9.8±2.5
	持续时间/min	每个频率点 15
	振动方法	垂直固定
自由跌落	按重量确定	跌落高度
	重量≤10 kg	60 cm

12.4.3.2　试验方法

被试样品在完整包装状态下,按照 GB/T 6587—2012 的 5.10.2.1 和 5.10.2.2 方法进行试验。试验结束后,包装箱不应有较大的变形和损伤,被试样品及附件不应有变形松脱、涂敷层剥落等损伤,外观及结构应无异常,通电后应能正常工作。

12.5　动态比对试验

动态比对试验主要评定被试样品的数据完整性、数据准确性、设备稳定性、设备可靠性和维修性等。

12.5.1　数据完整性

以分钟数据为基本分析单元,排除由于外界干扰造成的数据缺测,对每套被试样品输出的数据完整性做缺测率评定。

12.5.1.1　评定方法

缺测率(％)＝(试验期内累计缺测次数/试验期内应观测总次数)×100％。

12.5.1.2　评定指标

缺测率(％)≤1‰。

12.5.2　数据准确性

12.5.2.1　评定方法

计算被试样品测量值与比对标准器测量值的差值,统计该差值的系统误差和标准偏差。假设差值为正态分布,分别用公式(12.1)和公式(12.2)计算。

$$系统误差\ \overline{x} = \frac{\sum x_i}{n} \tag{12.1}$$

$$标准偏差\ s = \left[\frac{1}{n-1} \sum_{i=1}^{n} (x_i - \overline{x})^2 \right]^{\frac{1}{2}} \tag{12.2}$$

式中,$\overline{x}$ 为差值的平均值,即系统误差;x_i 为第 i 次被试样品测量值与比对标准器测量值的差值;n 为差值的个数;s 为差值的标准偏差。

注:以上进行统计分析的数据,均已按照 QX/T 526—2019 的 C.1 进行了数据的质量控制,剔除异常值,并按照 3 s 准则剔除了 $|x_i - \overline{x}| > 3\ s$ 的粗大误差。

12.5.2.2 评定指标

数据的准确性以被试样品与比对标准器的误差区间给出,表示为$(\overline{x}-ks,\overline{x}+ks)$,$k=1$,其值应在允许误差范围内。

12.5.3 设备稳定性

12.5.3.1 评定方法

运行稳定性反映被试样品在规定的技术条件和各种自然环境中运行一定时间后,其性能保持不变的能力。以测量性能的初测与复测差值的最大波动幅度表示。

动态比对试验结束后,将再次对被试样品的测量性能进行复测,复测环境与初测条件一致。

12.5.3.2 评定指标

评定指标为初测与复测结果均不超过允许误差,且|初测与复测差值的最大波动幅度|≤允许误差区间。

12.5.4 设备可靠性

可靠性反映被试样品在规定的情况下,在规定的时间内,完成规定功能的能力。以平均故障间隔时间(MTBF)表示设备的可靠性。要求平均故障间隔时间 MTBF(θ_1)大于等于 8000 h。

12.5.4.1 试验方案

按照定时截尾试验方案,在 QX/T 526—2019 表 A.1 的方案类型中选用标准型或短时高风险两种试验方案之一,推荐选用标准型试验方案。

12.5.4.1.1 标准型试验方案

采用 17 号方案,即生产方和使用方风险各为 20%,鉴别比为 3 的定时截尾试验方案,试验的总时间为规定 MTBF 下限值(θ_1)的 4.3 倍,接受故障数为 2,拒收故障数为 3。

以 3 套被试样品为例:

$$T=4.3\times8000 \text{ h}=34400 \text{ h}$$

每台试验的平均时间 t 为:

3 套被试样品:$t=34400 \text{ h}/3=11467 \text{ h}=477.8 \text{ d}\approx478 \text{ d}$

所以 3 套被试样品需试验 478 d,期间允许出现 2 次故障。

4 套被试样品:$t=34400 \text{ h}/4=8600 \text{ h}=358.3 \text{ d}\approx359 \text{ d}$

所以 4 套被试样品需试验 359 d,期间允许出现 2 次故障。

12.5.4.1.2 短时高风险试验方案

采用 21 号方案,即生产方和使用方风险各为 30%,鉴别比为 3 的定时截尾试验方案,试验的总时间为规定 MTBF 下限值(θ_1)的 1.1 倍,接受故障数为 0,拒收故障数为 1。

试验总时间 T 为:

$$T=1.1\times8000 \text{ h}=8800 \text{ h}$$

(1)3 套被试样品进行动态比对试验,每台试验的平均时间 t 为:

$$t=8800 \text{ h}/3=2934 \text{ h}=122.25 \text{ d}\approx123 \text{ d}$$

所以 3 套被试样品需试验 123 d,期间允许出现 0 次故障。

(2)4 套被试样品进行动态比对试验,每台试验的平均时间 t 为:

$$t=8800 \text{ h}/4=2200 \text{ h}=91.67 \text{ d}\approx92 \text{ d}$$

所以 4 套被试样品需试验 92 d,期间允许出现 0 次故障。

12.5.4.2　MTBF 观测值的计算

MTBF 的观测值(点估计值)$\hat{\theta}$ 用公式(12.3)计算。

$$\hat{\theta} = \frac{T}{r} \tag{12.3}$$

式中,T 为试验总时间,是所有被试样品试验期间各自工作时间的总和;r 为总责任故障数。

12.5.4.3　MTBF 置信区间的估计

按照 QX/T 526—2019 中的 A.2.3 计算 MTBF 置信区间的估计值。

12.5.4.3.1　有故障的 MTBF 置信区间估计

采用 12.5.4.1.1 标准型试验方案,使用方风险 $\beta = 20\%$ 时,置信度 $C = 60\%$;采用 12.5.4.1.2 短时高风险试验方案,使用方风险 $\beta = 30\%$ 时,置信度 $C = 40\%$。

根据责任故障数 r 和置信度 C,由 QX/T 526—2019 中表 A.2 查取置信上限系数 $\theta_U(C', r)$ 和置信下限系数 $\theta_L(C', r)$,其中,$C' = (1+C)/2 = 1-\beta$,MTBF 的置信区间下限值 θ_L 用公式 (12.4)计算,上限值 θ_U 用公式(12.5)计算

$$\theta_L = \theta_L(C', r) \times \hat{\theta} \tag{12.4}$$

$$\theta_U = \theta_U(C', r) \times \hat{\theta} \tag{12.5}$$

MTBF 的置信区间表示为 (θ_L, θ_U)(置信度为 C)。

12.5.4.3.2　故障数为 0 的 MTBF 置信区间估计

若责任故障数 r 为 0,只给出置信下限值,用公式(12.6)计算。

$$\theta_L = T / (-\ln\beta) \tag{12.6}$$

式中,T 为试验总时间,是所有被试样品试验期间各自工作时间的总和;β 为使用方风险。采用 12.5.4.1.1 标准型试验方案,使用方风险 $\beta = 20\%$;采用 12.5.4.1.2 短时高风险试验方案,使用方风险 $\beta = 30\%$。

这里的置信度应为 $C = 1 - \beta$。

12.5.4.4　试验结论

(1)按照试验中可接收的故障数判断可靠性是否合格。

(2)可靠性试验无论是否合格,都应给出被试样品平均故障间隔时间(MTBF)的观测值 $\hat{\theta}$ 和置信区间估计的上限 θ_U 和下限 θ_L,表示为 (θ_L, θ_U)(置信度为 C)。

12.5.4.5　故障的认定和记录

按照 QX/T 526—2019 的 A.3 认定和记录故障。故障认定应区分责任故障和非责任故障,故障记录在动态比对试验的设备故障维修登记表中,见附表 A。

12.5.5　维修性

设备的维修性,检查维修可达性,审查维修手册的适用性。

12.6　综合评定

12.6.1　单项评定

以下各项均合格的,视该被试样品合格,有一项不合格的,视为不合格。

（1）静态测试和环境试验

被试样品静态测试和环境试验合格后，方可进行动态比对试验。

（2）动态比对试验

①数据完整性

缺测率(‰)≤1‰为合格，否则不合格。

②数据准确性

$(\bar{x}-ks, \bar{x}+ks), k=1$，在允许误差范围内为合格，否则不合格。

③设备稳定性

初检与复检结果均不超过允许误差，且|初检与复检差值的最大波动幅度|≤允许误差区间为合格，否则不合格。

④设备可靠性

若选择 12.5.4.1.1 标准型试验方案，3 台被试样品在 478 d 的动态比对试验期间，4 台被试样品在 359 d 的动态比对试验期间，最多出现 2 次故障为合格，否则不合格。

若选择 12.5.4.1.2 短时高风险试验方案，3 台被试样品在 123 d 内无故障，4 台被试样品在 92 d 内无故障为合格，否则不合格。

12.6.2　总评定

被试样品总数的 2/3 及以上合格时，视该型号被试样品为合格，否则不合格。

本章附表

附表 12.1 外观、结构和材料检查记录表

<table>
<tr><td rowspan="3">被试样品</td><td>名称</td><td colspan="2">智能土壤温度测量仪</td><td>测试日期</td><td></td></tr>
<tr><td>型号</td><td colspan="2"></td><td>环境温度</td><td>℃</td></tr>
<tr><td>编号</td><td colspan="2"></td><td>环境湿度</td><td>%</td></tr>
<tr><td>被试方</td><td colspan="3"></td><td>测试地点</td><td></td></tr>
<tr><td>测试项目</td><td colspan="3">技术要求</td><td>测试结果</td><td>结论</td></tr>
<tr><td rowspan="10">外观、结构
和材料</td><td colspan="3">尺寸不超过 150 mm×100 mm×80 mm</td><td></td><td></td></tr>
<tr><td colspan="3">各机械结构应利于装配、调试、检验、包装、运输、安装、维护等工作,更换部件时简便易行</td><td></td><td></td></tr>
<tr><td colspan="3">各零部件应安装正确、牢固,无机械变形、断裂、弯曲等,操作部分不应有迟滞、卡死、松脱等</td><td></td><td></td></tr>
<tr><td colspan="3">通信接口和电源接口共用一个 5 芯的针型航空插头,其中 1 脚为电源正,2 脚为电源负,3 脚为 TX,4 脚为 RX,5 脚为 RS232 的 GND。航空插头推荐使用 SACC-E-MS-5CON-M16/0,5 SCO 及其兼容型号 </td><td></td><td></td></tr>
<tr><td colspan="3">数据采集处理模块与铂电阻感应元件之间通过线缆方式连接</td><td></td><td></td></tr>
<tr><td colspan="3">应有足够的机械强度和防腐蚀能力,确保在产品寿命期内,不因外界环境的影响和材料本身原因而导致机械强度下降而引起危险和不安全</td><td></td><td></td></tr>
<tr><td colspan="3">电缆应具有防水、防腐、抗磨、抗拉、屏蔽等功能</td><td></td><td></td></tr>
<tr><td colspan="3">应选用耐老化、抗腐蚀、良好电气绝缘的材料等。各零部件,除用耐腐蚀材料制造的外,其表面应有涂、敷、镀等措施,表面应均匀覆盖达 100%,以保证其耐潮、防霉、防盐雾的性能</td><td></td><td></td></tr>
<tr><td colspan="3">结构上的棱缘或拐角,应倒圆和磨光;
对于在产品寿命期内无法始终保持足够的机械强度而需要定期维护或更换的部件,应在产品使用说明书上醒目的注明更换周期并着重注明不这样做的危险性;
螺钉等连接件,如果其松脱或损坏会影响安全,应能承受正常使用时的机械强度;
如果因电池极性接反或强制充放电可能导致危险,在设计上应有相应的预防措施</td><td></td><td></td></tr>
<tr><td colspan="3">(1)产品标识,至少应标明:a)制造厂商名称或商标或识别标记;b)产品的型号、名称。
(2)电源标识,电源额定值的电源铭牌,电源铭牌应包括下列内容:a)电源性质的符号(交流或直流);b)额定电压或额定电压范围;c)额定电流或功耗</td><td></td><td></td></tr>
<tr><td rowspan="4">测试仪器</td><td colspan="2">名称</td><td colspan="2">型号</td><td>编号</td></tr>
<tr><td colspan="2"></td><td colspan="2"></td><td></td></tr>
<tr><td colspan="2"></td><td colspan="2"></td><td></td></tr>
<tr><td colspan="2"></td><td colspan="2"></td><td></td></tr>
</table>

测试单位＿＿＿＿＿＿＿＿＿＿＿＿＿＿＿＿ 测试人员＿＿＿＿＿＿＿＿＿＿＿＿＿＿＿＿

附表 12.2　测量要素、存储、时钟、电气性能和安全检测记录表

被试样品	名称	智能土壤温度测量仪		测试日期		
	型号			环境温度		℃
	编号			环境湿度		%
被试方				测试地点		
测试项目	技术要求				测试结果	结论
测量要素	应输出分钟和 5 min 观测要素，输出名称及编码应符合《需求书》的表 1					
数据存储	数据存储器应选择非易失性，容量应不小于 4 MB，能满足 10 d 分钟数据存储要求					
时钟精度	自带高精度实时时钟，响应校时命令进行校时；时钟走时误差≤1 s/d					
电气性能	整机功耗不大于 0.5 W。如采用蓄电池供电，蓄电池容量应不小于 4 Ah					
	采用外置直流电源供电，供电电压为 9～15 V，电源应具有防反接功能					
电气安全	应有保护接地措施，接地端子或接地接触件与需要接地的零部件之间的连接电阻不应超过 0.1 Ω					
	电源初级电路和机壳间绝缘电阻，不应小于 1 MΩ					
	电源的初级电路和外壳间应能承受幅值 500 V，电流 5 mA 的冲击耐压试验，历时 1 min，试验中不应出现飞弧和击穿。试验结束后能正常工作					
测试仪器	名称		型号		编号	

测试单位＿＿＿＿＿＿＿＿＿＿＿＿＿＿＿＿　　　测试人员＿＿＿＿＿＿＿＿＿＿＿＿＿＿＿＿

附表 12.3　数据采集和数据处理检测记录表

被试样品	名称	智能土壤温度测量仪		测试日期		
	型号			环境温度		℃
	编号			环境湿度		%
被试方				测试地点		
序号	模拟值		被试样品输出数据	人工计算值		结论

注 1:"模拟值"记录模拟的被试样品的采样值,"被试样品输出数据"记录被试样品输出的分钟数据;

注 2:"模拟值"应有至少一组有效样本比例不足 66%(2/3)的情况。

测试单位＿＿＿＿＿＿＿＿＿＿＿＿＿＿＿　　　　测试人员＿＿＿＿＿＿＿＿＿＿＿＿＿＿＿＿＿

附表 12.4　数据质量控制测试记录表

被试样品	名称	智能土壤温度测量仪		测试日期	
	型号			环境温度	℃
	编号			环境湿度	%
被试方				测试地点	
测试项目	采样值质控参数	模拟数据	被试样品输出数据	输出质控	结论
分钟观测要素(AAA)	上限				
	下限				
	允许最大变化值				
测试项目	瞬时值质控参数	模拟数据	被试样品输出数据	输出质控	结论
分钟观测要素(AAA)	上限				
	下限				
	存疑界限				
	错误界限				
	最小应该变化率				

注:上限、下限单独测试,数值选择未超范围、超过范围、未超范围,检测数据输出和质控码的变化。

测试单位＿＿＿＿＿＿＿＿＿＿＿＿＿＿＿　　　测试人员＿＿＿＿＿＿＿＿＿＿＿＿＿＿＿

附表 12.5　数据传输和通信命令检测记录表

被试样品	名称	智能土壤温度测量仪		测试日期		
	型号			环境温度		℃
	编号			环境湿度		%
被试方				测试地点		
测试项目	测试要求				测试结果	结论
SETCOM 设置	成功设置串口参数					
SETCOM 读取	应读取到串口参数					
	读取的串口参数与设置的应一致					
AUTOCHECK	成功自检					
HELP 命令	返回终端命令清单					
QZ 设置	成功设置区站号					
QZ 读取	读取到区站号					
	读取的区站号应与设置的一致					
ST 设置	成功设置服务类型					
ST 读取	应读取到服务类型					
	读取的服务类型与设置的应一致					
DI 命令	读取到设备标识符					
ID 设置	成功设置设备 ID					
ID 读取	读取到设备 ID					
	读取的设备 ID 与设置的应一致					
LAT 设置	成功设置气象观测站纬度					
LAT 读取	读取到气象观测站纬度					
	读取的纬度与设置的应一致					
LONG 设置	成功设置气象观测站经度					
LONG 读取	读取到气象观测站经度					
	读取的经度与设置的应一致					
DATE 设置	成功设置设备日期					
DATE 读取	读取到设备日期					
	读取的设备日期与设置的日期应一致					
TIME 设置	成功设置设备时间					
TIME 读取	读取到设备时间					
	读取的设备时间与设置的时间应一致					
DATETIME 设置	是否成功设置设备日期时间					
DATETIME 读取	读取到日期、时间					
	读取的日期、时间与设置的日期时间应一致					
FTD 设置	成功设置设备在主动模式下的发送时间间隔					
FTD 读取	读取到设备在主动模式下的发送时间间隔					
	读取的时间间隔与设置的应一致					
DOWN 命令	下载到分钟历史数据					
	下载的分钟历史数据的数据格式、时间等应符合要求					

被试样品	名称	智能土壤温度测量仪	测试日期	
	型号		环境温度	℃
	编号		环境湿度	%
被试方	.		测试地点	

测试项目	测试要求	测试结果	结论
READDATA 命令	读取到分钟数据		
	读取到的分钟数据格式应符合需求书要求		
SETCOMWAY,设备标识符,设备 ID,1\r\n	成功设置设备工作模式为主动模式		
FTD,设备标识符,设备 ID,001,分钟时间间隔\r\n	成功设置设备在主动模式下的分钟数据发送时间间隔		
设备在主动模式下发送数据功能检测	在规定时间范围内成功发送预期数量的分钟数据		
SETCOMWAY,设备标识符,设备 ID,0\r\n	成功设置设备工作模式为被动模式		
STAT 命令	读取到设备所有状态数据		
	返回数据是否符合格式要求		
QCPS 设置	成功设置采样值质量控制参数		
QCPS 读取	读取设备的采样值质量控制参数		
	读取的设备的采样值质量控制参数与设置的应一致		
QCPM 设置	成功设置瞬时气象值质量控制参数		
QCPM 读取	读取设备的瞬时气象值质量控制参数		
	读取的设备瞬时气象值质量控制参数与设置的应一致		
STDEV 设置	成功设置设备数据标准偏差时间间隔		
STDEV 读取	成功读取设备数据标准偏差时间间隔		
	读取到的时间间隔与设置的应一致		
FAT 读取	成功读取设备主动模式下数据发送时间		
FAT 设置	成功设置设备主动模式下数据发送时间		
	读取到的与设置的应一致		
SS 命令	读取到设备工作参数值		
	返回数据应符合格式要求		
CR 设置	成功设置设备的校正或检定参数		
CR 读取	读取到设备设置的校正或检定参数		
	读取的设备校正或检定参数与设置的应一致		
SN 设置	成功设置设备序列号		
SN 读取	成功读取到设备序列号		
	读取的设备序列号与设置的应一致		
RESET 命令	设备成功复位。		
任意输入一条错误命令	查看是否回复<设备标识符,设备 ID,BADCOMMAND>		

测试单位＿＿＿＿＿＿＿＿＿＿＿＿＿＿＿＿＿　　　测试人员＿＿＿＿＿＿＿＿＿＿＿＿＿＿＿＿＿

附表 12.6　状态监控测试记录表

被试样品	名称		智能土壤温度测量仪		测试日期		
	型号				环境温度		℃
	编号				环境湿度		%
被试方					测试地点		
测试项目	状态判断依据		模拟状态		所有状态数据输出	对应状态变量 码测试结果	结论
主板电压	偏高阈值						
	偏低阈值						
主板温度	偏高阈值						
	偏低阈值		室内环境温度				
	偏高阈值						
	偏低阈值						
	偏高阈值						
	偏低阈值						

注 1：状态监控进行 3 次检测，建议包含 1 组正常状态数据；

注 2：建议内部电路电压模拟状态数据使用电源进行模拟，偏高和偏低单独进行检测；

注 3：建议内部电路温度状态检测，通过调整被试样品状态检测判断阈值，以检测环境温度为模拟值进行检测。

测试单位＿＿＿＿＿＿＿＿＿＿＿＿＿＿＿＿＿＿＿　　　测试人员＿＿＿＿＿＿＿＿＿＿＿＿＿＿＿＿＿＿＿＿

附表 12.7 数据格式测试记录表(分钟数据)

被试样品	名称	智能土壤温度测量仪		测试日期	
	型号			环境温度	℃
	编号			环境湿度	%
被试方				测试地点	

项目		测试要求	检测结果	结论
起始标识		为"BG"		
版本号		3 位数字,表示传输的数据参照的版本号		
区站号		5 位字符		
纬度		6 位数字,按度分秒记录,均为 2 位,高位不足补"0",台站纬度未精确到秒时,秒固定记录"00"		
经度		7 位数字,按度分秒记录,度为 3 位,分秒为 2 位,高位不足补"0",台站经度未精确到秒时,秒固定记录"00"		
观测场海拔高度		5 位数字,保留 1 位小数,原值扩大 10 倍记录,高位不足补"0"		
服务类型		2 位数字		
设备标识位		4 位字母,设备类型		
设备 ID		3 位数字		
观测时间		14 位数字,采用北京时,年月日时分秒,yyyyMMddhhmmss		
帧标识		3 位数字		
观测要素变量数		3 位数字,取值 000~999		
设备状态变量数		2 位数字,取值 01~99		
数据主体	观测数据	由一系列观测要素数据对组成,数据对中观测要素变量名与变量值一一对应		
		数据对的个数与观测要素变量数一致		
		观测要素变量名是否与功能需求书中定义的一致		
		观测要素名按字母先后顺序输出		
	质量控制位	各位组成字符是否合法(组成字符:0、1、2、3、4、5、6、7、8、9)		
		长度是否与观测要素变量数相等		
数据主体中状态信息部分		设备状态变量名、变量值是否成对出现		
		设备状态变量名、变量值对的数量是否等于传感器状态变量数		
		设备状态变量名是否是功能需求书中定义的变量名		
		单个设备状态变量值的组成字符是否合法(组成字符:0~9 十个数字字符)		
校验码		4 位数字。采用校验和方式,对"BG"开始一直到校验段前、包括分隔符',' 在内的全部字符以 ASCII 码累加。累加值以 10 进制无符号编码,高位溢出,取低四位		
结束标志		是否"ED"		

测试单位_____   测试人员_____

附表 12.8　数据格式测试记录表(历史数据)

被试样品	名称	智能土壤温度测量仪		测试日期	
	型号			环境温度	℃
	编号			环境湿度	%
被试方				测试地点	
下载类型	组成部分	测试项目		检测结果	结论
分钟历史数据下载	数据记录条数	是否等于预期条数(从 DOWN 命令的起止时间可以算出预期条数)			
	单条记录完整性	是否以"BG"打头,"ED"结尾			
	记录时间	记录时间超出时间范围条数		( )条	
		记录时间重复条数(计算方法:若有 x 条记录的时间相同,则有 $x-1$ 条记录时间重复,然后求出所有重复条数的和值)		( )条	
		记录丢失条数(计算方法:记录的时间位于时间范围之内,重复记录按一条计算,用这种方法算出实际有效的记录数,然后计算出预期记录数减去实际有效记录数的差值)		( )条	
分钟历史数据下载(设备未开机时的"缺测数据")	数据记录条数	是否等于预期条数(从 DOWN 命令的起止时间可以算出预期条数)			
	单条记录完整性	格式是否为 BG,版本号,QZ(区站),纬度,经度,海拔高度,ST(服务类型),DI(设备标识),ID(设备 ID),DATETIME(时间),FI(帧标识),/////,校验,ED↙			
	记录时间	记录时间超出时间范围条数		( )条	
		记录时间重复条数(计算方法:若有 x 条记录的时间相同,则有 $x-1$ 条记录时间重复,然后求出所有重复条数的和值)		( )条	
		记录丢失条数(计算方法:记录的时间位于时间范围之内,重复记录按一条计算,用这种方法算出实际有效的记录数,然后计算出预期记录数减去实际有效记录数的差值)		( )条	

测试单位＿＿＿＿＿＿＿＿＿＿＿＿＿＿＿＿＿＿　　　测试人员＿＿＿＿＿＿＿＿＿＿＿＿＿＿＿＿＿＿

附表 12.9　温度测试记录表

被试样品	名称	智能土壤温度测量仪		测试日期		
	型号			环境温度		℃
	编号			环境湿度		‰
被试方				测试地点		
测试点		标准值/℃	测量值/℃	测试点	标准值/℃	测量值/℃
	1			1		
	2			2		
	3			3		
	4			4		
	5			5		
	6			6		
	7			7		
	8			8		
	9			9		
	10			10		
	平均值			平均值		
	误差值/℃			误差值/℃		
	1			1		
	2			2		
	3			3		
	4			4		
	5			5		
	6			6		
	7			7		
	8			8		
	9			9		
	10			10		
	平均值			平均值		
	误差值/℃			误差值/℃		
	1			1		
	2			2		
	3			3		
	4			4		
	5			5		
	6			6		
	7			7		
	8			8		
	9			9		
	10			10		
	平均值			平均值		
	误差值/℃			误差值/℃		
测试仪器	名称			型号		编号

测试单位_____　　　测试人员_____

第 13 章　冻土自动观测仪[①]

13.1　目的

规范冻土自动观测仪测试的内容和方法,通过测试与试验,检验其是否满足《冻土自动观测仪功能规格需求书》(气测函〔2018〕170 号)(简称《需求书》)的要求。

13.2　基本要求

13.2.1　被试样品

提供 3 套或以上同一型号的冻土自动观测仪(以下简称观测仪)作为被试样品。在整个测试试验期间被试样品应连续工作,数据正常上传至指定的业务终端或自带终端。功能检测和环境试验可抽取 1 套被试样品。

13.2.2　参考标准

参照《地面气象观测规范》,使用 TB1-1 型冻土器(以下简称冻土器),以人工观测冻结层次和冻结深度值作为观测仪静态测试中测量性能和动态比对试验中可比较性测试项目的参考值,具体要求如下:

(1)符合观测冻土的日子(地面下有冻土),每天 08 时和 20 时进行人工观测。

(2)冻结深度以厘米(cm)为单位,取整数,小数四舍五入。

(3)人工观测数据记录在本章附表 13.6。

13.2.3　试验场地

(1)试验场地选址主要考虑不同气候区及不同最大冻土深度的区域,以及测试时间、安装条件、测试站点的业务条件等因素。

(2)同一种型号被试样品在东北地区、西北地区等有冻土观测项目的气象台站选择至少 2 个站点开展动态比对试验。

13.2.4　场地布局

被试样品的动态比对试验场地设在地面气象观测场的平整地段(业务观测场内,或与业务观测场土壤性质一致的场外平整地段),同一场地安装多套被试样品时,彼此间距应不小于 50 cm。

被试样品在试验场地内布局时须充分考虑传感器测量相互之间不受影响,被试样品以冻土器为圆心,等半径(50 cm)呈圆形排列,采集器供电箱设置在传感器北 100 cm 处,东西对应成行排列。场地四周开阔,无较大障碍物遮挡,对台站业务无影响。被试样品的采集箱应牢固

[①]　本章作者:胡树贞、安涛、莫月琴、刘志刚

安装在试验观测场混凝土基础上,安装基础不小于 30 cm×30 cm×50 cm(长×宽×深)。安装布局如图 13.1 所示。

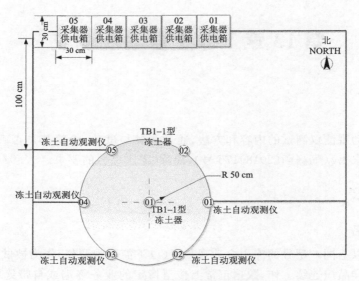

图 13.1　冻土自动观测仪布局

　　被试样品和冻土器的外套管需采取钻孔法进行安装,使外壁与土壤保持紧密接触,并避免产生自然沉降。被试样品测量单元的 0 cm 刻度线须与地表相平齐。若被试样品或冻土器与地表的高度差较大,应预先平整场地。

13.3　静态测试

13.3.1　外观和结构检查

　　以目测和手动操作为主,检查被试样品外观与结构,应满足《需求书》6 结构和外观要求,检查结果记录在本章附表 13.1。

13.3.2　功能检测

　　应满足《需求书》3 功能要求,检测结果记录在本章附表 13.2 和本章附表 13.3。方法如下:

　　(1)观测要素

　　使用加热环/保温层/冻土盒等方法控制冻结或融化层数,观测仪应该正确检测出层次和上下限深度。

　　(2)初始化和参试设置

　　通过软件对被试样品进行设置,具体为使用串口调试助手设置被试样品的观测站基本参数、传感器参数、通信参数、质量控制参数等。

　　(3)运行状态信息

　　根据《需求书》附录 B.2 设备状态要素编码的规定检查。状态包含传感器工作状态、电源状态和通信状态等。改变被试样品工作环境(或改变环境相应阈值),检查输出分钟数据运行状态信息是否发生相应变化。

（4）数据采集和处理

按照《需求书》中数据采集间隔和数据处理要求输出符合格式要求的冻土观测数据,数据格式见《需求书》附录 B.3 数据帧格式。通过改变观测仪环境,检查采集数据应达到 1 次/min 的变化。

（5）数据质量控制

通过串口调试助手对被试样品观测数据的极值范围、允许变化速率等参数进行设置,检查输出的瞬时值是否输出相对应的质量控制标识,数据质量控制要求见《需求书》附录 B.3 数据帧格式。

（6）数据存储

被试样品正常工作一段时间,通过命令读取历史数据,检查被试样品内部是否保存了完整的分钟数据、状态信息以及 1 个月的正点观测数据,计算 10 d 需要存储数据的字节数与被试样品存储容量比较,仍留有 30% 以上的存储空间。并对数据存储器掉电保存功能进行检查。

（7）数据传输与终端操作命令

被试样品支持 RS232/485 串行数据接口,通过串口线连接上位机与被试样品,按照《需求书》附录 C 通信命令逐条检查被试样品通信是否正常。

（8）时钟同步

使用串口调试助手向被试样品发送"DATETIME"命令进行时间校准,被试样品正常工作 24 h 后与北京时间进行对时检查,校时误差小于 2 s 为合格。

（9）软件升级

通过终端软件对采集器发出升级指令或通过专业下载器,完成软件升级。

13.3.3　电源

13.3.3.1　要求

给被试样品提供 AC $220 \times (1+10\%)$ V 和 $220 \times (1-15\%)$ V 供电,被试样品应能在 DC9~15 V 条件下正常工作;后备蓄电池,可保证被试样品在无交流电源下 7 d 正常工作。

13.3.3.2　测试方法

对于 AC220 V 电源,用可调交流电源供电,分别将电源电压升(降)到 242 V(187 V),持续 1 min,被试样品应能正常工作。

去掉蓄电池,被试样品外接直流稳压电源,提供 9~15 V 的可变电压,加负载(连接传感器),先将 DC 电源调在 9 V,设备输出数据应正确;以同样方式再将电源分别调至 12 V 和 15 V,检查输出数据是否正确。根据后备蓄电池容量与被试样品实际功耗,计算在无交流电条件下被试样品能否保证 7 d 正常工作。测试结果记录在本章附表 13.1。

13.3.4　功耗

13.3.4.1　要求

被试样品应采用低功耗设计,采集器功耗≤2 W。

13.3.4.2　测试方法

测量被试样品采集器电源输入端的电压和电流,计算正常工作状态下的平均功耗。测试结果记录在本章附表 13.1。

13.3.5　测量性能

13.3.5.1　要求

(1)测量深度:0~450 cm(根据实际最大冻土深度,测量深度可选)。

(2)分辨力:1 cm。

(3)允许误差:±2 cm。

13.3.5.2　测试方法

测试在实验室环境模拟试验箱内进行(可视实验室情况而定)。

(1)准确性

①按图 13.2 所示,将 1 根冻土器和被试样品分别安装在环境模拟试验箱测试孔中,试验箱内温度控制在−10 ℃以下并保持稳定。

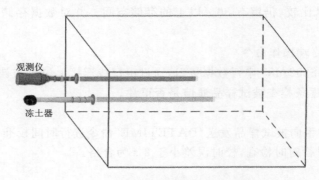

图 13.2　实验室准确性测试示意

②2 根设备从同一端开始,同步拔出(或插入)相同长度,待足够长时间使被试样品冻结深度达到平衡后,人工观测冻土器冻结深度并恢复原样,记录被试样本和冻土器观测数据。

③在步骤②基础上,再同步拔出(或插入)相同长度,重复步骤②进行测试,整个过程至少获得 10 组对比观测数据。

④计算被试样品与冻土器间的系统误差($\overline{x_0}$)和标准偏差(s),标准偏差应在允许误差限内。测试结果记录在本章附表 13.4。

$$\overline{x_0} = \frac{\sum_{i=1}^{n} (x_{2i} - x_{1i})}{n} \tag{13.1}$$

$$s = \left[\frac{1}{n-1} \sum_{i=1}^{n} (x_i - \overline{x_o})^2 \right]^{\frac{1}{2}} \tag{13.2}$$

式中,x_{2i} 为被试样品第 i 个样本观测值,x_{1i} 为冻土器第 i 个样本测量值,n 为对比观测样本数,x_i 为被试样品与冻土器第 i 个样本测量差值。

(2)全量程冻融响应

被试样品接通电源后,在常温条件下读取输出数据应为 0 cm,随后将被试样品间隔一定时间逐渐插入和拔出环境模拟试验箱,模拟被试样品逐渐冻结和融化过程,读取被试样品输出值。被试样品插入环境模拟试验箱过程,应有从深到浅逐渐冻结响应,冻结趋势应与插入过程一致,不一致视为全量程冻结性能测试不合格。被试样品拔出环境模拟试验箱过程,应有从浅到深逐渐融化响应,融化趋势应与拔出过程一致,不一致视为全量程融化性能测试不合格。测试结果记录在本章附表 13.5。

（3）冻融分层响应

冻融分层响应测试(2～8 层),可选用加热环、冻土盒、保温层等方法进行测试,被试样品应能正确响应对应冻融层次。测试结果记录在本章附表 13.5。具体可选方法如下:

①加热环:将被试样品置于环境模拟试验箱中,直至全部冻结后取出并接通电源,同时在层数等分点处(测试层数 Y 换算等分点长度 $L=150/Y$)安装加热环,对加热环进行通电加热,模拟被试样品融化分层过程。如图 13.3 所示被试样品进行加热环 8 层响应测试。被试样品在加热环处有逐渐融化响应,同时有向两侧融化趋势,响应趋势相反视为冻融分层性能测试不合格。

图 13.3　加热环 8 层响应测试设计图

②冻土盒:使用预先冻结的冻土盒,将常温下的被试样品按层数等分插入冻土盒内并接通电源,模拟被试样品冻结分层。如图 13.4 所示被试样品冻土盒 8 层响应测试。被试样品在冻土盒处有逐渐冻结响应,同时有向两侧冻结趋势,响应趋势相反视为冻融分层性能测试不合格。电容式冻土传感器建议采用此种方式进行测试。

图 13.4　冻土盒 8 层响应测试设计图

③保温层:将被试样品每隔一段距离做一定宽度保温层,接通电源后放置实验室制冷设备中进行冷冻,模拟被试样品冻结分层。如图 13.5 所示被试样品保温层 8 层响应测试。被试样品在没有保温层处呈现逐渐冻结状态,同时逐渐向保温层部位延伸,趋势相反视为冻融分层性能测试不合格。

图 13.5　保温层 8 层响应测试设计图

（4）分辨力

挑取相邻 2 min 被试样品输出数据检查是否满足分辨力要求。测试结果记录在本章附表 13.5。

13.4　环境试验

13.4.1　气候环境

13.4.1.1　要求

被试样品在以下环境中应正常工作:

(1)空气温度：—50～60 ℃。

(2)相对湿度：5％～100％。

(3)降水强度：≤6 mm/min。

(4)盐雾试验：应能通过 GB/T 2423.17 的 48 h 盐雾试验。

13.4.1.2　试验方法

试验项目建议采用以下方法：

(1)低温：—50 ℃工作 2 h,贮藏 2 h。采用 GB/T 2423.1 进行试验、检测和评定。

(2)高温：60 ℃工作 2 h,贮藏 2 h。采用 GB/T 2423.2 进行试验、检测和评定。

(3)恒定湿热：40 ℃,93％,放置 12 h,通电后正常工作。采用 GB/T 2423.3 进行试验、检测和评定。

(4)淋雨试验：外壳防护等级 IPX5。采用 GB/T 2423.38 或 GB/T 4208 进行试验、检测和评定。

(5)盐雾试验：48 h 盐雾沉降试验。采用 GB/T 2423.17 进行试验、检测和评定。

13.4.2　振动

13.4.2.1　要求

机械环境试验的目的是检验被试样品能否达到运输的要求,根据 GB/T 6587—2012 的 5.10 包装运输试验,按照表 13.1 所示的要求进行试验。

表 13.1　包装运输试验要求

试验项目	试验条件	试验等级
		3 级
振动	振动频率/Hz	5、15、30
	加速度/(m/s²)	9.8±2.5
	持续时间/min	每个频率点 15
	振动方法	垂直固定
自由跌落	按重量确定	跌落高度
	重量≤10 kg	60 cm

13.4.2.2　试验方法

被试样品在完整包装状态下,按照 GB/T 6587—2012 的 5.10.2.1 和 5.10.2.2 方法进行试验。试验结束后,包装箱不应有较大的变形和损伤,被试样品及附件不应有变形松脱、涂敷层剥落等损伤,外观及结构应无异常,通电后应能正常工作。

13.4.3　电磁环境

13.4.3.1　要求

电磁抗扰度应满足表 13.2 试验内容和严酷度等级要求,按表中推荐的标准进行试验。

13.4.3.2　试验方法

被试样品均应在正常工作状态下进行下列试验。

(1)静电放电抗扰度

被试样品按台式(接地或不接地)和落地式设备(接地或不接地)进行配置,确定施加放电点,每个放电点进行至少 10 次放电。如被试样品涂膜未说明是绝缘层,则发生器电极头应穿入漆膜与导电层接触;若涂膜为绝缘层,则只进行空气放电。接触放电 4 kV,空气放电 8 kV,采用 GB/T 17626.2 进行试验、检测和评定。

表 13.2　电磁抗扰度试验内容和严酷度等级

序号	内容	试验条件		
		交流电源端口	直流电源端口	控制和信号端口
1	静电放电抗扰度	接触放电:±4 kV,空气放电:±8 kV		
2	射频电磁场辐射抗扰度	0.15~80 MHz,3 V/m,80%AMk(1 kHz)		
3	电快速瞬变脉冲群抗扰度	±2 kV　5 kHz	±1 kV　5 kHz	±2 kV　5 kHz
4	浪涌(冲击)抗扰度	线—地:±2 kV	线—地:±1 kV	线—地:±1 kV

(2)射频电磁场辐射抗扰度

被试样品按现场安装姿态放置在试验台上,按照 0.15~80 MHz,3 V/m,80% AM(1 kHz),采用 GB/T 17626.3 进行试验、检测和评定。

(3)电快速瞬变脉冲群抗扰度

交流电源端口:±2 kV、5 kHz,直流电源端口:±1 kV、5 kHz,控制和信号端口:±1 kV、5 kHz,试验持续时间不短于 1 min。采用 GB/T 17626.4 依次对被试产品的试验端口进行正负极性试验、检测和评定。

(4)浪涌(冲击)抗扰度

施加在直流电源端和互连线上的浪涌脉冲次数应为正、负极性各 5 次;对交流电源端口,应分别在 0°、90°、180°、270°相位施加正、负极性各 5 次的浪涌脉冲。试验速率为每分钟 1 次。交流电源端口:线对地 ±2 kV;直流电源端口:线对地 ±1 kV;控制和信号端口:线对地 ±1 kV,采用 GB/T 17626.5 进行试验、检测和评定。

13.5　动态比对试验

按照可靠性试验方案确定试验时间,且不少于 3 个月,并涵盖 1 个土壤的冻结和融化季节;若动态比对试验的时间超过了可靠性试验的截止时间,应按照动态比对试验的时间结束试验。动态比对试验主要评定被试样品的数据完整性、可比较性及设备可靠性等项目。可比较性结果,仅用于判断是否能够纳入气象观测网使用或能否组成新的气象观测网,不作为被试样品是否合格的依据。

13.5.1　数据完整性

13.5.1.1　评定方法

通过业务终端或自带终端接收到的观测数据个数评定数据的完整性。排除由于外界干扰因素造成的数据缺测,评定每套被试样品的数据完整性。

数据完整性(%)=(实际观测数据个数/应观测数据个数)×100%。

13.5.1.2　评定指标

数据完整性大于等于 98%。

13.5.2 可比较性

13.5.2.1 冻土器的不确定度

在对比分析之前，应先计算冻土器的不确定性。确定 1 号冻土器和 2 号冻土器（1 号冻土器为参考标准）的观测对应样本，将 2 号冻土器上限观测值与 1 号冻土器上限观测值相减，2 号冻土器下限观测值与 1 号冻土器下限观测值相减，分别计算两个冻土器上限和下限的系统误差（$\bar{x}_0$）和标准偏差（s），计算方法同 13.3.5.2。

以 s 作为冻土器不确定度评价依据，当 s 较大时，动态比对试验结果不可靠。

13.5.2.2 可比较性

13.5.2.2.1 评估方法

对被试样品与冻土器观测的冻土数据进行一致率、漏测率、误判均值、趋势图等可比性分析评估图 13.6，具体评估方法如下：

（1）人工观测冻土器冻结深度累计值（冻结厚度），作为标准冻结深度，用 H 表示；统计被试样品与冻土器冻结深度一致的冻土深度值，作为被试样品正确识别深度值，用 h_1 表示；统计冻土器观测到的上下限范围内，被试样品漏测的冻土深度值，用 h_2 表示；统计冻土器观测到的上下限范围外，被试样品识别的冻土深度值，作为被试样品误判冻土深度值，用 h_3 表示。

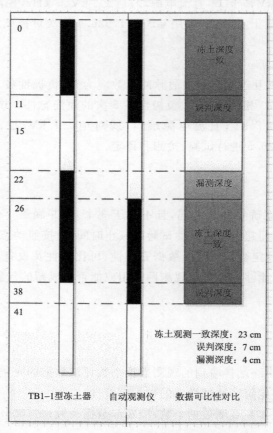

图 13.6　冻土器与被试样品数据可比性对比图

（2）一致率:检验评估期间,被试样品正确识别冻土深度值(h_1)占冻土器冻结深度值(H)的百分比。

（3）漏测率:检验评估期间,被试样品漏测冻土深度值(h_2)占冻土器冻结深度值(H)的百分比。

（4）误判均值:检验评估期间,被试样品误判深度值(h_3)的平均值。

（5）趋势图:确定冻土器与被试样品对应样本的上下限观测值,制作对比曲线图。

计算公式如下:

$$一致率(\%) = \frac{1}{n}\sum_{i=1}^{n}\frac{h_{1i}}{H_i}\times 100\% \tag{13.3}$$

$$漏测率(\%) = \frac{1}{n}\sum_{i=1}^{n}\frac{h_{2i}}{H_i}\times 100\% \tag{13.4}$$

$$误判均值(cm) = \frac{1}{n}\sum_{i=1}^{n}h_{3i} \tag{13.5}$$

式中,n 为对比观测样本数。

13.5.2.2.2　评估指标

一致率越接近 100%、漏测率越接近 0%、误判均值越接近 0 cm 越好,且趋势图曲线平滑未出现明显抖动,对比分析结果可用于评价被试样品与冻土器之间的可比性评价,但不作为被试样品是否合格的依据。

13.5.3　设备可靠性

可靠性反映被试样品在规定的情况下,在规定的时间内,完成规定功能的能力。以平均故障间隔时间(MTBF)表示设备的可靠性。平均故障间隔时间 MTBF(θ_1)≥8000 h。

13.5.3.1　试验方案

按照定时截尾试验方案,在 QX/T 526—2019 表 A.1 的方案类型中选用标准型或短时高风险两种试验方案之一,推荐选用标准型试验方案。

13.5.3.1.1　标准型试验方案

采用 17 号方案,即生产方和使用方风险各为 20%,鉴别比为 3 的定时截尾试验方案,试验的总时间为规定 MTBF 下限值(θ_1)的 4.3 倍,接受故障数为 2,拒收故障数为 3。

试验总时间 T 为:

$$T = 4.3\times 8000 \text{ h} = 34400 \text{ h}$$

要求 3 套或以上被试样品进行动态比对试验。以 3 套被试样品为例,每台试验的平均时间 t 为:

3 套被试样品:$t = 34400 \text{ h}/3 = 11466.7 \text{ h} = 477.8 \text{ d} \approx 478 \text{ d}$

若为了缩短试验时间,可增加被试样品的数量,如:

6 套被试样品:$t = 34400 \text{ h}/6 = 5733.4 \text{ h} = 239 \text{ d}$

所以 3 套被试样品需试验 478 d,6 套需试验 239 d,期间允许出现 2 次故障。

13.5.3.1.2　短时高风险试验方案

采用 21 号方案,即生产方和使用方风险各为 30%,鉴别比为 3 的定时截尾试验方案,试验的总时间为规定 MTBF 下限值(θ_1)的 1.1 倍,接受故障数为 0,拒收故障数为 1。

试验总时间 T 为:

$$T = 1.1 \times 8000 \, h = 8800 \, h$$

3 套被试样品进行动态比对试验，每台试验的平均时间 t 为：

$$t = 8800 \, h/3 = 2933.3 \, h = 122.2 \, d \approx 122 \, d$$

所以 3 套被试样品需试验 122 d，期间允许出现 0 次故障。

13.5.3.2　MTBF 观测值的计算

MTBF 的观测值（点估计值）$\hat{\theta}$ 用公式（13.6）计算。

$$\hat{\theta} = \frac{T}{r} \tag{13.6}$$

式中，T 为试验总时间，是所有被试样品试验期间各自工作时间的总和；r 为总责任故障数。

13.5.3.3　MTBF 置信区间的估计

按照 QX/T 526—2019 中的 A.2.3 计算 MTBF 置信区间的估计值。

13.5.3.3.1　有故障的 MTBF 置信区间估计

采用 13.5.3.1.1 标准型试验方案，使用方风险 $\beta = 20\%$ 时，置信度 $C = 60\%$；采用 13.5.3.1.2 短时高风险试验方案，使用方风险 $\beta = 30\%$ 时，置信度 $C = 40\%$。

根据责任故障数 r 和置信度 C，由 QX/T 526—2019 中表 A.2 查取置信上限系数 $\theta_U(C', r)$ 和置信下限系数 $\theta_L(C', r)$，其中，$C' = (1 + C)/2 = 1 - \beta$，MTBF 的置信区间下限值 θ_L 用公式（13.7）计算，上限值 θ_U 用公式（13.8）计算

$$\theta_L = \theta_L(C', r) \times \hat{\theta} \tag{13.7}$$

$$\theta_U = \theta_U(C', r) \times \hat{\theta} \tag{13.8}$$

MTBF 的置信区间表示为 (θ_L, θ_U)（置信度为 C）。

13.5.3.3.2　故障数为 0 的 MTBF 置信区间估计

若责任故障数 r 为 0，只给出置信下限值，用公式（13.9）计算。

$$\theta_L = T/(-\ln\beta) \tag{13.9}$$

式中，T 为试验总时间，是所有被试样品试验期间各自工作时间的总和；β 为使用方风险。采用 13.5.3.1.1 标准型试验方案，使用方风险 $\beta = 20\%$；采用 13.5.3.1.2 短时高风险试验方案，使用方风险 $\beta = 30\%$。

这里的置信度应为 $C = 1 - \beta$。

13.5.3.4　试验结论

（1）按照试验中可接收的故障数判断可靠性是否合格。

（2）可靠性试验无论是否合格，都应给出被试样品平均故障间隔时间（MTBF）的观测值 $\hat{\theta}$ 和置信区间估计的上限 θ_U 和下限 θ_L，表示为 (θ_L, θ_U)（置信度为 C）。

13.5.3.5　故障的认定和记录

按照 QX/T 526—2019 的 A.3 认定和记录故障。故障认定应区分责任故障和非责任故障，故障记录在动态比对试验的设备故障维修登记表中，见附表 A。

13.5.4　可维护性

在外观和结构检查、功能检测中检查被试样品的维修可达性、方便性、快捷性，检查被试样品的可扩展性、接线标志的清晰度等，审查维修手册的适用性。如果试验中需要维修，平均维修时间（MTTR）应 $\leqslant 40$ min。

13.6　综合评定

13.6.1　单项评定

以下各项均合格的,视该被试样品合格,有一项不合格的,视为不合格。

(1)静态测试和环境试验

被试样品静态测试和环境试验合格。

(2)动态比对试验

①数据完整性

数据完整性(%)≥98%为合格。

②设备可靠性

若选择 13.5.3.1.1 标准型试验方案,最多出现 2 次故障为合格;若选择 13.5.3.1.2 短时高风险试验方案,无故障为合格。

13.6.2　总评定

被试样品总数的 2/3 及以上合格时,视该型号被试样品为合格,否则不合格。

本章附表

附表 13.1 外观、结构检查和功能检测记录表

被试样品	名称	冻土自动观测仪	测试日期		
	型号		环境温度		℃
	编号		环境湿度		%
被试方			测试地点		

测试项目		技术要求	测试结果	结论
外观和结构	外观	应整洁,无损伤和形变,表面涂层无气泡、开裂、脱落等现象。铭牌、标识和标志应字迹清晰、完整、醒目		
	材料与涂覆	应选用耐老化、抗腐蚀、具有良好的电气绝缘性能的材料。各零部件表面应有涂、敷、镀等工艺措施		
	机械结构	结构应便于装配、调试、检验、包装、运输、安装及维护等		
		各零部件应安装正确、牢固,无机械变形、断裂、弯曲等,操作部分不应有迟滞、卡死、松脱等		
		安装支架结构坚固、造型美观,便于传感器安装和维护,传感器安装后无晃动		
	机械强度	各部件应有足够的机械强度和防腐蚀能力,确保在寿命期内,不因外界环境的影响和材料本身原因导致机械强度下降而引起危险		
功能	观测要素	包括冻结层次及上下限深度		
	初始化和参数设置	采集器应能自检,包括检测传感器接口和存储器,做好数据采集和通信连接准备		
		可通过终端软件进行参数设置,包括观测站基本参数、传感器参数、通信参数、质量控制参数等		
	运行状态信息	具备输出运行状态信息功能,包括设备工作状态、电源状态和通信状态等		
	数据存储	至少能存储 10 d 的分钟观测数据、状态信息以及 1 个月的正点观测数据,并留有 30 % 以上的存储空间。数据存储采用循环式存储器结构,还应具备掉电保存功能		
	时钟同步	应能通过终端软件发送命令进行统一校时		
	软件升级	应能通过终端软件发出升级指令,完成软件升级		
供电		AC 220(1+10%)V 和 220(1−15%)V 供电,被试样品应能在DC9~15 V 条件下正常工作;无交流电条件下应能保证 7 d 正常工作		
功耗		采集器功耗≤2 W		

测试仪器	名称	型号	编号

测试单位＿＿＿＿＿＿＿＿＿＿＿＿＿＿＿　　　　测试人员＿＿＿＿＿＿＿＿＿＿＿＿＿＿＿

附表 13.2　数据采集、处理和数据质量控制检查记录表

被试样品	名称	冻土自动观测仪		测试日期	
	型号			环境温度	℃
	编号			环境湿度	%
被试方				测试地点	

测试项目		检查要求及方法	检查结果	结论
采集和处理	数据采集间隔	1 次/min		
	数据算法	应符合《需求书》附录 A 要求		
	数据格式	应符合《需求书》附录 B 要求		
数据质量控制	瞬时值的极限范围	采样瞬时值应在传感器的测量范围内,未超出标识"正确",超出标识"错误",上限值为 0 cm,下限值为观测仪的最大测量范围		
	瞬时值的变化速率	当前瞬时值与前一个瞬时值比较,差值大于"存疑的变化速率",当前瞬时值标记为"存疑";差值大于"错误的变化速率",当前瞬时值标识为"错误"		

测试数据:

测试单位＿＿＿＿＿＿＿＿＿＿＿＿＿＿＿＿＿＿＿　　　测试人员＿＿＿＿＿＿＿＿＿＿＿＿＿＿＿＿＿＿＿

附表 13.3 数据传输与终端操作命令检查记录表

被试样品	名称	冻土自动观测仪	测试日期	
	型号		环境温度	℃
	编号		环境湿度	%
被试方			测试地点	

检查要求	检查结果	结论
SETCOM 设置或读取设备的通信参数		
AUTOCHECK 设备自检,返回设备日期、时间、通信参数、设备状态信息(厂家可自行定义格式)		
HELP 帮助命令,返回终端命令清单		
QZ 设置或读取设备的区站号		
ST 设置或读取设备的服务类型		
DI 读取设备标识位		
ID 设置或读取设备 ID		
LAT 设置或读取冻土自动观测仪的纬度		
LONG 设置或读取冻土自动观测仪的经度		
DATE 设置或读取冻土自动观测仪日期		
TIME 设置或读取冻土自动观测仪时间		
DATETIME 设置或读取冻土自动观测仪日期与时间		
FTD 设置或读取设备主动模式下的发送时间间隔		
DOWN 历史数据下载		
READDATA 实时读取数据		
SETCOMWAY 设置握手机制方式		
MVDATE 设置或读取设备校验时间信息		
QCPM 命令符		

测试数据：

测试单位＿＿＿＿＿＿＿＿＿＿＿＿＿＿＿　　　　测试人员＿＿＿＿＿＿＿＿＿＿＿＿＿＿＿

附表 13.4　实验室准确性测量性能测试记录表

被试样品	名称	冻土自动观测仪		测试日期	
	型号			环境温度	℃
	编号			环境湿度	％
被试方				测试地点	
序号		冻土器		观测仪	示值差值
1					
2					
3					
4					
5					
6					
7					
8					
9					
10					
标准偏差					
测试结果					
测试仪器	名称		型号		编号

测试单位＿＿＿＿＿＿＿＿＿＿＿＿＿＿＿＿　　　　　测试人员＿＿＿＿＿＿＿＿＿＿＿＿＿＿＿＿

附表 13.5　实验室测量性能测试表

被试样品	名称	冻土自动观测仪		测试日期		
	型号			环境温度		℃
	编号			环境湿度		%
被试方				测试地点		
测试项目	测试要求				检查结果	结论
全量程 冻融响应	被试样品逐渐插入冻土箱过程,应有从深到浅逐渐冻结响应,冻结果应与插入过程一致					
	被试样品逐渐拔出冻土箱过程,应有从浅到深逐渐融化响应,融化结果应与拔出过程一致					
冻融分层响应 □　加热环 □　冻土盒 □　保温层	将被试样品置于实验室制冷设备中,直至全部冻结,在被试样品不同部位安装若干个加热环并加热,被试样品应能在加热环区域正确响应对应的冻融层次					
分辨力	结合全量程冻融响应数据,查看相邻 2 min 参试设备输出数据是否满足分辨力 1 cm 要求					

全量程冻融响应测试数据:

冻融分层响应测试数据:

测试单位＿＿＿＿＿＿＿＿＿＿＿＿＿＿＿＿　　　　测试人员＿＿＿＿＿＿＿＿＿＿＿＿＿＿＿＿＿＿

附表 13.6　TB1-1 型冻土器对比观测记录薄

年　　月

试验场		1 号冻土器(单位:cm)						值班员
		第一层		第二层		第三层		
日期	时次	上限	下限	上限	下限	上限	下限	
1	08							
	20							
2	08							
	20							
3	08							
	20							
4	08							
	20							
5	08							
	20							
6	08							
	20							
7	08							
	20							
				......				
28	08							
	20							
29	08							
	20							
30	08							
	20							
31	08							
	20							

注 1:每套冻土器对应一套人工对比观测记录表;

注 2:人工测量冻土的具体时间,精确到±5 min。

第14章　自动雪深观测仪[①]

14.1　目的

规范自动雪深观测仪测试的内容和方法,通过测试与试验,检验其是否满足《自动雪深观测仪功能需求书(试验版)》(气测函〔2010〕231号)(简称《需求书》)的要求。

14.2　基本要求

14.2.1　被试样品

提供3套或以上同一型号的自动雪深观测仪(以下简称观测仪)作为被试样品。在整个测试试验期间被试样品应连续工作,数据正常上传至指定的业务终端或自带终端。功能检测和环境试验可抽取1套被试样品。

14.2.2　参考标准

参照《地面气象观测规范》,以人工观测积雪深度值为对比参考标准,具体要求如下:

(1)符合观测雪深的日子(基准面上有积雪),每天08时、11时、14时和17时进行人工观测。

(2)观测员使用量雪尺进行观测,测量结果以毫米(mm)为单位,取整数。

(3)人工对比观测地点选择在被试样品对应的测量基准面上进行,在基准面上将量雪尺垂直地插入雪中到板面为止,依据雪面所遮掩尺上的刻度线,读取雪深数据。

(4)每次人工观测须进行3次测量,并计算3次测量的平均值,记录在本章附表14.7相应栏中,选取的测量点应能代表被试样品测量处的雪深情况。

(5)如因吹雪或其他原因使基准面上的雪面不平整,为保证人工对比观测和被试样品测量对象(雪面)的一致性,观测员可选择与被试样品测量点更为接近的地点(或能够代表整块基准面积雪深度的地点)进行人工观测,但需在观测记录表(本章附表14.7)备注栏注明。

14.2.3　试验场地

(1)选择2个或以上试验外场,至少包含2个不同的气候区,尽量选择接近被试样品使用环境要求的气象观测站。

(2)同一试验外场安装多套被试样品时,彼此间距应不小于3 m,以免相互影响。

14.2.4　场地布局

被试样品在试验场地安装时须考虑冬季主导风向与传感器测量之间不受影响。被试样品的安装立柱应牢固安装在试验场地混凝土安装基础上,安装基础不小于30 cm×30 cm×

---

① 本章作者:胡树贞、张东明、温强、王志成

50 cm(长×宽×深),安装基础高度与观测场地面齐平。

　　雪深测量的基准面为地面(硬化裸地),基准面的大小应以安装支架向西 60 cm 的点为中心(位于超声波测距探头的正下方),边长 90 cm 的正方形,基准面区域内的地面应为处理平整的裸地,且与观测场地面齐平。基准面与安装基础位置如图 14.1 所示。

　　被试样品传感器探头应朝向西方,测量路径上无任何遮挡。

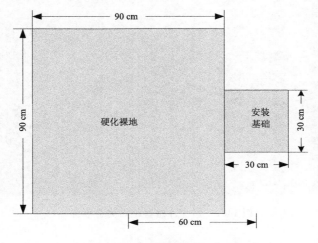

图 14.1　基准面与安装基础位置示意

14.2.5　测试设备

　　测试过程中所用到的设备见表 14.1 所示。其中,传感器距离测量平台为定制设备,由平台主体、导轨、滑块、水平调节装置、传感器安装支架等组成,测量平台上固定1500 mm钢板刻度尺。其工作原理是被试样品水平固定在滑块上的安装支架上,测试过程中移动滑块改变被试样品与目标物之间相对距离,以此模拟雪深变化,如图 14.2。传感器距离测量平台可用于对被试样品准确度、分辨力、雪深量程等项目的测试。

　　校准模块使用铝合金材质制作,经氧化处理,表面平整光滑,不易磨损和变形。模块分为50 mm 和 200 mm 高度两种规格。校准模块只适用于激光测量原理的被试样品。

表 14.1　测试设备清单

序号	名称	型号/规格	用途
1	雪深传感器距离测量平台	定制	量程、分辨力、准确度测试
2	校准模块	定制/50 mm、200 mm	准确度测试

14.3　静态测试

14.3.1　外观和结构检查

　　以目测和手动操作为主,检查被试样品外观与结构,应满足《需求书》5 外观要求,检查结果记录在本章附表 14.1。

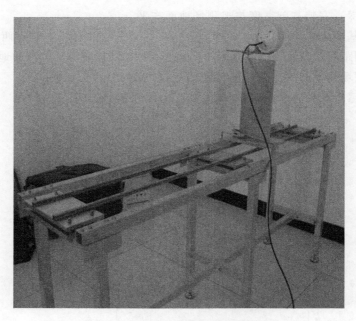

图 14.2　雪深传感器距离测量平台

14.3.2　功能检测

应满足《需求书》3 功能要求，检测结果记录在本章附表 14.2 和本章附表 14.3。方法如下：

（1）初始化

通过终端软件对被试样品进行设置，具体为使用串口调试助手设置被试样品的观测站基本参数、传感器参数（初始高度）、通信参数、质量控制参数等。

（2）数据采样与数据处理

按照《需求书》3.2 数据采样和 3.3 数据处理要求输出采样瞬时值和分钟瞬时值，对采样瞬时值的输出频率和分钟瞬时值的计算结果进行检查。

（3）数据格式

运行被试样品，通过命令读取实时数据，按照《需求书》3.6 数据格式要求对数据格式进行对照检查。

（4）数据存储

被试样品正常工作不少于 1 d，通过命令读取历史数据，检查被试样品内部是否保存了完整的分钟数据，计算 30 d 需要存储数据的字节数并与被试样品存储容量比较，存储的数据量不少于 30 d，数据存储器应具备掉电保存功能。

（5）数据传输与终端操作命令

被试样品支持标准的 RS232/485 串行数据接口，通过串口线连接上位机与被试样品，按照《需求书》3.10 终端操作命令逐条检查被试样品通信是否正常。

（6）时钟管理与精度

使用串口调试助手对被试样品发送"DATETIME"命令进行时间校准，被试样品正常工作 24 h 后与北京时间进行对时检查。

（7）监控功能

被试样品监控项目包括主板工作温度和主板工作电压。改变被试样品工作环境或工作电压，检查输出的分钟数据相关要素是否发生相应变化。

（8）数据质量控制

通过串口调试助手对被试样品雪深数据的极限范围、允许变化速率等参数进行设置，检查输出的采样瞬时值和分钟瞬时值是否输出相对应的质量控制标识，数据质量控制标识代码值见《需求书》3.7 数据质量控制。

14.3.3　电源

14.3.3.1　要求

给被试样品提供 $AC220 \times (1+10\%)$ V 和 $220 \times (1-15\%)$ V 供电，被试样品应能在 DC9～16 V 条件下正常工作；后备蓄电池，可保证被试样品在无交流电源下 5 d 正常工作。

14.3.3.2　测试方法

对于 AC220 V 电源，用可调交流电源供电，分别将电源电压升（降）到 242 V（187 V），持续 1 min，被试样品应能正常工作。

去掉蓄电池，被试样品外接直流稳压电源，提供 9～16 V 的可变电压，加负载（连接传感器），先将 DC 电源调在 9 V，设备输出数据应正确；以同样方式再将电源分别调至 12 V 和 16 V，检查输出数据是否正确。根据后备蓄电池容量与被试样品实际功耗，计算在无交流电条件下被试样品能否保证 5 d 正常工作。测试结果记录在本章附表 14.3。

14.3.4　功耗

14.3.4.1　要求

被试样品应采用低功耗设计，功耗小于 2 W。

14.3.4.2　测试方法

断开被试样品蓄电池，测量被试样品电源输入端的电压和电流，计算被试样品正常工作状态下的平均功耗。测试结果记录在本章附表 14.3。

14.3.5　测量性能

14.3.5.1　要求

（1）雪深量程：0～2000 mm（适用于气象观测场）。

（2）分辨力：1 mm。

（3）准确度：±10 mm（实验室环境下测试指标）。

14.3.5.2　测试方法

（1）雪深量程

借助传感器距离测量平台，在导轨上移动安装有被试样品传感器的滑块，使被试样品与被测目标物距离逐渐增大，检查输出结果是否能够实现 0～2000 mm 范围距离的测量（可根据实际，调整传感器距离测量平台与被测目标物间距）。测试结果记录在本章附表 14.4。

（2）分辨力

移动安装有被试样品传感器的支架，使被试样品与被测目标物间距发生 1 mm 变化，检查输出结果是否能够分辨且正确。测试结果记录在本章附表 14.4。

（3）准确度

准确度测试采用校准模块法或传感器距离测量平台法进行。

校准模块法：适用于采用激光测量原理的被试样品。被试样品按照正常使用时的安装方式固定在安装立柱上，获取激光探头安装倾角，确认基准面高度。使用校准模块模拟 50 mm、100 mm、200 mm、300 mm、400 mm、500 mm、600 mm、800 mm、1000 mm 高度的积雪深度，被试样品测量结果应在《需求书》允许误差范围内。测试结果记录在本章附表 14.5。

传感器距离测量平台法：借助传感器距离测量平台，在导轨上移动安装有被试样品传感器的支架，改变传感器与被测目标物距离，通过平台自带刻度尺测量探头到测量面的水平距离为当前高度，检查被试样品输出值和人工测量值之间的误差，被试样品测量结果应在《需求书》允许误差范围内。测试结果记录在本章附表 14.6。

14.4 环境试验

14.4.1 气候环境

14.4.1.1 要求

被试样品在以下环境中应正常工作：

（1）工作温度：−45～20 ℃。

（2）储存温度：−20～40 ℃。

（3）相对湿度：5%～100%。

（4）大气压力：450～1060 hPa。

（5）降水强度：≤10 mm/min。

（6）抗盐雾腐蚀。

14.4.1.2 试验方法

试验项目建议采用以下方法：

（1）低温：−45 ℃工作 2 h，贮藏 2 h。采用 GB/T 2423.1 进行试验、检测和评定。

（2）恒定湿热：40 ℃，93%，放置 12 h，通电后正常工作。采用 GB/T 2423.3 进行试验、检测和评定。

（3）低气压：450 hPa 放置 0.5 h。采用 GB/T 2423.21 进行试验、检测和评定。

（4）淋雨试验：外壳防护等级 IPX5。采用 GB/T 2423.38 或 GB/T 4208 进行试验、检测和评定。

（5）盐雾试验：48 h 盐雾沉降试验。采用 GB/T 2423.17 进行试验、检测和评定。

14.4.2 振动

14.4.2.1 要求

机械环境试验的目的是检验被试样品能否达到运输的要求，根据 GB/T 6587—2012 的 5.10 包装运输试验，按照表 14.2 所示的要求进行试验。

14.4.2.2 试验方法

被试样品在完整包装状态下，按照 GB/T 6587—2012 的 5.10.2.1 和 5.10.2.2 方法进行试验。试验结束后,包装箱不应有较大的变形和损伤,被试样品及附件不应有变形松脱、涂敷层剥落等损伤,外观及结构应无异常,通电后应能正常工作。

表 14.2　包装运输试验要求

试验项目	试验条件	试验等级
		3 级
振动	振动频率/Hz	5、15、30
	加速度/(m/s²)	9.8±2.5
	持续时间/min	每个频率点 15
	振动方法	垂直固定
自由跌落	按重量确定	跌落高度
	重量≤10 kg	60 cm

14.4.3　电磁环境

14.4.3.1　要求

电磁抗扰度应满足表 14.3 试验内容和严酷度等级要求,按表中推荐的标准进行试验。

表 14.3　电磁抗扰度试验内容和严酷度等级

序号	内容	试验条件		
		交流电源端口	直流电源端口	控制和信号端口
1	静电放电抗扰度	接触放电:±4 kV,空气放电:±8 kV		
2	射频电磁场辐射抗扰度	0.15～80 MHz,3 V/m,80%AM(1 kHz)		
3	电快速瞬变脉冲群抗扰度	±2 kV　5 kHz	±1 kV　5 kHz	±2 kV　5 kHz
4	浪涌(冲击)抗扰度	线一地:±2 kV	线一地:±1 kV	线一地:±1 kV
5	电压暂降、短时中断和电压变化的抗扰度	30%　0.5 周期,60%　5 周期,100%　250 周期		

14.4.3.2　试验方法

被试样品均应在正常工作状态下进行下列试验。

(1)静电放电抗扰度

被试样品按台式(接地或不接地)和落地式设备(接地或不接地)进行配置,确定施加放电点,每个放电点进行至少 10 次放电。如被试样品涂膜未说明是绝缘层,则发生器电极头应穿入漆膜与导电层接触;若涂膜为绝缘层,则只进行空气放电。接触放电 4 kV,空气放电 8 kV,采用 GB/T 17626.2 进行试验、检测和评定。

(2)射频电磁场辐射抗扰度

被试样品按现场安装姿态放置在试验台上,按照 0.15～80 MHz,3 V/m,80%AM(1 kHz),采用 GB/T 17626.3 进行试验、检测和评定。

(3)电快速瞬变脉冲群抗扰度

交流电源端口:±2 kV、5 kHz,直流电源端口:±1 kV、5 kHz,控制和信号端口:±2 kV、

5 kHz,试验持续时间不短于 1 min。采用 GB/T 17626.4 依次对被试产品的试验端口进行正负极性试验、检测和评定。

(4)浪涌(冲击)抗扰度

施加在直流电源端和互连线上的浪涌脉冲次数应为正、负极性各 5 次;对交流电源端口,应分别在 0°、90°、180°、270°相位施加正、负极性各 5 次的浪涌脉冲。试验速率为每分钟 1 次。交流电源端口:线对地 ±2 kV;直流电源端口:线对地 ±1 kV;控制和信号端口:线对地 ±1 kV,采用 GB/T 17626.5 进行试验、检测和评定。

(5)电压暂降、短时中断和电压变化的抗扰度

按照 30%、0.5 周期,60%、5 周期,100%、250 周期,采用 GB/T 17626.11 进行试验、检测和评定。

14.5　动态比对试验

按照可靠性试验方案确定试验时间,且不少于 3 个月,并涵盖 1 个完整的降雪季节;若动态比对试验的时间超过了可靠性试验的截止时间,应按照动态比对试验的时间结束试验。动态比对试验主要评定被试样品的数据完整性、数据准确性、设备稳定性及设备可靠性等项目。

14.5.1　数据完整性

14.5.1.1　评定方法

通过业务终端或自带终端接收到的观测数据个数评定数据的完整性。排除由于外界干扰因素造成的数据缺测,评定每套被试样品的数据完整性。

数据完整性(%)=(实际观测数据个数/应观测数据个数)×100%。

14.5.1.2　评估指标

数据完整性大于等于 98%。

14.5.2　数据准确性

14.5.2.1　评估方法

用符合雪深观测时次的人工观测数据与被试样品观测数据进行数据准确性评估,分别计算两者之间的系统误差($\overline{x}$)和标准偏差(s)。

$$\overline{x} = \frac{\sum_{i=1}^{n}(x_{di} - x_{si})}{n} \tag{14.1}$$

$$s = \left[\frac{1}{n-1} \sum_{i=1}^{n}(x_i - \overline{x})^2 \right]^{\frac{1}{2}} \tag{14.2}$$

式中,x_{di} 为被试样品第 i 次测量值;x_{si} 为人工第 i 次观测值;n 为对比观测次数;x_i 为被试样品与人工第 i 次测量差值。

注:以上进行统计性分析的数据,均已按照 QX/T 526—2019 的 C.1 进行了数据的质量控制,剔除异常值,并按照 3 s 准则剔除了 $|x_i - \overline{x}| > 3$ s 的粗大误差。

14.5.2.2　评估指标

按照世界气象组织《气象仪器和观测方法指南》规定的准确性要求进行评定,要求为:$s \leqslant$

10 mm(雪深≤200 mm),s≤5％(雪深>200 mm)。

14.5.3　设备稳定性

14.5.3.1　评估方法

基准面上无积雪覆盖时,选取被试样品安装后和拆除前各 24 h 完整观测数据,分析被试样品观测到的最大值与最小值之间的差异,检验设备测量波动性。

14.5.3.2　评估指标

基准面上无积雪覆盖时,24 h 观测数据最大值和最小值之间的波动应小于 10 mm。

14.5.4　设备可靠性

可靠性反映被试样品在规定的情况下,在规定的时间内,完成规定功能的能力。以平均故障间隔时间(MTBF)表示设备的可靠性。平均故障间隔时间 MTBF(θ_1)大于 3000 h。

14.5.4.1　试验方案

按照定时截尾试验方案,在 QX/T 526—2019 表 A.1 的方案类型中选用标准型或短时高风险两种试验方案之一,推荐选用标准型试验方案。

14.5.4.1.1　标准型试验方案

采用 17 号方案,即生产方和使用方风险各为 20％,鉴别比为 3 的定时截尾试验方案,试验的总时间为规定 MTBF 下限值(θ_1)的 4.3 倍,接受故障数为 2,拒收故障数为 3。

试验总时间 T 为:

$$T=4.3×3000 \text{ h}=12900 \text{ h}$$

要求 3 套或以上被试样品进行动态比对试验。以 3 套被试样品为例,每台试验的平均时间 t 为:

3 套被试样品:t=12900 h/3=4300 h=179.2 d≈180 d

若为了缩短试验时间,可增加被试样品的数量,如:

6 套被试样品:t=12900 h/6=2150 h=89.6 d≈90 d

所以 3 套被试样品需试验 180 d,6 套需试验 90 d,期间允许出现 2 次故障。

14.5.4.1.2　短时高风险试验方案

采用 21 号方案,即生产方和使用方风险各为 30％,鉴别比为 3 的定时截尾试验方案,试验的总时间为规定 MTBF 下限值(θ_1)的 1.1 倍,接受故障数为 0,拒收故障数为 1。

试验总时间 T 为:

$$T=1.1×3000 \text{ h}=3300 \text{ h}$$

3 套被试样品进行动态比对试验,每台试验的平均时间 t 为:

$$t=3300 \text{ h}/3=1100 \text{ h}=45.8 \text{ d}≈46 \text{ d}$$

所以 3 套被试样品需试验 46 d,期间允许出现 0 次故障。

14.5.4.2　MTBF 观测值的计算

MTBF 的观测值(点估计值)$\hat{\theta}$ 用公式(14.3)计算。

$$\hat{\theta}=\frac{T}{r} \tag{14.3}$$

式中,T 为试验总时间,是所有被试样品试验期间各自工作时间的总和;r 为总责任故障数。

14.5.4.3　MTBF 置信区间的估计

按照 QX/T 526—2019 中的 A.2.3 计算 MTBF 置信区间的估计值。

14.5.4.3.1　有故障的 MTBF 置信区间估计

采用 14.5.4.1.1 标准型试验方案,使用方风险 $\beta=20\%$ 时,置信度 $C=60\%$;采用 14.5.4.1.2 短时高风险试验方案,使用方风险 $\beta=30\%$ 时,置信度 $C=40\%$。

根据责任故障数 r 和置信度 C,由 QX/T 526—2019 中表 A.2 查取置信上限系数 $\theta_U(C',r)$ 和置信下限系数 $\theta_L(C',r)$,其中,$C'=(1+C)/2=1-\beta$,MTBF 的置信区间下限值 θ_L 用公式 (14.4) 计算,上限值 θ_U 用公式 (14.5) 计算

$$\theta_L=\theta_L(C',r)\times\hat{\theta} \tag{14.4}$$

$$\theta_U=\theta_U(C',r)\times\hat{\theta} \tag{14.5}$$

MTBF 的置信区间表示为 (θ_L,θ_U)(置信度为 C)。

14.5.4.3.2　故障数为 0 的 MTBF 置信区间估计

若责任故障数 r 为 0,只给出置信下限值,用公式 (14.6) 计算。

$$\theta_L=T/(-\ln\beta) \tag{14.6}$$

式中,T 为试验总时间,是所有被试样品试验期间各自工作时间的总和;β 为使用方风险。采用 14.5.4.1.1 标准型试验方案,使用方风险 $\beta=20\%$;采用 14.5.4.1.2 短时高风险试验方案,使用方风险 $\beta=30\%$。

这里的置信度应为 $C=1-\beta$。

14.5.4.4　试验结论

(1)按照试验中可接收的故障数判断可靠性是否合格。

(2)可靠性试验无论是否合格,都应给出被试样品平均故障间隔时间(MTBF)的观测值 $\hat{\theta}$ 和置信区间估计的上限 θ_U 和下限 θ_L,表示为 (θ_L,θ_U)(置信度为 C)。

14.5.4.5　故障的认定和记录

按照 QX/T 526—2019 的 A.3 认定和记录故障。故障认定应区分责任故障和非责任故障,故障记录在动态比对试验的设备故障维修登记表中,见附表 A。

14.5.5　可维护性

在外观和结构检查、功能检测中检查被试样品的维修可达性、方便性、快捷性,检查被试样品的可扩展性、接线标志的清晰度等,审查维修手册的适用性。如果试验中需要维修,平均维修时间(MTTR)应 $\leqslant40$ min。

14.6　综合评定

14.6.1　单项评定

以下各项均合格的,视该被试样品合格,有一项不合格的,视为不合格。

(1)静态测试和环境试验

被试样品静态测试和环境试验合格。

(2)动态比对试验

①数据完整性

数据完整性(%)≥98%为合格。

②数据准确性

世界气象组织《气象仪器和观测方法指南》规定的准确性要求为:s≤10 mm(雪深≤200 mm),s≤5%(雪深>200 mm)为合格,否则不合格。

③设备稳定性

基准面上无积雪覆盖时,24 h 观测数据最大值和最小值之间的波动应小于 10 mm 为合格,否则不合格。

④设备可靠性

若选择 14.5.4.1.1 标准型试验方案,最多出现 2 次故障为合格;若选择 14.5.4.1.2 短时高风险试验方案,无故障为合格。

14.6.2　总评定

被试样品总数的 2/3 及以上合格时,视该型号被试样品为合格,否则不合格。

本章附表

附表 14.1　外观、结构检查记录表

被试样品	名称	自动雪深观测仪		测试日期		
	型号			环境温度		℃
	编号			环境湿度		%
被试方				测试地点		
测试项目	技术要求				测试结果	结论
基本要求	机械结构应利于装配、调试、检验、包装、运输、安装、维护等工作,更换部件时简便易行;表面应整洁,无损伤和形变,表面涂层无气泡、开裂、脱落等现象,各零部件应安装正确、牢固,无机械变形、断裂、弯曲等,操作部分不应有迟滞、卡死、松脱等					
机械结构	超声波传感器支架:外形呈倒 L 型圆柱体,支架可调最大高度不小于 2.5 m,可根据观测需求调整安装高度,横臂长度≥0.3 倍高度(超声波波速角≤30°)。使用不锈钢等材料制作,表面进行必要的防锈和耐腐蚀涂层处理					
	激光传感器支架:外形为圆柱体,支架高度不小于 2.5 m,可根据观测需求调整安装高度。使用不锈钢等材料制作,表面进行必要的防锈和耐腐蚀涂层处理					
	测雪板:一般选择无融雪效应,比热低的固体材质(例如:PVC 板材),整体表面平整,埋设后与地面齐平。测雪板几何中心正对上方的雪深传感器测量中心点,测雪板面积大小必须覆盖雪深传感器测量面,尺寸一般为 1.2 m×1.2 m					
	底座:圆形法兰直径大于 300 mm,使用不锈钢等材料制作,表面进行必要的防锈和耐腐蚀涂层处理。通过预埋件或膨胀螺栓直接安装在混凝土基座(基础)上,通过调平螺栓可以调节仪器的水平					
安全要求	标记符合 GB 4793.1—2007《测量、控制和实验室用电气设备的安全要求》;外表易触件不应是危险带电件;观测仪必须有保护接地;所有电源和信号端口均应采取防感应雷击措施;交流电源初级电路与机箱间绝缘电阻>2 MΩ;低压直流电源初级电路与机箱间绝缘电阻>1 MΩ;使用交流供电的设备泄漏电流<3.5 mA;使用交流供电的设备应能承受 1500 V/5 mA/1 min 的冲击耐压试验;使用直流供电的设备应能承受 500 V/5 mA/1 min 的冲击耐压试验					
测试仪器	名称		型号		编号	

测试单位＿＿＿＿＿＿＿＿＿＿＿＿＿＿　　　　测试人员＿＿＿＿＿＿＿＿＿＿＿＿＿＿

附表 14.2　数据采样、处理和质量控制检查记录表

<table>
<tr><td rowspan="3">被试样品</td><td>名称</td><td colspan="2">自动雪深观测仪</td><td>测试日期</td><td></td></tr>
<tr><td>型号</td><td colspan="2"></td><td>环境温度</td><td>℃</td></tr>
<tr><td>编号</td><td colspan="2"></td><td>环境湿度</td><td>%</td></tr>
<tr><td>被试方</td><td colspan="3"></td><td>测试地点</td><td></td></tr>
<tr><td colspan="2">测试项目</td><td colspan="2">技术要求</td><td>测试结果</td><td>结论</td></tr>
<tr><td rowspan="3">采集和处理</td><td>数据采样</td><td colspan="2">每分钟得到 10 个采样值(采样瞬时值)</td><td></td><td></td></tr>
<tr><td>数据处理</td><td colspan="2">应符合《需求书》3.3 数据处理要求</td><td></td><td></td></tr>
<tr><td>数据格式</td><td colspan="2">应符合《需求书》3.6 数据格式要求</td><td></td><td></td></tr>
<tr><td rowspan="4">数据质量控制</td><td>采样瞬时值的极限范围</td><td colspan="2">采样瞬时值应在传感器的测量范围内,未超出标识"正确",超出标识"错误",允许最大变化值 10 mm</td><td></td><td></td></tr>
<tr><td>采样瞬时值的计算</td><td colspan="2">通过极限范围检查的雪深采样值数量达到 2/3,可用于计算雪深瞬时值;若不足 2/3,则当前雪深瞬时值标识为"缺失"</td><td></td><td></td></tr>
<tr><td>瞬时值的极限范围</td><td colspan="2">一个"正确"的雪深瞬时值,不能超出规定的界限,未超出的标识"正确";超出的标识"错误"。下限 0 mm,上限 1500 mm,存疑的变化速率 20～60 mm,错误的变化速率＞60 mm</td><td></td><td></td></tr>
<tr><td>瞬时值的变化速率检查</td><td colspan="2">相邻两个雪深瞬时值的变化速率应在允许范围内。若两者的差大于"存疑的变化速率",则当前雪深瞬时值标识为"存疑";若两者的差大于"错误的变化速率",则当前雪深瞬时值标识为"错误"</td><td></td><td></td></tr>
</table>

测试数据:

测试单位＿＿＿＿＿＿＿＿＿＿＿＿＿＿＿＿＿＿　　　　　测试人员＿＿＿＿＿＿＿＿＿＿＿＿＿＿＿＿＿＿

附表 14.3 功能及电气性能检测记录表

被试样品	名称	自动雪深观测仪		测试日期		
	型号			环境温度		℃
	编号			环境湿度		%
被试方				测试地点		
测试项目		技术要求			测试结果	结论
初始化		开机后，可对内部进行自检，可通过终端软件对观测仪进行设置，包括观测站基本参数、传感器参数（初始高度）、通信参数、质量控制参数等				
数据格式		由观测仪向终端电脑或数据采集器输出的每条分钟数据记录的数据总长度为 60 个字节，存储格式为 ASCII 码，各项目之间用空格分隔，每个项目采用定长方式，长度不足高位补 0				
数据存储		存储的数据内容为每分钟观测数据，存储的数据量不少于 30 d，数据存储器应具备掉电保存功能。读取存储卡内存，根据每一条所占字节数求得存储数据量				
时钟管理与精度		当观测仪独立运行时，由实时时钟芯片提供系统时钟，使用串口调试助手对观测仪校时，设备正常工作 1 d 后与北京时间进行对时检查，走时误差在 2 s 内为合格				
监控功能		被试样品监控项目包括主板工作温度和主板工作电压。改变被试样品工作环境或工作电压，检查输出的分钟数据相关要素是否发生相应变化				
数据传输与终端操作命令		读取数据命令：GMSD；读取/设置时间命令：DATETIME				
电源		DC9～16 V 条件下正常工作，无交流电条件下应能保证 7 d 正常工作				
功耗		功耗小于 2 W				
测试仪器		名称		型号		编号

测试单位＿＿＿＿＿＿＿＿＿＿＿＿＿＿＿＿＿＿＿＿   测试人员＿＿＿＿＿＿＿＿＿＿＿＿＿＿＿＿＿＿＿＿＿

附表 14.4　量程、分辨力测试记录表

被试样品	名称	自动雪深观测仪		测试日期	
	型号			环境温度	℃
	编号			环境湿度	%
被试方				测试地点	
测试项目	技术要求及测试方法			测试结果	结论
雪深量程	借助传感器距离测量平台,在导轨上移动安装有观测仪传感器的支架,使观测仪与被测目标物距离逐渐增大,检查输出结果是否能够实现 0～2000 mm 范围距离的测量				
分辨力	借助传感器距离测量平台,在导轨上移动安装有观测仪传感器的滑块,使观测仪与被测目标物间距发生 1 mm 变化,检查观测仪输出结果是否能够分辨且正确				

测试单位＿＿＿＿＿＿＿＿＿＿＿＿＿＿＿＿＿　　　测试人员＿＿＿＿＿＿＿＿＿＿＿＿＿＿＿＿＿

附表 14.5　准确度测试记录表(校准模块法)

<table>
<tr><td rowspan="3">被试样品</td><td>名称</td><td colspan="2">自动雪深观测仪</td><td>测试日期</td><td></td><td></td></tr>
<tr><td>型号</td><td colspan="2"></td><td>环境温度</td><td></td><td>℃</td></tr>
<tr><td>编号</td><td colspan="2"></td><td>环境湿度</td><td></td><td>%</td></tr>
<tr><td>被试方</td><td colspan="3"></td><td>测试地点</td><td colspan="2"></td></tr>
<tr><td rowspan="2">观测仪编号</td><td colspan="2">标准值</td><td colspan="3">测量值</td><td rowspan="2">最大误差 /mm</td><td rowspan="2">结论</td></tr>
<tr><td>校准模块高度/mm</td><td>标准测量值/mm</td><td>第1次 /mm</td><td>第2次/mm</td><td>第3次/mm</td></tr>
<tr><td rowspan="9"></td><td>50</td><td></td><td></td><td></td><td></td><td></td><td></td></tr>
<tr><td>100</td><td></td><td></td><td></td><td></td><td></td><td></td></tr>
<tr><td>200</td><td></td><td></td><td></td><td></td><td></td><td></td></tr>
<tr><td>300</td><td></td><td></td><td></td><td></td><td></td><td></td></tr>
<tr><td>400</td><td></td><td></td><td></td><td></td><td></td><td></td></tr>
<tr><td>500</td><td></td><td></td><td></td><td></td><td></td><td></td></tr>
<tr><td>600</td><td></td><td></td><td></td><td></td><td></td><td></td></tr>
<tr><td>800</td><td></td><td></td><td></td><td></td><td></td><td></td></tr>
<tr><td>1000</td><td></td><td></td><td></td><td></td><td></td><td></td></tr>
<tr><td rowspan="9"></td><td>50</td><td></td><td></td><td></td><td></td><td></td><td></td></tr>
<tr><td>100</td><td></td><td></td><td></td><td></td><td></td><td></td></tr>
<tr><td>200</td><td></td><td></td><td></td><td></td><td></td><td></td></tr>
<tr><td>300</td><td></td><td></td><td></td><td></td><td></td><td></td></tr>
<tr><td>400</td><td></td><td></td><td></td><td></td><td></td><td></td></tr>
<tr><td>500</td><td></td><td></td><td></td><td></td><td></td><td></td></tr>
<tr><td>600</td><td></td><td></td><td></td><td></td><td></td><td></td></tr>
<tr><td>800</td><td></td><td></td><td></td><td></td><td></td><td></td></tr>
<tr><td>1000</td><td></td><td></td><td></td><td></td><td></td><td></td></tr>
<tr><td rowspan="9"></td><td>50</td><td></td><td></td><td></td><td></td><td></td><td></td></tr>
<tr><td>100</td><td></td><td></td><td></td><td></td><td></td><td></td></tr>
<tr><td>200</td><td></td><td></td><td></td><td></td><td></td><td></td></tr>
<tr><td>300</td><td></td><td></td><td></td><td></td><td></td><td></td></tr>
<tr><td>400</td><td></td><td></td><td></td><td></td><td></td><td></td></tr>
<tr><td>500</td><td></td><td></td><td></td><td></td><td></td><td></td></tr>
<tr><td>600</td><td></td><td></td><td></td><td></td><td></td><td></td></tr>
<tr><td>800</td><td></td><td></td><td></td><td></td><td></td><td></td></tr>
<tr><td>1000</td><td></td><td></td><td></td><td></td><td></td><td></td></tr>
<tr><td colspan="8">注:防止标准模块高度存在误差,标准测量值为人工用尺测量,通过观测仪传感器测量3组,获得最大误差。</td></tr>
</table>

测试单位＿＿＿＿＿＿＿＿＿＿＿＿＿＿＿　　　　测试人员＿＿＿＿＿＿＿＿＿＿＿＿＿＿＿

附表 14.6 准确度测试记录表(传感器距离测量平台法)

被试样品	名称	自动雪深观测仪		测试日期				
	型号			环境温度				℃
	编号			环境湿度				%
被试方				测试地点				

观测仪编号	原始距离 /mm	距离差 /mm	标准测量值 /mm	测量值			最大误差 /mm	结论
				第 1 次/mm	第 2 次/mm	第 3 次/mm		
	H0＝500	Δ0＝0						
	H1＝600	Δ1＝100						
	H2＝800	Δ2＝200						
	H3＝1100	Δ3＝300						
	H4＝1500	Δ4＝400						
	H5＝1600	Δ5＝100						
	H0＝500	Δ0＝0	/	/				
	H1＝600	Δ1＝100						
	H2＝800	Δ2＝200						
	H3＝1100	Δ3＝300						
	H4＝1400	Δ4＝300						
	H5＝1600	Δ5＝200						
	H0＝500	Δ0＝0						
	H1＝600	Δ1＝100						
	H2＝800	Δ2＝200						
	H3＝1100	Δ3＝300						
	H4＝1400	Δ4＝300						
	H5＝1600	Δ5＝200						

测试单位＿＿＿＿＿＿＿＿＿＿＿＿＿＿＿＿ 测试人员＿＿＿＿＿＿＿＿＿＿＿＿＿＿＿＿

附表 14.7　人工雪深观测记录表

观测地点				观测时间		年　月		
日期	时次	观测时间/ (hh:mm)	读数 1/mm	读数 2/mm	读数 3/mm	平均值/mm	值班员	
1 日	08 时							
	11 时							
	14 时							
	17 时							
	备注栏	积雪起止时间: 雪面状况: 天气现象:						
2 日	08 时							
	11 时							
	14 时							
	17 时							
	备注栏	积雪起止时间: 雪面状况: 天气现象:						
3 日	08 时							
	11 时							
	14 时							
	17 时							
	备注栏	积雪起止时间: 雪面状况: 天气现象:						
……								
31 日	08 时							
	11 时							
	14 时							
	17 时							
	备注栏	积雪起止时间: 雪面状况: 天气现象:						

注 1:在符合雪深观测的日子里(基准面上有积雪)进行观测,观测时间精确到分钟,每套被试样品对应一张雪深观测记录表;

注 2:积雪起止时间:记录基准面是否有积雪,积雪开始和结束的时间(小时);

注 3:雪面状况:描述并记录基准面上雪面状况,如果雪面起伏较大,需选择与观测仪测量点更为接近的地点(或能够代表整块基准面积雪深度的地点)进行人工观测,应在备注栏注明;

注 4:天气现象:当日主要天气现象及出现时间。

第 15 章　前向散射能见度仪[①]

15.1　目的

规范前向散射能见度仪测试的内容和方法,通过测试与试验,验证其是否符合《前向散射能见度仪功能规格需求书(试行)》(气测函〔2011〕78 号)(简称《需求书》)的要求。

15.2　基本要求

15.2.1　被试样品

提供 3 套或以上同型号前向散射能见度仪(简称能见度仪)和必要的配件作为被试样品。

15.2.2　试验时间和场地

一般选择低能见度出现频率较高的秋冬季节。

选择 2 个或以上试验场地,至少包含 2 个不同的气候区。选择依据如下:

(1)试验地点应具有地域气候代表性,雾或霾一般相对均匀,没有光污染。

(2)探测环境良好,场地平坦开阔,百米距离内无高大建筑、树木及产生热量及妨碍降雨的设施,能满足被试样品的安装和观测要求。

(3)基础设施较好,电源稳定可靠,通信、交通便利。

15.2.3　安装原则

(1)被试样品的安装应保持各设备互不干扰,原则上南北相距至少 10 m,东西相距至少 5 m。发射端与接收端按南北向安装,按照《需求书》5.2.4 要求的采样区中心高度安装。若有多种型号的被试样品参试,由被试单位代表抽签决定具体安装位置。

(2)各种电缆应分别穿入 PVC 管,并尽可能走地沟。

(3)被试样品的安装应符合防雷要求。

(4)被试样品所配置的终端应放置在工作室或指定的区域。

15.2.4　日常维护

动态比对试验期间应进行日常巡视和维护,具体事宜记录在本章附表 15.1。

(1)每天应巡视查看观测数据,发现错误或异常应及时处理。

(2)每天应巡视被试样品,发现能见度仪(尤其是采样区)有蜘蛛网、灰尘、树枝、树叶等影响数据采集的杂物,应及时清理。也可在基座、支架管内放置硫磺,预防蜘蛛。及时清除太阳能板上的灰尘、积雪等。

(3)每月检查供电设施,保证供电安全。

---

① 本章作者:王志成、刘达新、季承荔、刘晓雪

(4)每两个月定期清洁能见度仪传感器透镜,可根据试验环境的情况,延长或缩短擦拭镜头的时间间隔,如遇沙尘、降雪等影响能见度的天气现象时,应及时清洁。

日常维护一般由动态比对试验的值班人员进行。定期维护、故障维修等,可在试验值班人员的陪同下,由被试单位完成。

15.3 静态测试

15.3.1 外观和结构检查

通过目测和手动操作的方法检查每套被试样品的外观和结构,应满足《需求书》3 组成结构和 6.6 结构和外观要求,检查结果记录在本章附表 15.2。

15.3.2 功能检测

在同型号被试样品中任意抽取 1 套进行功能检测。被试样品处于正常工作状态,与接收软件保持正常通信,检测其是否满足《需求书》中第 4 部分的功能要求,检测结果记录在本章附表 15.3。

15.3.2.1 数据采集和处理

(1)抽取 1 h 的数据,检查能见度分钟值(采样瞬时值的算术平均)以及 10 min 滑动平均值是否正确。

(2)抽取 1 d 的数据,检查被试样品输出的能见度统计量是否正确。

(3)检查被试样品传输的数据帧格式是否正确。

15.3.2.2 数据存储

(1)被试样品正常工作不少于 1 d,读取采集器存储的历史数据,检查采集器内部是否保存了完整的各项数据;

(2)计算 30 d 需要存储的数据的字节数与存储容量,检查采集器的数据存储器容量是否符合要求;

(3)切断采集器电源,检查数据存储器是否具备掉电保存功能。

15.3.2.3 数据传输

用 3 m 线缆连接被试样品 RS-232 接口与终端、用 200 m 线缆连接被试样品 RS-485 接口与终端,检查信号传输是否正常。

15.3.2.4 数据质量控制

能见度数据质量控制应符合《第二代自动气象站功能规格书》中相关规定。

15.3.2.5 终端操作命令

输入终端命令,逐项进行检查,应满足《需求书》4.6 要求。

15.3.2.6 加热

对镜头进行加热防止表面结露、结霜和积雪。人工改变测试环境或者手动设置开关,检查传感器是否能自动对镜头进行加热。

15.3.3 传感器检测

检测传感器是否符合《需求书》5.2 要求,检测结果记录在本章附表 15.2。

15.3.3.1 主散射角

测量发射器和接收器的延长线交汇处,或检查相关设计图纸,其主散射角应在 25°~45°范围内。

15.3.3.2　光源波长

用红外相机观察工作状态下的红外发光管,应能够从相机中看到明显的光斑;或检查红外发光管出厂资料,其光源波长应在近红外或红外波段。

15.3.3.3　采样体积

检查被试单位提供的能见度仪采样体积的计算过程及结果资料,是否满足接收视场应大于发射波束宽度,采样体积一般不小于 0.8 L 的要求。如图 15.1 所示。

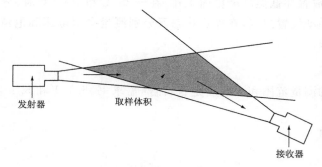

图 15.1　能见度仪采样体积

15.3.3.4　采样区中心高度

根据气象观测、专业服务和公路交通等不同用途,采用不同的采样区中心高度,应满足《需求书》5.2.4 要求。

15.3.3.5　调制频率

使用频率计或示波器对发光管电路进行测量,调制频率应不低于 100 Hz。

15.3.3.6　采样频率

与 15.3.2.2 数据存储同时进行,检查存储的 1 h 的采样瞬时值,采样频率应不少于每分钟 4 次。

15.3.4　电气性能测试

检测被试样品的电源和功耗是否符合《需求书》5.4 和 5.5 要求,检测结果记录在本章附表 15.2。

15.3.4.1　电源

15.3.4.1.1　要求

(1)交流供电:电压 220(±10%)V,频率 50(±6%)Hz;

(2)直流供电:电压 12(±5%)V。

15.3.4.1.2　测试方法

(1)用可调交流电源供电,分别将电源电压升(降)到 242 V(198 V),频率升(降)到 53 Hz(47 Hz),检查被试样品能否正常工作。

(2)用可调直流电源供电,分别将电源电压升(降)到 12.6 V(11.4 V),检查被试样品能否正常工作。

15.3.4.2 功耗

15.3.4.2.1 要求

(1)非加热状态,功耗不大于 30 W。

(2)加热状态,−25 ℃以上时功耗不大于 130 W。

(3)加热状态,−45 ℃以上时功耗不大于 330 W。

15.3.4.2.2 测试方法

(1)在常温工作时,测量电源电压和电流,计算功率。

(2)将被试样品放置在低温环境箱内工作,在−25 ℃和−45 ℃时,分别测量电源电压和电流,计算功率;或手动设置温度,在加热状态下分别测量电源电压和电流,计算功率,测试结果应满足功耗的要求。

15.3.5 性能测试

检测被试样品的测量范围和准确度是否符合《需求书》5.1.1 和 5.1.2 要求,检测结果记录在本章附表 15.4。

15.3.5.1 测量范围

15.3.5.1.1 要求

测量范围:10 m~30 km(及以上)。

15.3.5.1.2 测试方法

(1)将漫反射体(或散射体)放在被试样品的采样区内,能见度测量值应不大于 10 m;

(2)将不透光物体放在传感器的光路上完全遮挡发射或接收的光线,能见度测量值应不小于 30 km。

15.3.5.2 允许误差

15.3.5.2.1 要求

允许误差:±10%(能见度≤1.5 km),±20%(能见度>1.5 km)。

15.3.5.2.2 测试方法

在能见度环境模拟舱(以下简称为试验舱)内模拟不同能见度环境,以透射式能见度仪为比对标准器,开展能见度仪准确度测试。8 个测试点及顺序为 100 m、500 m、1000 m、1500 m、3000 m、5000 m、7000 m 和 10000 m。

15.3.5.2.3 数据采集

以 3 台同型号被试样品为例,测试步骤如下:

(1)将 3 台同型号被试样品在试验舱内安装和调试,确保通信和工作正常。

(2)开启能见度环境模拟控制系统,使试验舱内能见度降至 10 m 以下。

(3)关闭环境模拟控制系统,试验舱内空气样本将自然沉降、消散,能见度则从低到高缓慢上升。在此过程中同时记录比对标准器示值和被试样品的示值。当完成所有测试点检测时,停止采样。

15.3.5.2.4 数据处理

在各测试点连续选取(6~10)组比对标准器和被试样品的能见度分钟值。测试点≤500 m时,比对标准器示值选取范围为测试点±50 m;测试点>500 m 时,比对标准器示值选取范围为:测试点×(1±10%)m。

在某一测试点,分别计算被试样品和比对标准器的示值平均值,用公式(15.1)计算被试样品在该测试点的示值相对误差 e:

$$e = \frac{\overline{N}_{det} - \overline{N}_{conf}}{\overline{N}_{conf}} \times 100\% \qquad (15.1)$$

式中,$\overline{N}_{det}$ 为被试样品在该测试点的示值平均值;$\overline{N}_{conf}$ 为比对标准器在该测试点的示值平均值。

15.4　环境试验

15.4.1　气候环境

15.4.1.1　要求

环境温度:$-45\sim50$ ℃;

相对湿度:$10\%\sim100\%$;

大气压力:$450\sim1060$ hPa;

太阳辐射:1120 W/m²;

抗风能力:$\leqslant75$ m/s;

降水强度:6 mm/min。

15.4.1.2　试验方法

(1)低温:-45 ℃工作 2 h,-45 ℃贮藏 2 h。采用 GB/T 2423.1 进行试验、检测和评定。

(2)高温:50 ℃工作 2 h,50 ℃贮藏 2 h。采用 GB/T 2423.2 进行试验、检测和评定。

(3)恒定湿热:40 ℃,93%,放置 12 h,通电后能正常工作。采用 GB/T 2423.3 进行试验、检测和评定。

(4)低气压:450 hPa 放置 0.5 h。采用 GB/T 2423.21 进行试验、检测和评定。

(5)模拟地面上的太阳辐射试验:按照 GB/T 2423.24 进行试验、检测和评定。

(6)外壳防护等级:应符合 GB/T 4208 外壳防护等级(IP 代码)中 IP65 的规定。

(7)抗风能力在动态比对试验中检验。

15.4.2　电磁环境

15.4.2.1　要求

电磁抗扰度应满足表 15.1 试验内容和严酷度等级要求,采用推荐的标准进行试验。

表 15.1　电磁抗扰度试验内容和严酷度等级

内容	试验条件		
	交流电源端口	直流电源端口	控制和信号端口
静电放电抗扰度试验	接触放电:4 kV,空气放电:4 kV		
射频电磁场辐射抗扰度试验	$80\sim1000$ MHz,3 V/m,80%AM(1 kHz)		
浪涌(冲击)抗扰度试验	线一线:±2 kV 线一地:±4 kV		线一线:±2 kV 线一地:±4 kV

注 1:《需求书》6.2.1 静电放电抗扰度试验接触放电为 8 kV,空气放电为 15 kV,根据实际应用,测试都改为 4 kV;

注 2:《需求书》6.2.2 射频电磁场辐射抗扰度试验电磁场强度为 10 V/m,根据实际应用,测试改为 3 V/m。

15.4.2.2　试验方法

被试样品均应在正常工作状态下进行下列试验。

(1)静电放电抗扰度

被试样品按台式(接地或不接地)和落地式设备(接地或不接地)进行配置,确定施加放电点,每个放电点进行至少 10 次放电。如被试样品涂膜未说明是绝缘层,则发生器电极头应穿入漆膜与导电层接触;若涂膜为绝缘层,则只进行空气放电。接触放电 4 kV,空气放电 4 kV,采用 GB/T 17626.2 进行试验、检测和评定。

(2)射频电磁场辐射抗扰度

被试样品按现场安装姿态放置在试验台上,按照 80～1000 MHz,3 V/m,80% AM(1 kHz),采用 GB/T 17626.3 进行试验、检测和评定。

(3)浪涌(冲击)抗扰度

施加在直流电源端和互连线上的浪涌脉冲次数应为正、负极性各 5 次;对交流电源端口,应分别在 0°、90°、180°、270°相位施加正、负极性各 5 次的浪涌脉冲。试验速率为每分钟 1 次。交流电源端口:线对线±2 kV,线对地±4 kV;控制和信号端口:线对线±2 kV,线对地±4 kV,采用 GB/T 17626.5 进行试验、检测和评定。

上述试验结束后,均应进行最后检测,检查其是否保持在技术要求限值内性能正常。

15.4.3　机械环境

15.4.3.1　要求

机械试验的目的是检验被试样品能否达到运输的要求,根据 GB/T 6587—2012 的 5.10 包装运输试验,按照表 15.2 所示的要求进行试验。

表 15.2　包装运输试验要求

试验项目	试验条件	试验等级
		3 级
振动	振动频率/Hz	5、15、30
	加速度/(m/s²)	9.8±2.5
	持续时间/min	每个频率点 15
	振动方法	垂直固定
自由跌落	按重量确定	跌落高度
	重量≤10 kg	60 cm

15.4.3.2　试验方法

被试样品在完整包装状态下,按照 GB/T 6587—2012 的 5.10.2.1 和 5.10.2.2 方法进行试验。试验结束后,包装箱不应有较大的变形和损伤。被试样品的外观及结构应无异常,通电后应能正常工作。

15.5　动态比对试验

3 套被试样品,安装在 2 个试验场地。

　　动态比对试验未设置比对标准器,主要评定被试样品的数据完整性、设备可靠性和测量结果一致性。

15.5.1　数据完整性

15.5.1.1　评定方法

　　对数据完整性作月缺测率和总缺测率计算。月缺测率和总缺测率计算方法如下:

$$月缺测率 = \frac{月缺测次数}{月应观测次数} \times 100\% \tag{15.2}$$

$$总缺测率 = \frac{总缺测次数}{总应观测次数} \times 100\% \tag{15.3}$$

15.5.1.2　评定指标

　　缺测率≤2%。

15.5.2　测量结果一致性

15.5.2.1　评定方法

　　以分钟值为基本数据分析单元。能见度≤1.5 km 时,以安装在同一试验地点同型号的 2 台被试样品同时次观测值的平均为参考,用公式(15.4)计算每台被试样品分钟值和平均值的相对误差,统计该相对误差在±10%内合格样本出现的频数。能见度>1.5 km 时,以安装在同一试验地点同型号的 2 台被试样品中任意一台为参考,用公式(15.5)计算另一台的分钟值与参考值的相对误差,统计该相对误差在±20%内合格样本出现的频数。

　　在同一试验地点安装同型号的 3 台或以上被试样品时,以同时次观测值的平均为参考,用公式(15.4)计算每台被试样品分钟值和平均值的相对误差。能见度≤1.5 km 时,统计该相对误差在±10%内合格样本出现的频数。能见度>1.5 km 时,统计该相对误差在±20%内合格样本出现的频数。

$$相对误差 = \frac{每台设备观测值 - 同型号设备平均值}{同型号设备平均值} \times 100\% \tag{15.4}$$

$$相对误差 = \frac{A 台设备观测数据 - B 台设备观测数据}{B 台设备观测数据} \times 100\% \tag{15.5}$$

15.5.2.2　评定要求

　　能见度≤1.5 km 时,相对误差在±10%内的出现频数应≥70%;
　　能见度>1.5 km 时,相对误差在±20%内的出现频数应≥70%。

15.5.3　设备可靠性

　　可靠性表征被试样品在自然环境条件下正常运行的能力。以动态比对试验期间平均故障间隔时间(MTBF)来衡量。指标要求平均故障间隔时间 MTBF(θ_1)大于等于 3600 h。

15.5.3.1　试验方案

　　按照定时截尾试验方案,在 QX/T 526—2019 表 A.1 的方案类型中选用标准型或短时高风险两种试验方案之一,推荐选用标准型试验方案。

15.5.3.1.1　标准型试验方案

　　采用 17 号方案,即生产方和使用方风险各为 20%,鉴别比为 3 的定时截尾试验方案,试验的总时间为规定 MTBF 下限值(θ_1)的 4.3 倍,接受故障数为 2,拒收故障数为 3。

试验总时间 T 为：

$$T = 4.3 \times 3600 \text{ h} = 15480 \text{ h}$$

每台被试样品每天的工作时间是 24 h，每台试验平均时间 t 为试验的总时间除以被试样品台数：

3 台被试样品：$t = 15480 \text{ h}/3 = 5160 \text{ h} = 215 \text{ d}$

3 台被试样品进行 215 d 可靠性试验，期间可以出现 2 次故障。

15.5.3.1.2　短时高风险试验方案

采用生产方和使用方风险各为 30%，鉴别比为 3 的定时截尾试验方案，试验的总时间为规定 MTBF 下限值的 1.1 倍，接受故障数为 0，拒收故障数为 1。

试验总时间 T 为：

$$T = 1.1 \times 3600 \text{ h} = 3960 \text{ h}$$

被试样品 24 h 工作，每台平均试验时间 t 为：

3 台被试样品：$t = T/3 = 3960 \text{ h}/3 = 1320 \text{ h} = 55 \text{ d}$

3 台被试样品进行 55 d 可靠性试验，根据 QX/T 526—2019 要求，被试样品应进行不少于 3 个月，即 90 d 的可靠性试验。

可靠性试验期间，每台被试产品的总开机试验时间，不应少于各台平均时间的一半。

15.5.3.2　MTBF 观测值的计算

MTBF 的观测值(点估计值)$\hat{\theta}$ 用公式(15.6)计算。

$$\hat{\theta} = \frac{T}{r} \tag{15.6}$$

式中，T 为试验总时间，是所有被试样品试验期间各自工作时间的总和；r 为总责任故障数。

15.5.3.3　MTBF 置信区间的估计

按照 QX/T 526—2019 中的 A.2.3 计算 MTBF 置信区间的估计值。

15.5.3.3.1　有故障的 MTBF 置信区间估计

采用 15.5.3.1 中 15.5.3.1.1 标准型试验方案，使用方风险 $\beta = 20\%$ 时，置信度 $C = 60\%$。

采用 15.5.3.1 中 15.5.3.1.2 短时高风险试验方案，使用方风险 $\beta = 30\%$ 时，置信度 $C = 40\%$。

根据责任故障数 r 和置信度 C，由 QX/T 526—2019 中表 A.2 查取置信上限系数 $\theta_U(C', r)$ 和置信下限系数 $\theta_L(C', r)$，其中，$C' = (1+C)/2 = 1 - \beta$，MTBF 的置信区间下限值 θ_L 用公式(15.7)计算，上限值 θ_U 用公式(15.8)计算：

$$\theta_L = \theta_L(C', r) \times \hat{\theta} \tag{15.7}$$

$$\theta_U = \theta_U(C', r) \times \hat{\theta} \tag{15.8}$$

MTBF 的置信区间表示为 (θ_L, θ_U)(置信度为 C)。

15.5.3.3.2　故障数为 0 的 MTBF 置信区间估计

若责任故障数 r 为 0，只给出置信下限值，用公式(15.9)计算。

$$\theta_L = T/(-\ln\beta) \tag{15.9}$$

式中，T 为试验总时间，是所有被试样品试验期间各自工作时间的总和；β 为使用方风险。采用 15.5.3.1 中 15.5.3.1.1 标准型试验方案，使用方风险 $\beta = 20\%$；采用 15.5.3.1 中 15.5.3.1.2 短时高风险试验方案，使用方风险 $\beta = 30\%$。

这里的置信度应为 $C=1-\beta$。

15.5.3.4　试验结论

(1)按照试验中可接收的故障数判断可靠性是否合格。

(2)可靠性试验无论是否合格,都应给出被试样品平均故障间隔时间(MTBF)的观测值 $\hat{\theta}$ 和置信区间估计的上限 θ_U 和下限 θ_L,表示为 (θ_L,θ_U)(置信度为 C)。

15.5.3.5　故障的认定和记录

按照 QX/T 526—2019 的 A.3 认定和记录故障。故障认定应区分责任故障和非责任故障,故障记录在动态比对试验的设备故障维修登记表中,见附表 A。

15.6　综合评定

15.6.1　单项评定

以下各项均合格的,视该被试样品合格,有一项不合格的,视为不合格。

(1)静态测试和环境试验

被试样品静态测试和环境试验合格后,方可进行动态比对试验。

(2)动态比对试验

①数据完整性

缺测率≤2%

②测量结果一致性

计算每台被试样品数据和两台被试样品数据平均值的相对误差。

能见度≤1.5 km 时,每月相对误差在±10%内的出现频数应≥70%;

能见度>1.5 km 时,每月相对误差在±20%内的出现频数应≥70%。

③设备可靠性

若选择 15.5.3.1 中 15.5.3.1.1 标准型试验方案,最多出现 2 次故障为合格;若选择 15.5.3.1 中 15.5.3.1.2 短时高风险试验方案,无故障为合格。

15.6.2　总评定

被试样品总数的 2/3 及以上合格时,视该型号被试样品为合格,否则不合格。

本章附表

附表 15.1　动态比对试验日常巡视记录表

试验名称						
试验地点				试验时间		年　　月
日期	（被试方） （被试样品）	（被试方） （被试样品）	（被试方） （被试样品）	（被试方） （被试样品）	故障记录	值班员
01						
02						
03						
04						
05						
06						
07						
08						
09						
10						
11						
12						
13						
14						
15						
16						
17						
18						
19						
20						
21						
22						
23						
24						
25						
26						
27						
28						
29						
30						
31						

注 1：应每日定时巡视被试样品的采样区、软件运行及数据存储情况并填写记录表；

注 2：如果被试样品的采样区有杂物应清洁，如果出现故障，还应填写附表 A。

附表 15.2　组成、外观、结构、传感器和电气性能记录表

被试样品	名称	前向散射能见度仪		测试日期	
	型号			环境温度	℃
	编号			环境湿度	%
被试方				测试地点	
测试项目	技术要求			测试结果	结论
组成	传感器部分包括发射器、接收器和控制处理器等				
	数据采集部分包括数据采集箱,内含接口单元、中央处理单元、存储单元和显示单元等。若有室外接线盒,则也属于数据采集部分				
	终端计算机和不间断电源				
外观和结构	外观应整洁,无损伤和形变,表面涂层无气泡、开裂、脱落等现象				
	材料应耐老化、抗腐蚀、电气绝缘良好				
	除用耐腐蚀材料制造的零部件外,其余表面应有涂、敷、镀等工艺措施,且覆盖面均匀并达 100%				
	各零部件安装正确、牢固,无机械变形、断裂、弯曲等,操作部分没有迟滞、卡死、松脱等。机械结构利于装配、调试、检验、包装、运输、安装、维护等工作,更换部件时简便易行				
传感器	主散射角 25°~45°				
	光源波长近红外或红外光				
	采样体积一般不小于 0.8 L				
	采样区中心高度: 国家级气象观测台站能见度仪为 2.8 m; 各类专业服务观测站能见度仪为 2.0~3.0 m; 公路交通气象站能见度仪为 2.8 m(推荐)				
	调制频率不少于 100 Hz				
	采样频率不少于 4 次/min				
电源	单相交流供电电压 220 V(±10%),频率 50 Hz(±6%)				
	直流供电电压 12 V(±5%)				
功耗	非加热状态,不大于 30 W				
	加热状态,−25 ℃以上时不大于 130 W				
	加热状态,−45 ℃以上时不大于 330 W				
测试仪器	名称		型号		编号

测试单位＿＿＿＿＿＿＿＿＿＿＿＿＿＿＿＿＿　　　测试人员＿＿＿＿＿＿＿＿＿＿＿＿＿＿＿＿＿＿

附表 15.3　功能检测记录表

<table>
<tr><td rowspan="3">被试样品</td><td>名称</td><td colspan="2">前向散射能见度仪</td><td>测试日期</td><td colspan="2"></td></tr>
<tr><td>型号</td><td colspan="2"></td><td>环境温度</td><td></td><td>℃</td></tr>
<tr><td>编号</td><td colspan="2"></td><td>环境湿度</td><td></td><td>%</td></tr>
<tr><td colspan="2">被试方</td><td colspan="2"></td><td>测试地点</td><td colspan="2"></td></tr>
<tr><td colspan="2">测试项目</td><td colspan="3">技术要求</td><td>测试结果</td><td>结论</td></tr>
<tr><td colspan="2" rowspan="3">数据采集
和处理</td><td colspan="3">完成能见度瞬时值采样和状态信息采集</td><td></td><td></td></tr>
<tr><td colspan="3">用能见度瞬时值计算分钟值。计算气象观测需要的统计量</td><td></td><td></td></tr>
<tr><td colspan="3">数据格式满足《地面观测气象数据字典》的要求</td><td></td><td></td></tr>
<tr><td colspan="2" rowspan="4">数据存储</td><td colspan="3">将能见度的瞬时值、分钟值、小时正点值和监控数据等写入数据存储单元</td><td></td><td></td></tr>
<tr><td colspan="3">采集器存储器能存储能见度 1 h 的瞬时值、7 d 的分钟值、1 月的小时正点值。用循环式存储器结构,即允许最新的数据覆盖旧数据</td><td></td><td></td></tr>
<tr><td colspan="3">采集器内部的数据存储器应具备掉电保存功能</td><td></td><td></td></tr>
<tr><td colspan="3">在终端微机中存储全部需要存储的数据,包括已处理的数据、人工输入数据、质量控制情况信息(内部管理数据)等</td><td></td><td></td></tr>
<tr><td colspan="2" rowspan="2">数据传输</td><td colspan="3">传输方式为 RS-232 和 RS-485 两种</td><td></td><td></td></tr>
<tr><td colspan="3">采集器与终端的信号传输距离应不小于 200 m</td><td></td><td></td></tr>
<tr><td colspan="2">数据质量控制</td><td colspan="3">数据质量控制应符合《第二代自动气象站功能规格书》中相关规定</td><td></td><td></td></tr>
<tr><td rowspan="15">终端操作命令</td><td rowspan="7">监控</td><td colspan="3">设置或读取数据采集器的通信参数</td><td></td><td></td></tr>
<tr><td colspan="3">读取数据采集器的基本信息</td><td></td><td></td></tr>
<tr><td colspan="3">数据采集器自检</td><td></td><td></td></tr>
<tr><td colspan="3">设置或读取数据采集器日期、时间</td><td></td><td></td></tr>
<tr><td colspan="3">设置或读取气象观测站的区站号、经度、纬度</td><td></td><td></td></tr>
<tr><td colspan="3">读取数据采集器(或传感器)机箱温度</td><td></td><td></td></tr>
<tr><td colspan="3">读取数据采集器实时状态信息</td><td></td><td></td></tr>
<tr><td rowspan="2">数据质量控制</td><td colspan="3">设置或读取传感器测量范围值</td><td></td><td></td></tr>
<tr><td colspan="3">设置或读取要素质量控制参数</td><td></td><td></td></tr>
<tr><td rowspan="3">观测数据</td><td colspan="3">读取采样数据</td><td></td><td></td></tr>
<tr><td colspan="3">下载分钟值、10 min 值、小时值</td><td></td><td></td></tr>
<tr><td colspan="3">下载数据文件</td><td></td><td></td></tr>
<tr><td rowspan="4">报警</td><td colspan="3">设定气象阈值,出现报警时,具备报警解除功能</td><td></td><td></td></tr>
<tr><td colspan="3">传感器、采集器出现异常或故障时报警</td><td></td><td></td></tr>
<tr><td colspan="3">感应传感器镜头是否有污染,并根据污染程度提供报警</td><td></td><td></td></tr>
<tr><td colspan="3">通信中断超过规定时限后,终端微机应发出报警信号</td><td></td><td></td></tr>
<tr><td colspan="2">加热</td><td colspan="3">根据天气情况,对镜头进行加热防止镜头表面结露、结霜、积雪等</td><td></td><td></td></tr>
<tr><td colspan="2" rowspan="3">测试仪器</td><td colspan="2">名称</td><td colspan="2">型号</td><td>编号</td></tr>
<tr><td colspan="2"></td><td colspan="2"></td><td></td></tr>
<tr><td colspan="2"></td><td colspan="2"></td><td></td></tr>
</table>

测试单位＿＿＿＿＿＿＿＿＿＿＿＿＿＿＿＿＿　　　　测试人员＿＿＿＿＿＿＿＿＿＿＿＿＿＿＿＿＿

附表 15.4　性能测试记录表

<table>
<tr><td rowspan="3">被试样品</td><td>名称</td><td>前向散射能见度仪</td><td>测试日期</td><td></td></tr>
<tr><td>型号</td><td></td><td>环境温度</td><td>℃</td></tr>
<tr><td>编号</td><td></td><td>环境湿度</td><td>%</td></tr>
<tr><td>被试方</td><td></td><td colspan="2">测试地点</td></tr>
</table>

<table>
<tr><td rowspan="2">设备编号</td><td colspan="2">测量范围</td><td rowspan="2">分辨力/m</td></tr>
<tr><td>最小值/m</td><td>最大值/m</td></tr>
<tr><td></td><td></td><td></td><td></td></tr>
<tr><td></td><td></td><td></td><td></td></tr>
<tr><td></td><td></td><td></td><td></td></tr>
<tr><td></td><td></td><td></td><td></td></tr>
</table>

<table>
<tr><td>设备编号</td><td>测试点/m</td><td>100</td><td>500</td><td>1000</td><td>2000</td><td>3000</td><td>5000</td><td>7000</td><td>10000</td></tr>
<tr><td rowspan="4"></td><td>标准值/m</td><td></td><td></td><td></td><td></td><td></td><td></td><td></td><td></td></tr>
<tr><td>被测值/m</td><td></td><td></td><td></td><td></td><td></td><td></td><td></td><td></td></tr>
<tr><td>差值/m</td><td></td><td></td><td></td><td></td><td></td><td></td><td></td><td></td></tr>
<tr><td>测量误差</td><td></td><td></td><td></td><td></td><td></td><td></td><td></td><td></td></tr>
<tr><td rowspan="4"></td><td>标准值/m</td><td></td><td></td><td></td><td></td><td></td><td></td><td></td><td></td></tr>
<tr><td>被测值/m</td><td></td><td></td><td></td><td></td><td></td><td></td><td></td><td></td></tr>
<tr><td>差值/m</td><td></td><td></td><td></td><td></td><td></td><td></td><td></td><td></td></tr>
<tr><td>测量误差</td><td></td><td></td><td></td><td></td><td></td><td></td><td></td><td></td></tr>
<tr><td rowspan="4"></td><td>标准值/m</td><td></td><td></td><td></td><td></td><td></td><td></td><td></td><td></td></tr>
<tr><td>被测值/m</td><td></td><td></td><td></td><td></td><td></td><td></td><td></td><td></td></tr>
<tr><td>差值/m</td><td></td><td></td><td></td><td></td><td></td><td></td><td></td><td></td></tr>
<tr><td>测量误差</td><td></td><td></td><td></td><td></td><td></td><td></td><td></td><td></td></tr>
<tr><td rowspan="4"></td><td>标准值/m</td><td></td><td></td><td></td><td></td><td></td><td></td><td></td><td></td></tr>
<tr><td>被测值/m</td><td></td><td></td><td></td><td></td><td></td><td></td><td></td><td></td></tr>
<tr><td>差值/m</td><td></td><td></td><td></td><td></td><td></td><td></td><td></td><td></td></tr>
<tr><td>测量误差</td><td></td><td></td><td></td><td></td><td></td><td></td><td></td><td></td></tr>
</table>

测量范围:10 m～30 km(及以上)

允许误差:±10%(能见度≤1.5 km),±20%(能见度>1.5 km)

<table>
<tr><td rowspan="3">测试仪器</td><td>名称</td><td>型号</td><td>编号</td></tr>
<tr><td></td><td></td><td></td></tr>
<tr><td></td><td></td><td></td></tr>
</table>

测试单位_____　　　　测试人员_____

第16章　降水现象仪①

16.1　目的

规范降水现象仪测试的内容和方法,通过测试与试验,检验降水现象仪是否满足《降水现象仪功能规格需求书(试行版)》(气测函〔2013〕323号)(简称《需求书》)的要求。

16.2　基本要求

16.2.1　被试样品

提供3套或以上同型号的降水现象仪作为被试样品,被试样品须具备防雷措施和大容量蓄电池,在整个测试试验期间保证设备连续正常工作,保证数据正常上传至指定的业务终端。

16.2.2　试验场地

(1)选择两个或以上试验场地,至少包含两个不同的气候区,尽量选择接近被试样品使用环境要求的气象参数极限值,且尽量涵盖雨、毛毛雨、雪、雨夹雪、冰雹5种天气现象。不受光学测量遮挡物和反射表面影响。

(2)远离妨碍降雨的设施,避免闪烁光源、树荫、污染源的影响。

(3)被试样品的安装,彼此间距应不小于3 m,尽量避免相互影响。

16.2.3　动态比对标准

依据《地面气象观测规范》,并以人工观测和辅助设备观测相结合,综合判断降水现象为动态比对标准。

(1)降水起止时间比对标准

由于人工观测具有主观性,增加辅助设备(图16.1)进行综合判别。辅助设备有两个图像采集镜头,一个镜头垂直于地面向上拍摄,采集降水现象的图像;另一个镜头垂直向下拍摄,辅助采集地面毛玻璃上的降水图像。辅助设备每1 min拍摄一次,通过分析获取的图像资料,结合人工观测确定降水过程的起止时间。

(2)降水强度比对标准

以地面气象观测台站业务使用的自动气象站降水数据计算每段降水过程的降水强度作为比对标准。划分降水过程为小于0.1 mm/h过程和大于等于0.1 mm/h过程两类。

---

①　本章作者:霍涛、刘晓雪、崇伟、刘达新、莫月琴。

图 16.1　辅助设备

16.3　静态测试

16.3.1　外观和结构

以目测和手动操作为主,检查被试样品外观与结构,应满足《需求书》3 组成结构、9 安全要求和 11 结构和外观要求,检查结果记录本章在附表 16.1。

16.3.2　功能检测

至少抽取 1 套被试样品进行检测,应满足《需求书》2 功能要求,能够自动实现降水天气现象要素观测(包括:雨、毛毛雨、雪、雨夹雪、冰雹),数据采样、存储和处理,并按照规定数据格式输出。数据格式以《地面观测气象数据字典》中天气现象部分为准。降水现象仪安装完成后,使用台站地面综合观测业务软件(ISOS)或串口工具联调测试,向被试样品发送命令,检查传输命令和数据格式是否符合要求。将所有检查结果记录在本章附表 16.2 和本章附表 16.3。

16.3.3　测量性能测试

16.3.3.1　要求

降水粒子直径稳定性测量误差$|\Delta D| \leqslant 2$,则判定被试样品该项性能合格;

降水粒子速度稳定性测量误差$|\Delta V| \leqslant 2$,则判定被试样品该项性能合格;

被试样品本次降水现象的输出,与第一次测试的输出结果一致,则判定被试样品该项性能合格。

以上测量性能均合格则判定被试样品性能合格。

16.3.3.2　测试方法

将测试标准装置放在降水现象仪收发光路中间,确保降水现象仪的激光束处在降水粒子模拟单元透光孔的中心位置(即激光束处在标尺塞的有效区域内),并连接好通信线和电源线。

降水粒子直径测试点:4.3 mm、9.5 mm、21 mm(THIES 类降水现象仪不测试粒子直径 21 mm)。降水粒子速度测试点:2 m/s、7 m/s 、12 m/s。

在每一个降水粒子直径测试点,通过电机控制转盘,分别以降水粒子速度测试点确定的速度进行试验,记录被试样品输出的降水粒子直径输出通道号、降水粒子速度输出通道号和输出的降水现象,并将结果记录在本章附表 16.4。

16.3.3.3　数据处理

16.3.3.3.1　降水粒子直径测试数据处理

用公式(16.1)计算降水粒子直径稳定性测量误差 ΔD:

$$\Delta D = D' - D \tag{16.1}$$

式中,ΔD 为降水粒子直径输出通道稳定性误差;D' 为被试样品本次测试输出的通道号;D 为被试样品第一次测试输出的通道号。

16.3.3.3.2　降水粒子速度测试数据处理

用公式(16.2)计算降水粒子速度稳定性测量误差 ΔV:

$$\Delta V = V' - V \tag{16.2}$$

式中,ΔV 为降水粒子速度输出通道稳定性误差;V' 为被试样品本次测试输出的通道号;V 为被试样品第一次测试输出的通道号。

16.3.4　电源

16.3.4.1　要求

采用交流单相电源,电压为 220×(1±15%)V;交变频率为 50±2.5 Hz。

16.3.4.2　测试方法

通过改变交流电源电压和交变频率,在电压变化±15%,频率变化±2.5 Hz 时,检查被试样品是否能正常工作,并将结果记录在本章附表 16.1。

16.4　环境试验

16.4.1　气候条件和生物条件

16.4.1.1　要求

工作温度:−40～50 ℃;

相对湿度:10%～100%;

大气压力:450～1060 hPa;

太阳辐射:1120 W/m²;

降水强度:0～6 mm/min;

盐雾试验时间应不少于 48 h。

16.4.1.2　试验方法

(1)低温:−40 ℃工作 2 h,−40 ℃贮藏 2 h。采用 GB/T 2423.1 进行试验、检测和评定。

(2)高温:50 ℃工作 2 h,50 ℃贮藏 2 h。采用 GB/T 2423.2 进行试验、检测和评定。

(3)恒定湿热:40 ℃,93%,放置 12 h,通电后正常工作。采用 GB/T 2423.3 进行试验、检测和评定。

(4)低气压:450 hPa 放置 0.5 h。采用 GB/T 2423.21 进行试验、检测和评定。

(5)模拟地面上的太阳辐射试验:采用 GB/T 2423.24 进行试验、检测和评定。

(6)淋雨试验:按照外壳防护等级 IP65 试验。采用 GB/T 2423.38 或 GB/T 4208 进行试验、检测和评定。

(7)盐雾试验:48 h 盐雾沉降试验。采用 GB/T 2423.17 进行试验、检测和评定。

16.4.2 机械条件

16.4.2.1 要求

机械试验的目的是检验被试样品能否达到运输的要求,根据 GB/T 6587—2012 的 5.10 包装运输试验,对《需求书》5.3 机械条件进行了适当调整,按照表 16.1 所示的要求进行试验。

表 16.1 包装运输试验要求

试验项目	试验条件	试验等级
		3 级
振动	振动频率 /Hz	5
	加速度/(m/s²)	9.8±2.5
	持续时间/min	15
	振动方法	垂直固定
自由跌落	按重量确定	跌落高度
	重量≤10 kg	60 cm

注:《需求书》5.3 机械条件要求自由跌落高度 25 cm,本方法根据 GB/T 6587,按照跌落高度 60 cm 进行试验。

16.4.2.2 试验方法

被试样品在完整包装状态下,按照 GB/T 6587—2012 的 5.10.2.1 和 5.10.2.2 方法进行试验。试验结束后,包装箱不应有较大的变形和损伤,被试样品及附件不应有变形松脱、涂敷层剥落等损伤,外观及结构应无异常,通电后应能正常工作。

16.4.3 电磁兼容

16.4.3.1 要求

对《需求书》5.4 电磁兼容性要求进行了适当调整。电磁抗扰度应满足表 16.2 试验内容和严酷度等级要求,采用推荐的标准进行试验。

表 16.2 电磁抗扰度试验内容和严酷度等级

内容	试验条件		
	交流电源端口	直流电源端口	控制和信号端口
静电放电抗扰度	接触放电:±4 kV,空气放电:±8 kV		
射频电磁场辐射抗扰度	80～1000 MHz,3V/m,80%AM(1 kHz)		
电快速瞬变脉冲群抗扰度	±2 kV 5 kHz	±1 kV 5 kHz	±2 kV 5 kHz
浪涌(冲击)抗扰度	线—线:±2 kV	线—线:±1 kV	线—地:±1 kV
	线—地:±2 kV	线—地:±1 kV	
工频磁场抗扰度	10 A/m		
电压暂降、短时中断和电压变化的抗扰度	0% 0.5 周期,0% 1 周期,70% 30 周期		

16.4.3.2　试验方法

被试样品均应在正常工作状态下进行下列试验。

（1）静电放电抗扰度

被试样品按台式（接地或不接地）和落地式设备（接地或不接地）进行配置，确定施加放电点，每个放电点进行至少 10 次放电。如被试样品涂膜未说明是绝缘层，则发生器电极头应穿入漆膜与导电层接触；若涂膜为绝缘层，则只进行空气放电。接触放电±4 kV，空气放电±8 kV，采用 GB/T 17626.2 进行试验、检测和评定。

（2）电快速瞬变脉冲群抗扰度

交流电源端口：±2 kV、5 kHz，直流电源端口：±1 kV、5 kHz，控制和信号端口：±2 kV、5 kHz，试验持续时间不短于 1 min。采用 GB/T 17626.4 依次对被试产品的试验端口进行正负极性试验、检测和评定。

（3）浪涌（冲击）抗扰度

施加在直流电源端和互连线上的浪涌脉冲次数应为正、负极性各 5 次；对交流电源端口，应分别在 0°、90°、180°、270°相位施加正、负极性各 5 次的浪涌脉冲。试验速率为每分钟 1 次。交流电源端口：线对线±2 kV，线对地±2 kV；直流电源端口：线对线±1 kV，线对地±1 kV；控制和信号端口：线对地±1 kV，采用 GB/T 17626.5 进行试验、检测和评定。

（4）工频磁场抗扰度

被试样品置于感应线圈的中心位置，设置磁场强度为 10 A/m，采用 GB/T 17626.8 进行试验、检测和评定。

（5）射频电磁场辐射抗扰度

被试样品按现场安装姿态放置在试验台上，按照 80～1000 MHz，3 V/m，80％ AM（1 kHz），采用 GB/T 17626.3 进行试验、检测和评定。

上述试验结束后，均应进行最后检测，检查其是否保持在技术要求限值内性能正常。

（6）电压暂降、短时中断和电压变化的抗扰度

按照 0％、0.5 周期，0％、1 周期，70％、30 周期，采用 GB/T 17626.11 进行试验、检测和评定。

16.5　动态比对试验

16.5.1　数据完整性

16.5.1.1　评定方法

以被试样品分钟数据为基本分析单元，排除由于外界干扰造成的数据缺测，对每套被试样品进行数据完整性评定，计算如下：

缺测率（％）＝（试验期内缺测次数/试验期内应观测次数）×100％。

16.5.1.2　评定指标

缺测率（％）≤2％。

16.5.2 　数据准确性

16.5.2.1 　评定方法

漏报:指比对标准有某种降水现象发生,但是被试样品没有识别有此种现象发生。

错报:指比对标准有某种降水现象发生,被试样品识别出有降水现象,但识别的降水类型与比对标准不一致。

误报:指比对标准没有降水现象发生,但被试样品识别有降水现象发生。

降水现象的数据准确性,分别分析对于降水过程的捕获率、漏报率、错报率、误报率和降水起止时间绝对误差,其定义分别为:

捕获率:测试期间,被试样品正确识别某种降水现象发生的过程次数(a)占比对标准观测到实际发生该降水现象过程次数(A)的百分比。

漏报率:测试期间,比对标准观测到有某种降水现象发生,被试样品未能识别该种降水现象的分钟数(b)占实际发生该降水现象分钟数(B)的百分比。

误报率:测试期间,比对标准观测为无降水现象发生,被试样品识别有降水现象发生的分钟数(c)占无降水现象分钟数(C)的百分比。

错报率:测试期间,比对标准观测到有某种降水现象发生,而被试样品识别的降水现象与比对标准不一致,被试样品错误识别的分钟数(d)占实际发生该降水现象分钟数(B)的百分比。

降水起止时间绝对误差:被试样品观测降水现象开始时间与比对标准观测降水现象开始时间差值的绝对值。

计算公式分别为:

$$捕获率(\%)=a/A\times100\% \tag{16.3}$$
$$漏报率(\%)=b/B\times100\% \tag{16.4}$$
$$误报率(\%)=c/C\times100\% \tag{16.5}$$
$$错报率(\%)=d/B\times100\% \tag{16.6}$$
$$降水起始时间绝对误差=|t-T| \tag{16.7}$$

式(16.3)~(16.7)中,a 为被试样品正确识别某降水现象发生的过程次数;b 为被试样品未能识别某降水现象分钟数;c 为无降水现象发生时被试样品识别有该现象发生的分钟数;d 为被试样品识别的降水类型与比对标准不一致的分钟数;A 为比对标准观测到实际发生该降水现象过程次数;B 为实际发生该降水现象分钟数;C 为无降水现象分钟数,其中,总观测分钟数$=a+b+c+d=B+C$;T 为比对标准降水现象开始时间;t 为被试样品降水现象开始时间。

16.5.2.2 　评定指标

结合《需求书》和《降水现象仪观测规范(试行)》,对评定指标做适当调整。

降水强度大于 0.1 mm/h 的降水捕获率应不小于 90%;漏报率小于 20%;误报率小于 5%;同时降水起始时间绝对误差小于等于 10 min 的降水过程大于 70%。

16.5.3 　数据一致性

16.5.3.1 　评定方法

比较同型号被试样品同时次天气现象识别的相符程度。计算如下:

$$一致率 = t/T \times 100\%　\tag{16.8}$$

式中，T 为总试验分钟数；t 为两台设备对同一分钟现象识别一致的分钟数。

16.5.3.2　评定指标

比对试验期间，在相同地点的两台同型号被试样品所识别的降水现象结果是否一致，一致率应大于等于 80%。

16.5.4　设备可靠性

可靠性反映了被试样品在规定的情况下，在规定的时间内，完成规定功能的能力。以平均故障间隔时间（MTBF）表示设备的可靠性。平均故障间隔时间 MTBF（θ_1）大于等于 3000 h。

16.5.4.1　试验方案

按照定时截尾试验方案，在 QX/T 526—2019 表 A.1 的方案类型中选用标准型或短时高风险两种试验方案之一，推荐选用标准型试验方案。

16.5.4.1.1　标准型试验方案

采用 17 号方案，即生产方和使用方风险各为 20%，鉴别比为 3 的定时截尾试验方案，试验的总时间为规定 MTBF 下限值（θ_1）的 4.3 倍，接受故障数为 2，拒收故障数为 3。

试验总时间 T 为：

$$T = 4.3 \times 3000\ h = 12900\ h$$

要求 3 套或以上被试样品进行动态比对试验。以 3 套被试样品为例，每台试验的平均时间 t 为：

3 套被试样品：$t = 12900\ h/3 = 4300\ h = 179.2\ d \approx 180\ d$

若为了缩短试验时间，可增加被试样品的数量，如：

4 套被试样品：$t = 12900\ h/4 = 3225\ h = 134.4\ d \approx 135\ d$

所以 3 套被试样品需试验 180 d，4 套需试验 135 d，期间允许出现 2 次故障。

16.5.4.1.2　短时高风险试验方案

采用 21 号方案，即生产方和使用方风险各为 30%，鉴别比为 3 的定时截尾试验方案，试验的总时间为规定 MTBF 下限值（θ_1）的 1.1 倍，接受故障数为 0，拒收故障数为 1。

试验总时间 T 为：

$$T = 1.1 \times 3000\ h = 3300\ h$$

3 套被试样品进行动态比对试验，每台试验的平均时间 t 为：

$t = 3300\ h/3 = 1100\ h = 45.8\ d \approx 46\ d$

所以 3 套被试样品需试验 46 d，期间允许出现 0 次故障。根据 QX/T 526—2019 的 5.3 规定，至少应进行 3 个月的试验，因此，若用 3 套及以上被试样品进行试验，试验时间应为至少 3 个月。

16.5.4.2　MTBF 观测值的计算

MTBF 的观测值（点估计值）$\hat{\theta}$ 用公式（16.9）计算。

$$\hat{\theta} = \frac{T}{r}　\tag{16.9}$$

式中，T 为试验总时间，为所有被试样品试验期间各自工作时间的总和；r 为总责任故障数。

16.5.4.3　MTBF 置信区间的估计

按照 QX/T 526—2019 中的 A.2.3 计算 MTBF 置信区间的估计值。

16.5.4.3.1　有故障的 MTBF 置信区间估计

采用 16.5.4.1.1 标准型试验方案,使用方风险 $\beta = 20\%$ 时,置信度 $C = 60\%$;采用 16.5.4.1.2 短时高风险试验方案,使用方风险 $\beta = 30\%$ 时,置信度 $C = 40\%$。

根据责任故障数 r 和置信度 C,由 QX/T 526—2019 中表 A.2 查取置信上限系数 $\theta_U(C', r)$ 和置信下限系数 $\theta_L(C', r)$,其中,$C' = (1+C)/2 = 1-\beta$,MTBF 的置信区间下限值 θ_L 用公式 (16.10) 计算,上限值 θ_U 用公式 (16.11) 计算

$$\theta_L = \theta_L(C', r) \times \hat{\theta} \tag{16.10}$$

$$\theta_U = \theta_U(C', r) \times \hat{\theta} \tag{16.11}$$

MTBF 的置信区间表示为 (θ_L, θ_U)(置信度为 C)。

16.5.4.3.2　故障数为 0 的 MTBF 置信区间估计

若责任故障数 r 为 0,只给出置信下限值,用公式 (16.12) 计算。

$$\theta_L = T/(-\ln\beta) \tag{16.12}$$

式中,T 为试验总时间,为所有被试样品试验期间各自工作时间的总和;β 为使用方风险。采用 5.4.1.1 标准型试验方案,使用方风险 $\beta = 20\%$;采用 5.4.1.2 短时高风险试验方案,使用方风险 $\beta = 30\%$。

这里的置信度应为 $C = 1-\beta$。

16.5.4.4　试验结论

(1)按照试验中可接收的故障数判断可靠性是否合格。

(2)可靠性试验无论是否合格,都应给出被试样品平均故障间隔时间(MTBF)的观测值 $\hat{\theta}$ 和置信区间估计的上限 θ_U 和下限 θ_L,表示为 (θ_L, θ_U)(置信度为 C)。

16.5.4.5　故障的认定和记录

按照 QX/T 526—2019 的 A.3 认定和记录故障。故障认定应区分责任故障和非责任故障,故障记录在动态比对试验的设备故障维修登记表中,见附表 A。

16.5.5　维修性

设备的维修性,检查维修可达性,审查维修手册的适用性。

16.6　综合评定

16.6.1　单项评定

以下各项均合格的,视该被试样品合格,有一项不合格的,视为不合格。

(1)静态测试和环境试验

被试样品静态测试和环境试验合格后,方可进行动态比对试验。

(2)动态比对试验

①数据完整性

数据缺测率小于等于 2% 为合格。

②数据准确性

降水强度大于 0.1 mm/h 的降水捕获率应不小于 90%；漏报率小于 20%；误报率小于 5%；同时降水起始时间绝对误差小于等于 10 min 的降水过程大于 70%。

③数据一致性

比对测试期间，在相同地点的两台同型号被试样品所识别的降水现象结果是否一致，一致率应大于等于 80% 为合格。

④设备可靠性

若选择 16.5.4.1.1 标准型试验方案，最多出现 2 次故障为合格；若选择 16.5.4.1.2 短时高风险试验方案，无故障为合格。

16.6.2　总评定

被试样品总数的 2/3 及以上合格时，视该型号被试样品为合格，否则不合格。

本章附表

附表 16.1　结构、外观和安全检查记录表

被试样品	名称	降水现象仪		测试日期	
	型号			环境温度	℃
	编号			环境湿度	%
被试方				测试地点	
测试项目	技术要求			检查结果	结论
结构和外观	机械结构应利于装配、调试、检验、包装、运输、安装、维护等,更换部件时简便易行				
	各零部件应安装正确、牢固,无机械变形、断裂、弯曲等,操作部分不应有迟滞、卡死、松脱等				
	各种部件,如立柱、传感器安装支撑件等,应有足够的机械强度和防腐蚀能力				
	应选用耐老化、抗腐蚀、抗生锈、良好的电气绝缘材料等				
	各零部件,除用耐腐蚀材料外,其表面应有涂、敷、镀等工艺措施,且均匀覆盖达100%				
	外观应整洁,无损伤和形变,表面涂层无气泡、开裂、脱落等现象				
安全	标记标识,包括产品标识、熔断器、电源开关、电击危险等安全标识				
	随同降水现象仪应提供含:技术说明书和使用或操作说明				
	按需求书检查结构安全、电气安全				
	检查防雷要求,包含一般要求、直接雷击和雷击电磁脉冲防护				

测试单位_____　　　测试人员_____

附表16.2　传输命令检测记录表

<table>
<tr><td rowspan="3">被试样品</td><td>名称</td><td colspan="2" style="text-align:center">降水现象仪</td><td>测试日期</td><td></td><td></td></tr>
<tr><td>型号</td><td colspan="2"></td><td>环境温度</td><td></td><td>℃</td></tr>
<tr><td>编号</td><td colspan="2"></td><td>环境湿度</td><td></td><td>%</td></tr>
<tr><td>被试方</td><td colspan="3"></td><td>测试地点</td><td colspan="2"></td></tr>
<tr><td>命令</td><td colspan="4" style="text-align:center">测试项目</td><td>检测结果</td><td>结论</td></tr>
<tr><td>READDATA</td><td colspan="4">读取天气现象观测要素和状态要素分钟数据,读取到的分钟数据数据格式应符合要求,观测要素项应齐全</td><td></td><td></td></tr>
<tr><td>READMDATA</td><td colspan="4">读取到分钟雨滴谱仪图谱信息数据,读取到的分钟数据数据格式应符合要求,观测要素项应齐全</td><td></td><td></td></tr>
<tr><td rowspan="2">DOWN</td><td colspan="4">应下载到指定时间范围内的观测数据,下载到的数据格式应符合分钟数据格式要求</td><td></td><td></td></tr>
<tr><td colspan="4">如果下载时间段超出设备运行时间段,是否为缺测数据格式</td><td></td><td></td></tr>
<tr><td rowspan="2">DOWNMDATA</td><td colspan="4">应下载到指定时间范围内的雨滴谱数据,下载到的谱数据格式应符合数据格式要求</td><td></td><td></td></tr>
<tr><td colspan="4">如果下载时间段超出设备运行时间段,是否为缺测数据格式</td><td></td><td></td></tr>
<tr><td rowspan="4">SETCOM</td><td colspan="4">设置 SETCOM,001,9600,8,N,1↙</td><td></td><td></td></tr>
<tr><td colspan="4"><F,001>↙表示设置失败,<T,001>↙表示设置成功</td><td></td><td></td></tr>
<tr><td colspan="4">若为读取传感器001的通信参数,直接键入命令:
SETCOM,001↙</td><td></td><td></td></tr>
<tr><td colspan="4">正确返回值为<9600,8,N,1,001>↙</td><td></td><td></td></tr>
<tr><td rowspan="2">AUTOCHECK</td><td colspan="4">返回的内容包括传感器日期、时间,传感器标识位,传感器 ID,传感器状态信息等</td><td></td><td></td></tr>
<tr><td colspan="4">返回值:<T/F,设备输出信息>↙T表示自检成功,F表示自检失败</td><td></td><td></td></tr>
<tr><td rowspan="2">DI</td><td colspan="4">读取 ID 为 001 传感器的标识位,直接键入命令:DI,001↙</td><td></td><td></td></tr>
<tr><td colspan="4">正确返回<YAWS,001>↙</td><td></td><td></td></tr>
<tr><td rowspan="2">ID</td><td colspan="4">读取 ID 号为 001 的传感器 ID 参数,直接键入命令:ID↙</td><td></td><td></td></tr>
<tr><td colspan="4">正确返回值为:<001,YTMP>↙</td><td></td><td></td></tr>
<tr><td rowspan="2">DATETIME</td><td colspan="4">对 ID 号为 001 的传感器设置的日期为 2013 年 5 月 27 日 12 时 34 分 00 秒,键入命令 DATETIME,001,2013-05-27,12:34:00↙返回值:<F,001>↙表示设置失败,<T,001>↙表示设置成功</td><td></td><td></td></tr>
<tr><td colspan="4">读取传感器日期时间参数:传感器 ID 若 ID 号为 001 的传感器的日期为 2013 年 5 月 27 日,12 时 35 分 00 秒,直接键入命令 DATETIME,001↙正确返回值为:<2012-07-21,12:35:00,001>↙</td><td></td><td></td></tr>
<tr><td rowspan="2">SETCOMWAY</td><td colspan="4">传感器 ID,数字字符 0 或 1。1 为主动发送方式,0 为被动读取方式 SETCOMWAY,001,1</td><td></td><td></td></tr>
<tr><td colspan="4">返回值:<F,001>↙表示设置主动发送失败,返回<T,001>↙表示设置主动发送成功</td><td></td><td></td></tr>
</table>

测试单位＿＿＿＿＿＿＿＿＿＿＿＿＿＿＿＿　　　　测试人员＿＿＿＿＿＿＿＿＿＿＿＿＿＿＿＿

附表 16.3　数据格式检测记录表

被试样品	名称	降水现象仪		测试日期	
	型号			环境温度	℃
	编号			环境湿度	%
被试方				测试地点	

命令	技术要求	检测结果	结论
起始标志	应为"BG"		
区站号	应为 6 位字符(5 位数字;或首位为大写字母,后 4 位数字)		
服务类型	两位数字(00~14)。注:自动气候站应为 14		
传感器标示	4 位英文大写字母,且属于功能需求书中定义的一种		
传感器 ID	3 位数字		
观测时间	14 位数字,并且满足年 4 位,月、日、时、分、秒各 2 位		
帧标示	应为 3 位数字,且满足功能需求书规定		
观测要素变量数	应为 4 位数字		
设备状态变量数	应为 2 位数字		
数据主体中观测数据部分	观测要素变量名、变量值是否成对出现		
	观测要素变量名、变量值对的数量是否与前面的观测要素变量数相等		
	观测要素变量名应是功能需求书中定义的变量名		
	单个观测要素变量值组成字符应合法(①由 0~9 的数字组成,首位可为"－"字符;②全是"/"字符;③全是"﹡"字符)		
	观测要素变量名出现的先后顺序应满足功能需求书定义的顺序		
数据主体中质量控制位部分	各位组成字符应合法(组成字符:0、1、2、3、4、5、6、7、8、9)		
	长度是否与观测要素变量数相等		
数据主体中状态信息部分	传感器状态变量名、变量值是否成对出现		
	传感器状态变量名、变量值对的数量是否等于传感器状态变量数		
	传感器状态变量名是否是功能需求书中定义的变量名		
	单个传感器状态变量值的组成字符应合法(组成字符:0~9 十个数字字符)		
校验码	计算从记录首字符到校验码前一字符的所有字符 ASCⅡ 码值之和,取后 4 位(不足 4 位前面补 0)即为计算得到的检验码,查看计算得到的校验码是否等于记录中的校验码(注:记录首字符、校验码前一字符、分隔符","均包括在内)		
结束标志	应为"ED"		

测试单位＿＿＿＿＿＿＿＿＿＿＿＿＿＿　　　　测试人员＿＿＿＿＿＿＿＿＿＿＿＿＿＿＿

附表 16.3　数据格式检测记录表（续表）

被试样品	名称	降水现象仪		测试日期	
	型号			环境温度	℃
	编号			环境湿度	%
被试方				测试地点	

命令	技术要求	检测结果	结论
分钟历史数据下载	是否等于预期条数（由起始时间计算出预期条数）		
	应以"BG"打头，"ED"结尾		
	记录时间超出时间范围条数		
	记录时间重复条数（计算方法：若有 x 条记录的时间相同，则有 $x-1$ 条记录时间重复，然后求出所有重复条数的和值）		
	记录丢失条数（计算方法：记录的时间位于时间范围之内，重复记录按一条计算，用这种方法算出实际有效的记录数，然后计算出预期记录数减去实际有效记录数的差值）		
分钟历史数据下载（传感器未开机时的"缺测数据"）	是否等于预期条数（由起始时间计算出预期条数）		
	格式是否为 BG，QZ（区站），ST（服务类型），DI（设备标识），ID（设备 ID），DATETIME（时间），FI（帧标识），//////，校验，ED✓		
	记录时间超出时间范围条数		
	记录时间重复条数（计算方法：若有 x 条记录的时间相同，则有 $x-1$ 条记录时间重复，然后求出所有重复条数的和值）		
	记录丢失条数（计算方法：记录的时间位于时间范围之内，重复记录按一条计算，用这种方法算出实际有效的记录数，然后计算出预期记录数减去实际有效记录数的差值）		

测试单位＿＿＿＿＿＿＿＿＿＿＿＿＿＿＿＿　　　　测试人员＿＿＿＿＿＿＿＿＿＿＿＿＿＿＿＿

附表 16.4　测量性能测试记录表

被试样品	名称	降水现象仪			测试日期		
	型号				环境温度		℃
	编号				环境湿度		%
被试方					测试地点		

测试点		粒子直径测试			粒子速度测试			降水现象测试		
粒子直径 /mm	粒子速度 /(m/s)	粒子直径 输出通道 (本次)	粒子直径 输出通道 (第一次)	粒子直径 通道误差	粒子速度 输出通道 (本次)	粒子速度 输出通道 (第一次)	粒子速度 通道误差	降水现象 输出 (本次)	降水现象 输出 (第一次)	降水现象 输出偏差 判别
4.3	2									
9.5	2									
21	2									
4.3	7									
9.5	7									
21	7									
4.3	12									
9.5	12									
21	12									
结论										

测试单位＿＿＿＿＿＿＿＿＿＿＿＿＿＿＿＿＿＿＿＿　　测试人员＿＿＿＿＿＿＿＿＿＿＿＿＿＿＿＿＿＿＿

第 17 章　光电式数字日照计[①]

17.1　目的

规范光电式数字日照计测试的内容和方法,通过测试与试验,检验其是否满足《光电式数字日照计功能规格需求书》(气测函〔2016〕70 号)(简称《需求书》)的要求。

17.2　基本要求

17.2.1　被试样品

提供 3 套或以上同一型号的光电式数字日照计(以下简称日照计)作为被试样品。在整个测试试验期间被试样品应连续工作,数据正常上传至指定的业务终端或自带终端。功能检测和环境试验可抽取 1 套被试样品。

17.2.2　参考标准

参照《日照计量业务管理规定》(气测函〔2020〕168 号),使用一级直接辐射表(以下简称直表),以直表相对于日照计同步观测的介于 (120 ± 8) W/m² 范围内的直接辐射为阈值参考值,以直表相对于日照计同步测量的大于或等于 120 W/m² 的直接辐照度对应的累计时长作为日照时数参考值,具体要求如下:

(1)满足世界气象组织 CIMO 指南规定的一级直接辐射表的要求。

(2)测量范围满足 $(0\sim1400)$ W/m²。

(3)满足开敞角 5°,斜角 1°,不确定度≤1‰ $(k=2)$。

17.2.3　试验场地

(1)试验场地选址主要考虑不同气候区,以及测试时间、安装条件、测试站点的业务条件等因素。

(2)同一种型号被试样品在南北两个不同气候区至少同时选择 1 个站点开展动态比对试验。

17.2.4　场地布局

针对日照计观测性能的特殊性,被试样品的动态比对试验场地建设和仪器布局与安装统一规定:

(1)安装场地应开阔,终年从日出到日落均能受到阳光的照射。

(2)立柱须牢固,高度统一为 1.5 m,柱顶台座须水平并精确测定南北向,做出标记。

(3)根据仪器安装说明,日照计安装在台座上,不应影响到其他观测设备的正常观测。

(4)各仪器相互东西间隔不小于 4 m,南北间隔不小于 3 m,距观测场边缘护栏不小于

---

① 本章作者:崇伟、胡树贞、李松奎、丁蕾。

3 m。场地布局示意图如图 17.1 所示。

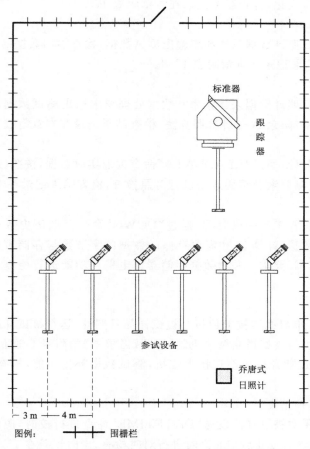

图 17.1　自动日照计动态比对试验场地布局示意

17.3　静态测试

17.3.1　外观和结构检查

以目测和手动操作为主,检查被试样品外观与结构,应满足《需求书》2.2.1 数字日照传感器外观、7 结构和外观要求、9.3 安全要求标识以及 9.4 防雷要求的结构设计,检查结果记录在本章附表 17.1。

17.3.2　功能检测

应满足《需求书》3 功能要求。检测方法如下:

(1)初始化和参试设置

通过软件对被试样品进行设置,具体为使用串口调试助手设置被试样品的观测站基本参数、传感器参数、通信参数、质量控制参数等,检查结果记录在本章附表 17.2。

(2)运行状态信息

根据《需求书》附录 B.2 设备状态要素编码的规定检查。状态包含传感器工作状态、电源状态和通信状态等。改变被试样品工作环境(或改变环境相应阈值),检查输出分钟数据运行状态信息是否发生相应变化,检查结果记录在本章附表 17.2。

(3)数据采样

按照《需求书》中日照计数据采样频率输出测试数据,检查输出数据的频率是否满足《需求书》3.2 的要求,检查结果记录在本章附表 17.3。

(4)数据处理

按照《需求书》中日照计数据采样频率和数据处理要求输出测试数据,对数据输出结果进行检查,应满足《需求书》附录 A 分钟日照算法,检查结果记录在本章附表 17.3。

(5)数据格式

运行被试样品日照计,通过"READDATA"命令读取实时数据,按照《需求书》附录 B 规定的要求对数据格式、观测要素及编码逐条进行对照检查,检查结果记录在本章附表 17.2。

(6)数据存储

被试样品日照计正常工作一段时间,通过"DOWN"命令读取历史数据,检测设备内部是否保存了完整的分钟数据,计算 30 d 需要存储的数据的字节数与存储容量,检查参试设备存储容量是否符合《需求书》要求。并对数据存储器掉电保存功能进行检查,检查结果记录在本章附表 17.2。

(7)数据传输

通过 RS-232/485 串口线连接上位机与被试样品日照计,运行被试样品,通过"SETCOM-WAY"命令建立上位机与被试样品握手机制,按照《需求书》的附录 C 通信命令逐条检查日照计通信是否正常。通过断开后重新连接上位机,测试数据补传功能,检查结果记录在本章附表 17.4。

(8)时钟管理与时钟精度

使用串口调试助手对被试样品发送"DATETIME"命令进行校时,应能够实现校时功能;校时后,被试样品正常工作 1 d 后与北京时进行对时检查,走时误差在 1 s 内为合格,检查结果记录在本章附表 17.2。

17.3.3 电源

17.3.3.1 要求

被试样品传感器可内置电池(不强制要求),外置电源接口连接太阳能电池板或其他充电设备,应能在 DC9~15 V 条件下正常工作。

17.3.3.2 测试方法

被试样品外接直流稳压电源,提供 9~15 V 的可变电压,加负载(连接传感器),先将 DC 电源调在 9 V,设备输出数据应正确;以同样方式再将电源分别调至 12 V 和 15 V,检查输出数据是否正确。测试结果记录在本章附表 17.2。

17.3.4 加热及功耗

17.3.4.1 要求

为防止传感器内部结露、霜,应具备加热功能;功耗:<2 W(不含加热),<15 W(含加热)。

17.3.4.2 测试方法

不加热状态下,测量被试样品采集器电源输入端的电压和电流,计算正常工作状态下的平均功耗。通过参数设置,使被试样品自动切换至加热状态,测量被试样品采集器电源输入端的电压和电流,计算正常工作状态下的平均功耗。测试结果记录在本章附表 17.2。

17.3.5　观测时制

17.3.5.1　要求

日照的观测使用地方时进行观测,地方时作为观测要素输出,数据存储按北京时存储。

北京时以 20 时为日界(一天的结束),地方时以 00 时为日界(一天的结束)。测试结果记录在本章附表 17.2。

17.3.5.2　测试方法

调整系统时间,运行被试样品日照计,通过"READDATA"命令读取实时数据,检查实时数据,应以地方时观测,以北京时记录存储。测试结果记录在本章附表 17.1。

17.3.6　数据质量控制标识

17.3.6.1　要求

数据质量控制标识的规定符合《需求书》附录 B 的要求。测试结果记录在本章附表 17.3。

17.3.6.2　测试方法

根据《需求书》附录 B.3.2.3.2 质量控制的规定检查。改变被试样品工作环境(或改变环境相应阈值),检查输出分钟数据质量控制标识信息是否发生正确变化。

17.3.7　校准和溯源性

17.3.7.1　要求

按国家气象计量机构相关检测方法或日照计校准规范进行校准测试。试验样品日照计应能够利用通信控制命令设置、存储、读取校验信息,校验信息满足《需求书》表 3 所示,通信控制命令满足《需求书》附录 C 要求,测试结果记录在本章附表 17.2。

17.3.7.2　测试方法

利用 MVDATA 和 MVCP 指令对试验样品日照计计量信息进行读取和设置,应满足《需求书》表 3 要求。

17.3.8　测量性能

17.3.8.1　要求

(1)阈值:直接辐照度 120 W/m²。

(2)阈值的最大允许误差:±24 W/m²。

(3)阈值年稳定性:±5%。

(4)日照时数最大允许误差:±10%/月。

17.3.8.2　测试方法

(1)阈值

阈值测试在动态比对试验前进行。

在日出后或日落前将标准直接辐射表和被测日照计进行同步测量,采样间隔统一,且不大于 10 s,记录下日出时日照计开始有日照记录时的直接辐照度和对应的标准直接辐射表测量的太阳直接辐照度,或者日落时日照计无日照记录前的直接辐照度和对应的标准直接辐射表测量的太阳直接辐照度,日照计记录下的太阳直接辐照度即为其阈值,测试结果记录在本章附表17.5。测量期间禁止人员靠近测量场地,以免遮蔽或反射日光对测量结果造成影响。阈值误差 e 按式(17.1)计算:

$$e = E_p - E_{sd} \tag{17.1}$$

式中,e 为阈值误差,单位:W/m^2;E_{sd} 为直接辐射表所测直接辐照度,单位:W/m^2;E_p 为日照计阈值,单位:W/m^2。

(2)阈值年稳定性

稳定性是评估日照计测量性能随时间保持不变的能力,通过比较日照计初测与复测条件下的测量误差加以评估。在动态比对试验开始前,将被测日照计和标准直接辐射表做同步测量,连续测量3 d,计算该日照计日累计日照时数测量误差的均值,作为初测结果。在初测合格的基础上,通过一定时间的自然环境条件下现场测试评估,外场动态比对试验结束时,不对被试仪器作任何调整和维护,重新进行为期3 d阈值测试,计算日累计时数测量误差的均值,作为复测结果。两次测试所采用的标准器、标准装置和测试方法应相同。测试结果记录在本章附表17.6。

按式(17.2)计算稳定性 δ_e:

$$\delta_e = \left(\frac{e_2 - e_1}{e_1}\right) \times 100\% \tag{17.2}$$

式中,e_2 为复测日照计测量误差;e_1 为初测日照计测量误差。

(3)日照时数最大允许误差

以直接辐射表的测量值计算得到的日照时数为参考标准,测试结果记录在本章附表17.7。按式(17.3)~(17.5)计算被测试日照计的测量误差。

$$\delta_i = \left(\frac{d_i - d_{si}}{d_{si}}\right) \times 100\% \tag{17.3}$$

$$\bar{\delta} = \frac{1}{n}\sum_i^n \delta_i \tag{17.4}$$

$$s = \sqrt{\frac{\sum_i^n (\delta_i - \bar{\delta})}{n-1}} \tag{17.5}$$

式中,δ_i 为第 i 月试验样品日照计测量误差;d_i 为试验样品日照计第 i 月测量的累计日照时数;d_{si} 直接辐射表对应月测量数据换算得到的累计日照时数;$\bar{\delta}$ 为该试验样品测量误差平均值;s 为该试验样品测量误差标准偏差;n 为外场测试月数。

注:直接辐射表采集每10 s输出一条记录,根据直接辐射表的测量值,当直接辐照度≥120 W/m^2 时,即计入日照时数10 s,否则为0 s,计算出月累计日照时数参考值。

数据的准确性以参试设备对于参考标准的误差区间给出,表示为$(\bar{\delta}-ks, \bar{\delta}+ks)$,$k=1$,其值在最大允许误差范围内。

17.4　环境试验

17.4.1　气候环境

17.4.1.1　要求

被试样品在以下环境中应正常工作:

工作环境温度：-40～60 ℃；

相对湿度：0～100%；

大气压力：550～1060 hPa；

最大抗阵风能力：60 m/s；

外壳防护等级满足 IP65 要求；

盐雾试验：应能通过 GB/T 2423.17 的 48 h 盐雾试验。

17.4.1.2　试验方法

试验项目建议采用以下方法：

(1)低温：-40 ℃工作 2 h，贮藏 2 h。采用 GB/T 2423.1 进行试验、检测和评定。

(2)高温：60 ℃工作 2 h，贮藏 2 h。采用 GB/T 2423.2 进行试验、检测和评定。

(3)恒定湿热：40 ℃，93%，放置 12 h，通电后正常工作。采用 GB/T 2423.3 进行试验、检测和评定。

(4)大气压力：在 550 hPa 工作 2 h，贮藏 2 h。采用 GB/T 2423.21 进行试验、检测和评定。

(5)淋雨沙尘试验：外壳防护等级 IP65。采用 GB/T 2423.38 或 GB/T 4208 进行试验、检测和评定。

(6)盐雾试验：48 h 盐雾沉降试验。采用 GB/T 2423.17 进行试验、检测和评定。

17.4.2　振动

17.4.2.1　要求

机械环境试验的目的是检验被试样品能否达到运输的要求，根据 GB/T 6587—2012 的 5.10 包装运输试验，按照表 17.1 所示的要求进行试验。

表 17.1　包装运输试验要求

试验项目	试验条件	试验等级
		3 级
振动	振动频率/Hz	5、15、30
	加速度/(m/s²)	9.8±2.5
	持续时间/min	每个频率点 15
	振动方法	垂直固定
自由跌落	按重量确定	跌落高度
	重量≤10 kg	60 cm

17.4.2.2　试验方法

被试样品在完整包装状态下，按照 GB/T 6587—2012 的 5.10.2.1 和 5.10.2.2 方法进行试验。试验结束后，包装箱不应有较大的变形和损伤，被试样品及附件不应有变形松脱、涂敷层剥落等损伤，外观及结构应无异常，通电后应能正常工作。

17.4.3　电磁环境

17.4.3.1　要求

电磁抗扰度应满足表 17.2 试验内容和严酷度等级要求,按表中推荐的标准进行试验。

表 17.2　电磁抗扰度试验内容和严酷度等级

序号	内容	试验条件		
		交流电源端口	直流电源端口	控制和信号端口
1	静电放电抗扰度	接触放电:±4 kV,空气放电:±8 kV		
2	射频电磁场辐射抗扰度	0.15~80 MHz,3 V/m,80%AM(1 kHz)		
3	电快速瞬变脉冲群抗扰度	±2 kV　5 kHz	±1 kV　5 kHz	±2 kV　5 kHz
4	电压暂降和短时中断抗扰度	30%　0.5周期 60%　5周期 100% 250周期	—	—
5	浪涌(冲击)抗扰度	线一地:±2 kV	线一地:±1 kV	线一地:±1 kV

17.4.3.2　试验方法

被试样品均应在正常工作状态下进行下列试验。

(1)静电放电抗扰度

被试样品按台式(接地或不接地)和落地式设备(接地或不接地)进行配置,确定施加放电点,每个放电点进行至少 10 次放电。如被试样品涂膜未说明是绝缘层,则发生器电极头应穿入漆膜与导电层接触;若涂膜为绝缘层,则只进行空气放电。接触放电 4 kV,空气放电 8 kV,采用 GB/T 17626.2 进行试验、检测和评定。

(2)射频电磁场辐射抗扰度

被试样品按现场安装姿态放置在试验台上,按照 0.15~80 MHz,3 V/m,80% AM(1 kHz),采用 GB/T 17626.3 进行试验、检测和评定。

(3)电快速瞬变脉冲群抗扰度

交流电源端口:±2 kV、5 kHz,直流电源端口:±1 kV、5 kHz,控制和信号端口:±1 kV、5 kHz,试验持续时间不短于 1 min。采用 GB/T 17626.4 依次对被试产品的试验端口进行正负极性试验、检测和评定。

(4)电压暂降和短时中断抗扰度

在交流电源端口以 30%、0.5 周期,60%、5 周期,100%、250 周期进行电压暂降和短时中断抗扰度测试,采用 GB/T17626.11 进行试验、检测和评定。

(5)浪涌(冲击)抗扰度

施加在直流电源端和互连线上的浪涌脉冲次数应为正、负极性各 5 次;对交流电源端口,应分别在 0°、90°、180°、270°相位施加正、负极性各 5 次的浪涌脉冲。试验速率为每分钟 1 次。交流电源端口:线对地±2kV;直流电源端口:线对地±1 kV;控制和信号端口:线对地±1 kV,采用 GB/T 17626.5 进行试验、检测和评定。

17.5　动态比对试验

按照 17.5.3.1 可靠性试验方案确定试验时间,且涵盖 1 个高温和低温季节;若动态比对试验的时间超过了可靠性试验的截止时间,应按照动态比对试验的时间结束试验。动态比对试验主要评定被试样品的数据完整性、设备一致性、可靠性、可维护性及可比较性等项目,测试结果记录在本章附表 17.8。可比较性结果,仅用于判断是否能够纳入气象观测网使用或能否组成新的气象观测网,不作为被试样品是否合格的依据。

17.5.1　数据完整性

17.5.1.1　评定方法

通过业务终端或自带终端接收到的观测数据个数评定数据的完整性。排除由于外界干扰因素造成的数据缺测,评定每套被试样品的数据完整性。

数据完整性(%)=(实际观测数据个数/应观测数据个数)×100%。

17.5.1.2　评定指标

数据月完整性大于等于 98%;

数据年完整性大于等于 98%。

17.5.2　设备一致性

17.5.2.1　计算方法

以日照时数月累积量为测试评估分析单位,用 2 台相同试验样品相同时次的测量结果的差值,参照式(17.4)和(17.5)分别计算每两台被试仪器间差值的平均值和标准偏差。

17.5.2.2　评定指标

系统误差 $|\bar{\delta}|$:≤日照时数最大允许误差半宽的 1/3;

标准偏差 s:≤日照时数最大允许误差半宽的 1/2。

17.5.3　设备可靠性

可靠性反映被试样品在规定的情况下,在规定的时间内,完成规定功能的能力。以平均故障间隔时间(MTBF)表示设备的可靠性。平均故障间隔时间 MTBF(θ_1)大于等于 8000 h。

17.5.3.1　试验方案

按照定时截尾试验方案,在 QX/T 526—2019 表 A.1 的方案类型中选用标准型或短时高风险两种试验方案之一,推荐选用标准型试验方案。

17.5.3.1.1　标准型试验方案

采用 17 号方案,即生产方和使用方风险各为 20%,鉴别比为 3 的定时截尾试验方案,试验的总时间为规定 MTBF 下限值(θ_1)的 4.3 倍,接受故障数为 2,拒收故障数为 3。

试验总时间 T 为:

$$T = 4.3 \times 8000 \text{ h} = 34400 \text{ h}$$

要求 3 套或以上被试样品进行动态比对试验。以 3 套被试样品为例,每台试验的平均时间 t 为:

3 套被试样品:$t = 34400 \text{ h}/3 = 11466.7 \text{ h} = 477.8 \text{ d} \approx 478 \text{ d}$

若为了缩短试验时间,可增加被试样品的数量,如:

6 套被试样品:$t = 34400\ h/6 = 5733.4\ h = 239\ d$

所以 3 套被试样品需试验 478 d,6 套需试验 239 d,期间允许出现 2 次故障。

17.5.3.1.2 短时高风险试验方案

采用 21 号方案,即生产方和使用方风险各为 30%,鉴别比为 3 的定时截尾试验方案,试验的总时间为规定 MTBF 下限值(θ_1)的 1.1 倍,接受故障数为 0,拒收故障数为 1。

试验总时间 T 为:

$$T = 1.1 \times 8000\ h = 8800\ h$$

3 套被试样品进行动态比对试验,每台试验的平均时间 t 为:

$$t = 8800\ h/3 = 2933.3\ h = 122.2\ d \approx 122\ d$$

所以 3 套被试样品需试验 122 d,期间允许出现 0 次故障。

17.5.3.2 MTBF 观测值的计算

MTBF 的观测值(点估计值)$\hat{\theta}$ 用公式(17.6)计算。

$$\hat{\theta} = \frac{T}{r} \tag{17.6}$$

式中,T 为试验总时间,为所有被试样品试验期间各自工作时间的总和;r 为总责任故障数。

17.5.3.3 MTBF 置信区间的估计

按照 QX/T 526—2019 中的 A.2.3 计算 MTBF 置信区间的估计值。

17.5.3.3.1 有故障的 MTBF 置信区间估计

采用 17.5.3.1.1 标准型试验方案,使用方风险 $\beta = 20\%$ 时,置信度 $C = 60\%$;采用 17.5.3.1.2 短时高风险试验方案,使用方风险 $\beta = 30\%$ 时,置信度 $C = 40\%$。

根据责任故障数 r 和置信度 C,由 QX/T 526—2019 中表 A.2 查取置信上限系数 $\theta_U(C', r)$ 和置信下限系数 $\theta_L(C', r)$,其中,$C' = (1+C)/2 = 1 - \beta$,MTBF 的置信区间下限值 θ_L 用公式(17.7)计算,上限值 θ_U 用公式(17.8)计算

$$\theta_L = \theta_L(C', r) \times \hat{\theta} \tag{17.7}$$

$$\theta_U = \theta_U(C', r) \times \hat{\theta} \tag{17.8}$$

MTBF 的置信区间表示为 (θ_L, θ_U)(置信度为 C)。

17.5.3.3.2 故障数为 0 的 MTBF 置信区间估计

若责任故障数 r 为 0,只给出置信下限值,用公式(17.9)计算。

$$\theta_L = T/(-\ln\beta) \tag{17.9}$$

式中,T 为试验总时间,是所有被试样品试验期间各自工作时间的总和;β 为使用方风险。采用 17.5.3.1.1 标准型试验方案,使用方风险 $\beta = 20\%$;采用 17.5.3.1.2 短时高风险试验方案,使用方风险 $\beta = 30\%$。

这里的置信度应为 $C = 1 - \beta$。

17.5.3.4 试验结论

(1)按照试验中可接收的故障数判断可靠性是否合格。

(2)可靠性试验无论是否合格,都应给出被试样品平均故障间隔时间(MTBF)的观测值 $\hat{\theta}$ 和置信区间估计的上限 θ_U 和下限 θ_L,表示为 (θ_L, θ_U)(置信度为 C)。

17.5.3.5　故障的认定和记录

按照 QX/T 526—2019 的 A.3 认定和记录故障。故障认定应区分责任故障和非责任故障,故障记录在动态比对试验的设备故障维修登记表中,见附表 A。

17.5.4　可维护性

在外观和结构检查、功能检测中检查被试样品的维修可达性、方便性、快捷性,检查被试样品的可扩展性、接线标志的清晰度等,审查维修手册的适用性。如果试验中需要维修,平均维修时间(MTTR)应≤40 min。

17.5.5　可比较性

试验样品日照计与气象业务观测(站)网相应仪器的可比较性用每台被试仪器观测结果与气象业务观测(站)网相应仪器观测值差值的系统误差和标准偏差分别计算,动态比对试验中对应业务使用的仪器为乔唐氏日照计或玻璃球式日照计,计算方法参照 17.5.2 进行,系统误差和标准偏差越接近于 0 越好。

试验样品日照计与气象业务观测(站)网设备只进行对比分析,对比分析结果不作为此次测试评估结果的评判依据。

17.6　综合评定

17.6.1　单项评定

以下各项均合格的,视该被试样品合格,有一项不合格的,视为不合格。

(1)静态测试和环境试验

被试样品静态测试和环境试验合格。

(2)动态比对试验

①数据完整性

数据完整性(%)≥98%为合格。

②设备可靠性

若选择 17.5.3.1.1 标准型试验方案,最多出现 2 次故障为合格;若选择 17.5.3.1.2 短时高风险试验方案,无故障为合格。

17.6.2　总评定

被试样品总数的 2/3 及以上合格时,视该型号被试样品为合格,否则不合格。

本章附表

附表 17.1　外观、结构检查记录表

被试样品	名称	光电式数字日照计	测试日期	
	型号		环境温度	℃
	编号		环境湿度	%
被试方			测试地点	

测试项目		技术要求	测试结果	结论
外观和结构	外观	日照计传感器窗口在整个可见范围内应均匀、透明,无明显气泡、条纹和划痕等缺陷,窗口粘接应均匀牢固,窗口内部不得有异物附着和水汽凝结。日照计铭牌、标识和标志应字迹清晰、完整、醒目		
		光电感应器件和数据采集处理模块集成于一体,3个光电感应器件以同轴形式放置于光筒内		
	材料与涂覆	应选用耐老化材料、抗腐蚀材料、良好的电气绝缘材料等,禁止使用不符合有关国家标准或行业标准的劣质材料		
		各零部件表面应有涂、敷、镀等工艺措施,以保证其耐潮、防霉、防盐雾的性能		
	机械结构	结构应利于装配、调试、检验、包装、运输、安装及维护等工作,更换部件时简便易行		
		各零部件应安装正确、牢固,无机械变形、断裂、弯曲等,操作部分不应有迟滞、卡死、松脱等		
		安装支架结构坚固、造型美观,便于传感器安装和维护,传感器安装后无晃动,能满足日照观测需求		
	机械强度	日照计的各种部件应有足够的机械强度和防腐蚀能力,确保在产品寿命期内,不因外界环境的影响和材料本身原因导致机械强度下降而引起危险		
	安全标记	标记符合 GB 4793.1—2007《测量、控制和实验室用电气设备的安全要求》关于"设备用图形符号"的要求: a)交流电源接入端口设"当心电击危险"安全标记; b)低压直流电源接入端口以红色"+"和黑色"−"标出极性,并标明额定电压值; c)电源开关标明电源"通""断"位置; d)标明电源熔断器额定电流值		
	防雷结构	具备防直接雷击和雷击电磁脉冲的结构		

测试仪器	名称	型号	编号

测试单位＿＿＿＿＿＿＿＿＿＿＿＿＿＿＿＿＿　　　　测试人员＿＿＿＿＿＿＿＿＿＿＿＿＿＿＿＿＿

附表 17.2　功能检测记录表

<table>
<tr><td rowspan="3">被试样品</td><td>名称</td><td colspan="3">光电式数字日照计</td><td>测试日期</td><td colspan="2"></td></tr>
<tr><td>型号</td><td colspan="3"></td><td>环境温度</td><td colspan="2">℃</td></tr>
<tr><td>编号</td><td colspan="3"></td><td>环境湿度</td><td colspan="2">%</td></tr>
<tr><td colspan="2">被试方</td><td colspan="3"></td><td>测试地点</td><td colspan="2"></td></tr>
<tr><td colspan="2">测试项目</td><td colspan="3">技术要求</td><td colspan="2">测试结果</td><td>结论</td></tr>
<tr><td rowspan="13">功能</td><td rowspan="2">初始化和
参数设置</td><td colspan="3">采集器应能自检,包括检测传感器接口和存储器,做好数据采集和通信连接准备</td><td colspan="2"></td><td></td></tr>
<tr><td colspan="3">设置,可通过终端软件进行参数设置,包括观测站基本参数、传感器参数、通信参数、质量控制参数等</td><td colspan="2"></td><td></td></tr>
<tr><td>运行状态信息</td><td colspan="3">具备输出运行状态信息功能,包括设备工作状态、电源状态和通信状态等</td><td colspan="2"></td><td></td></tr>
<tr><td>数据格式</td><td colspan="3">数据格式、观测要素及编码符合《需求书》附录 B 的规定</td><td colspan="2"></td><td></td></tr>
<tr><td>数据存储</td><td colspan="3">日照计具有数据存储功能,数据存储采用滚动循环存储方式,每分钟存储一条记录。存储的数据量至少 1 个月,数据存储器应具备掉电保存功能</td><td colspan="2"></td><td></td></tr>
<tr><td>时钟管理与
时钟精度</td><td colspan="3">自带实时时钟,当日照计独立运行时,由实时时钟芯片提供系统时钟;当接入业务软件时,由业务终端软件校时;
实时时钟误差:≤1 s/d</td><td colspan="2"></td><td></td></tr>
<tr><td>供电</td><td colspan="3">传感器可内置电池(不强制要求),外置电源接口连接太阳能电池板或其他充电设备,外接电源供电电压为 9～15 V</td><td colspan="2"></td><td></td></tr>
<tr><td>功耗</td><td colspan="3">加热:为防止传感器内部结露、霜,应具备加热功能;
功耗:<2 W(不含加热),<15 W(含加热)</td><td colspan="2"></td><td></td></tr>
<tr><td>观测时制</td><td colspan="3">日照的观测使用地方时进行观测,地方时作为观测要素输出,数据存储按北京时存储。北京时以 20 时为日界(一天的结束),地方时以 00 时为日界(一天的结束)</td><td colspan="2"></td><td></td></tr>
<tr><td>校准和溯源性</td><td colspan="3">日照计应能够利用通信控制命令设置、存储、读取校验信息,校验信息满足《需求书》表 3,以备查询仪器标校状态</td><td colspan="2"></td><td></td></tr>
<tr><td rowspan="4">测试仪器</td><td colspan="2">名称</td><td colspan="3">型号</td><td>编号</td></tr>
<tr><td colspan="2"></td><td colspan="3"></td><td></td></tr>
<tr><td colspan="2"></td><td colspan="3"></td><td></td></tr>
<tr><td colspan="2"></td><td colspan="3"></td><td></td></tr>
</table>

测试单位＿＿＿＿＿＿＿＿＿＿＿＿＿＿＿＿　　　　测试人员＿＿＿＿＿＿＿＿＿＿＿＿＿＿＿＿

附表 17.3　数据采集、处理和数据质量控制检查记录表

被试样品	名称	光电式数字日照计		测试日期	
	型号			环境温度	℃
	编号			环境湿度	%
被试方			测试地点		

测试项目		检查要求及方法	检查结果	结论
采集和处理	数据采集间隔	至少每 10 s 对光电感应器件进行一次采样,1 min 采集不少于 6 次		
	数据算法	对采样得到的电压信号进行判断,如果判断为有日照,则将采样时间间隔累计到日照时间,每分钟对日照时间四舍五入后进行取整输出,单位为分钟,小数部分保留,继续累积到下一分钟(以采样时间间隔 10 s 为例,分钟日照算法见附录 A)。对小时内分钟日照时数进行累加,得到日照时数小时累计,单位为分钟。对小时日照时数进行累加,得到日照时数日累计,单位为小时		
数据质量控制	瞬时值的极限范围	采样瞬时值应在传感器的测量范围内,未超出标识"正确",超出标识"错误",上限值为 0 cm,下限值为观测仪的最大测量范围		
	瞬时值的变化速率	当前瞬时值与前一个瞬时值比较,差值大于"存疑的变化速率",当前瞬时值标记为"存疑";差值大于"错误的变化速率",当前瞬时值标识为"错误"		

测试数据:

测试单位＿＿＿＿＿＿＿＿＿＿＿＿＿＿　　　　　测试人员＿＿＿＿＿＿＿＿＿＿＿＿＿＿

附表 17.4　数据传输与终端操作命令检查记录表

被试样品	名称	光电式数字日照计		测试日期	
	型号			环境温度	℃
	编号			环境湿度	%
被试方				测试地点	

检查要求	检查结果	结论
支持 RS232/485 串口有线通信		
SETCOM 设置或读取设备的通信参数		
AUTOCHECK 设备自检,返回设备日期、时间、通信参数、设备状态信息(厂家可自行定义格式)		
HELP 帮助命令,返回终端命令清单		
QZ 设置或读取设备的区站号		
ST 设置或读取设备的服务类型		
DI 读取设备标识位		
ID 设置或读取设备 ID		
LAT 设置或读取日照计纬度		
LONG 设置或读取日照计的经度		
DATE 设置或读取日照计日期		
TIME 设置或读取日照计时间		
DATETIME 设置或读取日照计日期与时间		
FTD 设置或读取设备主动模式下的发送时间间隔		
DOWN 历史数据下载		
READDATA 实时读取数据		
SETCOMWAY 设置握手机制方式		
DEBUG 进入调试模式		
MVDATE 设置或读取设备校验时间信息		
MVCP 设置或读取设备校验参数信息		

测试数据:

测试单位＿＿＿＿＿＿＿＿＿＿＿＿＿＿＿＿＿＿＿＿　　　　测试人员＿＿＿＿＿＿＿＿＿＿＿＿＿＿＿＿＿＿＿＿

附表 17.5 阈值准确性测试记录表

被试样品	名称	光电式数字日照计		测试日期	
	型号			环境温度	℃
	编号			环境湿度	%
被试方				测试地点	
序号	标准器阈值/(W/m²)			被试样品阈值/(W/m²)	示值差值/(W/m²)
1					
2					
3					
4					
5					
6					
7					
8					
9					
10					
平均值					
示值误差					
测试结果					
测试仪器	名称		型号		编号

测试单位_____   测试人员_____

附表 17.6　阈值稳定性测试记录表

被试样品	名称	光电式数字日照计		测试日期	
	型号			环境温度	℃
	编号			环境湿度	%
被试方				测试地点	
序号	初测阈值/(W/m²)		复测阈值/(W/m²)	稳定性	结论
1					
2					
3					
4					
5					
6					

测试单位_____　　　　测试人员_____

附表 17.7　日照时数测试记录表

被试样品	名称	光电式数字日照计		测试日期	
	型号			环境温度	℃
	编号			环境湿度	%
被试方				测试地点	
月份	标准器日照时数/h		被试样品日照时数/h	相对误差/%	测试结论
1 月					
2 月					
3 月					
4 月					
5 月					
6 月					
7 月					
8 月					
9 月					
10 月					
11 月					
12 月					
合计					

测试单位_____　　　　测试人员_____

附表 17.8　动态比对试验记录表

被试样品	名称	光电式数字日照计		测试日期		
	型号			环境温度		℃
	编号			环境湿度		％
被试方				测试地点		

测试项目	评定要求	测试结果	结论
数据完整性	数据月完整性大于等于 98％； 数据年完整性大于等于 98％		
设备一致性	系统误差 $\mid \bar{\delta} \mid$：≤日照时数最大允许误差半宽的 1/3； 标准偏差 s：≤日照时数最大允许误差半宽的 1/2		
设备可靠性	平均故障间隔时间 MTBF 大于等于 8000 h		
可维护性	平均维修时间（MTTR）应≤40 min		

测试数据：

测试单位＿＿＿＿＿＿＿＿＿＿＿＿＿＿＿　　　　测试人员＿＿＿＿＿＿＿＿＿＿＿＿＿＿＿＿

第 18 章　热电式数字辐射表[①]

18.1　目的

　　规范热电式数字辐射表和全自动太阳跟踪器/遮光装置测试的内容和方法。通过测试与试验,检验其是否分别满足《热电式数字总辐射表功能规格需求书》(气测函〔2016〕70 号)、《热电式数字直接辐射表功能规格需求书》(气测函〔2016〕70 号)和《热电式数字长波辐射表功能规格需求书》(气测函〔2016〕70 号)(简称《需求书》),GB/T 33692—2017《直接辐射测量用全自动太阳跟踪器》和 GB/T 33903—2017《散射辐射测量用遮光球式全自动太阳跟踪器》(简称《标准》)的要求。

18.2　基本要求

18.2.1　被试样品

　　热电式数字辐射表(简称辐射表)包括热电式数字总辐射表(总辐射表)、热电式数字直接辐射表(直接辐射表)、热电式数字长波辐射表(长波辐射表)。

　　提供 3 套或以上同一型号的被试样品及配套软件,每套被试样品包括:总辐射表 1 台、直接辐射表 1 台、长波辐射表 1 台,遮光球式全自动太阳跟踪器(简称跟踪器)1 套,加热通风器(简称通风器)2 台。被试样品应符合相应的《需求书》和《标准》要求。

18.2.2　标准器

　　静态测试以经过溯源的辐射标准器为准。

　　动态比对试验现场不长期架设比对标准器,试验期间每 2 个月由专业技术人员携带标准器对被试样品进行 1 次动态比对试验,时间不少于 3 d;动态比对试验时,标准器采样频率及算法与被试样品相应的《需求书》一致。

18.2.3　试验场地

　　选择 2 个或以上试验场地,至少包含 2 个不同的气候区,且日照时间较长,测量路径上无任何遮挡。

18.2.4　设备安装

被试样品在试验场地的安装要求如下:

(1)试验场地应开阔,辐射表感应面以上不受任何障碍物影响。

(2)安装立柱须牢固,柱顶台座离地面高度不低于 1.5 m,须水平并精确测定南北向,做出标记。

(3)被试样品之间东西间隔不小于 4 m,南北间隔不小于 3 m,距观测场边缘护栏不小于 3 m。

---

① 本章作者:丁蕾、莫月琴、胡树贞、崇伟、杨伟、任晓毓。

（4）安装基础为 400 mm×400 mm×500 mm 的水泥墩。

（5）针对具体场地，可根据实际情况做适当调整。

被试样品安装示意图如图 18.1。

18.3 静态测试

18.3.1 组成、结构及材料检查

用目测结合手动调整方式进行检查，检查项目及要求见本章附表 18.1，检查结果记录在本章附表 18.1。

18.3.2 功能检测

从每种型号的被试样品中任意抽取 1 台进行功能检测，检测方法如下：

（1）数据采集及数据处理

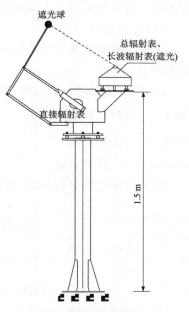

图 18.1 热电式数字辐射表安装示意

被试样品输出分钟内所有数据采样瞬时值（采样频率 1 Hz），并进行人工计算，检查分钟输出值与人工计算结果是否一致，检查结果记录在本章附表 18.2。

（2）数据传输及通信命令

参照《自动气候站数据格式和通信命令》，通过串口调试助手向辐射表发送相关命令，并检查其响应。在辐射表上外挂 ZigBee 无线通信模块，以无线方式将分钟数据通过综合集成硬件控制器上传至处理终端。检查结果记录在本章附表 18.3。

（3）数据存储

被试样品正常工作不少于 1 d，下载历史数据，检查设备内部是否保存了完整的分钟数据，计算 30 d 需存储数据的字节数与存储容量，检查被试样品存储容量是否符合要求。或修改辐射表日期，下载 30 d 历史分钟数据，检查是否完整下载。检查结果记录在本章附表 18.4。

（4）时钟

通过"DATETIME"命令设置或读取被试样品日期与时间，检查分钟数据时间是否正确。设备掉电后检查被试样品是否具有掉电保持功能。检查结果记录在本章附表 18.4。

（5）质量控制

通过设置或读取采样值质量控制参数"QCPS"命令，人为改变采样气象辐射值的阈值，检查辐射表的输出结果。检查结果记录在本章附表 18.4。

（6）数据格式

数据格式检查与数据存储检查同步进行，数据格式见附录 B。检查结果记录在本章附表 18.4。

（7）功耗

在被试样品正常工作时测量电源电压和电流进行计算，检查功耗是否满足要求。测试结果记录在本章附表 18.4。

（8）电压

通过外接直流稳压电源，为被试样品提供 9～16 V 的可变电压，检查被试样品输出数据是

否正确。测试结果记录在本章附表18.4。

(9)运行监控

通过人为修改被试样品自定义的辐射表工作状态监控界限值进行检查,检查结果记录在本章附表18.4。

注:根据实际应用的需要,选择对被试样品和业务软件进行联调测试。

18.3.3 测量性能

18.3.3.1 总辐射表

18.3.3.1.1 技术指标

总辐射表应符合表18.1中技术指标要求。

表 18.1 热电式数字总辐射表技术指标

序号	技术特性	技术指标	WMO 要求(高质量)
1	响应时间(95%响应)	<20 s	<30 s
2	零点偏置: (a)相应于 200W/m² 净热辐射(通风) (b)相应于环境温度变化 5 K/h	±15 W/m² ±4 W/m²	±15 W/m² ±4 W/m²
3	稳定性(变化/年,满度的百分率)	$\pm1.5\%$	$\pm1.5\%$
4	方向性响应(假定垂直入射的响应对所有方向都是有效的,当垂直入射的辐照度为 1000 W/m² 时,所引起的误差范围)	±20 W/m²	±20 W/m²
5	温度响应(由于环境温度在间隔 50 K 内的变化引起的最大百分率误差)	$\pm4\%$	$\pm4\%$
6	非线性(由于辐照度在(100～1000)W/m² 范围内的变化引起的对 500 W/m² 响应度的百分率偏差)	$\pm1\%$	$\pm1\%$
7	倾斜响应(在 1000 W/m² 辐照度时,由于从 0°到 180°的倾斜变化,相对于 0°倾斜(水平)的响应度的百分率偏差)	$\pm2\%$	$\pm2\%$
8	光谱范围	300～3000 nm	300～3000 nm
9	不确定度,95%的置信水平: 每小时的总量 每天的总量	8% 5%	8% 5%

18.3.3.1.2 测试方法

按下述方法对总辐射表进行测试,测试结果应符合表18.1要求。

(1)响应时间(95%响应)

可在室外阳光下,也可在室内检测设备上进行。将被试样品放在室外平台或室内检测设备的工作台上,取下仪器遮光罩,调整被测样品水平(直接辐射表应对准光源),照射 5 min 后盖上遮光罩,等 2 min 后读取零位值 E_0。取下遮光罩,待输出值稳定后读数,按公式(18.1)计算 95%响应(即输出值从最大值回到 5%处)的测点值 P。

$$P=(E-E_0)\times5\%+E_0 \tag{18.1}$$

式中,E 为取下遮光罩后,被试样品的输出值;E_0 为被试样品的零位值。

数据采样频率为 1 Hz,盖上遮光罩,记录被试样品输出值恢复到测点值 P 时所用时长,即完成 1 次测量。测量 3 次,取平均值。

（2）零点偏置

零点偏置分为 A 类零点偏置和 B 类零点偏置。

A 类零点偏置为相应于 200 W/m² 时的净热辐射,该项测试需要低温黑体设备,目前暂不进行该项测试。

B 类零点偏置是环境温度变化引起的零点偏置,测试方法如下:

将被试样品放置在温度试验箱内,遮挡入射窗口,避免光线照射到辐射表感应面上。

将温度试验箱稳定在 20 ℃,被试样品输出分钟平均值 E_i,当输出值稳定后,温度以 5 ℃/h 的速率上升至 25 ℃ 或下降至 15 ℃,正反行程各做一次,待温度和被试样品输出值稳定后,再进行下一个温度点的测量。

按式(18.2)计算被试样品零点偏置 δ_Z。

$$\delta_Z = E_i - (E_{01} + E_{02})/2 \tag{18.2}$$

式中,E_i 为变温过程中,被试样品输出的分钟平均值;E_{01} 为初始温度稳定在 20 ℃ 且被试样品输出值稳定时,被试样品输出的 3 min 平均值;E_{02} 为温度回到 20 ℃ 时且被试样品输出值稳定时,被试样品输出的 3 min 平均值。

根据式(18.2)计算出的最大值作为 B 类零点偏置。

（3）稳定性

稳定性用被试样品校准系数的年变化率表示。

将静态初测时得到被试样品校准系数 C_1 与复测得到的校准系数 C_2 比较。初次静态测试得到校准系数 C_1,经过一定时间的自然环境条件下的动态比对试验,试验结束时,不对被试样品作任何调整和维护,重新进行静态测试,得到校准系数 C_2。两次静态测试所采用的标准器、标准装置和测试方法应相同。

按式(18.3)计算年稳定性 δ_C。

$$\delta_C = \frac{(C_2 - C_1)}{C_1} \times 100\% \tag{18.3}$$

式中,C_1 为静态初测时的被试样品校准系数;C_2 为静态复测时的被试样品校准系数。

（4）方向性响应

测试在室内检测设备上进行。将被试样品水平固定在检测工作台上,调整垂直入射光线为 1000 W/m²,选取天顶角 $\theta = 80°$ 时,测量不同方位时($\varphi = 0°$、$60°$、$120°$、$180°$、$240°$、$300°$)被试样品的辐照度分钟平均值,按式(18.4)计算方向响应误差。

$$\Delta_{1000}(\theta, \varphi) = 1000 \left[\frac{E(\theta, \varphi)}{E(\theta = 0)} - \cos\theta \right] \tag{18.4}$$

式中,$\Delta_{1000}(\theta, \varphi)$ 是垂直入射光线为 1000 W/m² 时,引起的方位响应误差,单位 W/m²;θ 为天顶角;φ 为方位角;$E(\theta, \varphi)$ 是天顶角为 θ、方位角为 φ 时,被试样品的辐照度分钟平均值;$E(\theta = 0)$ 是天顶角为 $\theta = 0°$ 时,即入射光线与辐射表感应面垂直时,被试样品的辐照度分钟平均值。

按式(18.4)计算得到的 $\Delta_{1000}(\theta, \varphi)$ 的最大值作为该被试样品的方向性响应误差。

（5）温度响应

测试在室内检测设备上进行。测定温度规定在 -40～50 ℃ 范围内,按照常用温度范围,温度测定点依次设定为 40 ℃、20 ℃、-10 ℃、-30 ℃。

①被试样品置于温度试验箱内,辐射表感应面中心与试验窗口中心重合。监测用表放置在温度试验箱外入射光斑的边缘处并固定。

②将试验箱温度调到 40 ℃并稳定 0.5 h 以上。开启光源,入射光通过试验窗口垂直照射于辐射表感应面,辐照度≥500 W/m²。

③用遮光板遮盖试验窗口和监测用表,分别对被试样品和监测用表进行采样,取输出值稳定后的 1 min 平均值为零位值。

④移开遮光板,稳定 3 min 后同步读取被试样品与监测用表的输出值,采样间隔同上,取 1 分钟平均值作为该测定点的测量值。

⑤再次读取零位值,方法同③。

⑥依次将温度调控到下一温度测定点,测定方法同③④⑤。

⑦按公式(18.5)分别计算 20 ℃时经零位修正后的监测用表的读数平均值 n_{20} 与其他各测定点经零位修正后的监测用表的读数平均值 n_i 的比值 K_i

$$K_i = \frac{n_{20}}{n_i} \tag{18.5}$$

⑧按公式(18.6)计算被试样品的温度响应误差 δ_{Ti}:

$$\delta_{Ti} = \frac{(N_i \cdot K_i - N_{20})}{N_{20}} \times 100\% \tag{18.6}$$

式中,N_i 为第 i 个测定点上经零位修正后被试样品读数的平均值;N_{20} 为 20 ℃时经零位修正后被试样品读数的平均值。

选取 δ_{Ti} 中的最大值为该被试样品的温度响应误差。

(6)非线性

测试在室内检测设备上进行。要求入射光线与辐射表感应面垂直时的辐照度分别为 300 W/m²、500 W/m²、750 W/m²、1000 W/m²,将标准器和被试样品安装在检测工作台上,调整水平,若标准器为模拟信号输出,应与数字多用表连接。在每个测定点上,待室内检测设备光源稳定后,照射仪器 3 min,盖上遮光罩,采样间隔 2 s,待零位稳定后,取 1 min 平均值作为零位值。取下仪器遮光罩,照射 3 min,取 1 min 平均值作为被试样品输出值。盖上遮光罩,复测零位值。

按式(18.7)计算各测定点的校准系数 C_i:

$$C_i = \frac{E_s}{E_i} \tag{18.7}$$

式中,E_s 为第 i 个测定点上经零位修正后的标准器输出值;E_i 为第 i 个测定点上经零位修正后的被试样品的输出值。

以辐照度 500 W/m² 时的校准系数为准,按式(18.8)计算非线性误差 δ_i:

$$\delta_i = \frac{(C_i - C_{500})}{C_{500}} \times 100\% \tag{18.8}$$

式中,C_{500} 为辐照度为 500 W/m² 时的校准系数。

选取 δ_i 的最大值作为该被试样品的非线性误差。

(7)倾斜响应

在室内检测设备上进行。调整室内检测设备光源,使得入射光线与辐射表感应面垂直时辐照度为 1000 W/m²,预热 0.5 h。

将被试样品固定在室内检测设备的检测工作台上,调整水平。

采样间隔 2 s,照射 3 min 后,依次进行 0°、180°、0°各倾斜角度的测定,取仪器输出值稳定后 1 min 的平均值作为该点测定值,计算如下。

①按式(18.9)计算两次 0°倾斜的平均值 E_0:

$$E_0 = \frac{E_{01} + E_{02}}{2} \tag{18.9}$$

式中,E_{01},E_{02} 分别为两次 0°倾斜时被试样品的输出值。

②按式(18.10)计算倾斜角度为 180°时的误差 δ_{180}:

$$\delta_{180} = \frac{(E_{180} - E_0)}{E_0} \times 100\% \tag{18.10}$$

式中,E_{180} 是倾斜角度为 180°时,被试样品的输出值。

按式(18.10)计算得到的 δ_{180} 作为该被试样品的倾斜响应误差。

(8)光谱范围

由被试单位提供测试结果。

(9)校准系数

参照 JJG 458—1996 检定规程第 29 条进行。

(10)测量结果的不确定度评定

见附录 C 总辐射表测量结果不确定度评定示例。

18.3.3.2　直接辐射表

18.3.3.2.1　技术指标

直接辐射表应符合表 18.2 中技术指标要求。

表 18.2　热电式数字直接辐射表技术指标

序号	技术特性	技术指标	WMO 要求(高质量)
1	响应时间(95%响应)	<20 s	<30 s
2	零点偏置(对于环境温度 5 K/h 变化的响应)	±4 W/m²	±4 W/m²
3	年稳定性	±1% *	±0.5%
4	温度响应(由于环境温度在间隔 50 K 范围内的变化所引起的最大百分率误差)	±2%	±2%
5	非线性(由于辐照度在 100～1000 W/m² 范围内的变化引起的对 500 W/m² 响应度的百分率偏差)	±0.5%	±0.5%
6	倾斜响应(在 1000 W/m² 辐照度时,由于从 0°到 90°的倾斜变化,相对于 0°倾斜(水平)的响应度的百分率偏差)	±0.5%	±0.5%
7	半开敞角 α	2.5°±0.1°	2.5°±0.1°
8	斜角 β	1°±0.1°	1°±0.1°
9	光谱范围	300～3000 nm	300～3000 nm
10	不确定度,95%的置信水平: 每小时的总量 每天的总量	1.5% 1%	1.5% 1%
注:* 年稳定性指标按照 GB/ 37468—2019 表 1 中的±1%进行测试。			

18.3.3.2.2　测试方法

按下述方法对直接辐射表进行测试,测试结果应符合表 18.2 要求。

(1)响应时间(95%响应)

按照 18.3.3.1.2 中的(1)进行响应时间的测定。

(2)零点偏置

直接辐射表的零点偏置为 B 类零点偏置。按照 18.3.3.1.2 中的(2)进行 B 类零点偏置的测定。

(3)稳定性

稳定性可用辐射表校准系数的年变化率来衡量。按照 18.3.3.1.2 中的(3)进行稳定性测定。

(4)温度响应

由于现有温度试验箱内部空间较小,无法放入直接辐射表,暂不进行该项测试。

(5)非线性和倾斜响应

由于室内检测设备光斑至辐照面的距离较短,光线通过直接辐射表瞄准器照射到靶心时光点发散,无法准确对准光源,暂不进行非线性和倾斜响应测试。

(6)半开敞角 α 和斜角 β

按设计图纸检查半开敞角 α 和斜角 β 是否符合要求。

(7)光谱范围

由被试单位提供测试结果。

(8)校准系数

参照 JJG 456—1992 检定规程第 23 条进行。

(9)测量结果的不确定度评定

直接辐射表测量结果不确定度评定的步骤与方法和总辐射表相同,参照附录 C 进行。

18.3.3.3　长波辐射表

18.3.3.3.1　技术指标

长波辐射表应符合表 18.3 中技术指标要求。

表 18.3　热电式数字长波辐射表技术指标

序号	技术特性	技术指标
1	光谱范围(50%的透过率)	$4.5 \sim 42~\mu m$
2	响应时间(95%响应)	30 s
3	非线性(辐照度 $-250 \sim 250~W/m^2$)	$\pm 1\%$
4	温度响应($-20 \sim 25~℃$)	$\pm 1\%$
5	倾斜响应	$\pm 1\%$
6	零偏移 B:对 5 K/h 的温度变化	$<5~W/m^2$
7	年稳定性	$\pm 3\%$
8	不确定度,95%的置信水平 每天的总量	5%

18.3.3.3.2　测试方法

只进行校准系数测定、年稳定性测定和计算，以及测量结果的不确定度评定，其他技术指标暂不测试。

(1)标准仪器及配套设备

①经过溯源的标准长波辐射表。

②数据采集器。0.05 级、分辨力为 1 μV 的数据采集器或数字多用表。

(2)环境条件

①夜间，晴朗，四周空旷，辐射表感应面以上没有任何障碍物；

②空气温度为 20±15 ℃；风速≤5 m/s；相对湿度≤80%。

(3)校准系数测试方法

①将标准仪器、被试样品以及数据采集器(或数字多用表)安放在满足要求的环境中，标准仪器与被试样品之间的距离不大于 20 m。数字多用表应放置在通风干燥处，清除标准仪器、被试样品窗口上的灰尘，并调节至水平。

②将标准仪器与数字多用表连接，被试样品连接到终端，检查仪器输出值的正负极性、信号大小和稳定性。在正式测量之前，所有仪器及仪表应预热 0.5 h 以上。

③标准仪器与被试样品同步进行大气长波辐射测量，输出分钟平均值，测量时间为 3~4 h。一般在地方时夜间 22 时至凌晨 02 时。

④校准系数计算

长波辐射表校准系数由公式(18.11)计算：

$$C = \frac{E_s}{E_t} \tag{18.11}$$

式中，C 为被试样品校准系数，无量纲；E_s 为标准仪器的长波辐照度，单位 W/m²；E_t 为被试样品的长波辐照度，单位 W/m²。

(4)年稳定性

年稳定性用被试样品校准系数的年变化率 δ_C 来衡量，按公式(18.12)计算：

$$\delta_C = \frac{(C_2 - C_1)}{C_1} \times 100\% \tag{18.12}$$

式中，C_1 为上次的校准系数；C_2 为新的校准系数。

测试结果应符合年稳定性±3%的要求。

(5)测量结果的不确定度

长波辐射表测量结果不确定度评定的步骤与方法和总辐射表相同，参照附录 C 进行。

18.3.3.4　跟踪器/遮光装置

跟踪器/遮光装置硬件包括双轴跟踪器、四象限传感器、平行四边形遮光装置、自动控制模块以及其他部件(例如安装立柱、辐射表夹具等)。

18.3.3.4.1　跟踪模式检查

(1)日历跟踪模式

跟踪器安装完成后，将直接辐射表固定在跟踪器上，通电运转并调节跟踪器，使直接辐射表对准太阳。遮挡四象限光电传感器或断开其与跟踪器的连接，跟踪器能够自动运转使得直接辐射表对准太阳，即日历跟踪模式可正常工作。上、下午各进行一次该检查。

（2）被动跟踪模式

跟踪器安装完成后,正常运行过程中,调节四象限光电传感器稍偏离靶心,如跟踪器能够自动调节恢复至对准太阳的位置,即被动跟踪模式可正常工作。上、下午各进行一次该检查。

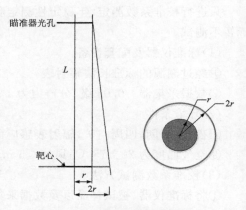

18.3.3.4.2 跟踪/遮光准确性检查

（1）通过观察直接辐射表的光点进行跟踪器的跟踪准确性的检查。图 18.2 中灰色区域为直接辐射表瞄准器的靶心,运行过程中直接辐射表至少保持光斑一半在靶心区域内(即整个光点在红色区域内),即认为满足跟踪要求。

（2）遮光装置应能够完全遮盖长波辐射表表罩,用目测结合手动进行检查。

图 18.2　直接辐射表瞄准器靶心

18.4　环境试验

18.4.1　气候条件

18.4.1.1　要求

工作环境温度:-40～60 ℃;

相对湿度:0～100％;

大气压力:550～1060 hPa;

最大降水强度:6 mm/min;

最大抗阵风能力:60 m/s;

外壳防护:IP65 等级;

防盐雾腐蚀。

18.4.1.2　试验方法

（1）低温:-40 ℃工作 2 h,-40 ℃贮藏 2 h。采用 GB/T 2423.1 进行试验、检测和评定。

（2）高温:60 ℃工作 2 h,60 ℃贮藏 2 h。采用 GB/T 2423.2 进行试验、检测和评定。

（3）恒定湿热:在 40 ℃、93％RH 环境中,放置 12 h,通电后能正常工作。采用 GB/T 2423.3 进行试验、检测和评定。

（4）低气压:550 hPa 放置 0.5h。采用 GB/T 2423.21 进行试验、检测和评定。

（5）外壳防护等级 IP65:采用 GB/T 2423.37 和 GB/T 2423.38 或 GB/T 4208 进行试验、检测和评定。

（6）盐雾试验:48 h 盐雾沉降试验。采用 GB/T 2423.17 进行试验、检测和评定。

（7）在动态比对试验中检验最大抗阵风能力。

18.4.2　机械条件

18.4.2.1　要求

辐射表及配套设备的运输应符合 GB/T 6587—2012 的 2 级流通条件规定,按照表 18.4

所示的要求进行试验。

表 18.4 包装运输流通条件

试验项目	试验条件	试验等级
		2 级
振动	振动频率/Hz	5、15、30
	加速度/(m/s²)	9.8±2.5
	持续时间/min	每个频率点 30
	振动方法	垂直固定
自由跌落	按重量确定	跌落高度
	辐射表重量 g≤10 kg	80 cm
	跟踪器重量 25<g≤50 kg	45 cm

18.4.2.2 试验方法

被试样品在完整包装状态下,按照 GB/T 6587—2012 的 5.10.2.1 和 5.10.2.2 方法进行试验。试验结束后,包装箱不应有较大的变形和损伤,被试样品及附件不应有变形松脱、涂敷层剥落等损伤,外观及结构应无异常,通电后应能正常工作。

18.4.3 电磁兼容

18.4.3.1 要求

电磁抗扰度应满足表 18.5 试验内容和严酷度等级要求,采用推荐的标准进行试验。

表 18.5 电磁抗扰度试验内容和严酷度等级

内容	试验条件		
	交流电源端口	直流电源端口	控制和信号端口
静电放电抗扰度	接触放电:4 kV,空气放电:4 kV		
电快速瞬变脉冲群抗扰度	±2 kV 5 kHz	±1 kV 5 kHz	±1 kV 5 kHz
浪涌(冲击)抗扰度	线—线:±2 kV 线—地:±4 kV	线—线:±1 kV 线—地:±2 kV	线—地:±2 kV
工频磁场抗扰度	10 A/m		
电压暂降、短时中断和电压变化的抗扰度	0% 0.5 周期,0% 1 周期,70% 30 周期		

18.4.3.2 试验方法

被试样品均应在正常工作状态下进行下列试验。

(1)静电放电抗扰度

被试样品按台式(接地或不接地)和落地式设备(接地或不接地)进行配置,确定施加放电点,每个放电点进行至少 10 次放电。如被试样品涂膜未说明是绝缘层,则发生器电极头应穿入漆膜与导电层接触;若涂膜为绝缘层,则只进行空气放电。接触放电 4 kV,空气放电 4 kV,采用 GB/T 17626.2 进行试验、检测和评定。

(2)电快速瞬变脉冲群抗扰度

交流电源端口:±2 kV、5 kHz,直流电源端口:±1 kV、5 kHz,控制和信号端口:±1 kV、5 kHz,试验持续时间不短于 1 min。采用 GB/T 17626.4 依次对被试产品的试验端口进行正负极性试验、检测和评定。

(3)浪涌(冲击)抗扰度

施加在直流电源端和互连线上的浪涌脉冲次数应为正、负极性各 5 次;对交流电源端口,应分别在 0°、90°、180°、270°相位施加正、负极性各 5 次的浪涌脉冲。试验速率为每分钟 1 次。交流电源端口:线对线±2 kV,线对地±4 kV;直流电源端口:线对线±1 kV,线对地±2 kV;控制和信号端口:线对地±2 kV,采用 GB/T 17626.5 进行试验、检测和评定。

(4)工频磁场抗扰度

被试样品置于感应线圈的中心位置,设置磁场强度为 10 A/m,采用 GB/T 17626.8 进行试验、检测和评定。

上述试验结束后,均应进行最后检测,检查其是否保持在技术要求限值内性能正常。

(5)电压暂降、短时中断和电压变化的抗扰度

按照 0%、0.5 周期,0%、1 周期,70%、30 周期,采用 GB/T 17626.11 进行试验、检测和评定。

18.5　动态比对试验

检验辐射表观测数据的完整性、准确性、测量结果的一致性与设备运行的可靠性。

18.5.1　数据完整性

18.5.1.1　评定方法

以分钟数据为基本分析单元,对各辐射表观测的数据完整性作月缺测率和总缺测率评定。

月缺测率(%)=(月缺测数据个数/月应观测数据个数)×100%;

总缺测率(%)=(总缺测数据个数/应观测数据总数)×100%。

18.5.1.2　评定指标

月缺测率(%)≤2%,总缺测率(%)≤2%。

18.5.2　数据准确性

18.5.2.1　评定方法

辐射表观测数据的准确性以经过溯源的标准器在动态比对试验时的观测数据为准进行计算。数据准确性用式(18.13)计算:

$$\delta_Q = \frac{Q_{ti} - Q_{si}}{Q_{si}} \times 100\% \tag{18.13}$$

式中,Q_{ti} 为被试样品输出辐照度的时/日累计值,单位:MJ/m²;Q_{si} 为标准器输出辐照度的时/日累计值,单位:MJ/m²;δ_Q 为被试样品输出辐照度的累计值与标准值的相对误差。

18.5.2.2　评定指标

辐射表的准确性指标见表 18.6。

表 18.6   热电式数字辐射表准确性指标

	准确性指标	
	时累计值	日累计值
总辐射表	±8%	±5%
直接辐射表	±1.5%	±1%
长波辐射表	/	±5%

18.5.3   测量结果一致性

测量结果的一致性,应在同一试验场地至少 2 台相同型号的被试样品的观测值比较。

18.5.3.1   评定方法

统计 2 台相同型号被试样品同一天的辐照度日累计值之间的相对误差(以两台辐照度日累计值的平均值为准)的系统误差和标准偏差,判断 2 台被试样品之间的一致性。

(1)相对误差

$$\delta_{ri} = \frac{2 \cdot (Q_{t_1 i} - Q_{t_2 i})}{(Q_{t_1 i} + Q_{t_2 i})} \times 100\% \qquad (18.14)$$

式中,δ_{ri} 为 2 台相同型号被试样品同一天的辐照度日累计值之间的第 i 个相对误差(以 2 台辐照度日累计值的平均值为准);$Q_{t_1 i}$ 为第 1 台被试样品的辐照度的第 i 个日累计值,单位:MJ/m^2;$Q_{t_2 i}$ 为第 2 台被试样品的辐照度的第 i 个日累计值,单位:MJ/m^2。

然后,对式(18.14)的计算结果进行系统误差和标准偏差的计算。

(2)系统误差

$$\overline{\delta_r} = \frac{\sum_{i=1}^{n} \delta_{ri}}{n} \qquad (18.15)$$

式中,$\overline{\delta_r}$ 为相对误差的平均值;δ_{ri} 同式(18.14),第 i 个相对误差;n 为实际观测天数。

(3)标准偏差

当相对误差为正态分布时,按式(18.16)计算标准偏差 s:

$$s = \sqrt{\frac{\sum_{i=1}^{n} (\delta_{ri} - \overline{\delta_r})^2}{n-1}} \qquad (18.16)$$

式中,s 为相对误差的标准偏差;δ_{ri} 同式(18.14),第 i 个相对误差;$\overline{\delta_r}$、n 同式(18.15)。

注:以上进行统计分析的数据,均已通过 3 s 准则进行数据质量控制。

18.5.3.2   评定指标

(1)系统误差的绝对值 $|\delta_x|$:≤该型号辐射表日累计值允许误差半宽的 1/3。

(2)标准偏差 δ_s:≤该型号辐射表日累计值允许误差半宽的 1/2。

18.5.4   设备可靠性

可靠性反映被试样品在规定的情况下,在规定的时间内,完成规定功能的能力。以平均故障间隔时间(MTBF)表示设备的可靠性。

辐射表平均故障间隔时间 $MTBF(\theta_1)$ 大于等于 8000 h;配套设备中的加热通风器平均故

障间隔时间 MTBF(θ_1)大于等于 8000 h;跟踪器的平均故障间隔时间 MTBF(θ_1)$\geqslant$5000 h。

在可靠性指标不同的配套试验中,用较大的 MTBF＝8000 h 设计试验方案,跟踪器的可靠性是否合格用 MTBF 5000 h 进行判断。

可靠性试验期间,每台被试样品的试验时间不应少于各台平均时间的一半。

18.5.4.1 试验方案

按照定时截尾试验方案,在 QX/T 526—2019 表 A.1 的方案类型中选用标准型或短时高风险两种试验方案之一,推荐选用标准型试验方案。

18.5.4.1.1 标准型试验方案

采用 17 号方案,即生产方和使用方风险各为 20％,鉴别比为 3 的定时截尾试验方案,试验的总时间为规定 MTBF 下限值(θ_1)的 4.3 倍,接受故障数为 2,拒收故障数为 3。

试验总时间 T 为:

$$T＝4.3\times8000 \text{ h}＝34400 \text{ h}$$

要求 3 套或以上被试样品进行外场试验。以 3 套被试样品为例,每台试验的平均时间 t 为:

3 套被试样品:$t＝34400 \text{ h}/3＝11466.7 \text{ h}＝477.8 \text{ d}\approx478 \text{ d}$

为了缩短试验时间,可增加被试样品的数量,如:

4 套被试样品:$t＝34400 \text{ h}/4＝8600 \text{ h}＝358.3 \text{ d}\approx359 \text{ d}$

所以 3 套被试样品需试验 478 d,4 套需试验 359 d,期间允许出现 2 次故障。

18.5.4.1.2 短时高风险试验方案

如果需要缩短试验时间,则采用 21 号方案,即生产方和使用方风险各为 30％,鉴别比为 3 的定时截尾试验方案,试验的总时间为规定 MTBF 下限值(θ_1)的 1.1 倍,接受故障数为 0,拒收故障数为 1。

试验总时间 T 为:

$$T＝1.1\times8000 \text{ h}＝8800 \text{ h}$$

3 套被试样品进行外场试验,每台试验的平均时间 t 为:

$$t＝8800 \text{ h}/3＝2933.3 \text{ h}＝122.2 \text{ d}\approx123 \text{ d}$$

所以 3 套被试样品需试验 123 d,期间允许出现 0 次故障。

4 套被试样品进行外场试验,每台试验的平均时间 t 为:

$$t＝8800 \text{ h}/4＝2200 \text{ h}＝91.7 \text{ d}\approx92 \text{ d}$$

所以 4 套被试样品需试验 92 d,期间允许出现 0 次故障。

18.5.4.2 MTBF 观测值的计算

MTBF 的观测值(点估计值)$\hat{\theta}$ 用公式(18.17)计算。

$$\hat{\theta}=\frac{T}{r} \tag{18.17}$$

式中,T 为试验总时间,为所有被试样品试验期间各自工作时间的总和;r 为总责任故障数。

18.5.4.3 MTBF 置信区间的估计

按照 QX/T 526—2019 中的 A.2.3 计算 MTBF 置信区间的估计值。

18.5.4.3.1　有故障的 MTBF 置信区间估计

采用 18.5.4.1.1 标准型试验方案,使用方风险 $\beta=20\%$ 时,置信度 $C=60\%$;采用 18.5.4.1.2 短时高风险试验方案,使用方风险 $\beta=30\%$ 时,置信度 $C=40\%$。

根据责任故障数 r 和置信度 C,由 QX/T 526—2019 中表 A.2 查取置信上限系数 $\theta_U(C', r)$ 和置信下限系数 $\theta_L(C', r)$,其中,$C'=(1+C)/2=1-\beta$,MTBF 的置信区间下限值 θ_L 用公式 (18.18)计算,上限值 θ_U 用公式(18.19)计算

$$\theta_L = \theta_L(C', r) \times \hat{\theta} \tag{18.18}$$

$$\theta_U = \theta_U(C', r) \times \hat{\theta} \tag{18.19}$$

MTBF 的置信区间表示为 (θ_L, θ_U)(置信度为 C)。

18.5.4.3.2　故障数为 0 的 MTBF 置信区间估计

若责任故障数 r 为 0,只给出置信下限值,用公式(18.20)计算。

$$\theta_L = T/(-\ln\beta) \tag{18.20}$$

式中,T 为试验总时间,为所有被试样品试验期间各自工作时间的总和;β 为使用方风险。采用 18.5.3.1.1 标准型试验方案,使用方风险 $\beta=20\%$;采用 18.5.3.1.2 短时高风险试验方案,使用方风险 $\beta=30\%$。

这里的置信度应为 $C=1-\beta$。

18.5.4.4　试验结论

(1)按照试验中可接收的故障数判断可靠性是否合格。

(2)可靠性试验无论是否合格,都应给出被试样品平均故障间隔时间(MTBF)的观测值 $\hat{\theta}$ 和置信区间估计的上限 θ_U 和下限 θ_L,表示为 (θ_L, θ_U)(置信度为 C)。

18.5.4.5　故障的认定和记录

按照 QX/T 526—2019 的 A.3 认定和记录故障。故障认定应区分责任故障和非责任故障,故障记录在动态比对试验的设备故障维修登记表中,见附表 A。

18.5.5　与气象业务观测(站)网的可比较性

可比较性用每台被试样品观测结果与气象业务观测(站)网相应仪器观测值差值的系统误差和标准偏差分别表示。计算方法参照 18.5.3.1 进行,系统误差和标准偏差越小越好。该项可比较性结果仅为参考,不作评定结果的评判依据。

18.6　结果评定

18.6.1　单项评定

以下各项均合格的,视该被试样品合格,有一项不合格的,视为不合格。

(1)静态测试和环境试验

被试样品静态测试和环境试验合格后,方可进行动态比对试验。

单台辐射表有 1 项测量性能不合格时,允许更换辐射表再进行 1 次测试。单台辐射表有 2 项测量性能或 1 项测量性能累计 2 次不合格时,即为测量性能不合格。辐射表测量性能的测试项目见表 18.7。

表 18.7　辐射表测量性能测试项目

总辐射表	直接辐射表	长波辐射表
响应时间	响应时间	—
B 类零点偏置	B 类零点偏置	—
稳定性	稳定性	稳定性
方向性响应	—	—
温度响应	—	—
非线性	—	—
倾斜响应	—	—

注:稳定性技术指标需等静态测试复测完成后才能得出。

(2)动态比对试验

①数据完整性

月缺测率(%)≤2%,总缺测率(%)≤2%为合格。

②数据准确性

结果符合表 18.6 为合格。

③设备稳定性

结果符合表 18.1、表 18.2 和表 18.3 对应的指标为合格。

④测量结果一致性

被试样品系统误差的绝对值$|\delta_x|$≤辐射表日累计值允许误差半宽的 1/3,且标准偏差δ_s≤辐射表日累计值允许误差半宽的 1/2 为合格。

⑤设备可靠性

若选择 18.5.4.1.1 标准型试验方案,最多出现 2 次故障为合格;若选择 18.5.4.1.2 短时高风险试验方案,无故障为合格。

18.6.2　总评定

被试样品总数的 2/3 及以上合格时,视该型号被试样品为合格,否则不合格。

本章附表

附表 18.1　组成、结构及材料检查记录表

<table>
<tr><td rowspan="3">被试样品</td><td>名称</td><td colspan="2">热电式数字辐射表</td><td>测试日期</td><td></td></tr>
<tr><td>型号</td><td colspan="2"></td><td>环境温度</td><td>℃</td></tr>
<tr><td>编号</td><td colspan="2"></td><td>环境湿度</td><td>%</td></tr>
<tr><td>被试方</td><td colspan="3"></td><td>测试地点</td><td></td></tr>
<tr><td colspan="2">检查项目</td><td colspan="2">评定要求</td><td>检查结果</td><td>结论</td></tr>
<tr><td rowspan="6">组成</td><td>辐射表</td><td colspan="2">总辐射表、直接辐射表、长波辐射表各 1 只,硬件结构以《需求书》为准</td><td></td><td></td></tr>
<tr><td>跟踪器/遮光装置</td><td colspan="2">跟踪器/遮光装置硬件包括双轴跟踪器、四象限传感器、平行四边形遮光装置、自动控制模块以及其他硬件部件(例如安装立柱、辐射表夹具)</td><td></td><td></td></tr>
<tr><td>电源</td><td colspan="2">供电电压 9～15 V,由蓄电池提供,另外配置辅助电源(太阳能或交流电)对蓄电池充电</td><td></td><td></td></tr>
<tr><td>通信模块</td><td colspan="2">通信模块将辐射观测数据、设备运行状态数据等信息上传至终端软件。支持 RS232 串口有线传输、ZigBee 无线通信传输等方式</td><td></td><td></td></tr>
<tr><td>加热通风器</td><td colspan="2">总辐射表、长波辐射表应配置加热通风器</td><td></td><td></td></tr>
<tr><td rowspan="6">结构及材料</td><td>机械结构</td><td colspan="2">结构应利于装配、调试、检验、包装、运输、安装、维护等,更换部件应简便易行;各零部件应安装正确、牢固,无机械变形、断裂、弯曲等,操作部分不应有迟滞、卡死、松脱等;安装支架结构坚固、造型美观,便于辐射表安装和维护,能满足辐射观测需求</td><td></td><td></td></tr>
<tr><td>机械强度</td><td colspan="2">被试样品的各零部件,应有足够的机械强度和防腐蚀能力,确保在产品寿命期内,不因外界环境的影响和材料本身原因而导致机械强度下降而引起危险和不安全</td><td></td><td></td></tr>
<tr><td>材料</td><td colspan="2">材料应耐老化、抗腐蚀、电气绝缘性良好</td><td></td><td></td></tr>
<tr><td>涂覆</td><td colspan="2">各零部件,除用耐腐蚀材料制造的外,其表面应有涂、敷、镀等工艺措施,以保证其耐潮、防霉、防盐雾的性能。需要涂覆的零件,表面涂、敷、镀层应均匀,覆盖面达 100%</td><td></td><td></td></tr>
<tr><td>外观</td><td colspan="2">表面应整洁,无损伤和形变,表面涂层无气泡、开裂、脱落等;产品标识应全面、清晰、准确</td><td></td><td></td></tr>
<tr><td rowspan="4">测试仪器</td><td>名称</td><td>型号</td><td colspan="2">编号</td></tr>
<tr><td></td><td></td><td colspan="2"></td></tr>
<tr><td></td><td></td><td colspan="2"></td></tr>
<tr><td></td><td></td><td colspan="2"></td></tr>
</table>

测试单位_____　　测试人员_____

附表 18.2 数据采集及数据处理检测记录表

<table>
<tr><td rowspan="3">被试样品</td><td>名称</td><td colspan="3">热电式数字辐射表</td><td>测试日期</td><td></td></tr>
<tr><td>型号</td><td colspan="3"></td><td>环境温度</td><td>℃</td></tr>
<tr><td>编号</td><td colspan="3"></td><td>环境湿度</td><td>%</td></tr>
<tr><td>被试方</td><td></td><td colspan="3"></td><td>测试地点</td><td></td></tr>
<tr><td colspan="2">辐射表</td><td rowspan="2">观测要素</td><td colspan="3">测试结果</td><td rowspan="2">结论</td></tr>
<tr><td>名称</td><td>编号</td><td>采样瞬时值</td><td>仪器输出值</td><td>人工计算值</td></tr>
<tr><td rowspan="5">总辐射表</td><td rowspan="5"></td><td>地方时</td><td></td><td></td><td></td><td></td></tr>
<tr><td>辐照度</td><td></td><td></td><td></td><td></td></tr>
<tr><td>辐照度分钟最大值</td><td></td><td></td><td></td><td></td></tr>
<tr><td>辐照度分钟最小值</td><td></td><td></td><td></td><td></td></tr>
<tr><td>辐照度分钟标准差</td><td></td><td></td><td></td><td></td></tr>
<tr><td rowspan="5">直接辐射表</td><td rowspan="5"></td><td>地方时</td><td></td><td></td><td></td><td></td></tr>
<tr><td>辐照度</td><td></td><td></td><td></td><td></td></tr>
<tr><td>辐照度分钟最大值</td><td></td><td></td><td></td><td></td></tr>
<tr><td>辐照度分钟最小值</td><td></td><td></td><td></td><td></td></tr>
<tr><td>辐照度分钟标准差</td><td></td><td></td><td></td><td></td></tr>
<tr><td rowspan="6">长波辐射表</td><td rowspan="6"></td><td>地方时</td><td></td><td></td><td></td><td></td></tr>
<tr><td>辐照度</td><td></td><td></td><td></td><td></td></tr>
<tr><td>辐照度分钟最大值</td><td></td><td></td><td></td><td></td></tr>
<tr><td>辐照度分钟最小值</td><td></td><td></td><td></td><td></td></tr>
<tr><td>辐照度分钟标准差</td><td></td><td></td><td></td><td></td></tr>
<tr><td>腔体温度</td><td></td><td></td><td></td><td></td></tr>
<tr><td rowspan="3">测试仪器</td><td colspan="3">名称</td><td colspan="2">型号</td><td>编号</td></tr>
<tr><td colspan="3"></td><td colspan="2"></td><td></td></tr>
<tr><td colspan="3"></td><td colspan="2"></td><td></td></tr>
</table>

测试单位＿＿＿＿＿＿＿＿＿＿＿＿＿＿＿＿　　　测试人员＿＿＿＿＿＿＿＿＿＿＿＿＿＿＿＿

附表 18.3　数据传输及通信命令检测记录表

被试样品	名称	热电式数字辐射表		测试日期	
	型号			环境温度	℃
	编号			环境湿度	%
被试方				测试地点	
辐射表		测试项目	技术要求	测试结果	结论
名称	编号				
		通信传输	支持 RS232 有线传输,RS485/422 及无线传输可以选配		
		通信命令	SETCOM 设置或读取设备的通信参数		
			AUTOCHECK 设备自检,返回设备日期、时间、通信参数、设备状态信息		
			HELP 帮助命令,返回终端命令清单		
			QZ 设置或读取设备的区站号		
			ST 设置或读取设备的服务类型		
			DI 读取设备标识位		
			ID 设置或读取设备 ID		
			LAT 设置或读取试验地点的纬度		
			LONG 设置或读取试验地点的经度		
			DATE 设置或读取设备日期		
			TIME 设置或读取设备时间		
			DATETIME 设置或读取设备日期与时间		
			FTD 设置或读取设备主动模式下的发送时间间隔		
			DOWN 历史分钟数据下载		
			READDATA 实时读取数据		
			SETCOMWAY 设置握手机制方式		
			DEBUG 进入调试模式		
			MVDATE 设置或读取设备校验时间信息		
			MVCP 设置或读取设备校验参数信息		
测试仪器		名称	型号		编号

测试单位＿＿＿＿＿＿＿＿＿＿＿＿＿＿＿＿　　　　测试人员＿＿＿＿＿＿＿＿＿＿＿＿＿＿＿＿

附表 18.4 功能检测记录表

<table>
<tr><td rowspan="3">被试样品</td><td>名称</td><td colspan="3" style="text-align:center">热电式数字辐射表</td><td>测试日期</td><td></td><td></td></tr>
<tr><td>型号</td><td colspan="3"></td><td>环境温度</td><td></td><td>℃</td></tr>
<tr><td>编号</td><td colspan="3"></td><td>环境湿度</td><td></td><td>%</td></tr>
<tr><td>被试方</td><td colspan="4"></td><td>测试地点</td><td colspan="2"></td></tr>
<tr><td rowspan="2">测试项目</td><td colspan="2">辐射表</td><td colspan="3" rowspan="2">技术要求</td><td rowspan="2">测试结果</td><td rowspan="2">结论</td></tr>
<tr><td>名称</td><td>编号</td></tr>
<tr><td rowspan="3">数据存储</td><td>总辐射表</td><td></td><td colspan="3" rowspan="3">具有内置数据存储功能,容量能满足 30 d 分钟观测要素及状态要素存储要求</td><td></td><td></td></tr>
<tr><td>直接辐射表</td><td></td><td></td><td></td></tr>
<tr><td>长波辐射表</td><td></td><td></td><td></td></tr>
<tr><td rowspan="3">时钟</td><td>总辐射表</td><td></td><td colspan="3" rowspan="3">自带高精度实时时钟,相应终端定时授时,具备掉电保持功能</td><td></td><td></td></tr>
<tr><td>直接辐射表</td><td></td><td></td><td></td></tr>
<tr><td>长波辐射表</td><td></td><td></td><td></td></tr>
<tr><td rowspan="3">质量控制</td><td>总辐射表</td><td></td><td colspan="3">下限 −20 W/m² ,上限 2000 W/m² ,允许最大变化 800 W/m²</td><td></td><td></td></tr>
<tr><td>直接辐射表</td><td></td><td colspan="3">下限 −20 W/m² ,上限 1400 W/m² ,允许最大变化 1200 W/m²</td><td></td><td></td></tr>
<tr><td>长波辐射表</td><td></td><td colspan="3">下限 0 W/m² ,上限 1200 W/m² ,允许最大变化 800 W/m²</td><td></td><td></td></tr>
<tr><td rowspan="5">数据格式</td><td>总辐射表</td><td></td><td colspan="3" rowspan="5">附录 B</td><td></td><td></td></tr>
<tr><td>直接辐射表</td><td></td><td></td><td></td></tr>
<tr><td>长波辐射表</td><td></td><td></td><td></td></tr>
<tr><td>太阳跟踪器</td><td></td><td></td><td></td></tr>
<tr><td>加热通风器</td><td></td><td></td><td></td></tr>
<tr><td rowspan="5">功耗</td><td>总辐射表</td><td></td><td colspan="3" rowspan="3">不大于 0.5 W</td><td></td><td></td></tr>
<tr><td>直接辐射表</td><td></td><td></td><td></td></tr>
<tr><td>长波辐射表</td><td></td><td></td><td></td></tr>
<tr><td>太阳跟踪器</td><td></td><td colspan="3" rowspan="2">不大于 5 W</td><td></td><td></td></tr>
<tr><td>加热通风器</td><td></td><td></td><td></td></tr>
<tr><td rowspan="5">电压</td><td>总辐射表</td><td></td><td colspan="3" rowspan="5">辐射表及其配套设备供电电压为 DC9~15 V</td><td></td><td></td></tr>
<tr><td>直接辐射表</td><td></td><td></td><td></td></tr>
<tr><td>长波辐射表</td><td></td><td></td><td></td></tr>
<tr><td>太阳跟踪器</td><td></td><td></td><td></td></tr>
<tr><td>加热通风器</td><td></td><td></td><td></td></tr>
<tr><td rowspan="5">运行监控</td><td>总辐射表</td><td></td><td colspan="3" rowspan="5">《需求书》附录 A</td><td></td><td></td></tr>
<tr><td>直接辐射表</td><td></td><td></td><td></td></tr>
<tr><td>长波辐射表</td><td></td><td></td><td></td></tr>
<tr><td>太阳跟踪器</td><td></td><td></td><td></td></tr>
<tr><td>加热通风器</td><td></td><td></td><td></td></tr>
<tr><td rowspan="4">测试仪器</td><td colspan="3" style="text-align:center">名称</td><td colspan="2" style="text-align:center">型号</td><td colspan="2" style="text-align:center">编号</td></tr>
<tr><td colspan="3"></td><td colspan="2"></td><td colspan="2"></td></tr>
<tr><td colspan="3"></td><td colspan="2"></td><td colspan="2"></td></tr>
<tr><td colspan="3"></td><td colspan="2"></td><td colspan="2"></td></tr>
</table>

测试单位_____ 测试人员_____

第 19 章　大气电场仪[①]

19.1　目的

规范大气电场仪测试的内容和方法,通过测试与试验,检验大气电场仪是否满足《大气电场仪功能规格需求书(试验版)》(气测函〔2011〕164 号)(简称《需求书》)的要求。

19.2　基本要求

19.2.1　被试样品

提供 3 套或以上同一型号的大气电场仪(简称电场仪)作为被试样品。被试样品以有线方式接入上位机,在整个测试试验期间被试样品应连续工作,数据正常上传至指定的业务终端或自带终端。

19.2.2　试验场地及样品安装

(1)选择 2 个或以上试验场地,至少包含 2 个不同的气候区,尽量选择接近被试样品使用环境要求的气象参数极限值。

(2)同一试验场地安装多套被试样品时,彼此间距应不小于 3 m,尽量避免相互影响。

(3)被试样品在试验场地安装时,安装立柱应牢固安装在试验场地的混凝土安装基础上,该基础不小于 30 cm×30 cm×50 cm(长×宽×深),基础高度与试验场地地面齐平。

19.3　静态测试

19.3.1　结构与外观

用目测和手动操作方法进行检查,必要时可采用计量器具检查被试样品的外观、材料与涂覆以及机械结构,应满足《需求书》6.7 的要求,检查结果记录在本章附表 19.1。同时在设备正常工作情况下,检查电源指示灯、数据通信指示灯等是否正常。

19.3.2　功能

抽取 1 套被试样品进行检测,应满足《需求书》5 功能要求。检测结果记录在本章附表19.1。方法如下:

(1)初始化。通过终端电脑串口调试助手对被试样品进行参数设置。

(2)数据采样及处理。按照《需求书》5.2 和 5.3 中数据采样频率和数据处理要求输出采样瞬时值和分钟值,对采样瞬时值的输出频率和分钟数据的计算结果进行检查。

---

① 本章作者:李庆申、刘银锋、张东东。

（3）数据格式。运行被试样品，读取其传输数据，按照分钟数据传输格式要求对数据格式进行对照检查。数据传输格式见本章附表 19.6。

（4）数据存储。被试样品正常工作不少于 1 d，检查被试样品内部是否保存了完整的数据文件和状态文件，计算 3 d 需要存储数据的字节数并与被试样品存储容量比较，存储量不少于 3 d。数据存储器应具备掉电保存功能。

（5）数据传输。被试样品支持标准 RS-232 串口。通过在 RS-232 串口上接入无线或有线传输模块连接上位机与被试样品，实现数据主动传输功能，通信应正常。

（6）监控功能。状态包含主板工作温度、主板工作电压和实时状态信息。检查是否正确反映并输出主板工作电压以及工作温度。

（7）终端操作命令。通过串口线连接业务终端与被试样品，逐条按照《需求书》5.7 检查被试样品终端操作命令，检查被试样品通信是否正常。检查结果记录在本章附表 19.2。

19.3.3 电器性能

19.3.3.1 要求

被试样品功耗应小于 20 W。

19.3.3.2 测试方法

测量被试样品电源输入端的电压 U 和电流 I，计算其正常工作状态下的平均功耗。用公式 $P = U \cdot I$ 计算功率，应小于 20 W。测试结果记录在本章附表 19.1。

19.3.4 技术指标

19.3.4.1 要求

测量范围：$-50 \sim 50$ kV/m；

测量误差：$\leqslant 5\%$；

转速误差（场磨式）：$\leqslant 1\%$；

零偏：20 V/m；

灵敏度：50 V/m；

分辨率：20 V/m；

线性度：$\leqslant 1\%$。

19.3.4.2 测试方法

利用电场仪检测系统，对被试样品的测量范围、测量误差、转速误差、零偏、灵敏度、分辨率和线性度进行测试。

（1）测量范围、测量误差、转速误差、零偏、线性度

在规定的测量范围内按如下原则选取不少于 10 个测试点（含测量范围的端点）：

在测量范围内（$-50 \sim 50$ kV/m）以 10 kV/m 为间隔均匀分布，在 ± 10 kV/m 范围内间隔应适当加密。

调节标准电场至 -50 kV/m、-40 kV/m、-30 kV/m、-20 kV/m、-10 kV/m、-5 kV/m、-2 kV/m、-1 kV/m、0 kV/m、1 kV/m、2 kV/m、5 kV/m、10 kV/m、20 kV/m、30 kV/m、40 kV/m、50 kV/m 附近（$\pm 2‰$ 范围内），记录在各档位下的电场仪输出数值、转速值，每测点测量 10 次，计算测量误差、转速误差、零偏和线性度。将测量及计算结果记入本章

附表 19.3,超差点用 * 标记。

（2）线性度

根据本章附表 19.3 中数据,利用最小二乘法获取拟合直线,计算线性度,结果仍记入本章附表 19.3。线性度 δ 计算公式如下所示:

$$\delta = \frac{\Delta Y}{Y} \times 100\% \tag{19.1}$$

式中,ΔY 为输出平均校准曲线与拟合直线间的最大偏差;Y 为理论满量程输出。

（3）灵敏度

在 0.005～0.05 kV/m 区间以 0.005 kV/m 为间隔设置 10 个测试点,在每个测试点上测量电场仪的示值,每点测量 10 次,计算 10 次测量平均值的测量误差。将测试点由小到大排序,取同时满足下述条件的第一个测试点作为电场仪的最小可测电场:

①该测试点的测量误差小于 10％;

②该测试点以后各测试点的测量误差均小于 10％。

调节（低压）电源,使输入电场从 0.005 kV/m 开始以 0.005 kV/m 递增,直至 0.05 kV/m 附近（±2‰范围内）,标定软件记录各标准电场下的电场仪输出值,每个测试点测量 10 次,计算测量误差。将测量及计算结果记入本章附表 19.4。

（4）分辨率

在 0.1～0.15 kV/m 区间以 0.005 kV/m 为间隔设置 11 个测试点,在每个测试点上测量电场仪的示值,每点测量 10 次,计算 10 次测量的平均值。将测试点由小到大排序,取同时满足下述条件的第一个测试点的递增量作为电场仪的最小可测变化量:

①该测试点的示值的递增量同标准电场的递增量的相对误差小于 10％;

②该测试点以后各测试点的示值的递增量同标准电场的递增量的相对误差均小于 10％。

调节（中压）电源,使输入电场以 0.100 kV/m 为原始测试点,逐次递增 0.005 kV/m,直至 0.150 kV/m,标定软件记录各输入电场下的电场仪输出值,每测点测量 10 次。将测量及计算结果记入本章附表 19.5。

19.4　环境试验

19.4.1　气候环境

19.4.1.1　要求

产品在以下环境中应正常工作:

工作温度:−25～50 ℃（电气部分）。

相对湿度:10％～100％。

大气压力:450～1060 hPa。

盐雾试验:48 h 盐雾沉降试验。

外壳防护等级:不应低于 IP65 等级。

产品在以下环境贮存后,应正常工作:

环境温度:−50～60 ℃;

相对湿度:≤95％。

19.4.1.2 试验方法

试验方法如下：

(1)低温：-25 ℃工作 2 h，-50 ℃贮藏 2 h。采用 GB/T 2423.1 进行试验、检测和评定。

(2)高温：50 ℃工作 2 h，60 ℃贮藏 2 h。采用 GB/T 2423.2 进行试验、检测和评定。

(3)恒定湿热：40 ℃，93%，放置 12 h，通电后正常工作。采用 GB/T 2423.3 进行试验、检测和评定。

(4)低气压：450 hPa 放置 0.5 h。采用 GB/T 2423.21 进行试验、检测和评定。

(5)盐雾试验：48 h 盐雾沉降试验。采用 GB/T 2423.17 进行试验、检测和评定。

(6)淋雨试验：外壳防护等级 IP65。采用 GB/T 2423.38 或 GB/T 4208 进行试验、检测和评定。

19.4.2 机械环境

19.4.2.1 要求

机械环境试验的目的是检验被试样品能否达到运输的要求，根据 GB/T 6587—2012 的 5.10 包装运输试验，按照表 19.1 所示的要求进行试验。

表 19.1 包装运输试验要求

试验项目	试验条件	试验等级
		3 级
振动	振动频率/Hz	5、15、30
	加速度/(m/s²)	9.8±2.5
	持续时间/min	每个频率点 15
	振动方法	垂直固定
自由跌落	按重量确定	跌落高度
	重量≤10 kg	60 cm
注：根据实际使用情况，只对电气部分进行包装运输试验。		

19.4.2.2 试验方法

被试样品在完整包装状态下，按照 GB/T 6587—2012 的 5.10.2.1 和 5.10.2.2 方法进行试验。试验结束后，包装箱不应有较大的变形和损伤，被试样品及附件不应有变形松脱、涂敷层剥落等损伤，外观及结构应无异常，通电后能正常工作。

19.4.3 电磁环境

19.4.2.1 要求

电磁抗扰度应满足表 19.2 试验内容和严酷度等级要求，采用推荐的标准进行试验。

表 19.2 电磁抗扰度试验内容和严酷度等级

内容	试验条件		
	交流电源端口	直流电源端口	控制和信号端口
静电放电抗扰度	接触放电：8 kV，空气放电：15 kV		
浪涌(冲击)抗扰度	线一线：±2 kV 线一地：±4 kV		线一线：±2 kV 线一地：±4 kV
电快速瞬变脉冲群抗扰度	±2 kV 5 kHz	±1 kV 5 kHz	±1kV 5 kHz
工频磁场抗扰度	10 A/m		
电压暂降、短时中断和电压变化的抗扰度	0% 0.5 周期，0% 1 周期，70% 30 周期		
注：《需求书》规定了 1、2 项要求，根据被试样品使用情况，建议增加 3、4、5 项试验。			

19.4.2.2　试验方法

被试样品均应在正常工作状态下进行下列试验。

（1）静电放电抗扰度

被试样品按台式（接地或不接地）和落地式设备（接地或不接地）进行配置，确定施加放电点，每个放电点进行至少 10 次放电。如被试样品涂膜未说明是绝缘层，则发生器电极头应穿入漆膜与导电层接触；若涂膜为绝缘层，则只进行空气放电。

（2）浪涌（冲击）抗扰度

施加在直流电源端和互连线上的浪涌脉冲次数应为正、负极性各 5 次；对交流电源端口，应分别在 0°、90°、180°、270°相位施加正、负极性各 5 次的浪涌脉冲。试验速率为每分钟 1 次。交流电源端口：线对线 ±2 kV，线对地 ±4 kV；控制和信号端口：线对线 ±2 kV，线对地 ±4 kV，采用 GB/T 17626.5 进行试验、检测和评定。

（3）电快速瞬变脉冲群抗扰度

交流电源端口：±2 kV、5 kHz，直流电源端口：±1 kV、5 kHz，控制和信号端口：±1 kV、5 kHz，试验持续时间不短于 1 min。采用 GB/T 17626.4 依次对被试产品的试验端口进行正负极性试验、检测和评定。

（4）工频磁场抗扰度

被试样品置于感应线圈的中心位置，设置磁场强度为 10 A/m，采用 GB/T 17626.8 进行试验、检测和评定。

上述（1）、（2）、（3）和（4）项试验结束后，均应进行最后检测，检查其是否保持在技术要求限值内性能正常。

（5）电压暂降、短时中断和电压变化的抗扰度

按照 0%、0.5 周期，0%、1 周期，70%、30 周期，采用 GB/T 17626.11 进行试验、检测和评定。

19.5　动态比对试验

动态比对试验评定被试样品的数据完整性、测量结果一致性、设备稳定性和可靠性。

19.5.1　数据完整性

以分钟数据为基本分析单元，对每套被试样品进行数据完整性评定。排除由于外界干扰因素造成的数据缺测，计算月缺测率，评定每套被试样品的数据完整性。

19.5.1.1　评定方法

月缺测率＝（月缺测数据个数/月应观测数据个数）×100%。

19.5.1.2　评定指标

月缺测率（%）≤2%。

19.5.2　测量结果一致性

19.5.2.1　评定方法

以分钟值为基本数据分析单元。若在同一试验地点安装 2 台同型号的被试样品，以其中任意一台观测数据为参考，用公式（19.2）计算 2 台被试样品观测数据相对误差作为测量结果

的一致性。在同一试验地点安装 3 台及以上同型号的被试样品时,则以同时次观测数据的平均值为参考,用公式(19.3)计算每台被试样品分钟值和平均值的相对误差作为测量结果的一致性。

$$\delta = \frac{x_2 - x_1}{x_1} \times 100\% \tag{19.2}$$

$$\delta_i = \frac{x_i - \overline{x}}{\overline{x}} \times 100\% \tag{19.3}$$

19.5.2.2　评定指标

相对误差在 ±10% 以内为合格,样本总合格率在 90% 以上时,认为该设备一致性合格。

19.5.3　设备稳定性

19.5.3.1　评定方法

静态测试合格的被试样品,在动态比对试验结束后,不作任何调整和维修(可进行外部维护),再次进行测量误差、线性度和转速误差的测量。

19.5.3.2　评定指标

被试样品仍满足技术指标为合格。

19.5.4　设备可靠性

可靠性反映被试样品在规定的情况下,在规定的时间内,完成规定功能的能力。以平均故障间隔时间(MTBF)表示设备的可靠性。平均故障间隔时间 MTBF(θ_1)大于等于 3000 h。

19.5.4.1　试验方案

按照定时截尾试验方案,在 QX/T 526—2019 表 A.1 的方案类型中选用标准型或短时高风险两种试验方案之一,推荐选用标准型试验方案。

19.5.4.1.1　标准型试验方案

采用 17 号方案,即生产方和使用方风险各为 20%,鉴别比为 3 的定时截尾试验方案,试验的总时间为规定 MTBF 下限值(θ_1)的 4.3 倍,接受故障数为 2,拒收故障数为 3。

试验总时间 T 为:

$$T = 4.3 \times 3000 \text{ h} = 12900 \text{ h}$$

要求 3 套或以上被试样品进行动态比对试验。以 3 套被试样品为例,每台试验的平均时间 t 为:

3 套被试样品:$t = 12900 \text{ h}/3 = 4300 \text{ h} = 179.2 \text{ d} \approx 180 \text{ d}$

若为了缩短试验时间,可增加被试样品的数量,如:

4 套被试样品:$t = 12900 \text{ h}/4 = 3225 \text{ h} = 134.4 \text{ d} \approx 135 \text{ d}$

所以 3 套被试样品需试验 180 d,4 套需试验 135 d,期间允许出现 2 次故障。

19.5.4.1.2　短时高风险试验方案

采用 21 号方案,即生产方和使用方风险各为 30%,鉴别比为 3 的定时截尾试验方案,试验的总时间为规定 MTBF 下限值(θ_1)的 1.1 倍,接受故障数为 0,拒收故障数为 1。

试验总时间 T 为:

$$T = 1.1 \times 3000 \text{ h} = 3300 \text{ h}$$

3 套被试样品进行动态比对试验,每台试验的平均时间 t 为:

$$t = 3300 \text{ h}/3 = 1100 \text{ h} = 45.8 \text{ d} \approx 46 \text{ d}$$

所以 3 套被试样品需试验 46 d,期间允许出现 0 次故障。根据 QX/T 526—2019 的 5.3 规定,至少应进行 3 个月的试验,因此,采用 3 套及以上被试样品进行试验,试验时间应至少 3 个月。

19.5.4.2　MTBF 观测值的计算

MTBF 的观测值(点估计值)$\hat{\theta}$ 用公式(19.4)计算。

$$\hat{\theta} = \frac{T}{r} \tag{19.4}$$

式中,T 为试验总时间,是所有被试样品试验期间各自工作时间的总和;r 为总责任故障数。

19.5.4.3　MTBF 置信区间的估计

按照 QX/T 526—2019 中的 A.2.3 计算 MTBF 置信区间的估计值。

19.5.4.3.1　有故障的 MTBF 置信区间估计

采用 19.5.4.1.1 标准型试验方案,使用方风险 $\beta = 20\%$ 时,置信度 $C = 60\%$;采用 19.5.4.1.2 短时高风险试验方案,使用方风险 $\beta = 30\%$ 时,置信度 $C = 40\%$。

根据责任故障数 r 和置信度 C,由 QX/T 526—2019 中表 A.2 查取置信上限系数 $\theta_U(C', r)$ 和置信下限系数 $\theta_L(C', r)$,其中,$C' = (1+C)/2 = 1 - \beta$,MTBF 的置信区间下限值 θ_L 用公式(19.5)计算,上限值 θ_U 用公式(19.6)计算。

$$\theta_L = \theta_L(C', r) \times \hat{\theta} \tag{19.5}$$

$$\theta_U = \theta_U(C', r) \times \hat{\theta} \tag{19.6}$$

MTBF 的置信区间表示为 (θ_L, θ_U)(置信度为 C)。

19.5.4.3.2　故障数为 0 的 MTBF 置信区间估计

若责任故障数 r 为 0,只给出置信下限值,用公式(19.7)计算。

$$\theta_L = T/(-\ln\beta) \tag{19.7}$$

式中,T 为试验总时间,为所有被试样品试验期间各自工作时间的总和;β 为使用方风险。采用 19.5.4.1.1 标准型试验方案,使用方风险 $\beta = 20\%$;采用 19.5.4.1.2 短时高风险试验方案,使用方风险 $\beta = 30\%$。

这里的置信度应为 $C = 1 - \beta$。

19.5.4.4　试验结论

(1)按照试验中可接收的故障数判断可靠性是否合格。

(2)可靠性试验无论是否合格,都应给出被试样品平均故障间隔时间(MTBF)的观测值 $\hat{\theta}$ 和置信区间估计的上限 θ_U 和下限 θ_L,表示为 (θ_L, θ_U)(置信度为 C)。

19.5.4.5　故障的认定和记录

按照 QX/T 526—2019 的 A.3 认定和记录故障。故障认定应区分责任故障和非责任故障,故障记录在动态比对试验的设备故障维修登记表中,见附表 A。

19.6　结果评定

19.6.1　单项评定

以下各项均合格的,视该被试样品合格,有一项不合格的,视为不合格。

(1)静态测试和环境试验

被试样品静态测试和环境试验合格后,方可进行动态比对试验。

(2)动态比对试验

①数据完整性

数据完整性(%)≥98%为合格。

②测量结果一致性

相对误差在±10%以内为合格,样本总合格率在90%以上时,认为该设备一致性合格。

③设备稳定性

初测和复测的测量误差、线性度和转速误差都在允许误差限内为合格。

④设备可靠性

若选择19.5.4.1.1标准型试验方案,最多出现2次故障为合格;若选择19.5.4.1.2短时高风险试验方案,无故障为合格。

19.6.2　总评定

被试样品总数的2/3及以上合格时,视该型号被试样品为合格,否则不合格。

本章附表

附表 19.1　外观与结构、功耗和功能测试记录表

<table>
<tr><td rowspan="3">被试样品</td><td>名称</td><td colspan="3">大气电场仪</td><td>测试日期</td><td colspan="2"></td></tr>
<tr><td>型号</td><td colspan="3"></td><td>环境温度</td><td></td><td>℃</td></tr>
<tr><td>编号</td><td colspan="3"></td><td>环境湿度</td><td></td><td>%</td></tr>
<tr><td colspan="2">被试方</td><td colspan="3"></td><td>测试地点</td><td colspan="2"></td></tr>
<tr><td colspan="2">测试项目</td><td colspan="4">评定要求</td><td>测试结果</td><td>结论</td></tr>
<tr><td colspan="2" rowspan="7">外观与结构</td><td colspan="4">外观应整洁,无损伤和形变,表面涂层无气泡、开裂、脱落等现象</td><td></td><td></td></tr>
<tr><td colspan="4">应选用耐老化材料、抗腐蚀材料、良好的电气绝缘材料等,禁止使用不符合有关国家标准或行业标准的劣质材料</td><td></td><td></td></tr>
<tr><td colspan="4">各零部件,除用耐腐蚀材料制造的外,其表面应有涂、敷、镀等工艺措施,以保证其耐潮、防霉、防盐雾的性能</td><td></td><td></td></tr>
<tr><td colspan="4">需要涂敷的零件,表面涂、敷、镀层应均匀,覆盖面达 100%。</td><td></td><td></td></tr>
<tr><td colspan="4">机械结构应利于装配、调试、检验、包装、运输、安装、维护等工作,更换部件时简便易行。</td><td></td><td></td></tr>
<tr><td colspan="4">各零部件应安装正确、牢固,无机械变形、断裂、弯曲等,操作部分不应有迟滞、卡死、松脱等</td><td></td><td></td></tr>
<tr><td colspan="4">指示灯:电源指示灯、数据通信指示灯等应正常</td><td></td><td></td></tr>
<tr><td colspan="2">功耗</td><td colspan="4">整机平均功耗:≤20 W</td><td></td><td></td></tr>
<tr><td rowspan="6">功能</td><td>初始化</td><td colspan="4">通电后进行自检,自检通过后,以缺省参数进入工作状态。可通过终端进行参数设置,包括观测站基本参数、传感器参数、通信参数、质量控制参数、主动发送模式参数等</td><td></td><td></td></tr>
<tr><td>数据采样</td><td colspan="4">通过设定算法得到瞬时气象值(秒)数据,以 1 s 为步长计算每分钟的平均值。每小时测量电池电源及主板温度、转速(场磨式)、振动频率(振动式)等设备状态参数,得到小时状态信息</td><td></td><td></td></tr>
<tr><td>数据处理</td><td colspan="4">对通过采样值数据质量检查的样本进行计算,得到分钟电场值</td><td></td><td></td></tr>
<tr><td>数据存储</td><td colspan="4">被试样品内部保存完整的数据文件和状态文件,计算 3 d 需要存储数据的字节数并与被试样品存储容量比较,存储量不少于 3 d。数据存储器应具备掉电保存功能</td><td></td><td></td></tr>
<tr><td>数据传输</td><td colspan="4">采用 RS-232 方式输出,数据传输支持主动发送和响应终端命令的方式,缺省状态为主动发送</td><td></td><td></td></tr>
<tr><td>数据接口格式</td><td colspan="4">符合格式要求</td><td></td><td></td></tr>
<tr><td colspan="2" rowspan="4">测试仪器</td><td colspan="2">名称</td><td colspan="2">型号</td><td colspan="2">编号</td></tr>
<tr><td colspan="2"></td><td colspan="2"></td><td colspan="2"></td></tr>
<tr><td colspan="2"></td><td colspan="2"></td><td colspan="2"></td></tr>
<tr><td colspan="2"></td><td colspan="2"></td><td colspan="2"></td></tr>
</table>

测试单位＿＿＿＿＿＿＿＿＿＿＿＿＿＿＿＿＿＿　　　　　测试人员＿＿＿＿＿＿＿＿＿＿＿＿＿＿＿＿＿＿

附表 19.2 终端操作命令抽查记录表

<table>
<tr><td rowspan="3">被试样品</td><td>名称</td><td colspan="2" style="text-align:center">大气电场仪</td><td>测试日期</td><td></td></tr>
<tr><td>型号</td><td colspan="2"></td><td>环境温度</td><td>℃</td></tr>
<tr><td>编号</td><td colspan="2"></td><td>环境湿度</td><td>%</td></tr>
<tr><td colspan="2">被试方</td><td colspan="2"></td><td>测试地点</td><td></td></tr>
<tr><td colspan="2">操作命令</td><td colspan="2" style="text-align:center">命令格式●返回信息</td><td>检查结果</td><td>结论</td></tr>
<tr><td rowspan="26">监控</td><td rowspan="3">SETCOM</td><td colspan="2">设置或读取数据采集器的通信参数</td><td></td><td></td></tr>
<tr><td colspan="2">参数:波特率 数据位 奇偶校验 停止位</td><td></td><td></td></tr>
<tr><td>SETCOM ✓●＜9600 8 N 1＞</td><td>SETCOM 9600 8 N 1✓●＜T＞或者＜F＞</td><td></td><td></td></tr>
<tr><td rowspan="3">ID</td><td colspan="2">设置或读取气象观测站的区站号</td><td></td><td></td></tr>
<tr><td colspan="2">参数:台站区站号(5位数字或字母)</td><td></td><td></td></tr>
<tr><td>ID ✓●＜A5890＞</td><td>ID 57494 ✓●＜T＞或者＜F＞</td><td></td><td></td></tr>
<tr><td rowspan="2">STAT MAIN</td><td colspan="2">读取工作状态:</td><td></td><td></td></tr>
<tr><td colspan="2">STATMAIN ✓●＜STAMAIN 1 126 1 225 1 − − − − −＞✓</td><td></td><td></td></tr>
<tr><td rowspan="4">HELP</td><td colspan="2">帮助命令</td><td></td><td></td></tr>
<tr><td colspan="2">返回值:返回终端命令清单,各命令之间用半角逗号分隔</td><td></td><td></td></tr>
<tr><td colspan="2">HELP ✓●＜SETCOM,BASEINFO,AUTOCHECK,DATE,TIME,ID,LAT,
LONG,ALT,STATMAIN,HELP,SETSD,SETMM，FCC,OCF,QCPS,
DMGD,GALE＞✓</td><td></td><td></td></tr>
<tr><td rowspan="2">BASE INFO</td><td colspan="2">读取数据采集器的基本信息</td><td></td><td></td></tr>
<tr><td colspan="2">参数:生产厂家　型号标识　采集器序列号　软件版本号</td><td></td><td></td></tr>
<tr><td rowspan="2">AUTOC HECK</td><td colspan="2">数据采集器自检</td><td></td><td></td></tr>
<tr><td colspan="2">参数:日期　时间　GPS是否正常　通信参数　机箱温度　电压</td><td></td><td></td></tr>
<tr><td rowspan="3">DATE</td><td colspan="2">设置或读取数据采集器日期</td><td></td><td></td></tr>
<tr><td colspan="2">参数:YYYY-MM-DD(YYYY 为年,MM 为月,DD 为日)</td><td></td><td></td></tr>
<tr><td>DATE ✓●＜2011-06-01＞</td><td>DATE 2011-06-01 ✓●＜T＞或者＜F＞</td><td></td><td></td></tr>
<tr><td rowspan="3">TIME</td><td colspan="2">设置或读取数据采集器时间</td><td></td><td></td></tr>
<tr><td colspan="2">参数:HH:MM:SS(HH 为时,MM 为分,SS 为秒)</td><td></td><td></td></tr>
<tr><td>TIME ✓●＜07:34:06＞</td><td>TIME 12:34:00 ✓●＜T＞或者＜F＞</td><td></td><td></td></tr>
<tr><td rowspan="3">LAT</td><td colspan="2">设置或读取气象观测站的纬度</td><td></td><td></td></tr>
<tr><td colspan="2">参数:DD.MM.SS(DD 为度,MM 为分,SS 为秒)</td><td></td><td></td></tr>
<tr><td>LAT ✓●＜42.06.00＞</td><td>LAT 32.14.20 ✓●＜T＞或者＜F＞</td><td></td><td></td></tr>
<tr><td rowspan="3">LONG</td><td colspan="2">设置或读取气象观测站的经度</td><td></td><td></td></tr>
<tr><td colspan="2">参数:DDD.MM.SS(DDD 为度,MM 为分,SS 为秒)</td><td></td><td></td></tr>
<tr><td>LONG ✓●＜108.32.03＞</td><td>LONG 116.34.18 ✓●＜T＞或者＜F＞</td><td></td><td></td></tr>
<tr><td rowspan="3">SETSD</td><td colspan="2">设置采集器秒监控数据发送模式</td><td></td><td></td></tr>
<tr><td colspan="2">D00 带表采集器主动输出秒监控数据,D01 带表停止采集器主动输出秒监控数据</td><td></td><td></td></tr>
<tr><td>SETSD D01 ✓ ● ＜ DSGD
20120506085006 1201676E 313203N
23456 ＋00004 2000 ＋567 132 100 ＞</td><td>SETSD D00 ✓●＜T＞或者＜F＞</td><td></td><td></td></tr>
</table>

续表

被试样品	名称	大气电场仪		测试日期	
	型号			环境温度	℃
	编号			环境湿度	%
被试方				测试地点	
操作命令		命令格式●返回信息		检查结果	结论

观测数据	DMGD	**下载分钟数据** 返回数据格式为数据帧,采用 ASCII 码。参数按如下三种方式给出:a)不带参数,下载数据采集器所记录的最新分钟观测记录数据(最后一次下载结束以后的分钟观测记录数据);b)参数为:开始时间 结束时间,下载指定时间范围内的分钟观测记录数据;c)参数为:开始时间 n,下载指定时间开始的 n 条分钟观测记录数据。开始时间、结束时间格式:YYYY-MM-DD HH:MM			
		DMGD↙● <DMGD123452012052310360001200012000120001200012000120001200012000 1200012000120001200012000120001200012000120001200012 0001200012000120001200012000120001200012000120001200012000120001200012000 12000120001200012000120001200012000120001200012000120001200012 000120001200012000120001200012000120001200012000120001200012000 1200012000120001200012000121102381251999////110////>↙			
		DMGD 2012-05-21 12:12 2012-05-21 13:12↙●"同 DMGD 数据格式"	DMGD 2012-05-21 12:12:10↙●"同 DMGD 数据格式"		
数据质量控制	QCPS	**设置或读取传感器测量范围值** 参数:测量范围下限 测量范围上限 采集瞬时值 允许最大变化值			
		QCPS↙●<-50 50>	QCPS T1-50.0 50.0↙●<T>或者<F>		
报警	GALE	**设置或读取报警阈值** 参数:报警阈值			
		GALE↙●<-15.0 -7.5 -2.5 2.5 7.5 15.0>	GALE -15.0 -7.5 -2.5 2.5 7.5 15.0↙●<T>或者<F>		

测试仪器	名称	型号	编号

测试单位＿＿＿＿＿＿＿＿＿＿＿＿＿＿＿　　测试人员＿＿＿＿＿＿＿＿＿＿＿＿＿＿＿

附表 19.3 测量范围、准确度、转速、零偏及线性度测试记录表

被试样品	名称	大气电场仪									测试日期		
	型号										环境温度		℃
	编号										环境湿度		%
被试方											测试地点		

标准电场/ (kV/m)	输出电场/(kV/m)										10次 平均	测量 误差	转速
	1	2	3	4	5	6	7	8	9	10			
0.000													
1.000													
2.000													
5.000													
10.000													
20.000													
30.000													
40.000													
50.000													
−1.000													
−2.000													
−5.000													
−10.000													
−20.000													
−30.000													
−40.000													
−50.000													
结论	测量范围____kV/m,准确度_____,转速误差____%,零偏__kV/m,线性度____												

注1:标"*"数据为超差点(测量误差超出5%)。

注2:计算方法:

(1)准确度:全部档位中取测量误差的最大值;

(2)转速误差:全部档位中转速差值与2000标准值的比值;

(3)零偏:0标准电场测量的10次平均值;

(4)线性度:取全部档位中10次平均和对应标准电场差值中的最大值,其与量程100 kV/m的比值即为线性度。

测试仪器	名称	型号	编号

测试单位_____   测试人员_____

附表 19.4 灵敏度测试记录表

<table>
<tr><td rowspan="3">被试样品</td><td>名称</td><td colspan="10">大气电场仪</td><td>测试日期</td><td></td></tr>
<tr><td>型号</td><td colspan="10"></td><td>环境温度</td><td>℃</td></tr>
<tr><td>编号</td><td colspan="10"></td><td>环境湿度</td><td>%</td></tr>
<tr><td>被试方</td><td colspan="10"></td><td>测试地点</td><td></td></tr>
<tr><td rowspan="2">标准电场/
(kV/m)</td><td colspan="10">输出电场/(kV/m)</td><td rowspan="2">10 次平均</td><td rowspan="2">测量误差</td></tr>
<tr><td>1</td><td>2</td><td>3</td><td>4</td><td>5</td><td>6</td><td>7</td><td>8</td><td>9</td><td>10</td></tr>
<tr><td>0.005</td><td></td><td></td><td></td><td></td><td></td><td></td><td></td><td></td><td></td><td></td><td></td><td></td></tr>
<tr><td>0.010</td><td></td><td></td><td></td><td></td><td></td><td></td><td></td><td></td><td></td><td></td><td></td><td></td></tr>
<tr><td>0.015</td><td></td><td></td><td></td><td></td><td></td><td></td><td></td><td></td><td></td><td></td><td></td><td></td></tr>
<tr><td>0.020</td><td></td><td></td><td></td><td></td><td></td><td></td><td></td><td></td><td></td><td></td><td></td><td></td></tr>
<tr><td>0.025</td><td></td><td></td><td></td><td></td><td></td><td></td><td></td><td></td><td></td><td></td><td></td><td></td></tr>
<tr><td>0.030</td><td></td><td></td><td></td><td></td><td></td><td></td><td></td><td></td><td></td><td></td><td></td><td></td></tr>
<tr><td>0.035</td><td></td><td></td><td></td><td></td><td></td><td></td><td></td><td></td><td></td><td></td><td></td><td></td></tr>
<tr><td>0.040</td><td></td><td></td><td></td><td></td><td></td><td></td><td></td><td></td><td></td><td></td><td></td><td></td></tr>
<tr><td>0.045</td><td></td><td></td><td></td><td></td><td></td><td></td><td></td><td></td><td></td><td></td><td></td><td></td></tr>
<tr><td>0.050</td><td></td><td></td><td></td><td></td><td></td><td></td><td></td><td></td><td></td><td></td><td></td><td></td></tr>
<tr><td>结论</td><td colspan="12">灵敏度_____kV/m</td></tr>
</table>

注:标"＊"数据为超差点(测量误差超出 10%)。

<table>
<tr><td rowspan="4">测试仪器</td><td>名称</td><td>型号</td><td>编号</td></tr>
<tr><td></td><td></td><td></td></tr>
<tr><td></td><td></td><td></td></tr>
<tr><td></td><td></td><td></td></tr>
</table>

测试单位_____　　测试人员_____

附表 19.5　分辨率测试记录表

被试样品	名称	大气电场仪										测试日期		
	型号											环境温度		℃
	编号											环境湿度		%
被试方												测试地点		

标准电场/ (kV/m)	标准电场增量	输出电场/(kV/m)										10 次平均	示值增量	增量误差
		1	2	3	4	5	6	7	8	9	10			
0.100	—													
0.105	0.005													
0.110	0.010													
0.115	0.015													
0.120	0.020													
0.125	0.025													
0.130	0.030													
0.135	0.035													
0.140	0.040													
0.145	0.045													
0.150	0.050													
结论	分辨率＿＿＿＿kV/m													

注:标"＊"数据为超差点(增量误差超出 10%)

测试仪器	名称	型号	编号

测试单位＿＿＿＿＿＿＿＿＿＿＿＿＿＿＿　　　　测试人员＿＿＿＿＿＿＿＿＿＿＿＿＿＿＿

附表 19.6　分钟、时的数据格式检查记录表

被试样品	名称	大气电场仪		测试日期		
	型号			环境温度		℃
	编号			环境湿度		%
被试方				测试地点		

序号	要素名	字长/B	说明	检查结果	结论
1	起始符"<"	1			
2	标识符"DMGD"	4			
3	站号	5			
4	年、月、日、时、分(北京时)	12			
5	01 秒数值	5			
6	02 秒数值	5			
...	...	...	电场值记录单位:		
64	60 秒数值	5	0.01 kV/m;		
65	本分钟最低秒电场值	5	原值扩大 100 倍存储		
66	本分钟最高秒电场值	5			
67	本分钟秒数据的平均值	5			
68	计算机与子站的通信状态	1	1 正常,2 异常,0 中断		
69	设备运行正常	1	1 正常,2 异常,0 停运		
70	主板温度	4	9999 表示异常		
71	电源电压(12 V)	3	999 表示异常		
72	转速	4	9999 表示异常		
73	振动频率	4	9999 表示异常		
74	版本号	3			
75	厂家自有检测	2	厂家自定义		
76	数据校验位	2			
77	结束符">"	1			
78	回车换行	2			

说明:

(1)年四位,月、日、时、分各两位,高位不足补"0";

(2)当要素值为负值时最高位记为符号"—",要素值为正值不加符号,高位不足补"0";

(3)"主板温度"、"电源电压",高位不足补"0",当要素值为负值时最高位记为符号"—",要素值为正值不加符号,高位不足补"0";

(4)主板温度和电源电压值原值扩大 10 倍存储;

(5)其中"计算机与子站的通信状态"、"振动频率"、厂家自有段如没有输出,可以置为"/"("/"个数为实际字长);

(6)版本号格式类似"102"表示第"1"大版,小版本为"02";

(7)分钟数据中电场值为 0(单位:0.01 kV/m)时不加符号,高位不足补"0"。

测试单位＿＿＿＿＿＿＿＿＿＿＿＿＿　　　　测试人员＿＿＿＿＿＿＿＿＿＿＿＿＿

第 20 章　闪电定位仪[①]

20.1　目的

规范闪电定位仪测试的内容和方法,通过测试与试验,检验其是否满足《VLF/LF 雷电探测仪功能规格需求书》(气测函〔2014〕64 号文)(简称《需求书》)的要求。

注:目前对应《需求书》中的雷电探测仪,通常称为闪电定位仪,本文均以闪电定位仪表述。

20.2　基本要求

20.2.1　被试样品

提供 6 台或以上同一型号的被试样品,须具备防雷措施,在整个测试试验期间保证设备连续正常工作,数据正常上传至指定的业务终端或自带终端。

20.2.2　试验外场及样品安装

(1)由 6 台同一型号闪电定位仪围绕人工引雷装置组成雷电试验网,目前试验是在中国气象科学研究院雷电野外科学试验基地(广州)进行。

(2)被试样品在试验外场安装时,安装立柱应牢固安装在试验场地的混凝土安装基础上,该基础不小于 30 cm×30 cm×50 cm(长×宽×深),基础高度与试验场地地面齐平。

20.2.3　测试仪器

实验室的测试仪器主要为信号发生器、示波器和衰减器,推荐型号如表 20.1 所示。

表 20.1　实验室测试仪器

测试仪器名称	推荐型号
信号发生器	AFG3252
示波器	TDS3034C
衰减器	KT2.5-90/1S-2S
注:若无上述推荐型号仪器,需选择指标与推荐型号一致或更优的测试仪器。	

20.3　静态测试

20.3.1　结构与外观

用目测和手动操作方法进行检查,必要时可采用计量器具检查被试样品的机械结构、外观以及材料与涂覆,应满足《需求书》7 的要求,检查结果记录在本章附表 20.1。同时在设备正常

---

① 本章作者:李庆申、杜建莘、赖晋科、党行通。

工作情况下,检查电源指示灯、数据通信指示灯等是否正常。

20.3.2　功能

20.3.2.1　要求

抽取 1 套被试样品进行检测,应满足《需求书》3 功能要求。检测结果记录在本章附表 20.1。

20.3.2.2　测试方法

(1)探测地闪和云闪脉冲信号

①输入信号

波形类型:模拟雷电波形为双指数函数(8/20 μs),单位峰值的双指数函数波形如图 20.1 所示,其表达式为 $2.452\times(e^{-7.714\times10^4 t}-e^{-2.489\times10^5 t})$。

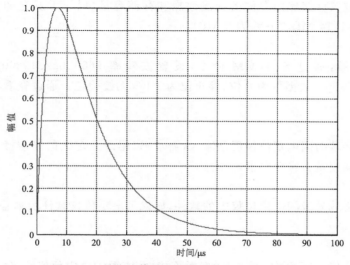

图 20.1　单位峰值的双指数函数(8/20 μs)波形

波形参数:重复频率 100 Hz,幅度为 10 mV(衰减器衰减 4 dB)。

信号转换:为了提高对外部噪声的抗干扰能力,将信号发生器产生的模拟雷电波形转换为差分信号,如图 20.2 所示。

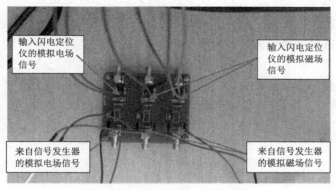

图 20.2　差分信号转换

样本量:2000 条探测数据。

②测试步骤

加载差分驱动信号至闪电定位仪前端模拟信号处理电路;

使用计算机终端查看闪电定位仪输出的探测数据,初步检查其数据格式;

对照探测数据存储格式,检查详细的数据内容。

(2)自检

在计算机终端输入 AUTOCHECK 命令,查看闪电定位仪返回的参数。

(3)运行状态信息

使用计算机终端查看闪电定位仪输出的运行状态数据,初步检查其数据格式;对照运行状态数据存储格式,检查详细的数据内容。

(4)探测数据本地存储功能

查看闪电定位仪存储器内存储的探测数据和存储容量(以一天发生 20000 次雷电计算,20000×60 byte＝1.14 MB,7 d 约为 8 MB)。

(5)数据传输

在计算机终端,通过 SETCOM 命令,设置波特率 9600 bps、19200 bps、38400 bps、57600 bps、115200 bps,数据位为 8 位,停止位为 1 位,无校验位。通过查看状态数据,判断数据传输是否正常。

(6)终端操作

通过计算机终端向闪电定位仪逐条输入《需求书》附录 2 定义的终端操作命令,检查闪电定位仪对命令的响应是否符合要求。

(7)软件更新

使用计算机终端升级闪电定位仪中的软件,如果闪电定位仪软件版本号发生变化,表示软件升级成功。

(8)GPS 对时

屏蔽闪电定位仪 GPS 天线,使 GPS 对时不成功,查看闪电定位仪发出的提示信息。

20.3.3　电器性能

20.3.3.1　要求

(1)功耗:被试样品功耗应小于 20 W。

(2)供电:供电电源在 AC187~242 V 范围内,被试样品应能正常工作。

20.3.3.2　测试方法

(1)功耗:测量被试样品电源模块输出的直流电压 U 和电流 I,计算其正常工作状态下的平均功耗。用公式 $P＝U×I$ 计算功率,应小于 20 W。测试结果记录在本章附表 20.1。

(2)供电单元:被试样品外接可调电源,调节电源电压至 187 V,检查被试样品是否正常输出数据;调压器调节电源电压至 242 V,检查被试样品是否正常输出数据。测试结果记录在本章附表 20.1。

20.3.4　探测性能

20.3.4.1　要求

灵敏度:0.1 V/m;

工作频率：1～350 kHz；

时间精度：时间精度优于 10^{-7}s，晶振稳定度优于 0.1 ppm；

回击事件处理时间：小于 1 ms。

20.3.4.2　测试方法

（1）灵敏度

根据闪电定位仪电磁场天线的结构和参数，在不考虑环境电磁噪声和天线增益等因素的情况下，计算出当电场为 0.1 V/m 时天线输出的信号幅值 U。

如图 20.3 所示，正交环磁场天线的面积为 S。天线环中的感应电动势 U 与磁感应强度 B 的变化率和面积 S 成正比。若雷电发生时产生的垂直辐射电场为 E，则信号幅值计算公式（20.1）所示：

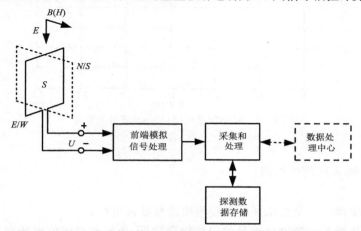

图 20.3　闪电定位仪（使用正交环磁场天线）灵敏度测试示意图

$$U = \frac{S\mathrm{d}B}{\mathrm{d}t} = \frac{\mu_0 S\mathrm{d}H}{\mathrm{d}t} = \frac{\mu_0 S\mathrm{d}E}{\eta_0 \mathrm{d}t}$$

$$= \frac{4\pi \times 10^{-7} S}{120\pi} \times 0.2452 \times 2.489 \times 10^5 \times (\mathrm{e}^{-2.489 \times 10^5 t} - 0.31\mathrm{e}^{-7.714 \times 10^4 t})$$

$$= 2.034 \times 10^{-4} S \times (\mathrm{e}^{-2.489 \times 10^5 t} - 0.31\mathrm{e}^{-7.714 \times 10^4 t})(\mathrm{V}) \tag{20.1}$$

式中，H 为磁场强度；μ_0 为真空中的磁导率；η_0 为真空中的波阻抗。

①输入信号

与 20.3.2.2 输入的信号相同。

②测试步骤

a. 以步进 2 dB 从 14 dB 到 24 dB 和以步进 1 dB 从 24 dB 到 38 dB 改变衰减器的衰减量，调节差分信号的幅度；

b. 加载差分驱动信号至闪电定位仪前端模拟信号处理电路；

c. 使用计算机终端查看被试样品输出的探测数据，依据南北峰值磁场和东西峰值磁场的大小，计算方位角参数，其值应为 45°±1°；

d. 重复步骤 a～c，若方位角超出上述范围或闪电定位仪不能返回数据，则上一个差分驱动信号所对应的电场值即为被试样品的灵敏度，据此即可判断被试样品的灵敏度是否满足 0.1 V/m 的要求。

（2）工作频率

双指数函数(8/20 μs)波形的频谱如图 20.4 所示。从图中可以看出,雷电电磁脉冲的频谱是连续谱,其主要能量分布在 100 kHz 以下。

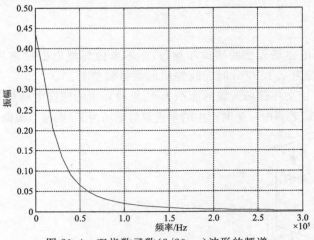

图 20.4　双指数函数(8/20 μs)波形的频谱

①输入信号

与 20.3.2.2 输入的信号相同。

②测试步骤

a. 加载差分驱动信号至被试样品前端模拟信号处理电路;

b. 使用计算机终端查看被试样品输出的探测数据,依据南北峰值磁场和东西峰值磁场的大小,计算方位角参数,其值应为 45°±1°。

若方位角在给定的范围内,则表明被试样品能够正确鉴别雷电波形,即可判断其工作频率满足 1~350 kHz 的要求。

（3）时间精度

①输入信号

与 20.3.2.2 输入的信号相同。

样本量:100 条探测数据。

②测试步骤

a. 查看恒温晶振的技术指标,其频率稳定度应优于 0.1 ppm①;

b. 用示波器测试恒温晶振输出的时钟信号,至少应为 10 MHz 及以上;

c. 加载差分驱动信号至被试样品前端模拟信号处理电路;使用计算机终端查看被试样品输出的探测数据,其中"过阈值时间的秒的小数位"至少为 7 位。

若上述三项参数在给定的范围内,即可判断被试样品时间精度优于 10^{-7} s。

（4）回击事件处理时间

①输入信号

与 20.3.2.2 测试方法输入的信号相同。

_____

① 1 ppm=10^{-6},下同。

样本量:20 条探测数据。

②测试步骤

a. 加载差分驱动信号至被试样品前端模拟信号处理电路;

b. 利用示波器的一个通道记录模拟磁场信号输入的起始时间 T_1,另一个通道记录被试样品采集处理结束的时间 T_2。

回击事件处理时间 T 的计算方法如下:

$$T = \frac{1}{n} \sum_{i=1}^{n} (T_2 - T_1)$$

式中,n 为回击事件处理时间的测试次数。

若上述参数 T 小于 1 ms,即可判断被试样品的回击事件处理时间满足小于 1 ms 的要求。

20.3.5　一致性测试

20.3.5.1　检测项目

在实验室内,在相同条件下,测试同型号两台被试样品对同一模拟雷电信号的时间测量一致性、方位角测量一致性、幅值测量一致性。雷电探测网的闪电定位仪应满足探测一致性,才能保证雷电探测网的探测性能。

闪电定位仪输出的时间一致性应优于 10^{-7} s,方位角一致性应优于 1°,幅值一致性应优于 1%。

20.3.5.2　检测方法

抽取两台被试样品参加一致性测试。

(1)输入信号

与 20.3.2.2 输入的信号相同。

(2)测试步骤

①调节差分驱动信号的幅度至 10 mV;

②将差分驱动信号加载至两台被试样品的输入端;

③使用计算机终端查看闪电定位仪输出的探测数据,由时间戳得到闪电定位仪输出的时间,并依据南北峰值磁场和东西峰值磁场的大小,计算方位角参数;

④改变衰减器的衰减量,调节差分驱动信号的幅度至 1 mV,重复步骤②和③。

(3)用绝对偏差的平均值来衡量闪电定位仪对时间和方位角的测量一致性。测量值的绝对偏差的平均值计算方法如公式(20.2):

$$\overline{d}_k = \frac{1}{n} \sum_{i=1}^{n} (x_{ki} - \overline{x}_i) \tag{20.2}$$

式中,$\overline{d}_k$ 为第 k 台闪电定位仪测量值的绝对偏差的平均值;n 为一致性测试的总次数;x_{ki} 为第 k 台闪电定位仪的第 i 次测量值;$\overline{x}_i$ 为第 i 次测试时,闪电定位仪测量结果的平均值。

(4)用相对偏差的平均值来衡量闪电定位仪对幅值的测量一致性。测量值的相对偏差的平均值计算方法如公式(20.3):

$$\overline{r}_k = \frac{1}{n} \sum_{i=1}^{n} \left(\frac{x_{ki} - \overline{x}_i}{\overline{x}_i} \right) \tag{20.3}$$

式中,$\overline{r}_k$ 为第 k 台闪电定位仪测量值的相对偏差的平均值。

　　若被试样品输出的时间、方位角和幅值在给定的范围内,则表明被试样品满足一致性要求。

20.4　环境试验

20.4.1　气候环境

20.4.1.1　要求

　　产品在以下环境中应正常工作:

　　工作温度:－35～50 ℃;

　　相对湿度:5%～100%;

　　盐雾试验:48 h盐雾沉降试验;

　　外壳防护等级:不应低于 IP65 等级。

20.4.1.2　试验方法

　　试验项目采用以下方法:

　　(1)低温:－35 ℃工作 2 h。采用 GB/T 2423.1 进行试验、检测和评定。

　　(2)高温:50 ℃工作 2 h。采用 GB/T 2423.2 进行试验、检测和评定。

　　(3)恒定湿热:40 ℃,93%,放置 12 h,通电后正常工作。采用 GB/T 2423.3 进行试验、检测和评定。

　　(4)盐雾试验:48 h盐雾沉降试验。采用 GB/T 2423.17 进行试验、检测和评定。

　　(5)淋雨试验:外壳防护等级 IP65。采用 GB/T 2423.38 或 GB/T 4208 进行试验、检测和评定。

20.4.2　电磁兼容

20.4.2.1　要求

　　电磁抗扰度应满足表 20.2 试验内容和严酷度等级要求,采用推荐的标准进行试验。

表 20.2　电磁抗扰度试验内容和严酷度等级

内容	试验条件		
	交流电源端口	直流电源端口	控制和信号端口
电压暂降和短时中断抗扰度	30% 　0.5 周期 60% 　5 周期 100% 250 周期		
浪涌(冲击)抗扰度	线一地:±2 kV	线一地:±1 kV	线一地:±1 kV
电快速瞬变脉冲群抗扰度	±2 kV 　5 kHz	±1 kV 　5 kHz	±2 kV 　5 kHz
射频电磁场辐射抗扰度	0.15～80 MHz 3 V/m 　80% AM(1 kHz)		
静电放电抗扰度	接触放电:±4 kV,空气放电:±8 kV		

20.4.2.2　试验方法

　　被试样品均应在正常工作状态下进行下列试验。

　　(1)电压暂降和短时中断抗扰度

　　按照 30%、0.5 周期,60%、5 周期,100%、250 周期,采用 GB/T 17626.11 进行试验、检测

和评定。

（2）浪涌（冲击）抗扰度

施加在直流电源端和互连线上的浪涌脉冲次数应为正、负极性各 5 次；对交流电源端口，应分别在 0°、90°、180°、270° 相位施加正、负极性各 5 次的浪涌脉冲。试验速率为每分钟 1 次。交流电源端口：线对线 ±1 kV；控制和信号端口：线对地 ±1 kV。采用 GB/T 17626.5 进行试验、检测和评定。

（3）电快速瞬变脉冲群抗扰度

交流电源端口：±2 kV、5 kHz，直流电源端口：±1 kV、5 kHz，控制和信号端口：±2 kV、5 kHz，试验持续时间不短于 1 min。采用 GB/T 17626.4 依次对被试产品的试验端口进行正负极性试验、检测和评定。

（4）射频电磁场辐射抗扰度

依次将试验信号发生器连接到每个耦合装置（耦合和去耦网络、电磁钳、电流注入探头）上，试验电压 3 V，骚扰信号是 1 kHz 正弦波调幅、调制度 80% 的射频信号。扫频范围 150 kHz～80 MHz，在每个频率，幅度调制载波的驻留时间应不低于被试样品运行和响应的必要时间。采用 GB/T 17626.6 进行试验、检测和评定。

（5）静电放电抗扰度

被试样品按台式（接地或不接地）和落地式设备（接地或不接地）进行配置，确定施加放电点，每个放电点进行至少 10 次放电。如被试样品涂膜未说明是绝缘层，则发生器电极头应穿入漆膜与导电层接触；若涂膜为绝缘层，则只进行空气放电。

20.5　动态比对试验

动态比对试验评定被试样品的数据完整性、数据准确性和设备可靠性。

20.5.1　数据完整性

以分钟数据为基本分析单元，对每套被试样品进行数据完整性评定。排除由于外界干扰因素造成的数据缺测，计算月到报率，评定每套被试样品的数据完整性。

20.5.1.1　评定方法

统计各雷电试验网中所有闪电定位仪的运行状态数据到报率。

1 d 内每台闪电定位仪应向雷电数据处理中心发送 $1 \times 60 \times 24 = 1440$ 条运行状态数据。

到报率 R 的计算方法如公式（20.4）：

$$R(\%) = \frac{N_{\text{receive}}}{N_{\text{send}}} \times 100\% \tag{20.4}$$

式中，N_{send} 为闪电定位仪应向数据处理中心上传的数据总量；N_{receive} 为数据处理中心实际收到的数据总量。

当出现参试设备数据缺测时，如经测试评估组分析原因后认定为非设备因素导致，不计入收报率的统计。

若收报率在给定的范围内，即可判断被试样品满足数据完整性的要求。

20.5.1.2　评定指标

到报率（%）≥98%。

20.5.2　数据准确性

数据准确性的主要评定项目如下：

(1)评估雷电试验网中闪电定位仪的有效探测半径和测向精度指标；

(2)评估雷电试验网的地闪探测效率、回击探测效率、回击定位精度和回击强度相对误差等地闪探测性能；初步评估各雷电试验网的云闪脉冲探测效率。

评定使用的参考标准如下：

(1)标准器

高建筑物雷电观测高速摄像机，火箭引雷及雷电流测量系统、高速摄像机和快电场变化仪。

(2)样本量

作为标准的人工触发雷电和高建筑物雷电不少于 3 个。

20.5.2.1　闪电定位仪探测指标评定

20.5.2.1.1　评定方法

选取雷电试验网中的一台闪电定位仪进行回击有效探测半径和测向精度评估。

(1)回击有效探测半径

根据火箭引雷装置与闪电定位仪之间的实际距离 D(单位:km)，计算相对应的回击强度值 I(单位:kA)，$I = \dfrac{D}{300} \times 5$。如果有回击强度小于等于 I 的人工触发雷电发生，检查闪电定位仪是否探测到这些回击数据。

(2)测向精度

根据人工触发回击和高建筑物回击数据，统计闪电定位仪的平均测向精度。平均测向精度 $\bar{\alpha}$ 的计算方法：

$$\bar{\alpha} = \frac{1}{n} \sum_{i=1}^{n} |\alpha_{i\_\mathrm{det}} - \alpha_i| \tag{20.5}$$

式中，n 为人工触发回击和高建筑物回击个数；α_{i_det} 为第 i 个回击相对于闪电定位仪的方位角的测量值；α_i 为第 i 个回击相对于闪电定位仪的实际方位角。

20.5.2.1.2　评定指标

(1)有效探测半径

闪电定位仪对回击(强度 5 kA)的有效探测半径应不小于 300 km，即若定位仪能探测到距离 300 km 处发生的 5 kA 回击，回击有效探测半径为合格，否则为不合格。

(2)测向精度

测向精度不大于 1°为合格，否则为不合格。

20.5.2.2　雷电试验网探测指标评定

20.5.2.2.1　评定方法

(1)地闪和回击探测效率

探测效率 $DE(\%)$ 的计算方法如公式(20.6)：

$$DE(\%) = \frac{N_{\mathrm{det}}}{N_{\mathrm{conf}}} \times 100\% \tag{20.6}$$

式中，N_{conf} 为人工触发雷电和高建筑物雷电(或回击)个数；N_{det} 为雷电试验网探测的对应的地闪（或回击）个数。

（2）回击定位精度

选取人工触发回击和高建筑物回击，用于统计雷电试验网的回击定位精度。对第 i 次回击的定位精度 LA_i（m）是回击的实际位置（火箭引雷装置或高建筑物位置）与雷电试验网探测的回击位置之间的距离。统计雷电试验网的定位精度的算术平均值、标准偏差、几何平均值和中值等。

算术平均值 $\overline{LA}$ 的计算方法如公式（20.7）：

$$\overline{LA} = \frac{1}{n}\sum_{i=1}^{n} LA_i \tag{20.7}$$

式中，n 为人工触发回击和高建筑物回击个数。

标准偏差 s 的计算方法如公式（20.8）：

$$s = \sqrt{\frac{1}{n-1}\sum_{i=1}^{n}(LA_i - \overline{LA})^2} \tag{20.8}$$

几何均值 $\overline{LA_g}$ 的计算方法如公式（20.9）：

$$\overline{LA_g} = \sqrt[n]{\prod_{i=1}^{n} LA_i} \tag{20.9}$$

中值 LA_{median} 的计算方法如下：

将 n 个回击的定位精度按升序排列 $LA_1, LA_2, LA_3, \cdots, LA_n$，

若 n 为奇数，$LA_{median} = LA_{(n+1)/2}$；

若 n 为偶数，$LA_{median} = \frac{1}{2}(LA_{n/2} + LA_{n/2+1})$。

（3）回击强度相对误差

选取强度可确定的人工触发雷电回击，用于统计雷电试验网的回击强度相对误差。雷电试验网回击强度相对误差 $\Delta\bar{I}$（％）计算方法如公式（20.10）：

$$\Delta\bar{I}(\%) = \frac{1}{n}\sum_{i=1}^{n}\left(\left|\frac{I_{det} - I_{true}}{I_{true}}\right| \times 100\%\right) \tag{20.10}$$

式中，n 为强度可确定的人工触发雷电回击的个数；I_{det} 为雷电试验网测出的回击强度；I_{true} 为雷电流测量装置测出的回击强度。

（4）云闪脉冲探测效率

选取快电场变化仪对雷暴过程的探测数据，统计出云闪脉冲的数量。云闪脉冲探测效率 DE_{IC}（％）的计算方法如公式（20.11）：

$$DE_{IC}(\%) = \frac{N_{det}}{N_{conf}} \times 100\% \tag{20.11}$$

式中，N_{conf} 为由快电场变化仪确定的云闪脉冲个数；N_{det} 为雷电试验网探测的对应的云闪脉冲个数。

20.5.2.2.2　评定指标

雷电试验网探测指标满足表 20.3 的要求为合格，否则为不合格。

表 20.3　雷电试验网探测指标要求

项目	指标
地闪探测效率	对强度≥5 kA 的地闪,平原地区探测效率≥90%(其他地区≥85%)
回击探测效率	对强度≥5 kA 的回击,平原地区探测效率≥60%(其他地区≥55%)
回击定位精度	中值≤500 m
回击强度相对误差	绝对值中值≤15%
云闪脉冲探测效率	≥40%(参考指标)

20.5.3　设备可靠性

可靠性反映被试样品在规定的情况下,在规定的时间内,完成规定功能的能力。以平均故障间隔时间(MTBF)表示设备的可靠性。平均故障间隔时间 MTBF(θ_1)大于等于 5000 h。

20.5.3.1　试验方案

按照定时截尾试验方案,在 QX/T 526—2019 表 A.1 的方案类型中选用标准型或短时高风险两种试验方案之一,推荐选用标准型试验方案。

20.5.3.1.1　标准型试验方案

采用 17 号方案,即生产方和使用方风险各为 20%,鉴别比为 3 的定时截尾试验方案,试验的总时间为规定 MTBF 下限值(θ_1)的 4.3 倍,接受故障数为 2,拒收故障数为 3。

试验总时间 T 为:

$$T = 4.3 \times 3000 \text{ h} = 21500 \text{ h}$$

要求 6 套或以上被试样品进行动态比对试验。以 6 套被试样品为例,每台试验的平均时间 t 为:

6 套被试样品:$t = 21500 \text{ h}/6 \approx 3584 \text{ h} \approx 150 \text{ d}$

若为了缩短试验时间,可增加被试样品的数量,如:

8 套被试样品:$t = 21500 \text{ h}/8 \approx 2688 \text{ h} \approx 112 \text{ d}$

所以 6 套被试样品需试验 150 d,8 套需试验 112 d,期间允许出现 2 次故障。

20.5.3.1.2　短时高风险试验方案

采用 21 号方案,即生产方和使用方风险各为 30%,鉴别比为 3 的定时截尾试验方案,试验的总时间为规定 MTBF 下限值(θ_1)的 1.1 倍,接受故障数为 0,拒收故障数为 1。

试验总时间 T 为:

$$T = 1.1 \times 5000 \text{ h} = 5500 \text{ h}$$

6 套被试样品进行动态比对试验,每台试验的平均时间 t 为:

$$t = 5500 \text{ h}/6 = 916.6 \text{ h} = 38.2 \text{ d} \approx 39 \text{ d}$$

所以 6 台被试样品需试验 39 d,期间允许出现 0 次故障。根据 QX/T 526—2019 的 5.3 规定,至少应进行 3 个月的试验,因此,采用 6 台及以上被试样品进行试验,试验时间应至少 3 个月。

20.5.3.2　MTBF 观测值的计算

MTBF 的观测值(点估计值)$\hat{\theta}$ 用公式(20.12)计算。

$$\hat{\theta} = \frac{T}{r} \tag{20.12}$$

式中，T 为试验总时间，是所有被试样品试验期间各自工作时间的总和；r 为总责任故障数。

20.5.3.3　MTBF 置信区间的估计

按照 QX/T 526—2019 中的 A.2.3 计算 MTBF 置信区间的估计值。

20.5.3.3.1　有故障的 MTBF 置信区间估计

采用 20.5.3.1.1 标准型试验方案，使用方风险 $\beta=20\%$ 时，置信度 $C=60\%$；采用 20.5.3.1.2 短时高风险试验方案，使用方风险 $\beta=30\%$ 时，置信度 $C=40\%$。

根据责任故障数 r 和置信度 C，由 QX/T 526—2019 中表 A.2 查取置信上限系数 $\theta_U(C',r)$ 和置信下限系数 $\theta_L(C',r)$，其中，$C'=(1+C)/2=1-\beta$，MTBF 的置信区间下限值 θ_L 用公式 (20.13) 计算，上限值 θ_U 用公式 (20.14) 计算。

$$\theta_L=\theta_L(C',r)\times\hat{\theta} \tag{20.13}$$

$$\theta_U=\theta_U(C',r)\times\hat{\theta} \tag{20.14}$$

MTBF 的置信区间表示为 (θ_L,θ_U)（置信度为 C）。

20.5.3.3.2　故障数为 0 的 MTBF 置信区间估计

若责任故障数 r 为 0，只给出置信下限值，用公式 (20.15) 计算。

$$\theta_L=T/(-\ln\beta) \tag{20.15}$$

式中，T 为试验总时间，为所有被试样品试验期间各自工作时间的总和；β 为使用方风险。采用 20.5.3.1.1 标准型试验方案，使用方风险 $\beta=20\%$；采用 20.5.3.1.2 短时高风险试验方案，使用方风险 $\beta=30\%$。

这里的置信度应为 $C=1-\beta$。

20.5.3.4　试验结论

(1)按照试验中可接收的故障数判断可靠性是否合格。

(2)可靠性试验无论是否合格，都应给出被试样品平均故障间隔时间(MTBF)的观测值 $\hat{\theta}$ 和置信区间估计的上限 θ_U 和下限 θ_L，表示为 (θ_L,θ_U)（置信度为 C）。

20.5.3.5　故障的认定和记录

按照 QX/T 526—2019 的 A.3 认定和记录故障。故障认定应区分责任故障和非责任故障，故障记录在动态比对试验的设备故障维修登记表中，见附表 A。

20.6　综合评定

20.6.1　单项评定

以下各项均合格的，视该被试样品合格，有一项不合格的，视为不合格。

(1)静态测试和环境试验

被试样品静态测试和环境试验合格后，方可进行动态比对试验。

(2)动态比对试验

①数据完整性

数据完整性(%)≥98% 为合格。

②数据准确性

满足 2013 的指标即为合格。

③设备可靠性

若选择 20.5.3.1.1 标准型试验方案,最多出现 2 次故障为合格;若选择 20.5.3.1.2 短时高风险试验方案,无故障为合格。

20.6.2　总评定

如果以 6 台被试样品组成一个雷电试验网,5 台及以上才能定出全闪,因此至少 5 台及以上合格时,视该型号被试样品为合格,否则不合格。

本章附表

附表 20.1　外观与结构、功耗和功能检测记录表

<table>
<tr><td rowspan="3">被试样品</td><td>名称</td><td colspan="3">闪电定位仪</td><td>测试日期</td><td></td></tr>
<tr><td>型号</td><td colspan="3"></td><td>环境温度</td><td>℃</td></tr>
<tr><td>编号</td><td colspan="3"></td><td>环境湿度</td><td>％</td></tr>
<tr><td>被试方</td><td colspan="4"></td><td>测试地点</td><td></td></tr>
<tr><td colspan="2">测试项目</td><td colspan="3">技术要求</td><td>测试结果</td><td>结论</td></tr>
<tr><td rowspan="9">外观与结构</td><td colspan="4">机械结构应利于装配、调试、检验、包装、运输、安装、维护等工作,更换部件时简便易行</td><td></td><td></td></tr>
<tr><td colspan="4">各零部件应安装正确、牢固,无机械变形、断裂、弯曲等,操作部分不应有迟滞、卡死、松脱等</td><td></td><td></td></tr>
<tr><td colspan="4">电路板、接插件、电线电缆排列规范,标识清晰</td><td></td><td></td></tr>
<tr><td colspan="4">外观应整洁,无损伤形变,表面无开裂脱落等现象</td><td></td><td></td></tr>
<tr><td colspan="4">设备名称、型号、生产厂家等标识全面、清晰、准确</td><td></td><td></td></tr>
<tr><td colspan="4">应选用耐老化材料、抗腐蚀材料、良好的电气绝缘材料等,禁止使用不符合有关国家标准或行业标准的劣质材料</td><td></td><td></td></tr>
<tr><td colspan="4">各零部件除用耐腐蚀材料制造的外,表面应有涂、敷、镀等工艺措施</td><td></td><td></td></tr>
<tr><td colspan="4">需要涂敷的零件,表面涂、敷、镀层应均匀且覆盖100％</td><td></td><td></td></tr>
<tr><td colspan="4">指示灯:电源指示灯、数据通信指示灯等应正常</td><td></td><td></td></tr>
<tr><td colspan="2">功耗</td><td colspan="3">整机平均功耗:≤20 W</td><td></td><td></td></tr>
<tr><td colspan="2">电源</td><td colspan="3">AC187～242 V,能正常工作</td><td></td><td></td></tr>
<tr><td rowspan="8">功能</td><td>探测地闪和云闪脉冲信号</td><td colspan="3">检查闪电定位仪输出的探测数据的参数和数据格式是否满足《需求书》附表1的要求</td><td></td><td></td></tr>
<tr><td>自检</td><td colspan="3">在计算机终端输入 AUTOCHECK 命令,查看闪电定位仪返回的参数是否正确</td><td></td><td></td></tr>
<tr><td>运行状态信息</td><td colspan="3">检查闪电定位仪输出的运行状态数据的参数和数据格式是否满足《需求书》附表2的要求;检查闪电定位仪是否每分钟输出一次运行状态数据</td><td></td><td></td></tr>
<tr><td>数据存储</td><td colspan="3">检查闪电定位仪是否能存储至少7 d探测数据</td><td></td><td></td></tr>
<tr><td>数据传输</td><td colspan="3">在计算机终端,通过 SETCOM 命令,设置波特率 9600 bps、19200 bps、38400 bps、57600 bps、115200 bps,数据位为8位,停止位为1位,无校验位。通过查看状态数据,判断数据传输是否正常</td><td></td><td></td></tr>
<tr><td>软件更新</td><td colspan="3">使用计算机终端升级闪电定位仪中的软件,如果闪电定位仪软件版本号发生变化,表示软件升级成功</td><td></td><td></td></tr>
<tr><td>GPS对时</td><td colspan="3">屏蔽或拔掉闪电定位仪 GNSS 天线,使 GNSS 对时不成功,查看闪电定位仪发出的提示信息。状态数据中 GPS 信息为 E001,C001 和其他。对时不成功时显示非 E001、C001</td><td></td><td></td></tr>
<tr><td rowspan="4">测试仪器</td><td colspan="2">名称</td><td colspan="2">型号</td><td colspan="2">编号</td></tr>
<tr><td colspan="2"></td><td colspan="2"></td><td colspan="2"></td></tr>
<tr><td colspan="2"></td><td colspan="2"></td><td colspan="2"></td></tr>
<tr><td colspan="2"></td><td colspan="2"></td><td colspan="2"></td></tr>
</table>

测试单位＿＿＿＿＿＿＿＿＿＿＿＿　　　　测试人员＿＿＿＿＿＿＿＿＿＿＿＿

附表 20.2　终端操作命令检查记录表

被试样品	名称		闪电定位仪		测试日期	
	型号				环境温度	℃
	编号				环境湿度	%
被试方				测试地点		

操作命令		命令格式●返回信息		检查结果	结论
监控	HELP	帮助命令 返回值:返回终端命令清单,各命令之间用半角逗号分隔			
		HELP ↙ ● < SETCOM, RESET, AUTOCHECK, DATETIME, ID, HELP, VERSION>↙			
	SETCOM	设置或读取数据采集器的通信参数 参数:波特率 数据位 奇偶校验 停止位			
		SETCOM ↙●<9600 8 N 1>	SETCOM 9600 8 N 1↙●<T>或者<F>		
	RESET	复位命令 无返回值,仪器自动重启。重启后,显示设备状态信息,如型号等。			
		RESET ↙			
	AUTO CHECK	自检命令 参数:状态信息(00 无自检,10 自检正常,11 自检不正常)			
		AUTOCHECK ↙●<T>或者<F>			
	DATE TIME	设置或读取设备日期与时间 参数:YYYY-MM-DD,HH:MM:SS			
		DATETIME ↙●<2012-07-21, 12:35:00>	DATETIME, 2013-05-27, 12:34:00 ↙ ●<T>或者<F>		
	ID	设置或读取闪电定位仪 ID 参数:闪电定位仪 ID			
		ID ↙●<9>	ID,9↙●<T>或者<F>		
	VERSION	鉴别产品和配套的软件版本 参数:无			
		返回值厂家自定义			

测试仪器	名称	型号	编号

测试单位＿＿＿＿＿＿＿＿＿＿＿＿＿＿＿＿＿　　测试人员＿＿＿＿＿＿＿＿＿＿＿＿＿＿＿＿＿

附表 20.3　探测性能及一致性测试记录表

被试样品	名称	闪电定位仪		测试日期	
	型号			环境温度	℃
	编号			环境湿度	%
被试方				测试地点	

测试项目		指标要求	测试结果	结论
灵敏度		$\leqslant 0.1$ V/m		
工作频率		$1\sim 350$ kHz		
时间精度	恒温晶振稳定度	$\leqslant 0.1$ ppm		
	时钟信号频率	$\geqslant 10$ MHz		
	探测数据时间秒的小数位	$\geqslant 7$ 位		
回击事件处理时间		$\leqslant 1$ ms		
时间一致性		$\leqslant 10^{-7}$ s		
幅值一致性		$\leqslant 10\%$		
方位角一致性		优于 $1°$		

测试仪器	名称	型号	编号

测试单位_____　　测试人员_____

第 21 章　激光云高仪[①]

21.1　目的

规范激光云高仪测试的内容和方法，通过测试与试验，检验激光云高仪是否满足《激光云高仪功能规格需求书（试行版）》（气测函〔2013〕323 号）（简称《需求书》）的要求。

21.2　基本要求

21.2.1　被试样品

提供 3 套或以上同一型号的激光云高仪作为被试样品。在整个测试与试验期间被试样品应连续正常工作，保证数据上传至指定的业务终端或自带终端。功能检测和环境试验可抽取 1 套被试样品。

21.2.2　试验场地

(1)选择 2 个或以上试验场地，至少包含 2 个不同的气候区，尽量选择接近被试样品使用环境要求的气象参数极限值。

(2)试验场地既临近业务观测场又不影响正常观测业务，在同一试验场地安装多套被试样品时，应避免相互影响。

(3)试验场地尽量空旷，至少保证 20 m 范围内无 10 m 高遮挡物。

21.2.3　比对标准

21.2.3.1　云高比对标准值确定方法

人工对天顶有无云进行判定，若无云，记录 NaN；若有云，先对天顶云高进行估测，参照云高比对标准器观测结果，确定云高的比对标准值。

以 L 波段业务探空（简称探空）识别云高作为比对标准，同时利用全固态 Ka 波段毫米波测云仪（简称测云仪）和全天空成像仪作为辅助，若业务探空和毫米波测云仪云高观测值的差值在合理范围内，以两者输出云高的均值为云高的比对标准值；若两者差异较大，结合全天空成像仪确定云高的比对标准值。

21.2.3.2　样本选取方法

有云样本判定方法：若人工观测与云高比对标准器同时观测到天顶有云，判定该时刻为天顶有云有效样本。

无云样本判定方法：若人工观测与云高比对标准器同时观测到天顶无云，判定该时刻为天顶无云有效样本。

---

① 本章作者：温强、陶法、胡树贞。

云高样本计算方法:选取观测时刻前后共 10 min 被试样品观测数据的平均值为一个云高样本。若该时段有 5 次以上缺测,判定该样本无效;若 10 min 内有部分记录为天顶无云,计算均值时应剔除无云数据;若整时间段内均为天顶无云记录则判定该样本为无云。见表 21.1 举例。

表 21.1　云高样本计算方法举例

时间	云(底)高/m	云高样本/m
2011-11-21 9:26:00	NaN	
2011-11-21 9:27:00	3300	
2011-11-21 9:28:00	3200	
2011-11-21 9:29:00	NaN	
2011-11-21 9:30:00	3400	3540
2011-11-21 9:31:00	3800	
2011-11-21 9:32:00	4000	
2011-11-21 9:33:00	NaN	
2011-11-21 9:34:00	NaN	
2011-11-21 9:35:00	NaN	

21.3　静态测试

21.3.1　外观和结构检查

用目测结合手动调整方式进行检查,检查被试样品的外观和结构,应满足《需求书》3.1 硬件结构和本章附表 21.1 的技术要求,检查结果记录在本章附表 21.1。

21.3.2　功能

能够自动实现云高观测要素的原始数据采样、存储和处理,并按照规定的观测数据格式输出。应满足《需求书》2 功能要求。方法如下:

(1)输出项目

在被试样品正常工作的状态下,通过软件查看实时测量数据,检查是否输出瞬时天顶云底高和分层云高。检测结果记录在本章附表 21.1。

(2)产品输出时间与频率

按照《需求书》中数据采样频率和数据处理要求输出采样分钟值,对采样分钟数据的计算结果进行检查。检测结果记录在本章附表 21.1。

(3)数据格式

按照《需求书》2.2 检查数据格式是否满足要求。检测结果记录在本章附表 21.2。

(4)终端命令

逐条检查终端操作命令,观测仪通信应正常。检测结果记录在本章附表 21.2。

21.3.3　技术指标

21.3.3.1　要求

云高测量范围:150～7500 m;

云高最小分辨力:30 m;

可探测云层数:≥3 层;

固定目标物距离测量误差:30 m;

激光发射重复频率:不小于 2500 Hz;

接收器视场角:≤1.2 mrad;

功耗:≤300 W(不加热);≤1000 W(加热);

通信传输:支持串口 RS232/485/422 和 RJ45 传输方式;

时钟精度:应具有时钟同步功能,实时时钟走时误差不大于 15 s/月。

21.3.3.2 测试方法

(1)云高测量范围

在被试样品正常工作的状态下,通过软件检查实时或历史测量数据,检查输出结果是否能够实现 150~7500 m 的云高测量范围。

(2)云高最小分辨力

对被试样品测量范围内的某硬物目标进行测量,向靠近目标的方向以 1 m 的步长移动被试样品至测量结果变化为止,测量结果变化值应不大于 30 m。

(3)可探测云层数

在被试样品正常工作的状态下,通过软件查看实时或历史测量数据,检查是否能够实现至少 3 层云的测量。如试验期间无符合要求的数据,可用设备调试期间的测试数据或通过测量硬物目标模拟 3 层云数据。

(4)固定目标物距离测量误差

将被试样品放平测量其测量范围内的某 3 个已知距离的硬物目标(也可用激光测距仪测量目标距离),其测量结果与实际距离对比,误差应不大于 30 m。

(5)激光发射重复频率

开启被试样品,待正常工作后,将示波器探头的接地端和发射板连接,信号端和发射控制引脚连接,测量发射控制脉冲,示波器调整为频率测试模式,调整示波器波形的幅值和频率显示,频率测量值应不小于 2500 Hz。

(6)接收器视场角

将发射器安装于接收器底端,发射器焦点位置与接收器焦点位置重合。接收器镜头前安装光学狭缝工装,水平朝向一白色目标板,量取目标板与激光云高仪接收器镜头位置距离。开启设备,使用红外相机捕捉光斑,并使用钢板尺量取经扩散后的狭缝宽度。通过三角函数公式计算出视场角,计算结果应不大于 1.2 mrad。

(7)功耗

用电流表分别测试被试样品工作不加热和工作加热时的工作电流,计算得出的功率应满足要求。

(8)通信传输

被试样品支持标准的 RS232/485/422 串行和 RJ45 数据接口,通过串口线连接上位机,检查通信是否正常。

(9)时钟精度

发送时钟同步命令,被试样品应具有时钟同步功能,统计时钟走时误差应不大于 15 s/月。

上述测试结果记录在本章附表 21.1。

21.3.4　电源

21.3.4.1　要求

电压:220×(1±15%)V;

交变频率:50×(1±2.5)Hz。

21.3.4.2　测试方法

用自耦变压器,将输入被试样品的电源电压分别调至 187 V 和 253 V,交变频率分别调至 47.5 Hz 和 52.5 Hz,被试样品应工作正常,无死机、丢数等现象。结果记录在本章附表 21.1。

21.4　环境试验

21.4.1　气候环境

21.4.1.1　要求

产品在以下环境中应正常工作:

工作温度:−45~50 ℃;

相对湿度:5%~100%;

大气压力:450~1060 hPa;

降水强度:0~6 mm/min;

盐雾试验:零件镀层耐 48 h 盐雾沉降试验。

21.4.1.2　试验方法

试验方法如下:

(1)低温:−45 ℃工作 2 h。采用 GB/T 2423.1 进行试验、检测和评定。

(2)高温:50 ℃工作 2 h。采用 GB/T 2423.2 进行试验、检测和评定。

(3)恒定湿热:40 ℃,93%,放置 12 h,通电后正常工作。采用 GB/T 2423.3 进行试验、检测和评定。

(4)低气压:450 hPa 放置 0.5 h。采用 GB/T 2423.21 进行试验、检测和评定。

(5)外壳防护等级试验:外壳防护等级 IP65。采用 GB/T 2423.37 和 GB/T 2423.38 或 GB/T 4208 进行试验、检测和评定。

(6)盐雾试验:48 h 盐雾沉降试验。采用 GB/T 2423.17 进行试验、检测和评定。

21.4.2　电磁兼容

21.4.2.1　要求

(1)电磁骚扰限值要求

电源端口和信号端口的传导骚扰限制要求分别见表 21.2 和表 21.3。

表 21.2　电源端口传导骚扰限值

频率范围/MHz	限值/dBμV	
	准峰值	平均值
0.15~0.5	66~56	56~46
0.5~5	56	46
5~30	60	50

表 21.3　信号端口传导骚扰限值

频率范围/MHz	电压限值/dBμV		电流限值/dBμA	
	准峰值	平均值	准峰值	平均值
0.15～0.5	84～74	74～64	40～30	30～20
0.5～30	74	64	30	20

电源端口和信号端口的辐射骚扰限值应满足表 21.4 的要求。

表 21.4　在 10 m 距离测量的辐射骚扰限值

频率范围/MHz	限值/[dB(μV/m)]
30～230	30
230～1000	37

(2)电磁抗扰度要求

电磁抗扰度应满足表 21.5 试验内容和严酷度等级要求,采用推荐的标准进行试验。

表 21.5　电磁抗扰度试验内容和严酷度等级

序号	内容	试验条件		
		交流电源端口	直流电源端口	控制和信号端口
1	静电放电抗扰度	接触放电:±4 kV,空气放电:±8 kV		
2	射频电磁场辐射抗扰度	80～1000 MHz,3 V/m,80%AM(1 kHz)		
3	电快速瞬变脉冲群抗扰度	±2 kV　5 kHz	±1 kV　5 kHz	±2 kV　5 kHz
4	1.2/50 μS(电压) 8/20 μS(电流) 浪涌冲击抗扰度	线对地:±2 KV	线对地:±1KV	线对地:±1 kV
5	电压暂降、短时中断和电压变化的抗扰度	30%　0.5 周期,60%　5 周期,100%　250 周期		

21.4.2.2　试验方法

被试样品均应在正常工作状态下进行下列试验。

(1)传导骚扰限值

按 GB 9254《信息技术设备的无线电骚扰限值和测量方法》第 9 章的试验方法进行。

(2)辐射骚扰限值

按 GB 9254《信息技术设备的无线电骚扰限值和测量方法》第 10 章的试验方法进行。

(3)静电放电抗扰度

被试样品按台式(接地或不接地)和落地式设备(接地或不接地)进行配置,确定施加放电点,每个放电点进行至少 10 次放电。如被试样品涂膜未说明是绝缘层,则发生器电极头应穿入漆膜与导电层接触;若涂膜为绝缘层,则只进行空气放电。接触放电±4 kV,空气放电±8 kV,采用 GB/T 17626.2 进行试验、检测和评定。

(4)射频电磁场辐射抗扰度

被试样品按现场安装姿态放置在试验台上,按照 80～1000 MHz,3 V/m,80%AM

（1 kHz），采用 GB/T 17626.3 进行试验、检测和评定。

（5）电快速瞬变脉冲群抗扰度

交流电源端口：±2 kV、5 kHz，直流电源端口：±1 kV、5 kHz，控制和信号端口：±2 kV、5 kHz，试验持续时间不短于 1 min。采用 GB/T 17626.4 依次对被试产品的试验端口进行正负极性试验、检测和评定。

（6）浪涌（冲击）抗扰度

施加在直流电源端和互连线上的浪涌脉冲次数应为正、负极性各 5 次；对交流电源端口，应分别在 0°、90°、180°、270°相位施加正、负极性各 5 次的浪涌脉冲。试验速率为每分钟 1 次。交流电源端口：线对地±2 kV；直流电源端口：线对地±1 kV；控制和信号端口：线对地±1 kV，采用 GB/T 17626.5 进行试验、检测和评定。

上述试验结束后，均应进行最后检测，检查其是否保持在技术要求限值内性能正常。

（7）电压暂降、短时中断和电压变化的抗扰度

按照 30%、0.5 周期，60%、5 周期，100%、250 周期，采用 GB/T 17626.11 进行试验、检测和评定。

21.4.3　机械环境

21.4.3.1　要求

机械环境试验的目的是检验被试样品能否达到运输的要求，根据 GB/T 6587—2012 的 5.10 包装运输试验，按照表 21.6 所示的要求进行试验。

表 21.6　包装运输试验要求

试验项目	试验条件	试验等级
		3 级
振动	振动频率/Hz	5、15、30
	加速度/(m/s²)	9.8±2.5
	持续时间/min	每个频率点 15
	振动方法	垂直固定
自由跌落	按重量确定	跌落高度
	10＜重量≤25 kg	40 cm
	25＜重量≤50 kg	30 cm
	50＜重量≤75 kg	25 cm

21.4.3.2　试验方法

被试样品在完整包装状态下，按照 GB/T 6587—2012 的 5.10.2.1 和 5.10.2.2 方法进行试验。试验结束后，包装箱不应有较大的变形和损伤，被试样品及附件不应有变形松脱、涂敷层剥落等损伤，外观及结构应无异常，通电后应能正常工作。

21.4.4　电气安全

21.4.4.1　要求

（1）绝缘电阻

使用市电供电时，在电源的初级电路和机壳绝缘电阻不小于 2 MΩ。使用 12V 直流电源

供电时,电源初级电路和机壳间绝缘电阻,不应小于 1 MΩ。

(2)泄漏电流

使用市电供电时,被试样品泄漏电流值不得超过 3.5 mA。

(3)抗电强度

使用市电供电的被试样品,电源的初级电路和机壳间应能承受幅值 1500 V,电流 5 mA 的冲击耐压试验,历时 1 min,试验中不应出现飞弧和击穿。试验结束后仪器能正常工作。

使用低压直流电源供电的被试样品,电源的初级电路和机壳间应能承受幅值 500 V,电流 5 mA 的冲击耐压试验,历时 1 min,试验中不应出现飞弧和击穿。试验结束后仪器能正常工作。

21.4.4.2 试验方法

(1)绝缘电阻

被试样品处于非工作状态,开关接通,用绝缘电阻测量仪进行测量。

绝缘电阻检测前,应断开整台设备的外部供电电路,应断开被测电路与保护接地电路之间的连接。

若无特殊要求,绝缘电阻的检测范围应包括整台设备的电源开关的电源输入端子和输出端子,以及所有动力电路导线。

(2)泄漏电流

用泄漏电流测试仪测量被试样品外壳与地之间的泄漏电流值,泄漏电流值应符合电流限值的规定(不大于 3.5 mA 有效值)。

(3)抗电强度

对电源的初级电路和外壳间施加规定的试验电压值。施加方式为施加到被试部位上的试验电压从零升至规定试验电压值的一半,然后迅速将电压升高到规定值并持续 1 min。当由于施加的试验电压而引起的电流以失控的方式迅速增大,即绝缘无法限制电流时.则认为绝缘已被击穿。电晕放电或单次瞬间闪络不认为是绝缘击穿。

21.5 动态比对试验

按照 21.5.4.1 可靠性试验方案确定试验时间,且不少于 3 个月;若动态比对试验的时间超过了可靠性试验的截止时间,应按照动态比对试验的时间结束试验。动态比对试验主要评定被试样品的数据完整性(缺测率)、数据准确性、设备一致性和设备可靠性等指标。

21.5.1 数据完整性

剔除非仪器原因、仪器故障与维护造成的缺测记录,计算缺测率。

21.5.1.1 评定方法

缺测率(%)=(试验期内累计缺测次数/试验期内应观测总次数)×100%。

21.5.1.2 评定指标

缺测率(%)≤2%。

21.5.2 数据准确性

在水平能见度≥2 km 的条件下,云高观测的准确度应达到表 21.7 的要求。

表 21.7　云高准确度要求

观测项目	准确度
云高<1 km	±200 m
云高≥1 km	±20%

21.5.2.1　评定方法

云高的数据准确性通过漏判率、误判率与云高样本合格率三方面综合评判。

（1）漏判率

若被试样品将有云样本判为无云，为漏判。

漏判率＝漏判次数/有云样本数

（2）误判率

若被试样品将无云样本判为有云，为误判。

误判率＝误判次数/无云样本数

（3）云高样本合格率

以比对标准器观测的有云样本与无云样本对被试样品进行云高样本合格率评定。

在比对标准器观测的有云样本中，若被试样品输出云高误差（或云高相对误差）符合规定，则该样本为有云合格样本。

云高误差＝观测云高－标准云高

云高相对误差＝云高误差/标准云高

云高样本合格率＝（无云合格样本＋有云合格样本）/样本总量

注：观测云高为被试样品的观测云高。

21.5.2.2　评定指标

云高数据漏判率≤20%，判该被试样品数据漏判率合格。

云高数据误判率≤30%，判该被试样品数据误判率合格。

云高样本合格率≥70%，判该被试样品云高样本合格率合格。

若该被试样品数据漏判率、误判率与云高样本合格率均合格，判该被试样品云高准确性合格，否则不合格。

21.5.3　测量结果一致性

21.5.3.1　评定方法

试验期间，若两台被试样品在同一时刻均未观测到云，该时刻云高观测一致；若两台被试样品在同一时刻未同时观测到云，该时刻云高观测即为不一致；若两台被试样品在同一时刻都观测到云，以两台被试样品中任意一台为参考，计算另一台的云高值与参考值的相对误差：

$$R_H = \frac{|H_A - H_B|}{H_B} \times 100\%$$

若相对误差 $R_H \leqslant 20\%$，即认为该时刻两台被试样品云高输出结果一致，否则为不一致。统计云高一致样本数占总样本数的比率。

21.5.3.2　评定指标

若试验期间云高一致样本数占总样本数的比率≥80%，判该型号被试样品一致性合格，否则不合格。

21.5.4 设备可靠性

可靠性反映了被试设备在规定的情况下,在规定的时间内,完成规定功能的能力。以平均故障间隔时间(MTBF)表示设备的可靠性。要求平均故障间隔时间 MTBF≥3000 h。

21.5.4.1 试验方案

按照定时截尾试验方案,在 QX/T 526—2019 表 A.1 的方案类型中选用标准型或短时高风险两种试验方案之一,推荐选用标准型试验方案。

21.5.4.1.1 标准型试验方案

采用 17 号方案,即生产方和使用方风险各为 20%,鉴别比为 3 的定时截尾试验方案,试验的总时间为规定 MTBF 下限值(θ_1)的 4.3 倍,接受故障数为 2,拒收故障数为 3。

试验总时间 T 为:

$$T = 4.3 \times 3000 \text{ h} = 12900 \text{ h}$$

要求 3 套或以上被试样品进行动态比对试验。以 3 套被试样品为例,每台试验的平均时间 t 为:

3 套被试样品:$t = 12900 \text{ h}/3 = 4300 \text{ h} = 179.2 \text{ d} \approx 180 \text{ d}$。

若为了缩短试验时间,可增加被试样品的数量,如:

4 套被试样品:$t = 12900 \text{ h}/4 = 3225 \text{ h} = 134.4 \text{ d} \approx 135 \text{ d}$。

所以 3 套被试样品需试验 180 d,4 套需试验 135 d,期间允许出现 2 次故障。

21.5.4.1.2 短时高风险试验方案

采用 21 号方案,即生产方和使用方风险各为 30%,鉴别比为 3 的定时截尾试验方案,试验的总时间为规定 MTBF 下限值(θ_1)的 1.1 倍,接受故障数为 0,拒收故障数为 1。

试验总时间 T 为:

$$T = 1.1 \times 3000 \text{ h} = 3300 \text{ h}$$

3 套被试样品进行动态比对试验,每台试验的平均时间 t 为:

$$t = 3300 \text{ h}/3 = 1100 \text{ h} = 45.8 \text{ d} \approx 46 \text{ d}$$

所以 3 套被试样品需试验 46 d,期间允许出现 0 次故障。根据 QX/T 526—2019 的 5.3 规定,至少应进行 3 个月的试验,因此,采用 3 套及以上被试样品进行试验,试验时间应为至少 3 个月。

21.5.4.2 MTBF 观测值的计算

MTBF 的观测值(点估计值)$\hat{\theta}$ 用公式(21.1)计算。

$$\hat{\theta} = \frac{T}{r} \tag{21.1}$$

式中,T 为试验总时间,是所有被试样品试验期间各自工作时间的总和;r 为总责任故障数。

21.5.4.3 MTBF 置信区间的估计

按照 QX/T 526—2019 中的 A.2.3 计算 MTBF 置信区间的估计值。

21.5.4.3.1 有故障的 MTBF 置信区间估计

采用 21.5.4.1.1 标准型试验方案,使用方风险 $\beta = 20\%$ 时,置信度 $C = 60\%$;采用 21.5.4.1.2 短时高风险试验方案,使用方风险 $\beta = 30\%$ 时,置信度 $C = 40\%$。

根据责任故障数 r 和置信度 C，由 QX/T 526—2019 中表 A.2 查取置信上限系数 $\theta_U(C', r)$ 和置信下限系数 $\theta_L(C', r)$，其中，$C' = (1+C)/2 = 1-\beta$，MTBF 的置信区间下限值 θ_L 用公式 (21.2) 计算，上限值 θ_U 用公式 (21.3) 计算

$$\theta_L = \theta_L(C', r) \times \hat{\theta} \tag{21.2}$$

$$\theta_U = \theta_U(C', r) \times \hat{\theta} \tag{21.3}$$

MTBF 的置信区间表示为 (θ_L, θ_U)（置信度为 C）。

21.5.4.3.2　故障数为 0 的 MTBF 置信区间估计

若责任故障数 r 为 0，只给出置信下限值，用公式 (21.4) 计算。

$$\theta_L = T/(-\ln\beta) \tag{21.4}$$

式中，T 为试验总时间，是所有被试样品试验期间各自工作时间的总和；β 为使用方风险。采用 21.5.4.1.1 标准型试验方案，使用方风险 $\beta = 20\%$；采用 21.5.4.1.2 短时高风险试验方案，使用方风险 $\beta = 30\%$。

这里的置信度应为 $C = 1-\beta$。

21.5.4.4　试验结论

（1）按照试验中可接收的故障数判断可靠性是否合格。

（2）可靠性试验无论是否合格，都应给出被试样品平均故障间隔时间（MTBF）的观测值 $\hat{\theta}$ 和置信区间估计的上限 θ_U 和下限 θ_L，表示为 (θ_L, θ_U)（置信度为 C）。

21.5.4.5　故障的认定和记录

按照 QX/T 526—2019 的 A.3 认定和记录故障。故障认定应区分责任故障和非责任故障，故障记录在动态比对试验的设备故障维修登记表中，见附表 A。

21.5.5　可维修性

21.5.5.1　评定方法

设备的维修性，应在功能检测中检查维修可达性，审查维修手册的适用性。

21.5.5.2　评定指标

平均故障修复时间（MTTR）$\leqslant 0.5$ h。

21.6　综合评定

21.6.1　单项评定

以下各项均合格的，视该被试样品合格，有一项不合格的，视为不合格。

（1）静态测试和环境试验

按照《需求书》和本测试方法进行评定，对测试结果是否符合技术指标要求做出合格与否的结论。如果静态测试和环境试验不合格，不再进行动态比对试验。

（2）动态比对试验

通过对被试样品的数据完整性、数据准确性、设备一致性、设备可靠性进行评定。判断标准如下：

①数据完整性

缺测率（％）$\leqslant 2\%$ 为合格，否则不合格。

②数据准确性

云高数据漏判率≤20％为合格,否则不合格。

云高数据误判率≤30％为合格,否则不合格。

云高样本合格率≥70％为合格,否则不合格。

上述云高数据漏判率、误判率与样本合格率均合格,则该被试样品云高准确性合格,否则不合格。

③测量结果一致性

观测云高一致的比率≥80％为合格,否则不合格。

④设备可靠性

若选择 21.5.4.1.1 标准型试验方案,最多出现 2 次故障为合格,否则不合格;若选择 21.5.4.1.2 短时高风险试验方案,无故障且完成了 3 个月的动态比对试验为合格,否则不合格。

21.6.2　总评定

被试样品总数的 2/3 及以上合格时,视该型号被试样品为合格,否则不合格。

本章附表

附表 21.1　静态测试记录表

	名称	激光云高仪	测试日期	
被试样品	型号		环境温度	℃
	编号		环境湿度	%
被试方			测试地点	

测试项目		技术要求	测试结果	结论
外观与结构	外观	外观整洁,无损伤和变形,表面涂层无气泡、开裂、脱落现象,产品的标志和字符应清晰、完整、醒目		
	结构	结构完整,各零部件、紧固件、连接件应安装牢靠		
功能要求	输出项目	瞬时天顶云底高和分层云高		
	产品输出时间、频次	1 次/min		
	数据格式	测试数据记录在附表 21.2,以《地面观测气象数据字典》中云高部分数据格式为准		
	终端命令	详见附表 21.2		
技术要求	云高测量范围	150～7500 m		
	云高分辨率	30 m		
	可探测云层数	≥3		
	激光发射重复频率	≥2500 Hz		
	接收器视场角	≤1.2 mrad		
	功耗	≤300 W(不加热)		
		≤1000 W(加热)		
	通信传输	支持串口 RS232/485/422 和 RJ45 传输方式		
	时钟精度	实时时钟走时误差不大于 15 s/月		
	电源	电压:220×(1±15%)V 交变频率:50×(1±2.5)Hz		

测试仪器	名称	型号	编号

测试单位＿＿＿＿＿＿＿＿＿＿＿＿＿＿＿＿＿　　测试人员＿＿＿＿＿＿＿＿＿＿＿＿＿＿＿＿＿

附表 21.2　数据格式与终端操作命令检查表

被试样品	名称	激光云高仪		测试日期	
	型号			环境温度	℃
	编号			环境湿度	%
被试方				测试地点	

技术要求	检查结果	结论
SETCOM 设置或读取设备的通信参数		
AUTOCHECK 设备自检,返回设备日期、时间、通信参数、设备状态信息(厂家可自行定义格式)		
HELP 帮助命令,返回终端命令清单		
QZ 设置或读取设备的区站号		
ST 设置或读取设备的服务类型		
DI 读取设备标识位		
ID 设置或读取设备 ID		
DATE 设置或读取激光云高仪日期		
TIME 设置或读取激光云高仪时间		
DATETIME 设置或读取激光云高仪日期与时间		
FTD 设置或读取设备主动模式下的发送时间间隔		
DOWN 历史数据下载		
READDATA 实时读取数据		
SETCOMWAY 设置握手机制方式		
MVDATE 设置或读取设备校验时间信息		

测试说明:设备支持标准的 RS232/485 串行数据接口,通过串口线连接上位机与观测仪,输入相应命令,查看返回数据。

测试数据:

测试单位＿＿＿＿＿＿＿＿＿＿＿＿＿＿＿＿＿　　　　　测试人员＿＿＿＿＿＿＿＿＿＿＿＿＿＿＿＿＿

第 22 章　云量自动观测仪[①]

22.1　目的

规范云量自动观测仪测试的内容和方法,通过测试与试验,检验云量自动观测仪是否满足《云量自动观测仪功能规格需求书(试行版)》(气测函〔2013〕323 号)(简称《需求书》)的要求。

22.2　基本要求

22.2.1　被试样品

提供 3 套或以上同一型号的云量自动观测仪作为被试样品。在整个测试与试验期间被试样品应连续正常工作,保证数据上传至指定的业务终端或自带终端。功能检测和环境试验可抽取 1 套被试样品。

22.2.2　试验场地

(1)选择 2 个或以上试验场地,至少包含 2 个不同的气候区,尽量选择接近被试样品使用环境要求的气象参数极限值。

(2)试验场地既临近业务观测场又不影响正常观测业务,在同一试验场地安装多套被试样品时,应避免相互影响。

(3)试验场地尽量空旷,至少保证 20 m 范围内无 10 m 高遮挡物。

22.2.3　比对标准

以人工估测云量作为比对标准。台站观测员每天 08 时、11 时、14 时和 17 时观测并记录观测到的云量,记录表见本章附表 22.1。

根据《地面气象观测规范》,云量是指云遮蔽天空视野的成数。估计云量的地点应尽可能见到全部天空,当天空部分为障碍物(如山、房屋等)所遮蔽时,云量应从未被遮蔽的天空部分中估计;如果一部分天空为降水所遮蔽,这部分天空应作为被产生降水的云所遮蔽来看待。全天无云,总云量记 0;天空完全为云所遮蔽,记 10;天空完全为云所遮蔽,但只要从云隙中可见青天,则记 10−;云占全天十分之一,总云量记 1;云占全天十分之二,总云量记 2,其余依次类推。天空有少许云,其量不到天空的十分之零点五时,总云量记 0。

被试样品以有线方式接入台站值班室的上位机,上位机具有定时授时功能,以实现时间同步。

---

① 本章作者:温强、陶法、胡树贞。

22.3 静态测试

22.3.1 外观和结构检查

用目测结合手动调整方式进行检查,检查被试样品的外观和结构,应满足《需求书》3 组成结构和本章附表 22.2 的技术要求,检查结果记录在本章附表 22.2。

22.3.2 功能

能够自动实现云量观测要素的原始数据采样、存储和处理,并按照规定的观测数据格式输出。应满足《需求书》2 功能要求,检测结果记录在本章附表 22.2。方法如下:

(1)输出项目

在被试样品正常工作的状态下,通过软件检查实时测量数据,检查是否输出总云量、全天空云分布图片产品和红外云量。

(2)产品输出时间与频率

在被试样品正常工作的状态下,通过软件检查实时测量数据,检查输出时间是否为整 10 分时刻输出,输出频次是否为 1 次/10 min。

(3)准确度

在水平能见度≥2 km 的条件下,总云量观测的准确度应达到±20%的要求。测试方法见 22.5.2 数据准确性。

(4)全天空云分布图像观测要求

①成像要求:可见光云分布图像应真实表现观测点仰角至少 30°以上(除地表遮挡物以外)天空的云分布图像。红外云分布图像真实表现观测点仰角至少 67.5°以上天空的云分布图像。测试方法见 22.3.3.2。

②输出项目:在被试样品正常工作的状态下,检查是否输出视场内天空云分布 JPG 格式的图片文件。

(5)数据格式

按照《需求书》2.6 检查数据格式是否满足要求。

22.3.3 技术指标

22.3.3.1 要求

(1)传感器:可见光传感器能够完成仰角至少 30°以上天空成像;红外传感器能够完成仰角至少 67.5°以上天空成像。

(2)云量最小分辨力:1%。

(3)通信传输:支持串口 RS232/485/422 和 RJ45 传输方式。

(4)传感器高度:为了便于设备维护,被试样品传感器高度 180±20 cm。

(5)时钟要求:应具有时钟同步功能,实时时钟走时误差不大于 15 s/月。

22.3.3.2 测试方法

(1)传感器

将传感器静置于水平面,立杆垂直地面放置于传感器测量视野边缘处,根据立杆高度及立杆与传感器间距,计算传感器成像仰角,检查计算结果应满足指标 22.3.3.1(1)要求。

（2）云量最小分辨力

在被试样品正常工作的状态下，通过软件查看实时测量数据或历史数据，检查云量最小分辨力是否满足 1% 的要求。

（3）通信传输

被试样品支持标准的 RS232/485/422 串行和 RJ45 数据接口，通过串口线连接上位机，检查通信是否正常。

（4）传感器高度

测量被试样品正常安装状态下的传感器高度，应满足 180 ± 20 cm。

（5）时钟要求

发送时钟同步命令，被试样品应具有时钟同步功能，统计时钟走时误差应不大于15 s/月。上述测试结果记录在本章附表 22.2。

22.3.4　电源

22.3.4.1　要求

电压：$220\times(1\pm15\%)$V；

交变频率：$50\times(1\pm2.5)$Hz。

22.3.4.2　测试方法

用自耦变压器，将输入被试样品的电源电压分别调至 187 V 和 253 V，交变频率分别调至 47.5 Hz 和 52.5 Hz，被试样品应工作正常，无死机、丢数等现象。测试结果记录在本章附表 22.2。

22.4　环境试验

22.4.1　气候环境

22.4.1.1　要求

被试样品在以下环境中应正常工作：

工作温度：$-45\sim50$ ℃；

相对湿度：5%～100%；

大气压力：450～1060 hPa；

降水强度：0～6 mm/min；

盐雾试验：零件镀层耐 48 h 盐雾沉降试验。

22.4.1.2　试验方法

试验方法如下：

（1）低温：-45 ℃工作 2 h。采用 GB/T 2423.1 进行试验、检测和评定。

（2）高温：50 ℃工作 2 h。采用 GB/T 2423.2 进行试验、检测和评定。

（3）恒定湿热：40 ℃，93%，放置 12 h，通电后正常工作。采用 GB/T 2423.3 进行试验、检测和评定。

（4）低气压：450 hPa 放置 0.5 h。采用 GB/T 2423.21 进行试验、检测和评定。

（5）外壳防护等级试验：外壳防护等级 IP65。采用 GB/T 2423.37 和 GB/T 2423.38 或 GB/T 4208 进行试验、检测和评定。

(6)盐雾试验:48 h 盐雾沉降试验。采用 GB/T 2423.17 进行试验、检测和评定。

22.4.2 电磁兼容

22.4.2.1 要求

(1)电磁骚扰限值要求

电源端口和信号端口的传导骚扰限值要求分别见表 22.1 和表 22.2。

表 22.1 电源端口传导骚扰限值

频率范围/MHz	限值/dBμV	
	准峰值	平均值
0.15~0.5	66~56	56~46
0.5~5	56	46
5~30	60	50

表 22.2 信号端口传导骚扰限值

频率范围/MHz	电压限值/dBμV		电流限值/dBμA	
	准峰值	平均值	准峰值	平均值
0.15~0.5	84~74	74~64	40~30	30~20
0.5~30	74	64	30	20

电源端口和信号端口的辐射骚扰限值应满足表 22.3 的要求。

表 22.3 在 10m 距离测量的辐射骚扰限值

频率范围/MHz	限值/[dB(μV/m)]
30~230	30
230~1000	37

(2)电磁抗扰度要求

电磁抗扰度应满足表 22.4 试验内容和严酷度等级要求,采用推荐的标准进行试验。

表 22.4 电磁抗扰度试验内容和严酷度等级

序号	内容	试验条件		
		交流电源端口	直流电源端口	控制和信号端口
1	静电放电抗扰度	接触放电:±4 kV,空气放电:±8 kV		
2	射频电磁场辐射抗扰度	80~1000 MHz,3 V/m,80%AM(1 kHz)		
3	电快速瞬变脉冲群抗扰度	± 2kV 5 kHz	±1 kV 5 kHz	±2 kV 5 kHz
4	1.2/50 μS(电压) 8/20 μS(电流) 浪涌冲击抗扰度	线对地:±2 kV	线对地:±1 kV	线对地:±1 kV
5	电压暂降、短时中断和电压变化的抗扰度	30% 0.5 周期,60% 5 周期,100% 250 周期		

22.4.2.2 试验方法

被试样品均应在正常工作状态下进行下列试验。

（1）传导骚扰限值

按 GB 9254《信息技术设备的无线电骚扰限值和测量方法》第 9 章的试验方法进行。

（2）辐射骚扰限值

按 GB 9254《信息技术设备的无线电骚扰限值和测量方法》第 10 章的试验方法进行。

（3）静电放电抗扰度

被试样品按台式（接地或不接地）和落地式设备（接地或不接地）进行配置，确定施加放电点，每个放电点进行至少 10 次放电。如被试样品涂膜未说明是绝缘层，则发生器电极头应穿入漆膜与导电层接触；若涂膜为绝缘层，则只进行空气放电。接触放电±4 kV，空气放电±8 kV，采用 GB/T 17626.2 进行试验、检测和评定。

（4）射频电磁场辐射抗扰度

被试样品按现场安装姿态放置在试验台上，按照 80～1000 MHz，3 V/m，80％ AM（1 kHz），采用 GB/T 17626.3 进行试验、检测和评定。

（5）电快速瞬变脉冲群抗扰度

交流电源端口：±2 kV、5 kHz，直流电源端口：±1 kV、5 kHz，控制和信号端口：±2 kV、5 kHz，试验持续时间不短于 1 min。采用 GB/T 17626.4 依次对被试产品的试验端口进行正负极性试验、检测和评定。

（6）浪涌（冲击）抗扰度

施加在直流电源端和互连线上的浪涌脉冲次数应为正、负极性各 5 次；对交流电源端口，应分别在 0°、90°、180°、270°相位施加正、负极性各 5 次的浪涌脉冲。试验速率为每分钟 1 次。交流电源端口：线对地±2 kV；直流电源端口：线对地±1 kV；控制和信号端口：线对地±1 kV，采用 GB/T 17626.5 进行试验、检测和评定。

上述试验结束后，均应进行最后检测，检查其是否保持在技术要求限值内性能正常。

（7）电压暂降、短时中断和电压变化的抗扰度

按照 30％、0.5 周期，60％、5 周期，100％、250 周期，采用 GB/T 17626.11 进行试验、检测和评定。

22.4.3　机械环境

22.4.3.1　要求

机械试验的目的是检验被试样品能否达到运输的要求，根据 GB/T 6587—2012 的 5.10 包装运输试验，按照表 22.5 所示的要求进行试验。

表 22.5　包装运输试验要求

试验项目	试验条件	试验等级
		3 级
振动	振动频率/Hz	5、15、30
	加速度/(m/s²)	9.8±2.5
	持续时间/min	每个频率点 15
	振动方法	垂直固定
自由跌落	按重量确定	跌落高度
	25＜重量≤50 kg	30 cm

22.4.3.2　试验方法

被试样品在完整包装状态下，按要求进行试验。试验结束后，包装箱不应有较大的变形和

损伤。被试样品的外观及结构应无异常,通电后应能正常工作。

22.4.4　电气安全

22.4.4.1　要求

(1)绝缘电阻

使用市电供电时,在电源的初级电路和机壳绝缘电阻不小于 2 MΩ。使用 12 V 直流电源供电时,电源初级电路和机壳间绝缘电阻,不应小于 1 MΩ。

(2)泄漏电流

使用市电供电时,被试样品泄漏电流值不得超过 3.5 mA。

(3)抗电强度

使用市电供电的被试样品,电源的初级电路和机壳间应能承受幅值 1500 V,电流 5 mA 的冲击耐压试验,历时 1 min,试验中不应出现飞弧和击穿。试验结束后仪器能正常工作。

使用低压直流电源供电的被试样品,电源的初级电路和机壳间应能承受幅值 500 V,电流 5 mA 的冲击耐压试验,历时 1 min,试验中不应出现飞弧和击穿。试验结束后仪器能正常工作。

22.4.4.2　试验方法

(1)绝缘电阻

被试样品处于非工作状态,开关接通,用绝缘电阻测量仪进行测量。

绝缘电阻检测前,应断开整台设备的外部供电电路,应断开被测电路与保护接地电路之间的连接。

若无特殊要求,绝缘电阻的检测范围应包括整台设备的电源开关的电源输入端子和输出端子,以及所有动力电路导线。

(2)泄漏电流

用泄漏电流测试仪测量被试样品外壳与地之间的泄漏电流值,泄漏电流值应符合电流限值的规定(不大于 3.5 mA 有效值)。

(3)抗电强度

对电源的初级电路和外壳间施加规定的试验电压值。施加方式为施加到被试部位上的试验电压从零升至规定试验电压值的一半,然后迅速将电压升高到规定值并持续 1 min。当由于施加的试验电压而引起的电流以失控的方式迅速增大,即绝缘无法限制电流时,则认为绝缘已被击穿。电晕放电或单次瞬间闪络不认为是绝缘击穿。

22.5　动态比对试验

按照 22.5.4.1 可靠性试验方案确定试验时间,且不少于 3 个月;若动态比对试验的时间超过了可靠性试验的截止时间,应按照动态比对试验的时间结束试验。动态比对试验主要评定被试样品的数据完整性、数据准确性、设备一致性和设备可靠性等指标。

22.5.1　数据完整性

剔除非仪器原因、仪器故障与维护造成的缺测记录,计算缺测率。

22.5.1.1　评定方法

缺测率(%)=(测试期内累计缺测次数/测试期内应观测总次数)×100%。

22.5.1.2　评定指标

缺测率(%)≤2%。

22.5.2　数据准确性

22.5.2.1　评定方法

(1)云量识别算法评定

人工挑选清晰易辨的云图建立云图库(不少于 10 张),让被试样品识别云图,标注有云区域并计算出云量,通过观测员观测和人工勾勒云图,将被试样品计算的云量与标准云量对比,确定是否满足要求。

(2)云量准确性评定

云量准确性通过样本合格率进行评判。选取云状清晰易辨条件下观测数据作为样本进行评定统计。

$$云量误差＝被试样品观测云量－标准云量$$

$$云量样本合格率＝云量误差符合功能规格需求书规定的样本数/总样本数$$

22.5.2.2　评定指标

(1)云量识别算法评定

若被试样品计算的云量与标准云量差的均值不大于 20%,即认为该被试样品云量识别算法合格。

(2)云量准确性评定

云量样本合格率≥70%,判该被试样品云量准确性合格;否则为不合格。

22.5.3　测量结果一致性

22.5.3.1　评定方法

实验期间,若两台被试样品在同一观测时刻输出云量之差的绝对值小于等于 20%,即认为该时刻两台被试样品云量输出结果一致,否则不一致。统计云量一致样本数占总样本数的比率。

22.5.3.2　评定指标

若测试期间云量一致样本数占总样本数的比率≥80%,判该型号被试样品一致性合格,否则不合格。

22.5.4　设备可靠性

可靠性反映了被试设备在规定的情况下,在规定的时间内,完成规定功能的能力。以平均故障间隔时间(MTBF)表示设备的可靠性。要求平均故障间隔时间 MTBF 大于等于 3000 h。

22.5.4.1　试验方案

按照定时截尾试验方案,在 QX/T 526—2019 表 A.1 的方案类型中选用标准型或短时高风险两种试验方案之一,推荐选用标准型试验方案。

22.5.4.1.1　标准型试验方案

采用 17 号方案,即生产方和使用方风险各为 20%,鉴别比为 3 的定时截尾试验方案,试验的总时间为规定 MTBF 下限值(θ_1)的 4.3 倍,接受故障数为 2,拒收故障数为 3。

试验总时间 T 为:

$$T＝4.3×3000 \text{ h}＝12900 \text{ h}$$

要求 3 套或以上被试样品进行动态比对试验。以 3 套被试样品为例,每台试验的平均时间 t 为:

3 套被试样品:$t=12900$ h/3=4300 h=179.2 d≈180 d。

若为了缩短试验时间,可增加被试样品的数量,如:

4 套被试样品:$t=12900$ h/4=3225 h=134.4 d≈135 d。

所以 3 套被试样品需试验 180 d,4 套需试验 135 d,期间允许出现 2 次故障。

22.5.4.1.2　短时高风险试验方案

采用 21 号方案,即生产方和使用方风险各为 30%,鉴别比为 3 的定时截尾试验方案,试验的总时间为规定 MTBF 下限值(θ_1)的 1.1 倍,接受故障数为 0,拒收故障数为 1。

试验总时间 T 为:

$$T=1.1\times3000 \text{ h}=3300 \text{ h}$$

3 套被试样品进行动态比对试验,每台试验的平均时间 t 为:

$$t=3300 \text{ h}/3=1100 \text{ h}=45.8 \text{ d}≈46 \text{ d}$$

所以 3 套被试样品需试验 46 d,期间允许出现 0 次故障。根据 QX/T 526—2019 的 5.3 规定,至少应进行 3 个月的试验,因此,采用 3 套及以上被试样品进行试验,试验时间应为至少 3 个月。

22.5.4.2　MTBF 观测值的计算

MTBF 的观测值(点估计值)$\hat{\theta}$ 用公式(22.1)计算。

$$\hat{\theta}=\frac{T}{r} \tag{22.1}$$

式中,T 为试验总时间,是所有被试样品试验期间各自工作时间的总和;r 为总责任故障数。

22.5.4.3　MTBF 置信区间的估计

按照 QX/T 526—2019 中的 A.2.3 计算 MTBF 置信区间的估计值。

22.5.4.3.1　有故障的 MTBF 置信区间估计

采用 22.5.4.1.1 标准型试验方案,使用方风险 $\beta=20\%$ 时,置信度 $C=60\%$;采用 22.5.4.1.2 短时高风险试验方案,使用方风险 $\beta=30\%$ 时,置信度 $C=40\%$。

根据责任故障数 r 和置信度 C,由 QX/T 526—2019 中表 A.2 查取置信上限系数 $\theta_U(C', r)$ 和置信下限系数 $\theta_L(C', r)$,其中,$C'=(1+C)/2=1-\beta$,MTBF 的置信区间下限值 θ_L 用公式(22.2)计算,上限值 θ_U 用公式(22.3)计算

$$\theta_L=\theta_L(C', r)\times\hat{\theta} \tag{22.2}$$
$$\theta_U=\theta_U(C', r)\times\hat{\theta} \tag{22.3}$$

MTBF 的置信区间表示为(θ_L, θ_U)(置信度为 C)。

22.5.4.3.2　故障数为 0 的 MTBF 置信区间估计

若责任故障数 r 为 0,只给出置信下限值,用公式(22.4)计算。

$$\theta_L=T/(-\ln\beta) \tag{22.4}$$

式中,T 为试验总时间,是所有被试样品试验期间各自工作时间的总和;β 为使用方风险。采用 22.5.4.1.1 标准型试验方案,使用方风险 $\beta=20\%$;采用 22.5.4.1.2 短时高风险试验方案,使用方风险 $\beta=30\%$。

这里的置信度应为 $C=1-\beta$。

22.5.4.4　试验结论

（1）按照试验中可接收的故障数判断可靠性是否合格。

（2）可靠性试验无论是否合格，都应给出被试样品平均故障间隔时间（MTBF）的观测值 $\hat{\theta}$ 和置信区间估计的上限 θ_U 和下限 θ_L，表示为（θ_L，θ_U）（置信度为 C）。

22.5.4.5　故障的认定和记录

按照 QX/T 526—2019 的 A.3 认定和记录故障。故障认定应区分责任故障和非责任故障，故障记录在动态比对试验的设备故障维修登记表中，见附表 A。

22.5.5　可维修性

22.5.5.1　评定方法

设备的维修性，应在功能检测中检查维修可达性，审查维修手册的适用性。

22.5.5.2　评定指标

平均故障修复时间（MTTR）≤0.5 h。

22.6　综合评定

22.6.1　单项评定

以下各项均合格的，视该被试样品合格，有一项不合格的，视为不合格。

（1）静态测试和环境试验

按照《需求书》和本测试方法进行评定，对测试结果是否符合技术指标要求做出合格与否的结论。如果静态测试和环境试验不合格，不再进行动态比对试验。

（2）动态比对试验

通过对被试样品的数据完整性、数据准确性、设备一致性、设备可靠性进行评定。判断标准如下：

①数据完整性

缺测率（%）≤2% 为合格，否则不合格。

②数据准确性

a. 云量识别算法评定

若被试样品计算的云量与标准云量差的均值不大于 20%，即认为该被试样品云量识别算法合格，否则不合格。

b. 云量准确性评定

（a）云量样本合格率≥70% 为合格，否则不合格。测量结果一致性

观测云量一致样本的比率≥80% 为合格，否则不合格。

（b）设备可靠性

若选择 22.5.4.1.1 标准型试验方案，最多出现 2 次故障为合格，否则不合格；若选择 22.5.4.1.2 短时高风险试验方案，无故障且完成了 3 个月的动态比对试验为合格，否则不合格。

22.6.2　总评定

被试样品总数的 2/3 及以上合格时，视该型号被试样品为合格，否则不合格。

本章附表

附表 22.1　云量人工观测记录表

年　　月

日期	观测时间	天气现象	能见度	云量	云高	值班员签字	备注
	08						
	11						
	14						
	17						
	08						
	11						
	14						
	17						
	08						
	11						
	14						
	17						
	08						
	11						
	14						
	17						
	08						
	11						
	14						
	17						
	08						
	11						
	14						
	17						
	08						
	11						
	14						
	17						
	08						
	11						
	14						
	17						
	08						
	11						
	14						
	17						
	……						

测试单位＿＿＿＿＿＿＿＿＿＿＿＿＿＿＿　　　　　测试人员＿＿＿＿＿＿＿＿＿＿＿＿＿＿＿

附表 22.2　静态测试记录表

被试样品	名称	云量自动观测仪	测试日期	
	型号		环境温度	℃
	编号		环境湿度	％
被试方			测试地点	

测试项目			技术要求	测试结果	结论
外观和结构	外观		外观整洁,无损伤和变形,表面涂层无气泡、开裂、脱落现象,产品的标志和字符应清晰、完整、醒目		
	结构		结构完整,各零部件、紧固件、连接件应安装牢靠		
功能要求	输出项目		总云量、全天空云分布图片产品和红外云量,天空云分布图片产品应为 JPG 文件格式图片文件		
	产品输出时间、频次		整 10 min 时刻输出,1 次/10min		
	数据格式		以《地面观测气象数据字典》中云量部分数据格式为准		
技术要求	可见光传感器	成像范围	仰角至少 30°以上天空成像		
		云量分辨率	1％		
	红外传感器	成像范围	仰角至少 67.5°以上天空成像		
		云量分辨率	1％		
	通信传输		支持串口 RS232/485/422 和 RJ45 传输方式		
	传感器高度		180±20 cm		
	时钟精度		应具有时钟同步功能,实时走时误差≤15 s/月		
	电源		电压:220×(1±15％)V 交变频率:50×(1±2.5)Hz		

测试仪器	名称	型号	编号

测试单位 ＿＿＿＿＿＿＿＿＿＿＿＿＿＿＿＿＿＿＿　　　测试人员 ＿＿＿＿＿＿＿＿＿＿＿＿＿＿＿＿＿＿＿

参考资料

GB 191　包装储运图示标志

GB/T 2423.1—2008　电工电子产品环境试验　第 2 部分:试验方法试验 A:低温

GB/T 2423.2—2008　电工电子产品环境试验　第 2 部分:试验方法试验 B:高温

GB/T 2423.3—2016　环境试验　第 2 部分:试验方法试验 Cab:恒定湿热试验

GB/T 2423.4—2008　电工电子产品环境试验　第 2 部分:试验方法 试验 Db:交变湿热(12h+12h 循环)

GB/T 2423.5—2019　环境试验　第 2 部分:试验方法 试验 Ea 和导则:冲击

GB/T 2423.17—2008　电工电子产品环境试验　第 2 部分:试验方法 试验 Ka:盐雾

GB/T 2423.21—2008　电工电子产品环境试验　第 2 部分:试验方法 试验 M:低气压

GB/T 2423.24—2013　环境试验　第 2 部分:试验方法 试验 Sa:模拟地面上的太阳辐射及其试验导则

GB/T 2423.37—2006　电工电子产品环境试验　第 2 部分:试验方法 试验 L:沙尘

GB/T 2423.38—2008　电工电子产品环境试验　第 2 部分:试验方法 试验 R:水试验方法和导则

GB/T 2423.56—2018　环境试验　第 2 部分:试验方法 试验 Fh:宽带随机振动和导则

GB 4208—2008　外壳防护等级(IP 代码)

GB/T 4883—2008　数据的统计处理和解释　正态样本离群值的判定和处理

GB 4943.1—2011　信息技术设备　安全　第 1 部分:通用要求

GB 5080.5—1985　设备可靠性试验　成功率的验证试验方案

GB 5080.7—1986　设备可靠性试验　恒定失效假设下的失效率与平均无故障时间的验证试验方案

GB/T 6587—2012　电子测量仪器通用规范

GB 8702—2014　电磁环境控制限值

GB/T 16491—2008　电子式万能试验机

GB/T 17626.2—2018　电磁兼容　试验和测量技术　静电放电抗扰度试验

GB/T 17626.3—2016　电磁兼容　试验和测量技术　射频电磁场辐射抗扰度试验

GB/T 17626.4—2018　电磁兼容　试验和测量技术　电快速瞬变脉冲群抗扰度试验

GB/T 17626.5—2019　电磁兼容　试验和测量技术　浪涌(冲击)抗扰度试验

GB/T 17626.6—2017　电磁兼容　试验和测量技术　射频场感应的传导骚扰抗扰度

GB/T 17626.8—2006　电磁兼容　试验和测量技术　工频磁场抗扰度试验

GB/T 17626.11—2008　电磁兼容　试验和测量技术　电压暂降、短时中断和电压变化的抗扰度试验

GB/T 24343—2009　工业机械电气设备　绝缘电阻试验规范

GB 31221—2014　气象探测环境保护规范　地面气象观测站

GB/T 33692—2017　直接辐射测量用全自动太阳跟踪器

GB/T 33693—2017　超声波测风仪测试方法

GB/T 33697—2017　公路交通气象监测设施技术要求

GB/T 33903—2017　散射辐射测量用遮光球式全自动太阳跟踪器

GB/T 37467　气象仪器术语

GB/T 37468—2019　直接辐射表

GJB 899A—2009　可靠性鉴定和验收试验

GJB 6556.5—2008　军用气象装备定型试验方法　第5部分:可靠性和维修性

GJB 6556.8—2008　军用气象装备定型试验方法　第8部分:数据录取和处理

ISO 9060—1990　太阳能-半球面总日射表和太阳直射表的规范和分类

JJF 1001—2011　通用计量术语及定义

JJF 1059.1—2012　测量不确定度评定与表示

JJF 1094—2002　测量仪器特性评定

JJF 1935—2021　自动气象站杯式风速传感器校准规范

JJG(气象)004—2011　自动气象站风向风速传感器检定规程

JJG(气象)005—2015　自动气象站翻斗式雨量传感器

JJG 456—1992　直接辐射表检定规程

JJG 458—1996　总辐射表检定规程

JJG 1167—2019　海洋测风仪器

QX/T 455—2018　便携式自动气象站

QX/T 526—2019　气象观测专用技术装备测试规范　通用要求

QX/T 536—2020　前向散射式能见度仪测试方法

QX/T 582—2020　气象观测专用技术装备测试规范 地面气象观测仪器

费业泰,1986.误差理论与数据处理[M].北京:机械工业出版社.

肖明耀,1980.试验误差估计和数据处理[M].北京:科学出版社.

世界气象组织,2008.气象仪器和观测方法指南(第七版).

中国气象局,2003.地面气象观测规范[M].北京:气象出版社.

中国气象局气象探测中心,2020.地面气象观测数据对象字典[M].北京:气象出版社.

中国气象局综合观测司,VLF/LF雷电探测仪功能规格需求书,气测函〔2014〕64号

中国气象局综合观测司,便携式自动气象站功能规格需求书(修订版),气测函〔2012〕152号

中国气象局综合观测司,船载自动气象站功能规格需求书,气测函〔2015〕99号

中国气象局综合观测司,大气电场仪功能需求书(试验版),气测函〔2011〕164号

中国气象局综合观测司,冻土自动观测仪功能规格需求书,气测函〔2018〕170号

中国气象局综合观测司,公路气象观测站功能规格需求书,气测函〔2014〕44号

中国气象局综合观测司,激光云高仪功能规格需求书(试行版),气测函〔2013〕323号

中国气象局综合观测司,降水现象仪功能规格需求书(试行版),气测函〔2013〕323号

中国气象局综合观测司,降水现象仪观测规范(试行),气测函〔2017〕87号

中国气象局综合观测司,气象观测专用技术装备测试方法　总则(修订),气测函〔2017〕36号

中国气象局综合观测司,前向散射能见度仪功能规格需求书(试行),气测函〔2011〕78号

中国气象局综合观测司,全固态Ka波段毫米波测云仪(基本型)测试方案,气测函〔2020〕148号

中国气象局综合观测司,全固态Ka波段毫米波测云仪(基本型)功能规格需求书,气测函〔2019〕141号

中国气象局综合观测司,热电式数字长波辐射表功能规格需求书,气测函〔2016〕70号

中国气象局综合观测司,热电式数字直接辐射表功能规格需求书,气测函〔2016〕70号

中国气象局综合观测司,热电式数字总辐射表功能规格需求书,气测函〔2016〕70号)

中国气象局综合观测司,云量自动观测仪功能规格需求书(试行版),气测函〔2013〕323号

中国气象局综合观测司,智能称重式降水测量仪-Ⅰ型功能规格需求书,气测函〔2017〕186号

中国气象局综合观测司,智能翻斗式雨量测量仪-Ⅰ型功能规格需求书,气测函〔2017〕186 号

中国气象局综合观测司,智能气温测量仪-Ⅰ型功能规格需求书,气测函〔2017〕186 号

中国气象局综合观测司,智能气压测量仪-Ⅰ型功能规格需求书,气测函〔2017〕186 号

中国气象局综合观测司,智能湿度测量仪-Ⅰ型功能规格需求书,气测函〔2017〕186 号

中国气象局综合观测司,综合集成硬件控制器功能规格需求书,气测函〔2014〕73 号

附录 A　路面状态人工对比观测方法

路面状态的静态测试采用人工模拟环境对比观测的方式、动态比对试验采用实际观测的方式进行。测试内容主要是干燥、潮湿、积水、结冰、积雪等状态的定性识别。静态测试取各状态稳定区段数据,原则上不抽取临界状态的数据。动态比对试验中,对临界状态采用该相邻状态报告数据均予承认的原则。

A.1　路面状态定义

干燥:人眼看不出路面有明显的潮湿迹象,手触摸路面没有潮湿的感觉。

潮湿:未形成连续水膜,路面因为潮湿而与干燥时相比其颜色发生显著变化,手触摸路面有明显潮湿的感觉。

积水:路面形成了连续水膜,人眼观测时路面颜色显著变黑、变亮。

积雪:路面被雪覆盖。

结冰:路面被冰覆盖。

A.2　判定标准

定义中包含了触觉、视觉等描述,具有较大的主观性,为避免观测者的经验对状态判定的影响,根据定义关键字确定客观标准:

干燥标准状态:测试区的路面没有水分。

潮湿标准状态:测试区的路面被水沾湿,但未产生水膜。

积水标准状态:测试区的路面完全被水膜覆盖。

积雪标准状态:测试区的路面完全被雪覆盖,且没有融化现象。

结冰标准状态:测试区的路面完全被冰覆盖,且没有融化现象。

临界状态:测试区同时存在两种或以上状态。

A.3　人工模拟测试

A.3.1　测试条件

干燥、潮湿、积水等状态的静态测试可在露天条件下或室内进行。露天条件应在无降水的天气状态下进行,为避免路面高热增加潮湿、积水状态的维持难度,最好选择多云或阴天。

积雪和结冰状态的测试须在冬季低温天气或在环境可控的室内进行,确保路面能可靠维持积雪、结冰状态。

遥感式传感器的测试区域应确保完全覆盖传感器的感应区域,原则上边长或半径不小于传感器感应区域边长或半径的 2 倍。埋入式传感器测试区域为传感器整体本身并向外扩展宽度不小于 20 cm 环形区域,以测试传感器数据对实际道路状态的代表性。

A.3.2　测试工具

测量所需工具如下：

变色试纸：水分检测试纸，规格 $\phi100$ mm 或 100 mm×100 mm。

海绵滚筒刷：用于保持采集区状态均匀。

毛质滚筒刷：用于吸收水分。

水桶、毛巾、喷壶等。

A.3.3　测试步骤

安装设备时应对传感器进行干标定，测试期间不允许再标定。

对于干燥、潮湿、积水等三种状态的测试，可根据现场天气情况，按照以下各"操作步骤"进行状态间切换。

(1)潮湿

测试区域处于潮湿状态并维持，"潮湿"判定方法：测试区无连续水膜，测水试纸直接覆盖于感应区域(路面)，不按压，持续 2～3 s，试纸无色斑(水斑)，或色斑(水斑)面积不大于试纸的 25%。

操作步骤：

①均匀喷水，通过自然蒸发或直接使用毛巾或毛质滚筒刷吸出水分的方法，使测试区域为"潮湿"状态；

②当测试区域确认为"潮湿"状态，开始计时，连续采集 20 min 数据；

③为避免测试区域状态因蒸发产生变化，视情况及时用潮湿毛巾或毛质滚筒刷抹擦以维持状态持续。工具的湿润程度能潮湿路面且不留下水膜，抹擦动作应迅速准确，避免影响传感器数据。

(2)积水

测试区处于积水状态并维持，"积水"判定方法：测试区出现连续水膜，测水试纸直接覆盖于感应区域(路面)，不按压，持续 2～3 s，试纸出现连续成片的色斑(水斑)，色斑(水斑)面积大于等于试纸的 75%。

操作步骤：

①均匀喷水，使测试区域为"积水"状态；

②当测试区域确认为"积水"状态，开始计时，连续采集 20 min 数据；

③为避免测试区域状态因蒸发发生变化，视情况及时用水壶、海绵滚筒补充维持，喷水、滚筒动作应迅速准确，避免影响传感器数据。

(3)干燥

测试区处于潮湿或积水状态后，使用毛巾擦干后通过自然蒸发的方法，使测试区域变化为干燥状态并维持，"干燥"判定方法：测试区无水膜，测水试纸直接覆盖于感应区域(路面)，持续按压 2～3 s，试纸无色斑(水斑)。

当测试区域确认为"干燥"状态，开始计时，连续采集 20 min 数据。

(4)积雪

积雪状态的静态测试可在环境可控的实验室或室外环境进行，在室外利用自然降雪或人工造雪测试时，环境温度应与被试样品的内设温度质控阈值匹配，并保证测试区域积雪不会融化。测试区域达到积雪状态，开始计时，连续采集 20 min 数据。

（5）结冰

结冰状态的静态测试可在环境可控的实验室或室外环境进行，在室外利用自然结冰或人工覆冰测试时，环境温度应与被试样品的内设温度质控阈值匹配，并保证测试区域结冰不会融化。测试区域达到结冰状态，且将变色试纸覆盖于感应区域，不按压，持续 2～3 s，试纸无色斑（水斑），或色斑（水斑）面积不大于试纸的 25%。开始计时，连续采集 20 min 数据。

（6）测试判定

每种状态的测试应不少于 3 次。

取各种状态开始计时后的第 11～20 min 数据，与测试终端记录的传感器数据进行对比，两者一致为正确，否则为错误。

数据正确率应≥90%，测试结果记录在第 2 章附表 2.12。

A.4　动态比对试验

动态比对试验应在室外选择自然降水、降雪、结冰等过程进行。

人工观测者在实际天气过程中观察测试区域的路面状态，按照静态测试中的各状态判定方法记录状态类型和对应时间，与人工模拟测试不同的是，实际观测试验存在临界状态。

从测试终端读取传感器观测数据并与人工记录对比，反映测试区路面状态的数据正确率≥90%。测试结果记录在本书附表 2.14。

附录 B 数据格式

各辐射表及配套设备观测要素信息和设备状态信息格式符合《需求书》的附录 A、附录 B 和附录 C 要求,存储为逐日分钟数据文件。

B. 1 逐日分钟数据文件

逐日分钟数据文件名为 SR_R_MIN_IIiii_AAA_YYYYMMDD. TXT,简称 SR_R 文件。其中:

SR 为指示符,表示气象辐射观测站;

R 为指示符,表示为辐射数据;

MIN 表示为分钟数据;

IIiii 为区站号;

AAA 为辐射表 ID 号;

YYYY 为年份;MM 为月份,DD 为日期,高位不足两位时,前面补"0";

TXT 为固定编码,表示此文件为 ASCII 格式。

该文件每日一个,在每日 20:00:00 生成,每行按照每条数据长度进行存储,记录尾用回车换行结束。文件第一次生成时应进行初始化,初始化过程为:首先检测逐日分钟数据文件是否存在,若没有该文件则生成该文件,要素位置一律存相应长度的"—"字符。

B. 2 数据文件存储路径

文件存储于 DATA 目录下,按照辐射表设备标识进行二级目录划分,按照辐射表 ID 号进行三级目录划分。以加热通风器(ID 号为 001)为例,存储路径为:"DATA\TVTS\001\SR_R_MIN_IIiii_001_YYYYMMDD. TXT"。

B. 3 辐射表及配套设备输出格式

B. 3. 1 总辐射表

总辐射表输出数据示例见表 B.1。

表 B. 1 热电式数字总辐射表输出数据示例

完整数据	BG,12345,00,YTRS,000,20150115100000,001,005,01,AJA,1000,AJAa,1020,AJAc,0980,AJAB,00014,AJT,201501150900,00000,z,0,6169,ED
起始标识	BG
数据包头	12345,00,YTRS,000,20150115100000,001,005,01
数据主体	AJA,1000,AJAa,1020,AJAc,0980,AJAB,00014,AJT,201501150900,00000,z,0
校验码	6169
结束标识	ED

表 B.1 为区站号为 12345 的基准站、设备 ID 为 000 的总辐射表在北京时间 2015 年 1 月 15 日 10:00:00 观测的实时分钟数据,输出 5 个观测要素及对应的质量控制码和 1 个状态要素。

B.3.2 直接辐射表

直接辐射表输出数据示例见表 B.2。

表 B.2 热电式数字直接辐射表输出数据示例

完整数据	BG,12345,00,YDRS,000,20150115100000,001,005,01,AJC,1000,AJCa,1020,AJCc,0980,AJCB,00014,AJT,201501150900,00000,z,0,6258,ED
起始标识	BG
数据包头	12345,00,YDRS,000,20150115100000,001,005,01
数据主体	AJC,1000,AJCa,1020,AJCc,0980,AJCB,00014,AJT,201501150900,00000,z,0
校验码	6258
结束标识	ED

表 B.2 为区站号为 12345 的基准站、设备 ID 为 000 的直接辐射表在北京时间 2015 年 1 月 15 日 10:00:00 观测的实时分钟数据,输出 5 个观测要素及对应的质量控制码和 1 个状态要素。

B.3.3 长波辐射表

长波辐射表输出数据示例见表 B.3。

表 B.3 热电式数字长波辐射表输出数据示例

完整数据	BG,12345,00,YLRS,000,20150115100000,001,006,01,AJJ,0200,AJJa,0210,AJJc,0190,AJJB,00014,AJM,0181,AJT,201501150900,000000,z,0,6258,ED
起始标识	BG
数据包头	12345,00,YLRS,000,20150115100000,001,006,01
数据主体	AJJ,0200,AJJa,0210,AJJc,0190,AJJB,00014,AJM,0181,AJT,201501150900,000000,z,0
校验码	6843
结束标识	ED

表 B.3 为区站号为 12345 的基准站、设备 ID 为 000 的长波辐射表在北京时间 2015 年 1 月 15 日 10:00:00 观测的实时分钟数据,输出 6 个观测要素及对应的质量控制码和 1 个状态要素。

B.3.4 跟踪器/遮光装置

跟踪器/遮光装置输出数据示例见表 B.4。

表 B.4 全自动太阳跟踪器/遮光装置输出数据示例

完整数据	BG,12345,00,YSTS,000,20150115100000,001,000,01,z,0,2690,ED
起始标识	BG
数据包头	12345,00,YSTS,000,2015011510000,001,000,01
数据主体	z,0
校验码	2690
结束标识	ED

表 B.4 为区站号为 12345 的基准站、设备 ID 为 000 的跟踪器/遮光装置在北京时间 2015 年 1 月 15 日 10:00:00 输出 1 个状态要素。

B.3.5 通风器

通风器输出数据示例见表 B.5。

表 B.5　加热通风器输出数据示例

完整数据	BG,12345,00,TVTS,000,20150115100000,001,000,01,z,0,2697,ED
起始标识	BG
数据包头	12345,00,TVTS,000,20150115100000,001,000,01
数据主体	z,0
校验码	2697
结束标识	ED

表 B.5 为区站号为 12345 的基准站、设备 ID 为 000 的通风器在北京时间 2015 年 1 月 15 日 10:00:00 输出 1 个状态要素。

附录 C　总辐射表测量结果不确定度评定示例

依据 JJF 1059.1—2012 中规定的方法,对总辐射表测量结果的不确定度进行评定。根据总辐射表技术指标(表 18.1),总辐射表测量结果应达到的不确定度(95％的置信水平)为:每小时总量不大于 8％,每天总量不大于 5％。

C.1　测量模型

测量模型应尽可能包含能影响校准结果的全部不确定度来源。根据总辐射表测量辐照度和曝辐量的公式,并考虑到各种因素对总辐射表测量的不确定度来源,得出的总辐射辐照度和曝辐量的测量模型如下。

(1)总辐射表测量辐照度测量模型为

$$E = CE_c + \Delta E_0 + \Delta E_y + \Delta E_q + \Delta E_t + \Delta E_f \tag{C.1}$$

式中,E 为辐照度(W/m^2);C 为校准系数;E_c 为测量辐照度(W/m^2);ΔE_0 为零点偏置产生的测量误差(W/m^2);ΔE_y 为年稳定性产生的测量误差(W/m^2);ΔE_q 为方向响应产生的测量误差(W/m^2);ΔE_t 为温度响应产生的测量误差(W/m^2);ΔE_f 为非线性产生的测量误差(W/m^2)。

(2)总辐射表测量曝辐量测量模型为

$$I = \int_{t_1}^{t_2} (E \cdot t) \mathrm{d}t \tag{C.2}$$

式中,I 为总辐射表测量的曝辐量(J/m^2,$(W \cdot s)/m^2$);E 为总辐射表测量的辐照度值(W/m^2);t_1,t_2 分别为总辐射表测量前后时刻,$t_2 - t_1 = 1$ h 为时总量,$t_2 - t_1 = 24$ h 为日总量(日出前、日落后的总辐照度值以 0 W/m^2 计算)。

热电式数字总辐射表输出结果为离散量,对于分钟曝辐量而言,由于辐射表输出为分钟辐照度的均值,因此,该分钟内的曝辐量 I_m 应为:

$$I_m = \sum^{60} E = 60E \tag{C.3}$$

小时累计曝辐量 I_h 则为:

$$I_h = \sum^{60} I_m \tag{C.4}$$

日曝辐量为:

$$I_d = \sum^{24} I_h \tag{C.5}$$

总辐射表测量结果的不确定度评定流程如图 C.1 所示,其中标准不确定度评定包括 A 类标准不确定度评定、B 类标准不确定度评定、合成标准不确定度评定以及扩展不确定度评定等,具体定义及评定方法见 JJF 1059.1—2012。由于所有的变量都是通过独立的方法测量或者计算得到的,因此所有变量之间是相互独立的,没有相关性。

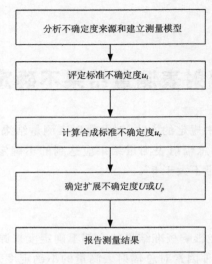

图 C.1　不确定度评定流程

C.2　标准不确定度的 A 类评定

用对观测序列进行统计分析的方法评定标准不确定度,称为不确定度 A 类评定,所得结果称为 A 类不确定度分量,用符号 u_A 表示。它通常用实验标准偏差来表征:

$$u_A = u(\bar{x}) = s(\bar{x}) = \frac{s(x)}{\sqrt{n}} \tag{C.6}$$

根据热电式数字总辐射表功能规格需求书的要求,分钟辐照度为该分钟内 2 s 采样的平均值,并且输出该分钟的辐照度的分钟标准差,因此取每分钟的辐照度标准差作为 A 类不确定度。

C.3　标准不确定度的 B 类评定

总辐射表测量结果的 B 类标准不确定度,包括校准系数、零点偏置、稳定性、方向响应误差、温度误差、非线性误差等影响因素引起的不确定度。下面根据总辐射表测量的条件,以某台总辐射表为例具体给出每个影响分量的 B 类标准不确定度。

C.3.1　总辐射表校准系数的影响

校准后的该台总辐射表的校准系数为 0.9921,校准相对扩展不确定度为 1.82%($k=2$)。因此在 B 类标准不确定度评定中,此影响分量的标准不确定度为(无量纲):

$$u_K = \frac{a_K}{k_K} = \frac{0.9921 \times 1.82}{2} \times 10^{-2} = 9.028 \times 10^{-3} \tag{C.7}$$

C.3.2　零点偏置的影响 ΔE_0

所谓总表零位指的是辐射表感应面不受光照射时的输出值。总辐射表的零点偏置分为 A 类零点偏置和 B 类零点偏置。A 类零点偏置为相应于 200 W/m² 的净热辐射(通风)引起的零点偏置,B 类零点偏置相应于环境温度变化 5 K/h 而引起的零点偏置。该台总辐射表技术指标为 A 类为

±15 W/m²,B 类为 4 W/m²。本次只进行了 B 类零点偏置的测试,测试结果为 1.4～3.0 W/m² 之间,以极端情况计算,取该总辐射表的 A 类零点偏置为 ±15 W/m²,B 类零点偏置为 4 W/m²,合计零点偏置为 19 W/m²。按均匀分布,置信因子 $k=\sqrt{3}$,其标准不确定度为(单位:W/m²):

$$u_{\Delta E_o}=\frac{a_{\Delta E_o}}{k_{\Delta E_o}}=\frac{19}{\sqrt{3}}\approx10.970 \tag{C.8}$$

C.3.3　年稳定性的影响 ΔE_y

总辐射表的年稳定性指校准系数的年变化率。该表年稳定性技术指标为 ±1.5%。以极端情况计算,取该台总辐射表的年稳定性为 1.5%,均匀分布,置信因子 $k=\sqrt{3}$,其对应的其标准不确定度为(单位:W/m²):

$$u_{\Delta E_y}=\frac{a_{\Delta E_y}}{k_{\Delta E_y}}=\frac{1.5\%\times E}{\sqrt{3}} \tag{C.9}$$

C.3.4　方向响应误差的影响 ΔE_q

方向误差通常情况下分为余弦误差和方位误差两项,余弦响应是入射光线方向随天顶角的变化引起的灵敏度变化,而方位响应则是入射光线方向随方位角的变化引起的灵敏度变化。该型号总辐射表给出的技术指标为 ±20 W/m²。本台总辐射表的实际方向误差为 4.2～6.3 W/m² 之间,按极限 20 W/m² 计算正午时分该项分量引入的误差,天顶角取中值 45°,按三角分布,置信因子 $k=\sqrt{6}$,其对应的标准不确定度为(单位:W/m²):

$$u_{\Delta E_q}=\frac{a_{\Delta E_q}}{k_{\Delta E_q}}=\frac{20}{1000\times\cos(45)\times\sqrt{6}}\approx0.01155=1.155\times10^{-2} \tag{C.10}$$

C.3.5　温度变化的影响 ΔE_t

温度系数为环境温度在间隔 50 K 内的变化引起的最大百分率误差,该型号总辐射表给出的技术指标为 4%,对该台总辐射表进行测试得到的温度误差为 1.1%。按温度误差 1.1%,均匀分布,置信因子 $k=\sqrt{3}$,其对应的标准不确定度为(单位:W/m²):

$$u_{\Delta E_q}=\frac{a_{\Delta E_q}}{k_{\Delta E_q}}=\frac{1.1\%\times E}{\sqrt{3}} \tag{C.11}$$

C.3.6　非线性误差的影响 ΔE_f

该型号总辐射表非线性误差的技术指标为 1%,用室内单光源调节法,以及衰减法和双光源法等方法所测得本台总辐射表非线性误差基本在为 0.2%～0.8% 之间。以极端情况计算,均匀分布,置信因子 $k=\sqrt{3}$,其对应的标准不确定度为(单位:W/m²):

$$u_{\Delta E_f}=\frac{a_{\Delta E_f}}{k_{\Delta E_f}}=\frac{1\%\times E}{\sqrt{3}} \tag{C.12}$$

C.4　合成标准不确定度的评定

C.4.1　辐照度测量合成标准不确定度评定

通过以上的估计与计算,得到了辐照度测量各影响分量所对应的标准不确定度如表 C.1。

表 C.1 总辐射表辐照度测量结果的测量不确定度分量样例

标准不确定度量	影响分量	不确定度来源	概率分布	标准不确定度分量	单位
u_1	E_c	分钟测量重复性	正态	$\dfrac{s(x)}{\sqrt{n}}$	W/m²
u_2	C	校准系数	正态	9.028×10^{-3}	无量纲
u_3	ΔE_0	零点偏置	均匀分布	10.970	W/m²
u_4	ΔE_y	年稳定性	均匀分布	$\dfrac{1.5 \times 10^{-2} \times E}{\sqrt{3}}$	W/m²
u_5	ΔE_q	方向响应	三角分布	1.155×10^{-2}	W/m²
u_6	ΔE_t	温度变化	均匀分布	$\dfrac{1.1 \times 10^{-2} \times E}{\sqrt{3}}$	W/m²
u_7	ΔE_f	非线性误差	均匀分布	$\dfrac{1 \times 10^{-2} \times E}{\sqrt{3}}$	W/m²

对辐照度计算公式(C.1)求偏导后,得到辐照度测量各影响分量的灵敏系数。校准系数的灵敏系数为 $c_1 = \dfrac{\partial E}{\partial C} = E_c$,辐照度分钟重复性误差的灵敏系数为 $c_2 = \dfrac{\partial E}{\partial E_c} = C$,其余各影响分量的灵敏系数均为 1。下面根据各影响分量的标准不确定度计算合成标准不确定度。

因为各影响分量是彼此不相关的,辐照度测量的合成标准不确定度 $u_c(E)$ 由下式求得:

$$u_c(E) = \sqrt{c_1{}^2 u_1{}^2 + c_2{}^2 u_2{}^2 + c_3{}^2 u_3{}^2 + c_4{}^2 u_4{}^2 + c_5{}^2 u_5{}^2 + c_6{}^2 u_6{}^2 + c_7{}^2 u_7{}^2} \tag{C.13}$$

C.4.2 时总量和日总量测量合成标准不确定度评定

由于辐照度测量值是离散量,根据下式计算每个小时的时总量不确定度:

$$u_c(I_h) = \sqrt{\sum_{}^{60} u_c(I_m)^2} \tag{C.14}$$

根据下面公式计算日总量不确定度:

$$u_c(I_d) = \sqrt{\sum_{}^{24} u_c(I_h)^2} \tag{C.15}$$

C.5 扩展不确定度的评定

曝辐量测量不确定度的包含概率为 95%,因为辐照度测量值近似正态分布,因此曝辐量包含因子近似取 $k=2$,故曝辐量测量的扩展不确定度为:

$$U_{95}(I_h) = k \times u_c(I_h) \tag{C.16}$$

$$U_{95}(I_d) = k \times u_c(I_d) \tag{C.17}$$

$$U_{95\text{rel}}(I_h) = U_{95}(I_h)/I_h \tag{C.18}$$

$$U_{95\text{rel}}(I_d) = U_{95}(I_d)/I_d \tag{C.19}$$

C. 6　结果报告

对某台总辐射表晴天正午时的分钟值、正午前后时总量和日总量的不确定度评定,评定结果如下:

$$U_{95分钟值} = 4.6\%$$
$$U_{95时总量} = 0.7\%$$
$$U_{95日总量}(I) = 0.3\%$$

附表 A 设备故障维修登记表

登记编号：

被试样品	名称		被试方	
	型号		试验地点	
	编号			
故障发生/发现时间		年　月　日　时　分		
故障发现人				
故障类型		□软件错误　□传感器故障　□数据明显异常　□电脑死机　□断电　□雷击　□鼠咬 □人为故障　□其他现象		
故障现象描述				
责任划分		被试单位责任　□是　□否		
故障通知		通知人＿＿＿＿＿　接收人＿＿＿＿＿　时间＿＿＿＿＿		
处理方式		□电话指导　□被试单位来人　□其他		
处理时间		开始：＿＿＿年＿＿＿月＿＿＿日＿＿＿时＿＿＿分 记录人＿＿＿＿＿ 结束：＿＿＿年＿＿＿月＿＿＿日＿＿＿时＿＿＿分 记录人＿＿＿＿＿ (由故障发现当班人员负责,后续值班人协助完成该栏的补充填写)		
故障出现原因				
解决方法				
故障是否解除		□是　　　　　　□否		
故障解除时间		年　月　日　时　分		
处理人签字		(值班人签字,如被试单位来人排除故障,则被试单位人员共同签字)